高职高专计算机类专业教材・网络开发系列

网络设备配置与管理项目教程

崔升广　杨　宇　主　编

李中跃　于　洋　副主编

電子工業出版社
Publishing House of Electronics Industry
北京・BEIJING

内 容 简 介

本书以华为网络设备搭建网络实训环境，以实际项目为导向，共分为 12 个项目，包括计算机网络概述、交换技术基础、虚拟局域网技术、局域网冗余技术、路由与静态路由技术、RIP 路由协议、OSPF 路由协议、网络设备安全访问与管理、NAT 技术、广域网技术、IPv6 技术、无线局域网技术。

本书是理论与实践相结合的入门教材，以实用为目标，重在实践操作，以丰富的实例、大量的插图和项目案例的方式进行项目化、图形化界面教学，从实用角度出发，展开教学内容，可以强化学生的实操能力，使学生在训练过程中巩固所学知识。

本书适合作为高职高专院校“网络互联技术”课程的教材或教学参考书，也可以用作网络互联技术岗位人员学习参考。

图书在版编目（CIP）数据

网络设备配置与管理项目教程 / 崔升广，杨宇主编. —北京：电子工业出版社，2020.4
ISBN 978-7-121-37486-9

Ⅰ. ①网… Ⅱ. ①崔… ②杨… Ⅲ. ①网络设备－配置－高等学校－教材②网络设备－设备管理－高等学校－教材 Ⅳ. ①TN915.05

中国版本图书馆 CIP 数据核字（2019）第 212649 号

责任编辑：左 雅
印 刷：北京七彩京通数码快印有限公司
装 订：北京七彩京通数码快印有限公司
出版发行：电子工业出版社
北京市海淀区万寿路 173 信箱 邮编 100036
开 本：787×1 092 1/16 印张：19 字数：486.4 千字
版 次：2020 年 4 月第 1 版
印 次：2020 年 4 月第 1 次印刷
定 价：59.00 元

凡所购买电子工业出版社图书有缺损问题，请向购买书店调换。若书店售缺，请与本社发行部联系，联系及邮购电话：（010）88254888，88258888。

质量投诉请发邮件至 zlts@phei.com.cn，盗版侵权举报请发邮件至 dbqq@phei.com.cn。
本书咨询联系方式：（010）88254580，zuoya@phei.com.cn。

前言 Preface

随着计算机网络技术的不断发展，计算机网络已经成为人们生活、工作中的一个重要组成部分，建立以网络为核心的工作方式是社会发展的趋势，培养大批熟练的网络技术人才是当前社会发展的迫切需求。在职业教育中，“网络互联技术”已经成为计算机网络技术专业的重要专业基础课程，计算机相关专业也都开设了计算机网络构建与维护等课程。“网络互联技术”是一门实践性很强的课程，需要一定的理论基础，需要通过大量的实践练习才能真正掌握。作为专业基础课的教材，应该做到与时俱进，知识面与技术面广，紧跟时代步伐。本书可以让读者学到网络互联前沿和实用的技术，为以后参加工作做好知识储备。

本书以华为网络设备搭建网络实训环境，在介绍相关理论知识与技术原理的同时，还提供了大量的网络项目配置案例，以达到理论与实践相结合的目的。全书在内容安排上力求做到深浅适度、详略得当，从计算机网络基础知识起步，用大量的案例、插图讲解计算机网络互联技术的相关知识，同时对教学方法与教学内容进行了精心的规划与设计，使得本书重点知识更加突出，更贴近教学实际，既方便教师讲授，又方便学生学习、理解与掌握。本书在重点向学生传授计算机网络互联技术手段的同时，也给学生提供了获取新知识的方法和途径，以便学生可以通过自主学习考取对应的认证资格证书。

全书内容共分为12个项目，具体内容安排如下：

项目一 计算机网络概述，主要讲解了计算机网络定义、网络体系结构及其协议、IP地址划分、常用网络测试命令、Visio工具软件和eNSP工具软件的使用。

项目二 交换技术基础，主要讲解了以太网基础、认识交换机设备、交换机工作原理和配置交换机。

项目三 虚拟局域网技术，主要讲解了VLAN概述、VLAN内通信、VLAN间通信、GVRP协议、端口扩展配置和Telnet 配置管理。

项目四 局域网冗余技术，主要讲解了生成树协议概述、链路聚合技术和虚拟路由冗余协议。

项目五 路由与静态路由技术，主要讲解了路由技术基础、认识路由器设备和配置路由器。

项目六 RIP路由协议，主要讲解了RIP路由协议概述、RIP路由环路和配置RIP路由协议。

项目七 OSPF路由协议，主要讲解了OSPF路由协议概况及其配置方法。

项目八 网络设备安全访问与管理，主要讲解了交换机安全端口和访问控制列表。

项目九 NAT 技术，主要讲解了 NAT 技术概述和配置 NAT。

项目十 广域网技术，主要讲解了广域网技术基础和广域网配置。

项目十一 IPv6 技术，主要讲解 IPv6 概述、IPv6 地址自动配置协议、IPv6 路由协议和配置 IPv6。

项目十二 无线局域网技术，主要讲解了 DHCP 动态获取 IP 地址协议和 WLAN 技术概述。

本书由崔升广、杨宇担任主编，由李中跃、于洋担任副主编，全书由崔升广组织编写并统稿。具体分工为：崔升广编写项目一至项目四、项目八至项目十二，李中跃编写项目五，杨宇编写项目六，于洋编写项目七。

由于时间仓促，编者水平有限，书中难免存在不当或疏漏之处，恳请广大师生和读者批评指正。

编　者

目录
Contents

项目一 计算机网络概述

教学目标、知识点：

1．了解计算机网络定义，计算机网络构成和计算机网络类别。
2．能够理解网络体系结构及其协议。
3．掌握 IP 地址划分。
4．掌握网络常用命令。
5．学会使用 Visio 工具软件和 eNSP 工具软件。

1.1 计算机网络定义

1.1.1 什么是计算机网络

计算机网络，是利用通信线路和设备，将分散在不同地点、具有独立功能的多个计算机系统连接起来，通过网络协议、网络操作系统实现相互通信和资源共享的系统，是现代通信技术与计算机技术结合的产物。

某企业的网络拓扑结构图如图 1.1 所示。企业将网络在逻辑上分为不同的区域：接入层、汇聚层、核心层区域，数据中心区域，DMZ 区域，企业边缘，网络管理区域等。企业网络使用了一个三层的网络架构，包括核心层、汇聚层、接入层。将网络分为三层架构有诸多优点：每层都有各自独立而特定的功能；使用模块化的设计，便于定位错误，简化网络拓展和维护；可以隔离一个区域的拓扑变化，避免影响其他区域。此方案能够支持各种应用对不同网络的需求，包括高密度的用户接入、移动办公、VoIP、视频会议和视频监控的使用等，满足了不同客户对于可扩展性、可靠性、安全性、可管理性的需求。

1.1.2 计算机网络构成

计算机网络包括通信子网与资源子网，如图 1.2 所示。

通信子网（Communication Subnet），简称“子网”，是指网络中实现网络通信功能的设备及其软件的集合，如通信设备、网络通信协议、通信控制软件等，是网络的内层，负责信息的传输。通信子网主要为用户提供数据的传输、转接、加工、变换等功能，其任务是在网络节点之间传送报文，主要由节点和通信链路组成，包括中继器、集线器、网桥、路由器、网关等硬件设备。

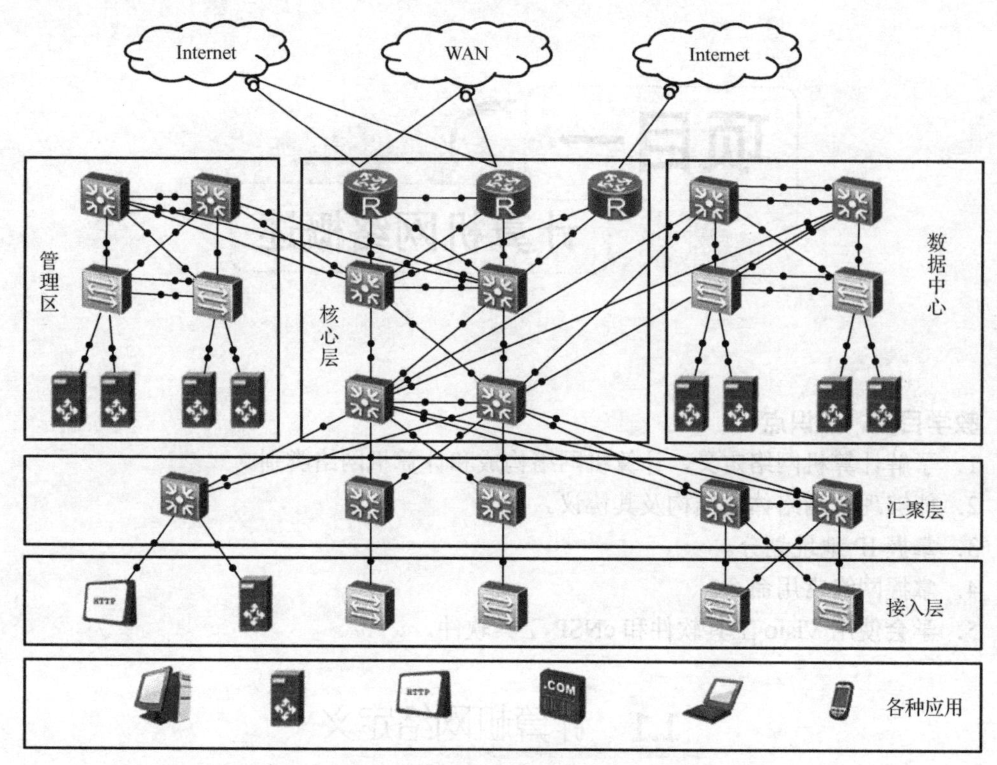

图 1.1　某企业的网络拓扑结构图

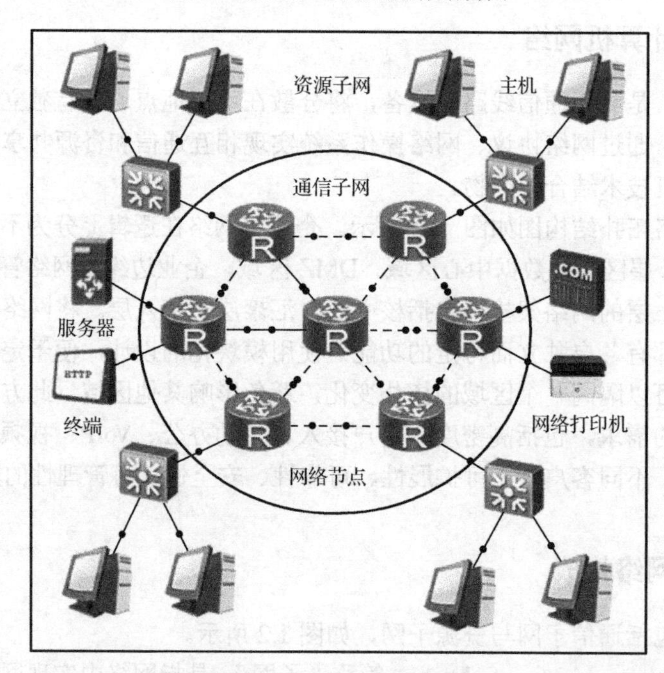

图 1.2　计算机网络构成

资源子网（Resources Subnet）是指用户端系统，包括用户的应用资源，如服务器、外设、系统软件和应用软件。资源子网由计算机系统、终端、终端控制器、联网外设、各种软件资源与信息资源组成。资源子网负责全网数据处理和向网络用户提供资源及网络服务，包括网络的数据处理资源和数据存储资源。

计算机网络将通信子网系统（交换机、路由器等硬件设备）与资源子网系统（计算机系统、服务器、网络打印机外设、系统软件和应用软件等）连接起来，最终达到互相通信、资源共享的目的。

1．网卡

网卡（Network Interface Card，NIC），又称网络端口控制器（Network Interface Controller，NIC）、网络适配器（Network Adapter）或局域网接收器（LAN Adapter），是一块被设计用来允许计算机在计算机网络上进行通信的计算机硬件。由于其拥有 MAC 地址，因此网卡属于 OSI 模型的第一层。它使得用户可以通过电缆或无线相互连接。网卡以前是作为扩展卡插到计算机总线上的，但是由于其价格低廉，而且以太网标准普遍存在，目前大部分计算机都在主板上集成了网络端口。这些主板或是在主板芯片中集成了以太网的功能，或是使用一块通过 PCI（或者更新的 PCI-Express 总线）连接到主板上的廉价网卡，如图 1.3 和图 1.4 所示。除非需要多端口或者使用其他种类的网络，否则不再需要一块独立的网卡。更新的主板已经含有内置无线网卡（如图 1.5 所示）或者外置 USB 无线网卡（如图 1.6 所示）的双网络（以太网）端口。

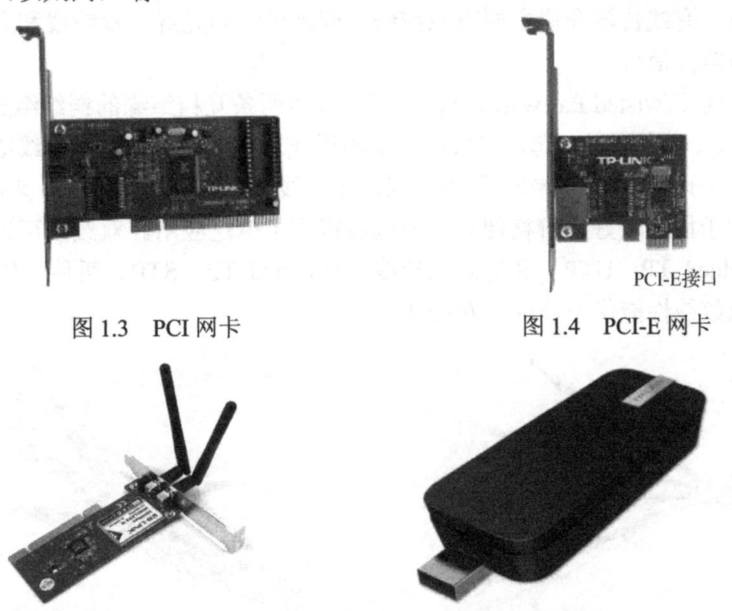

图 1.3　PCI 网卡

图 1.4　PCI-E 网卡

图 1.5　内置无线网卡

图 1.6　外置 USB 千兆双频无线网卡

每个网卡都有一个被称为 MAC 地址的独一无二的 48 位串行号，它被写在网卡的 ROM 中，在网络上的每台计算机都必须拥有一个独一无二的 MAC 地址，电气电子工程师协会（IEEE）负责为网卡分配唯一的 MAC 地址。

若需要查看本机网卡的 MAC 地址，可在命令提示符窗口输入 ipconfig/all 命令，如图 1.7 所示。

2．网络传输介质

网络传输介质是指在网络中传输信息的载体，常用的传输介质分为有线传输介质和无线传输介质两大类。不同的传输介质，其特性也各不相同，它们不同的特性对网络中数据通信质量和通信速度都有较大影响。

图 1.7　查看本机网卡 MAC 地址

1）有线传输介质

有线传输介质是指在两个通信设备之间实现通信的物理连接部分，它能将信号从一方传输到另一方。有线传输介质主要有双绞线、同轴电缆和光纤，双绞线和同轴电缆传输电信号，光纤传输光信号。

（1）双绞线（Twisted Pairware，TP）。双绞线由两条互相绝缘的铜线组成，其典型直径为 1mm，这两条铜线拧在一起，就可以减少邻近线对电气的干扰。双绞线既能用于传输模拟信号，也能用于传输数字信号，其带宽取决于铜线的直径和传输距离，其传输速率为 4～1000Mb/s。由于性能较好且价格便宜，双绞线得到了广泛应用。双绞线可以分为非屏蔽双绞线（Unshielded TP，UTP）和屏蔽双绞线（Shielded TP，STP）两种，如图 1.8 和图 1.9 所示，屏蔽双绞线性能优于非屏蔽双绞线。

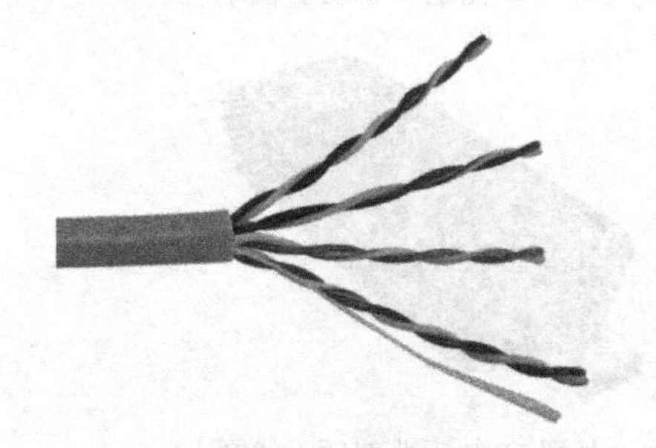

图 1.8　非屏蔽双绞线

图 1.9　屏蔽双绞线

EIA/TIA 布线标准中规定了两种双绞线的接线方式，为 T568A 与 T568B 线序标准，如图 1.10 所示。

RJ-45接头

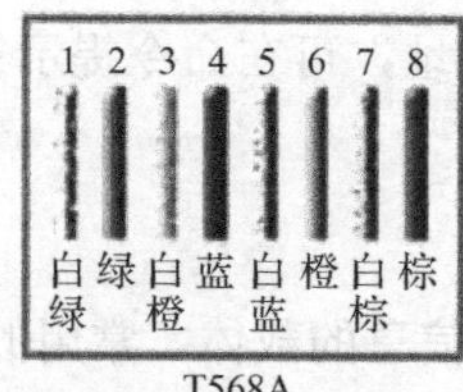

T568A

1 2 3 4 5 6 7 8
白橙 橙 白绿 蓝 白蓝 绿 白棕 棕

T568B

图 1.10　RJ-45 接头 T568A 与 T568B 线序标准

T568A 标准：白绿-1，绿-2，白橙-3，蓝-4，白蓝-5，橙-6，白棕-7，棕-8。

T568B 标准：白橙-1，橙-2，白绿-3，蓝-4，白蓝-5，绿-6，白棕-7，棕-8。

一条双绞线如果两端接线方式相同，都为 T568A 或 T568B 的双绞线，叫作直连线。

一条双绞线如果两端接线方式不相同，一端为 T568A，另一端为 T568B 的双绞线，叫作交叉线，如图 1.11 所示。

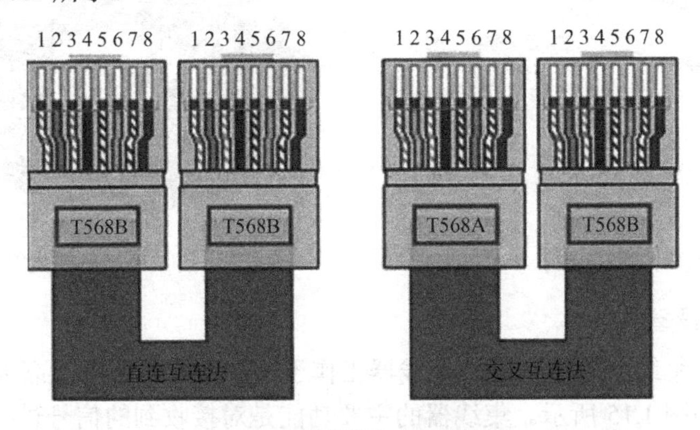

图 1.11　直连线与交叉线制作

（2）同轴电缆。同轴电缆比双绞线的屏蔽性更好，因此在速度上可以传输得更远。它以硬铜线为芯（导体），外包一层绝缘材料（绝缘层），这层绝缘材料再用密织的网状导体环绕构成屏蔽，其外又覆盖一层保护性材料（护套），分为细同轴电缆和粗同轴电缆。同轴电缆的这种结构使它具有更高的带宽和极好的噪声抑制特性。75Ω的同轴电缆可以达到 1～2Gb/s 的数据传输速率，被广泛用于有线电视网（CATV）和总线型以太网。常用的同轴电缆有 75Ω和 50Ω两种，75Ω的同轴电缆常用于 CATV，50Ω同轴电缆常用于总线型以太网，如图 1.12 所示。

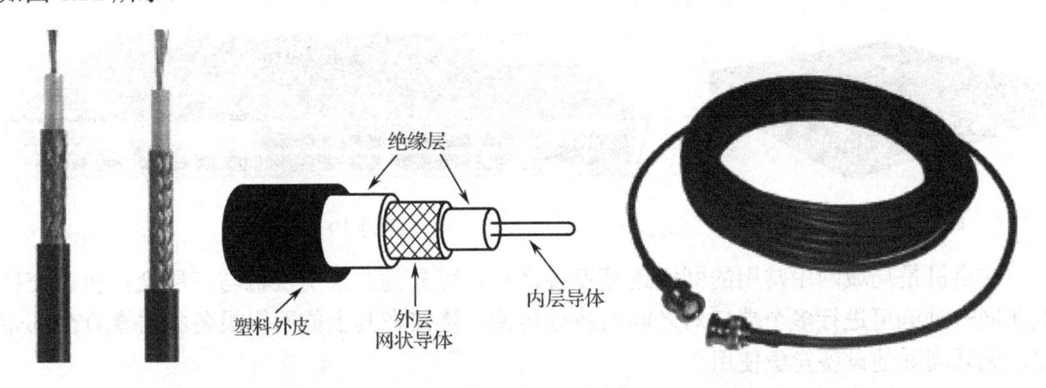

图 1.12　同轴电缆

（3）光纤。目前，光纤被广泛应用于计算机主干网，可分为单模光纤和多模光纤，如图 1.13 和图 1.14 所示。它是由纯石英玻璃制成的，纤芯外面包围着一层折射率比纤芯低的包层，包层外是一层塑料护套。光纤通常被扎成束，外面有外壳保护。光纤的数据传输速率可达 100Gb/s。单模光纤具有更大的通信容量和更远的传输距离。常用的多模光纤是 62.5μm 芯/ 125μm 外壳和 5μm 芯/125μm 外壳。

2）无线传输介质

在计算机网络中，无线传输可以突破有线网的限制，利用空间电磁波实现站点之间的传输，为广大用户提供移动通信。常用的无线传输介质有无线电波、微波和红外线。无线传输的优点在于安装、移动和变更都比较容易，不会受到环境的限制，但信号在传输过程中容易受到干扰和被窃取，而且初期的安装费用较高。

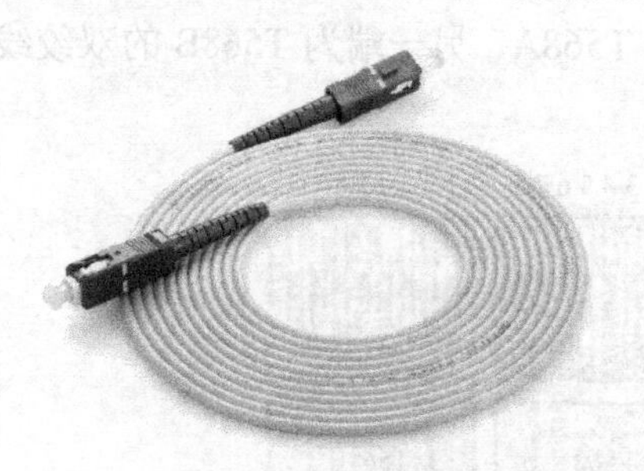

图 1.13　单模光纤

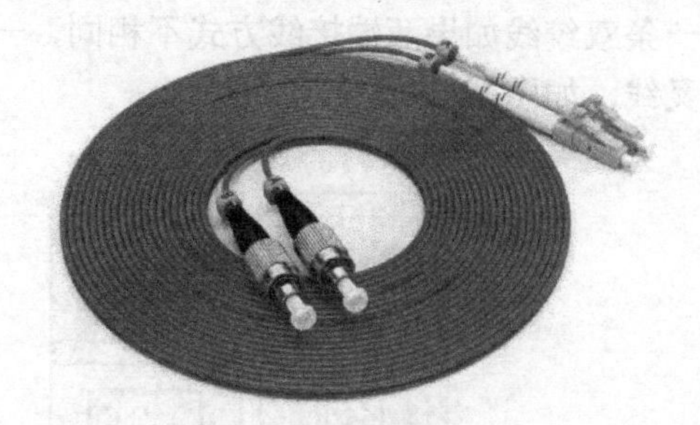

图 1.14　多模光纤

3．常用网络设备

（1）集线器。集线器也称 Hub，集线器工作于 OSI（开放系统互联参考模型）的第一层，即物理层，如图 1.15 所示。集线器的主要功能是对接收到的信号进行再生整形放大，以扩大网络的传输距离，同时以它为中心集中所有节点。集线器与网卡、网线等传输介质一样，属于局域网中的基础设备，采用 CSMA/CD（带冲突检测的载波监听多路访问技术）介质访问控制机制。集线器不具备交换机所具有的 MAC 地址表，所以它在发送数据时都是没有针对性的，而是采用广播方式发送，即共享带宽。

（2）交换机。交换机工作于 OSI 的第二层，即数据链路层，如图 1.16 所示。交换机内部的 CPU 会在每个端口成功连接时，将 MAC 地址和端口对应，形成一张 MAC 表，在通信时，发往该 MAC 地址的数据包将仅送往其对应的端口，而不是所有端口。因此，交换机可用于划分数据链路层广播，即冲突域；但它不能划分网络层广播，即广播域。

图 1.15　集线器

图 1.16　交换机

交换机是局域网中常用的网络连接设备之一，可分为二层交换机与三层交换机。交换机在同一时刻可进行多个端口对之间的数据传输，连接在其上的网络设备独自享有全部带宽，无须同其他设备竞争使用。

二层交换机主要作为网络接入层设备使用，三层交换机主要作为网络汇聚层与网络核心层设备使用，具有路由器的功能，可以实现数据转发与寻址功能。三层交换机具有更好的转发性能，它可以实现“一次路由，多次转发”，并通过硬件实现数据包的查找和转发，因此网络的核心设备一般会选择三层交换机。

（3）路由器。路由器工作于 OSI 的第三层，即网络层，如图 1.17 所示。路由器是连接因特网中各局域网、广域网的设备，它会根据信道的情况自动选择和设定路由，并且以最佳路径按前后顺序发送信号。目前，各种不同档次的路由器产品已经成为实现各种骨干网内部连接、骨干网间互连，以及骨干网与因特网间业务的主要设备之一。

（4）防火墙。防火墙是目前重要的网络安全防护设备之一，如图 1.18 所示。防火墙是位于内部网络和外部网络之间的屏障，是在两个网络通信时执行的一种访问控制尺度，它能允许用户“同意”的人和数据进入用户的网络，同时将用户“不同意”的人和数据拒之门外，最大限度地阻止网络中的黑客来访问用户的网络。它一方面保护内部网络免受来自因特网未授权或未验证的访问，另一方面控制内部网络用户对因特网的访问等。另外防火墙也常常用在内部网络中以隔离敏感区域，避免该区域受到非法用户的访问或攻击。

图 1.17　路由器

图 1.18　防火墙

（5）入侵检测系统。入侵检测系统（Intrusion Detection System，IDS）是一种对网络传输进行即时监视，在发现可疑传输时发出警报或者采取主动反应措施的网络安全设备，如图 1.19 所示。它与其他网络安全设备的不同之处在于，IDS 是一种积极主动的安全防护技术。不同于防火墙，IDS 是一个监听设备，没有跨接（串连）在任何链路上，无须网络流量流经它便可以工作。因此，对 IDS 进行部署的唯一要求是：IDS 应当挂接（并连）在所有关注流量都必须流经的链路上。

（6）入侵防御系统。入侵防御系统（Intrusion Prevention System，IPS）是一种网络安全防护设备，能够监视网络或网络设备的网络资料传输行为，及时地中断、调整或隔离一些不正常或具有伤害性的网络资料传输行为，如图 1.20 所示。

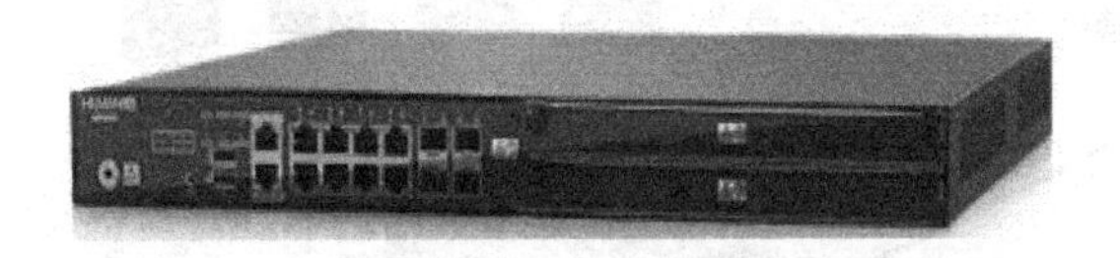

图 1.19　入侵检测系统

图 1.20　入侵防御系统

入侵防御系统也像入侵检测系统一样，专门深入网络数据内部，查找它所认识的攻击代码特征，过滤有害数据流，丢弃有害数据包，并进行记载，以便进行事后分析。更重要的是，大多数入侵防御系统会结合应用程序或网络传输中的异常情况，来辅助识别入侵和攻击。入侵防御系统一般作为防火墙和防病毒软件的补充工具，必要时它还可以为追究攻击者的刑事责任提供法律上的有效证据。

（7）无线控制器（AC）/无线接收器（AP）

无线控制器是一种网络设备，它是一个无线网络的核心，负责管理无线网络中的“瘦 AP（只做收发信号）”，包括下发配置、修改相关配置参数、射频智能管理等，如图 1.21 和图 1.22 所示。传统的无线覆盖模式是用一个家庭式的无线路由器（简称“胖 AP”）覆盖部分区域，此种模式覆盖比较分散，只能覆盖部分区域，且不能集中管理，不支持无缝漫游。目前的 WiFi 网络覆盖，多采用 AC+AP 的覆盖方式（在无线网络中有一个 AC、多个 AP），此模式应用于大中型企业中，有利于无线网络的集中管理，多个无线发射器能统一发射一个信号（SSID），并且支持无缝漫游和 AP 射频的智能管理。与传统的覆盖模式相比，有本质的提升。

图 1.21　无线控制器（AC）

图 1.22　无线接收器（AP）

AC+AP 的覆盖模式，顺应了无线通信智能终端的发展趋势，随着智能手机、平板电脑等移动智能终端设备的普及，无线 WiFi 的需求不可或缺。

1.1.3　计算机网络类别

根据需要，可以将计算机网络分成不同类别，按照覆盖的地理范围进行划分，可分为局域网、城域网、广域网等。

1．局域网（Local Area Network，LAN）

局域网用于将有限范围内（如一个实验室、一栋大楼、一个校园、一个企业等）的各种计算机、终端与外部设备互连成网络，如图 1.23 所示。局域网按照采用的技术、应用范围和协议标准的不同，可以分为共享局域网和交换局域网。

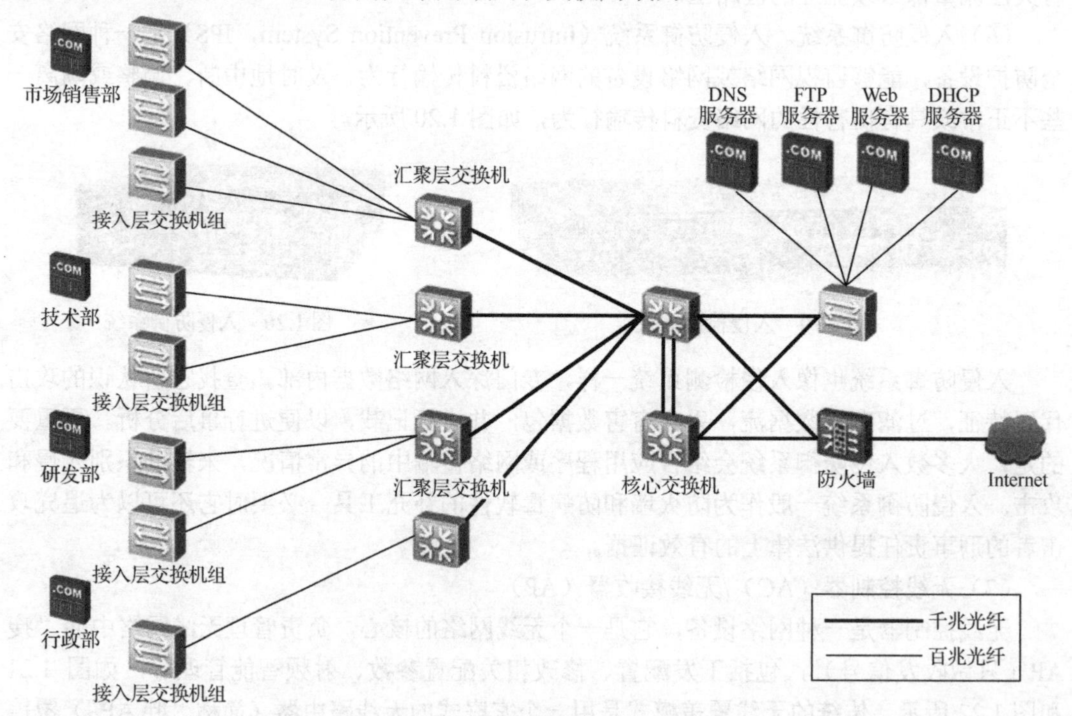

图 1.23　某企业局域网拓扑图

局域网的特点：限于较小的地理区域内，覆盖范围一般不超过 2 千米，通常是由一个单位组建并拥有的，并且组建简单、灵活，使用方便。

2．城域网（Metropolitan Area Network，MAN）

城市地区网络常常简称为“城域网”，目标是要满足几十千米范围内的大量企业、机关、公司的多个局域网互连的需求，以实现大量用户之间的数据、语音、图形与视频等信息的传输功能，如图 1.24 所示。其实城域网基本上是一种大型的局域网，通常使用与局域网相似的技术，把它单列为一类的主要原因是它有单独的一个标准而且被应用了。城域网的地理范围可从几十千米到上百千米，可覆盖一个城市或地区，是一种中等形式的网络。

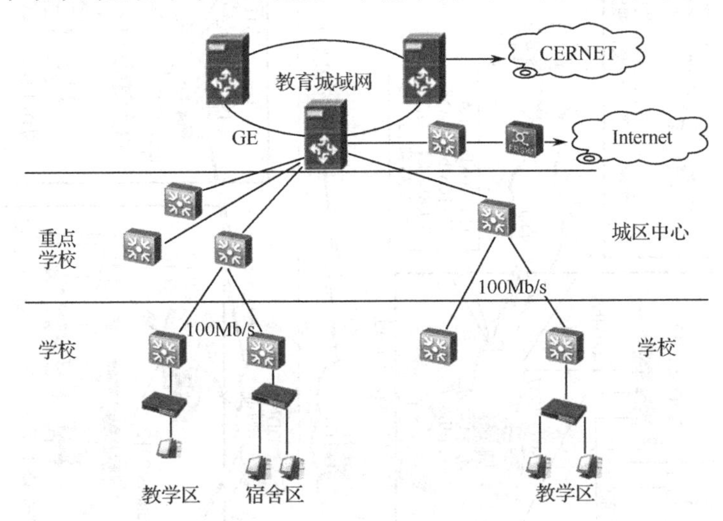

图 1.24　教育城域网拓扑图

3．广域网（Wide Area Network，WAN）

广域网也称为远程网，覆盖的地理范围从几十千米到几千千米。广域网可以覆盖一个国家、地区，或者横跨几个洲，形成国际性的远程网络，如图 1.25 所示。广域网的通信子网主要使用分组交换技术，可以利用公用分组交换网、卫星通信网和无线分组交换网，将分布在不同地区的计算机系统互连起来，达到资源共享的目的。

1.1.4　网络拓扑结构

网络拓扑结构图是指由网络节点设备和通信介质构成的网络结构图。网络拓扑定义了各种计算机、打印机、网络设备和其他设备的连接方式，换句话说，网络拓扑描述了线缆和网络设备的布局，以及数据传输时所采用的路径。网络拓扑会在很大程度上影响网络的工作方式。

网络拓扑包括物理拓扑和逻辑拓扑。物理拓扑是指物理结构上各种设备和传输介质的布局，通常有总线型、星形、环形、网状、树形等几种类型。

1．总线型拓扑结构

总线型拓扑结构是普遍采用的一种类型，它将所有的联网计算机接入到一条通信线路上，为防止信号反射，一般在总线两端连有终结器匹配线路阻抗，如图 1.26 所示。

总线型拓扑结构的优点是信道利用率较高，结构简单，价格相对便宜。缺点是同一时刻只能有两个网络节点相互通信，网络延伸距离有限，网络容纳节点数量有限。在总线上只要有一个点出现连接问题，就会影响整个网络的正常运行。目前在局域网中多采用此种结构。

2．环形拓扑结构

环形拓扑结构是将各台联网的计算机用通信线路连接成一个闭合的环，如图 1.27 所示。

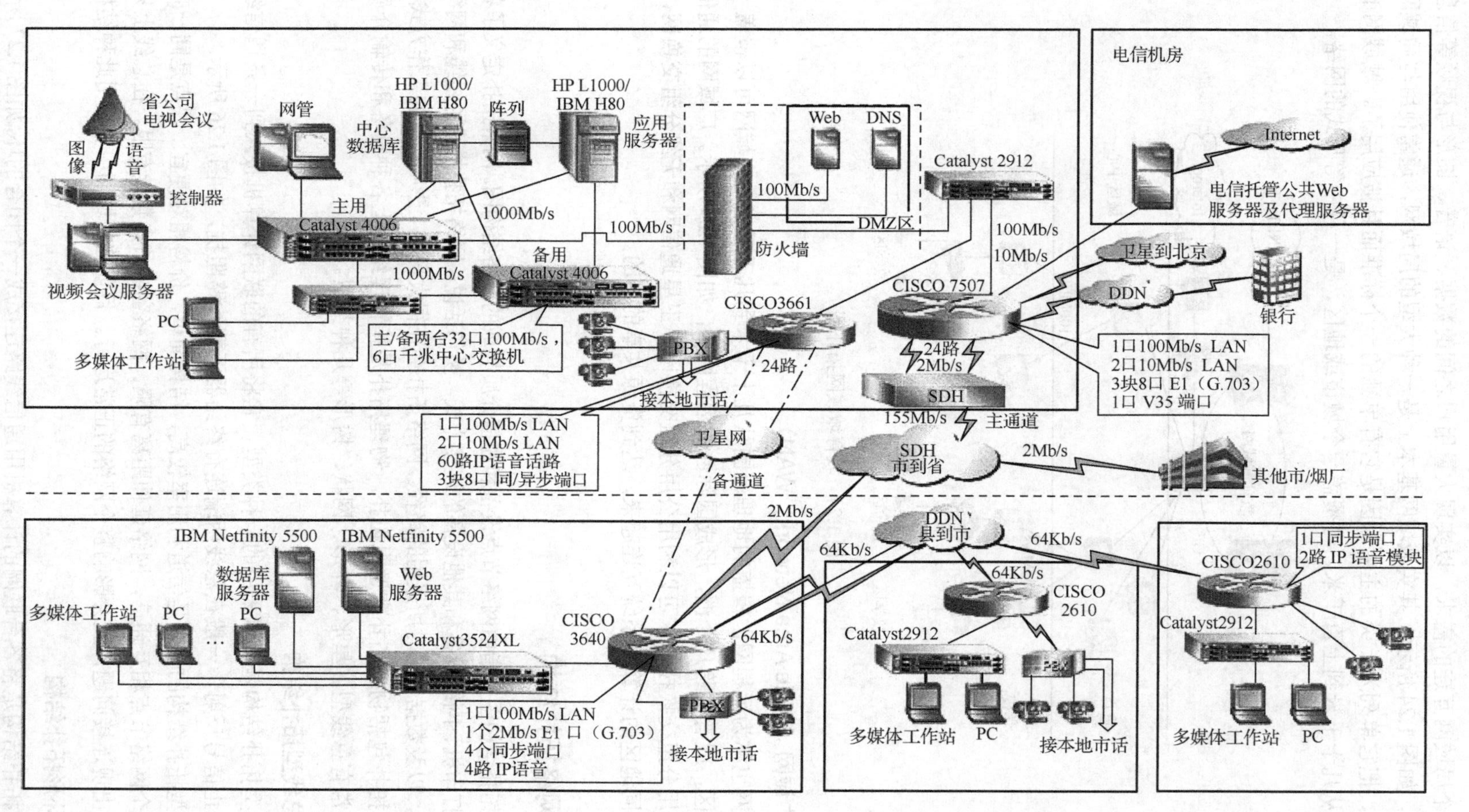
省公司
电视会议
图像
语音
控制器
视频会议服务器
网管
HP L1000/
IBM H80
中心
数据库
阵列
HP L1000/
IBM H80
应用
服务器
主用
Catalyst 4006
1000Mb/s
备用
Catalyst 4006
1000Mb/s
100Mb/s
PC
多媒体工作站
主/备两台32口100Mb/s，
6口千兆中心交换机
Web
DNS
100Mb/s
DMZ区
防火墙
Catalyst 2912
100Mb/s
10Mb/s
CISCO3661
PBX
24路
接本地市话
1口100Mb/s LAN
2口10Mb/s LAN
60路IP语音话路
3块8口 同/异步端口
CISCO 7507
24路
2Mb/s
SDH
155Mb/s
主通道
1口100Mb/s LAN
2口10Mb/s LAN
3块8口 E1（G.703）
1口 V35 端口
电信机房
Internet
电信托管公共Web
服务器及代理服务器
卫星到北京
DDN
银行
卫星网
备通道
SDH
市到省
2Mb/s
其他市/烟厂
2Mb/s
IBM Netfinity 5500
IBM Netfinity 5500
数据库
服务器
Web
服务器
多媒体工作站
PC
PC
Catalyst3524XL
CISCO
3640
64Kb/s
PBX
接本地市话
1口100Mb/s LAN
1个2Mb/s E1 口（G.703）
4个同步端口
4路 IP语音
DDN
县到市
64Kb/s
64Kb/s
64Kb/s
CISCO
2610
Catalyst2912
PBX
多媒体工作站
PC
接本地市话
1口同步端口
2路 IP 语音模块
CISCO2610
Catalyst2912
多媒体工作站
PC

图1.25 广域网拓扑图

环形拓扑是一个点到点的环形结构，每台设备都直接连到环上，或者通过一个端口设备和分支电缆连到环上。初始安装时，环形拓扑结构的网络比较简单，但随着网络节点的增加，重新配置的难度就会增加，因此对环的最大长度和环上设备的总数有限制。这种网络可以很容易地找到电缆的故障点，但是受故障影响的设备范围大，在单环系统上出现的任何错误，都会影响网络上的所有设备。

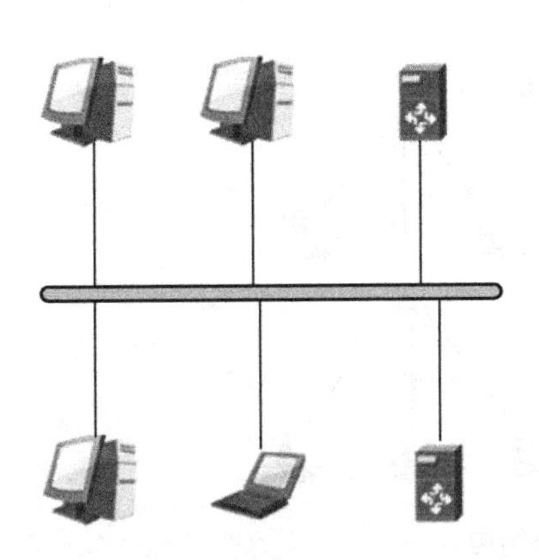

图 1.26　总线型拓扑结构

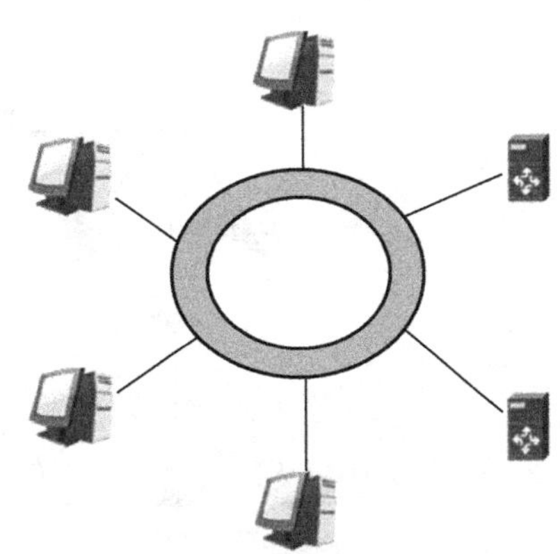

图 1.27　环形拓扑结构

3．星形拓扑结构

星形拓扑结构是以一个节点为中心的处理系统，各种类型的联网机器均与该中心节点有直接相连的物理链路，如图 1.28 所示。

星形拓扑结构的优点是结构简单、建网容易、控制相对简单。其缺点是集中控制使得主节点负载过重，可靠性低，通信线路利用率低。

4．网状拓扑结构

网状拓扑结构分为全连接网状和不完全连接网状两种形式：在全连接网中，每个节点和网络中的其他节点均有链路连接；在不完全连接网中，两个节点之间不一定有直接链路连接，它们之间的通信依靠其他节点转接。

这种网络的优点是节点间路径多，碰撞和阻塞的可能性大大减少，局部的故障不会影响整个网络的正常工作，可靠性高；网络扩充和主机联网比较灵活、简单。但这种网络关系复杂，建网不易，网络控制机制复杂。广域网中一般用不完全连接网状结构，如图 1.29 所示。

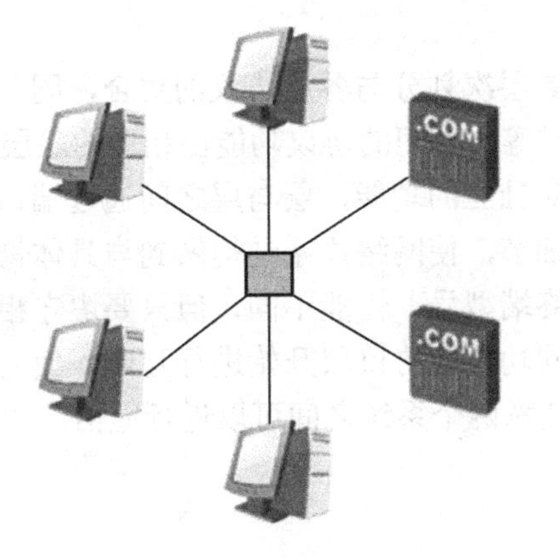

图 1.28　星形拓扑结构

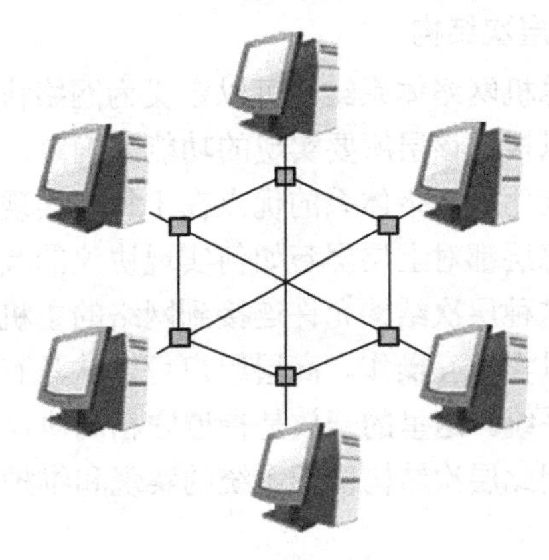

图 1.29　网状拓扑结构

5．树形拓扑结构

树形拓扑结构是从总线型拓扑结构演变而来的，其形状像一棵倒置的树，顶端是树根，树根以下带分支，每个分支还可再带子分支，树根接收各站点发送的数据，然后再广播发送到全网，如图 1.30 所示。这种网络结构扩展性好，容易诊断错误，但对根部要求较高。

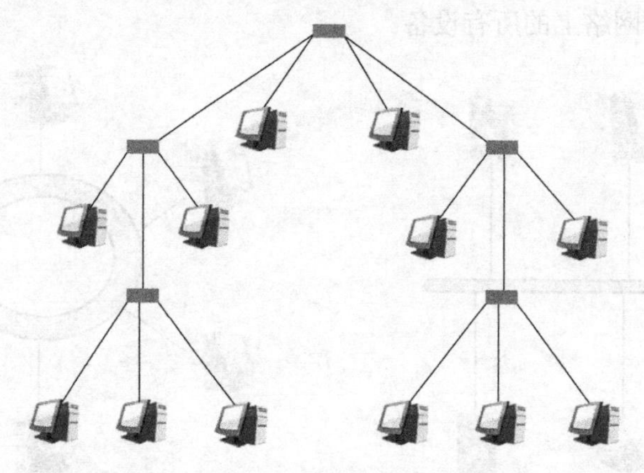

图 1.30　树形拓扑结构

1.2　网络体系结构及其协议

1.2.1　网络体系结构

网络体系结构和网络协议是计算机网络技术中两个基本的概念。下面我们从网络层次结构、服务和协议的基本概念出发，理解一下网络中基本的概念。

1．什么是网络协议

在生活中，我们对通信协议并不陌生，一种语言本身就是一种协议。例如，在我们请假时，假条内容的格式就是一种协议。在计算机中，计算机网络由多台主机组成，主机之间需要不断地交换数据，若要做到有条不紊地交换数据，就需要事先约定好通信规则，而这些为网络数据交换制定的通信规则，我们将它们称为网络协议（Protocol）。

2．层次结构

计算机网络体系结构可以定义为网络协议的层次划分与各层协议的集合，同一层中的协议可以根据该层所要实现的功能来确定，各对等层之间的协议功能由相应的底层提供。

层次化的网络体系的优点在于每层实现相对独立的功能，层与层之间通过端口来提供服务，每层都对上层屏蔽如何实现协议的具体细节，使网络体系结构做到与具体物理实现无关。这种层次结构允许连接到网络的主机和终端型号、性能不同，但只要遵守相同的协议就可以实现互操作。高层用户可以从具有相同功能的协议层开始进行互连，使网络成为开放式系统。这里的开放是指遵守相同协议的任意两个系统之间可以进行通信，如图 1.31 所示。因此层次结构便于系统的实现和维护。

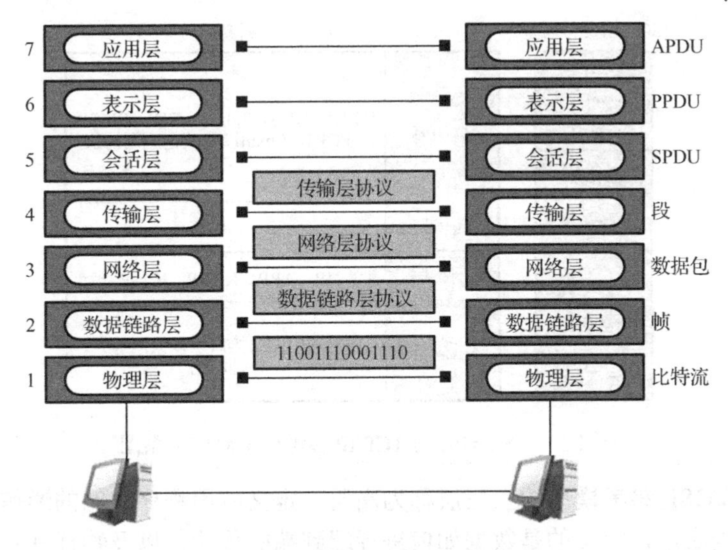

图 1.31　对等层通信

在对等层之间进行通信时，数据传送方式并不是由第 N 层发送方直接发送到第 N 层接收方，而是每层都把数据和控制信息组成的报文分组传输到它的相邻低层，直到传输到物理传输介质为止。在接收数据时，则由每层从它的相邻低层接收相应的分组数据，并且去掉与本层有关的控制信息，将有效数据传送给其相邻上层，如图 1.32 所示。

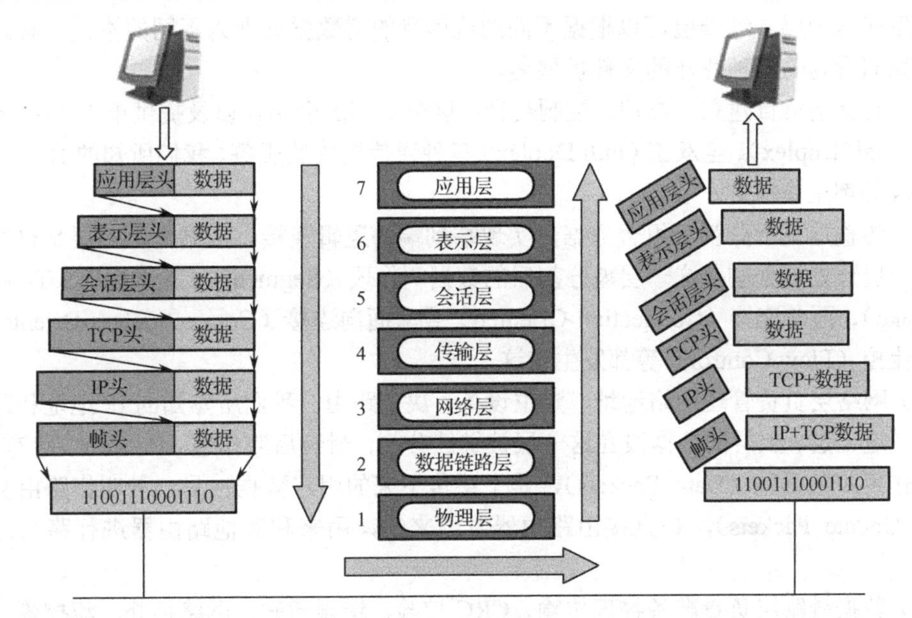

图 1.32　数据解封装

3．ISO/OSI 与 TCP/IP 参考模型

开放式系统互联（Open System Interconnect，OSI），也被称为 OSI 参考模型，是国际标准化组织（International Standards Organization，ISO）在 1985 年研究的网络互联模型。OSI 协议晚于 TCP/IP 协议。

ISO/OSI 参考模型将计算机网络通信协议分为 7 层，TCP/IP 参考模型分为 4 层，其与 ISO/OSI 参考模型的对应关系如图 1.33 所示。

ISO/OSI参考模型	TCP/IP参考模型	
应用层	应用层	HTTP，DNS，Telnet，FTP，SMTP，POP3，Email以及其他应用协议
表示层		
会话层		
传输层	传输层	TCP，UDP
网络层	网络层	IP，ARP，RARP，ICMP
数据链路层	网络接口层	各种通信网络接口（以太网等）物理网络
物理层		

图 1.33　ISO/OSI 与 TCP/IP 参考模型对应关系图

其中，ISO/OSI 参考模型的上三层称为高层，定义应用程序之间的通信和人机交互界面；下四层称为底层，定义的是数据如何进行端到端的传输，以及物理规范和数据与光电信号间的转换。

（1）应用层，就是应用程序。这一层负责确定通信对象，并确保有足够的资源用于通信，这些都是需要通信的应用程序完成的事情。

（2）表示层负责数据的编码、转化，确保应用层的正常工作，如同应用程序和网络之间的翻译官，将我们的语言与机器语言进行相互转化。数据的压缩、解压，以及加密、解密都发生在这一层。这一层可以根据不同的应用目的将数据处理为不同的格式，其外在表现就是我们看到的各种各样的文件扩展名。

（3）会话层负责建立、维护、控制会话，区分不同的会话，以及提供单工（Simplex）、半双工（Half Duplex）、全双工（Full Duplex）三种通信模式的服务。我们所知的 NFS、RPC、Windows 等都工作在这一层。

（4）传输层负责分割、组合数据，实现端到端的逻辑连接。数据在上三层是整体的，到了这一层开始被分割，这一层被分割后的数据叫作段（Segment）。三次握手（Three-way Handshake）、面向连接（Connection-Oriented）或非面向连接（Connectionless-Oriented）的服务、流控（Flow Control）等都发生在这一层。

（5）网络层负责管理网络地址、定位设备、决定路由。我们所熟知的 IP 地址和路由器都工作在这一层。上层的数据段在这一层被继续分割，封装后叫作包（Packet）。包有两种，一种叫作用户数据包（Data Packets），是上层传下来的用户数据；另一种叫作路由更新包（Route Update Packets），是直接由路由器发出来的，用来和其他路由器进行路由信息的交换。

（6）数据链路层负责准备物理传输、CRC 校验、错误通知、网络拓扑、流控等。我们所熟知的 MAC 地址和交换机都工作在这一层。上层传下来的包在这一层被分割封装后叫作帧（Frame）。

（7）物理层就是实实在在的物理链路，负责将数据以比特流的方式发送、接收。

TCP/IP 协议并不完全符合 OSI 的七层参考模型。传统的开放式系统互联参考模型，是一种通信协议的七层抽象的参考模型，其中每层执行某一特定任务。该模型的目的是使各种硬件在相同的层次上相互通信。而 TCP/IP 通信协议采用了四层的层级结构，每层都呼叫它的下一层所提供的网络来完成自己的需求，这四层如下所述。

（1）应用层是应用程序间沟通的层，如简单电子邮件传输（SMTP）、文件传输协议（FTP）、网络远程访问协议（Telnet）等。

（2）传输层提供了节点间的数据传送服务，如传输控制协议（TCP）、用户数据报协议（UDP）等，TCP 和 UDP 负责给数据包加入传输数据并把它传输到下一层中。这一层负责传送数据，并且确定数据已被送达并被接收。

（3）网络层负责提供基本的数据封包传送功能，让每块数据包都能够到达目的主机（但不检查是否被正确接收）。

（4）网络端口层对实际的网络媒体进行管理，定义如何使用实际网络（如 Ethernet、Serial Line 等）来传送数据。

1.2.2 网络协议

1. TCP（Transmission Control Protocol）协议

TCP 协议属于传输层协议，为传输层提供可靠的数据传输，它提供的服务包括数据流传送、可靠性、有效流控、全双工操作和多路复用等。通俗地说，TCP 协议会事先为所发送的数据开辟出连接好的通道，然后再进行数据发送。

2. UDP（User Datagram Protocol）协议

UDP 协议属于传输层协议，但不能为传输层提供可靠传输、流控或差错恢复功能。一般来说，TCP 协议对应的是可靠性要求高的应用，而 UDP 协议对应的则是可靠性要求低、传输经济的应用。TCP 协议支持的应用层协议主要有 Telnet、FTP、SMTP 等，UDP 支持的应用层协议主要有 NFS（网络文件系统）、SNMP（简单网络管理协议）、DNS（主域名称系统）、TFTP（通用文件传输协议）等。

3. IP（Internet Protocol）协议

IP 协议将多个包交换网络连接起来，在源地址和目的地址之间传送数据包，还提供对数据大小的重新组装功能，以适应不同网络对包大小的要求。

IP 协议不提供可靠的传输服务，不提供端到端的或（路由）节点到（路由）节点的确认，对数据没有差错控制，它只使用报头的校验码，不提供重发和流量控制。如果出现错误，则可以通过 ICMP 来报告，而 ICMP 可以在 IP 模块中实现。

IP 协议的两个基本功能为：寻址和分段。IP 协议可以根据数据包报头中包含的目的地址将数据包传送到目的地，在此过程中 IP 协议负责选择传送的道路，这种选择道路的功能被称为路由功能。如果有些网络内只能传送小数据包，则 IP 协议可以将数据包重新组装并在报头域内注明。

1.3 IP 地址划分

1. IP 地址简介

IP 地址是用来唯一标识互联网上计算机的逻辑地址。网关或路由器可以根据 IP 地址将数据帧传送到它们的目的地，直到数据帧到达本地网络，硬件地址才发挥作用。

IP地址由32位二进制码组成，通常表现为4组8位二进制数，再将二进制数转换成等效的十进制数，并用"."分隔，如202.101.55.98，这个数字就代表了一台计算机在互联网上的唯一标识。

网络地址127.×.×.×已经分配给当地回路地址，这个地址用于提供对本地主机进行网络配置的测试。

当IP地址中的主机地址位设置为0时，它标识为一个网段，而不是哪个网段上的特定的一台主机，如192.168.1.0。

当IP地址中的所有位都设置为1时，即产生的地址255.255.255.255，用于向所有网络中的所有主机发送广播消息，叫作泛洪广播。

子网掩码用来确认一台计算机的网络地址，使用4组8位二进制数表示，某位为"1"则代表该位对应的IP地址的相应位上的数字表示的是子网标识，用以唯一确定该子网；否则为计算机地址，用以区分子网中的其他计算机。

例如，IP地址192.168.10.48，子网掩码255.255.255.0，则IP地址192.168.10.0为网络地址，以192.168.10.×为IP地址的计算机属于一个网段，这些计算机之间的通信不通过网络或路由器等设备。

2．IP地址的分类

（1）A类地址。

网络	主机	主机	主机
0×××××××			

网络地址：0～127（128个网络，但只有126个可用），其中0.0.0.0为默认地址，用于路由器；127.×.×.×为测试回路地址。

每个网络支持的最大主机数：16777216-2。例如，A类IP地址16.199.184.1 255.0.0.0。

（2）B类地址。

网络	主机	主机	主机
10××××××			

网络地址：128～191（16384个网络）。

每个网络支持的最大主机个数：65536-2。例如，B类IP地址168.199.184.5 255.255.0.0。

（3）C类地址。

网络	主机	主机	主机
110×××××			

网络地址：192～223（2097152个网络）。

每个网络支持的最大主机个数：256-2，例如，C类IP地址202.199.184.10 255.255.255.0。

（4）D 类地址。

网络	组播组	组播组	组播组
1110××××			

网络地址：224～239。保留用作组播地址，其范围为 224.0.0.0～239.255.255.255。

（5）E 类地址。

网络	保留	保留	保留
1111××××			

网络地址：240～255。保留用作实验用途。

（6）三类私有地址。

A 类：10.0.0.0～10.255.255.255。

B 类：172.16.0.0～172.31.255.255。

C 类：192.168.0.0～192.168.255.255。

1.4 常用网络测试命令

在网络设备调试过程中，经常需要使用测试命令对网络进行测试，查看网络的运行情况。下面介绍常用的 ping、tracert、ipconfig、arp 等测试命令的用法。

1．ping 命令

ping 命令用于测试两台设备之间的连通性。当网络出现故障时，为了查询故障位置，使用 ping 命令发送一些小的数据包，如果发送数据包的主机能够接收到目标主机返回的响应数据包，可判定从发送数据包的主机到达目标主机之间的网络是连通的，否则说明两主机之间的网络不通，可以继续使用 ping 命令查找故障位置。

ping 命令的格式如下：

```
C:\>ping [-t] [-n count] [-l size] 目标 IP 地址
```

其中：

-t：使当前主机不断地向目标主机发送数据，直到按【Ctrl+C】组合键中断。

-n count：指定要执行多少次 ping 命令，count 为正整数值。默认情况下为 4。

-l size：发送数据包的大小。默认情况下为 32 字节。

例如：使用 C:\>ping 192.168.1.100 –t 命令，不断地向主机 192.168.1.100 发送数据包，直到按【Ctrl+C】组合键中断。

```
C:\>ping 192.168.1.100 -t
正在 Ping 192.168.1.100 具有 32 字节的数据:
来自 192.168.1.100 的回复: 字节=32 时间<1ms TTL=128
来自 192.168.1.100 的回复: 字节=32 时间<1ms TTL=128
来自 192.168.1.100 的回复: 字节=32 时间<1ms TTL=128
来自 192.168.1.100 的回复: 字节=32 时间<1ms TTL=128
来自 192.168.1.100 的回复: 字节=32 时间<1ms TTL=128
来自 192.168.1.100 的回复: 字节=32 时间<1ms TTL=128
```

```
来自 192.168.1.100 的回复: 字节=32 时间<1ms TTL=128
192.168.1.100 的 Ping 统计信息:
    数据包: 已发送 =7，已接收 =7，丢失 =0 (0% 丢失),
往返行程的估计时间(以毫秒为单位):
    最短 =0ms，最长 =0ms，平均 =0ms
Control-C
^C
C:\>
```

例如：使用 C:\>ping 192.168.1.100 命令测试，从本机到达目标主机 192.168.1.100 的网络是否连通。

```
C:\>ping 192.168.1.100
正在 Ping 192.168.1.100 具有 32 字节的数据:
来自 192.168.1.100 的回复: 字节=32 时间<1ms TTL=128
来自 192.168.1.100 的回复: 字节=32 时间<1ms TTL=128
来自 192.168.1.100 的回复: 字节=32 时间<1ms TTL=128
来自 192.168.1.100 的回复: 字节=32 时间<1ms TTL=128
192.168.1.100 的 Ping 统计信息:
    数据包: 已发送 =4，已接收 =4，丢失 =0 (0% 丢失),
往返行程的估计时间(以毫秒为单位):
    最短 =0ms，最长 =0ms，平均 =0ms
C:\>
```

2. tracert 命令

上面介绍的 ping 命令只能测试数据包从源主机到达目标主机的网络是否连通，但是并不知道数据包经过了哪些路径后才到达目标主机。为了测试数据包到达目标主机过程中所走过的路径，可以使用 tracert 命令。tracert 命令用于跟踪数据包经过路由器或三层交换机的节点位置，进而获得数据包所走过的路径信息。

tracert 命令的格式如下：

```
C:\>tracert ip-address
```

其中，*ip-address* 为目标主机 IP 地址。

例如：测试本机到 www.jd.com 网站所走过的路径。

```
C:\Users\Administrator>tracert -4 www.jd.com
通过最多 30 个跃点跟踪
到 img2x-v6-sched.jcloudedge.com [221.180.195.131] 的路由:
  1     <1 毫秒    <1 毫秒    <1 毫秒  192.168.1.1
  2      3 ms       3 ms       3 ms   10.33.0.1
  3      *          *          *      请求超时。
  4      4 ms       3 ms       3 ms   211.137.47.109
  5      *          *          *      请求超时。
  6     22 ms      55 ms      10 ms   221.180.241.22
  7     11 ms       6 ms       5 ms   172.20.136.42
  8      3 ms       3 ms       3 ms   221.180.195.131
跟踪完成。
C:\Users\Administrator>
```

从上述测试结果看出从本机到达 www.jd.com 所走过的路径，其中“*”表示超时。

3. ipconfig 命令

ipconfig 命令用于查看主机网卡的 MAC 地址、IP 地址、子网掩码及默认网关等信息。

ipconfig 命令的格式如下：

```
C:\>ipconfig [/all]
```

其中，/all 表示显示所有的配置信息。

例如：C:\>ipconfig /all 显示主机网卡的所有配置信息。

```
以太网适配器 本地连接:
   连接特定的 DNS 后缀 ..:
   描述.........: Intel(R) Ethernet Connection I217-LM
   物理地址.......: D4-3D-7E-22-66-41
   DHCP 已启用 .....: 否
   自动配置已启用.....: 是
   IPv4 地址 ......: 192.168.1.100(首选)
   子网掩码 .......: 255.255.255.0
   默认网关.......: 192.168.1.1
   DNS 服务器 .....  : 101.198.199.200
   TCPIP 上的 NetBIOS  .  : 已启用
```

4. arp 命令

大家知道，只知道目标主机的 IP 地址还不能将数据包发送出去，还必须知道目标主机 IP 地址对应的 MAC 地址才行。从 IP 地址查询到 MAC 地址的工作由 ARP 协议完成。为了查看本机是否获得了相关 IP 地址对应的 MAC 地址，使用 arp 命令查询 ARP 表。

arp 命令格式如下：

```
C:\>arp –a
```

其中，*-a* 表示当前 ARP 协议数据。

```
C:\>arp -a
接口: 192.168.1.100 --- 0xb
  Internet 地址          物理地址               类型
  192.168.1.1           04-b0-e7-ae-2a-f1      动态
  192.168.1.4           88-44-77-91-bb-91      动态
  192.168.1.22          70-20-84-a0-5b-8e      动态
  192.168.1.255         ff-ff-ff-ff-ff-ff      静态
  224.0.0.22            01-00-5e-00-00-16      静态
  224.0.0.251           01-00-5e-00-00-fb      静态
  224.0.0.252           01-00-5e-00-00-fc      静态
  239.255.255.250       01-00-5e-7f-ff-fa      静态
  255.255.255.255       ff-ff-ff-ff-ff-ff      静态
```

在学习了网络基础知识后，我们可以进一步学习网络的相关扩展知识，进一步加深对计算机网络的理解，若已掌握此部分内容则可以略过。

1.5 Visio 工具软件的使用

在网络工程配置方案中，经常需要描述网络的拓扑结构，所以准确、熟练地绘制网络拓扑图是每个工程技术人员必备的基本技能之一。目前常用微软公司的 Visio 软件绘制网络拓扑图，下面简单介绍 Visio 软件的使用方法。

（1）选择【开始】→【程序】→【Visio 软件】命令，进入 Microsoft Visio 软件主界面，如图 1.34 所示。

（2）选择【网络】选项，如图 1.35 所示，双击【基本网络图】图标，进入绘图面板，如图 1.36 所示。

（3）根据需要选择相应的图标，拖入绘图面板中，并选择合适的线型与颜色，利用绘图工具绘制连线。在完成绘图后，选中绘制的全部图形，或选择相应的图标，单击鼠标右键，在弹出的快捷菜单中选择【形状】命令，可以进行相应的设置；选择【组合】命令，可以将绘制的图形组合成一个整体图形，如图 1.37 所示。另外，也可以选择绘制好的图形，复制到剪切板中，再粘贴到 Word 文档中使用。

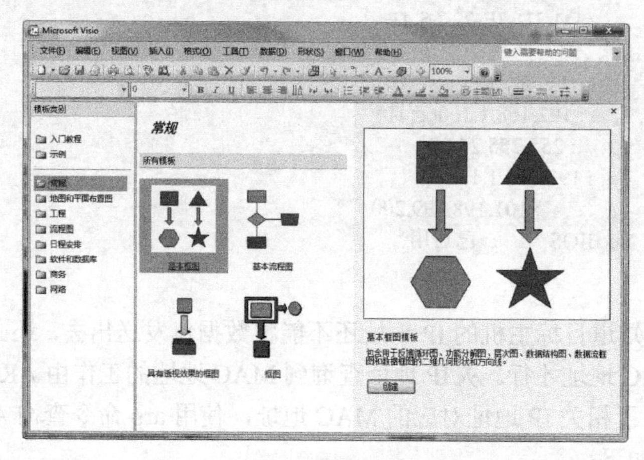

图 1.34　Microsoft Visio 软件主界面

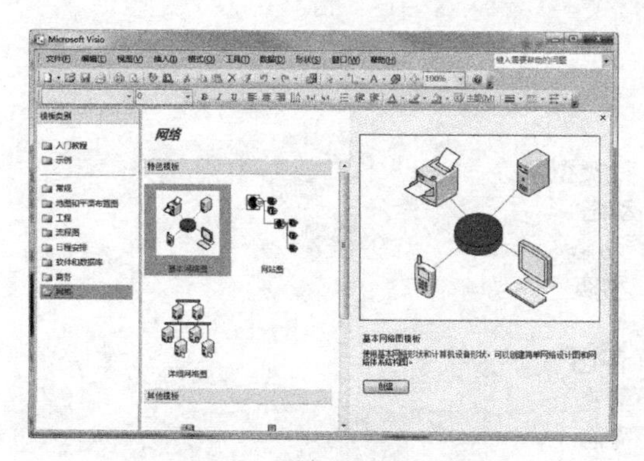

图 1.35　Visio 软件基本网络图

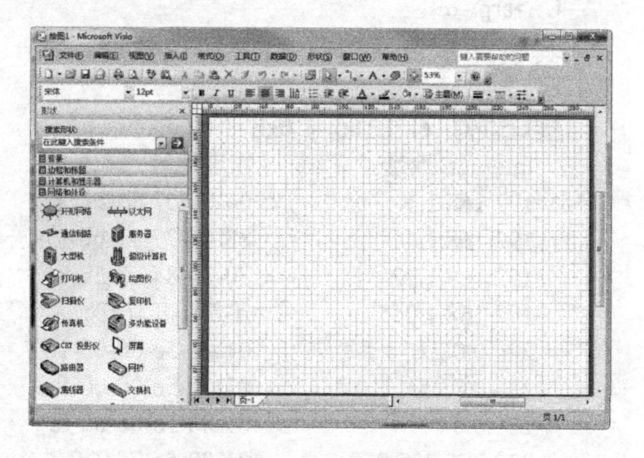

图 1.36　Visio 软件绘图面板

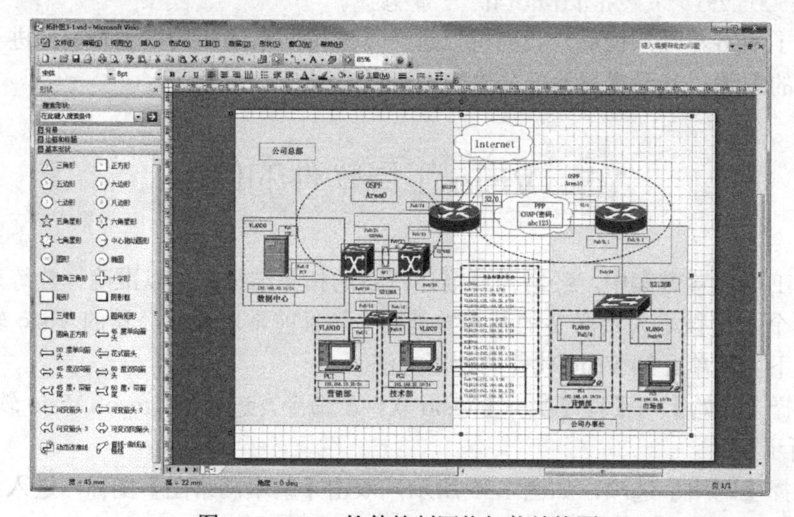

图 1.37　Visio 软件绘制网络拓扑结构图

1.6 eNSP 工具软件的使用

随着华为网络设备得到越来越广泛的使用，学习华为网络路由知识的人也越来越多。eNSP 软件因为能很好地模拟路由交换的各种实验而得到广泛应用，下面简单介绍 eNSP 软件的使用方法。

（1）打开 eNSP 软件，如图 1.38 所示，选择【新建拓扑】选项，进入 eNSP 软件绘图配置界面，如图 1.39 所示。

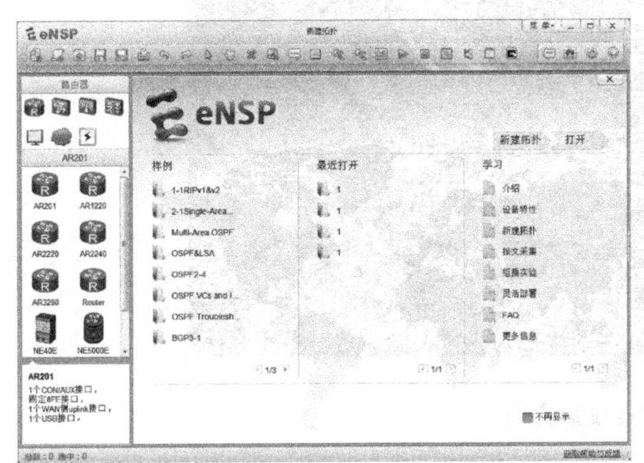

图 1.38 eNSP 软件主界面

图 1.39 eNSP 软件绘图配置界面

（2）可以选择【路由器】【交换机】【无线局域网】【防火墙】【终端】【其他设备】【设备连线】等选项，每个选项下面对应不同的设备型号，可以进行相应的选择操作，选择不同的设备或连线拖曳到 eNSP 软件绘制面板中，也可以为设备添加标签，标示设备地址、名称等信息，如图 1.40 所示。

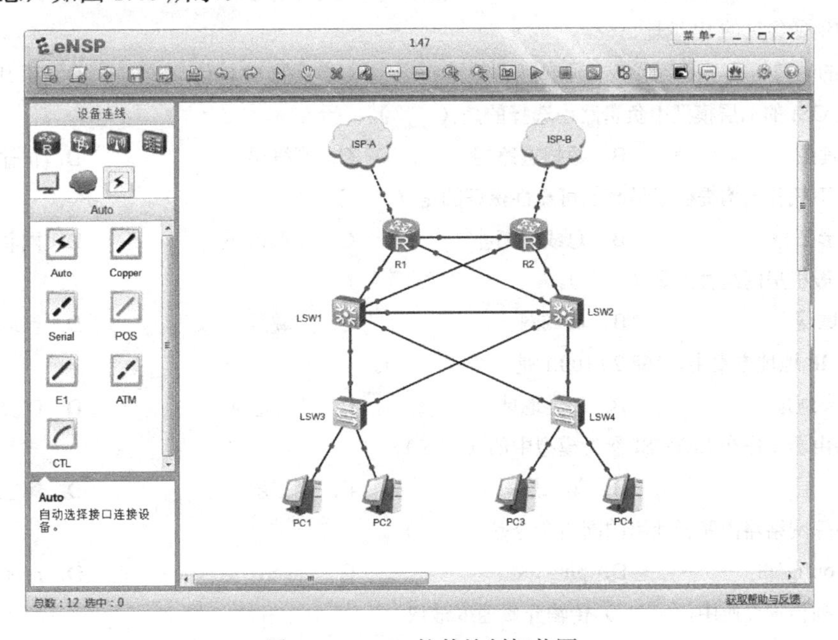

图 1.40 eNSP 软件绘制拓扑图

（3）选择相应的设备，单击鼠标右键，可以启动设备，选择【CLI】选项，可以进入配置设置界面，进行相应的配置，如图 1.41 所示。

```
LSW1
#
interface Ethernet0/0/21
#
interface Ethernet0/0/22
#
interface GigabitEthernet0/0/1
#
interface GigabitEthernet0/0/2
#
interface NULL0
#
rip 1
 network 192.168.3.0
 network 192.168.2.0
#
user-interface con 0
user-interface vty 0 4
#
port-group default
#
return

[Huawei]quit
<Huawei>sys
Enter system view, return user view with Ctrl+Z.
[Huawei]
```

图 1.41　配置设置界面

练　习　题

1．选择题

（1）tracert 诊断工具记录下每个 ICMP TTL（生存时间）超时消息的（　　），从而可以向用户提供报文到达目的地所经过的 IP 地址。

A．目的端口　　B．源端口　　C．目的 IP 地址　　D．源 IP 地址

（2）在 OSI 的七层模型中负责路由选择的是（　　）。

A．物理层　　B．数据链路层　　C．网络层　　D．传输层

（3）以下拓扑结构提供了最高的可靠性保证的是（　　）。

A．星形拓扑　　B．总线型拓扑　　C．环形拓扑　　D．网状拓扑

（4）一般机房网络类型是（　　）。

A．局域网　　B．城域网　　C．广域网　　D．互联网

（5）在 IP 地址方案中，168.20.100.1 是一个（　　）。

A．A 类地址　　B．B 类地址　　C．C 类地址　　D．D 类地址

（6）路由器工作在 ISO/OSI 参考模型中的（　　）。

A．第一层　　B．第二层　　C．第三层　　D．第三层以上

（7）跟踪网络路由路径使用的网络命令是（　　）。

A．ipconfig/all　　B．ping　　C．tracert　　D．netstat

（8）下列传输介质中，（　　）传输介质速度最快。

A．无线介质　　B．双绞线　　C．同轴电缆　　D．光纤

2. 简答题

（1）什么是计算机网络？常用的网络连接设备有哪些？

（2）计算机网络按照覆盖的地理范围可以分为几类？

（3）常用的网络拓扑结构分为几类？

（4）ISO/OSI 与 TCP/IP 参考模型的联系与区别是什么？

（5）常用的网络测试命令有哪些？

项目二 交换技术基础

教学目标、知识点：

1．了解以太网技术发展，掌握其传输标准。
2．掌握以太网帧结构，掌握以太网冲突域和广播域。
3．认识交换机设备，掌握交换机工作原理。
4．了解交换机访问方式，掌握配置交换机安全登录及初始化配置。

2.1 以太网基础

2.1.1 以太网技术发展

1．以太网基本概念

以太网（Ethernet）实现了网络无线电系统多个节点发送信息的想法，每个节点必须获取电缆或者信道的信号才能传送信息。这个名字来源于19世纪的物理学家假设的电磁辐射媒体光以太，后来的研究证明光以太不存在。以太网上的每个节点都有全球唯一的48位地址，也就是制造商分配给网卡的MAC地址，以保证所有节点能互相鉴别。由于以太网十分普遍，因此许多制造商把以太网卡直接集成在计算机主板上。

以太网是一种计算机局域网技术，它是由施乐（Xerox）公司创建的，并由施乐公司、英特尔公司（Intel Corp.）和数字设备公司（Digital Equipment Crop.）联合开发公布了以太网的技术规范，由IEEE组织的IEEE802.3标准制定了以太网的技术标准，它规定了包括物理层的连线、电子信号和介质访问层协议在内的内容。以太网是目前应用最普遍的局域网技术，取代了其他局域网标准，如令牌环、FDDI和ARCNET等。以太网与IEEE802.3系列标准相类似，包括标准的以太网（10Mb/s）、快速以太网（100Mb/s）和10G（10Gb/s）以太网等，它们都符合IEEE802.3技术标准。

以太网的标准拓扑结构为总线型拓扑，但目前的快速以太网（100BASE-T、1000BASE-T标准）为了减少冲突，将能提高的网络速度和使用效率最大化，并使用集线器来进行网络连接和组织。如此一来，以太网的拓扑结构就成了星形结构；但在逻辑上，以太网仍然使用总线型拓扑和载波侦听多路访问/冲突检测（Carrier Sense Multiple Access/Collision Detection，CSMA/CD）的总线技术。

2．以太网线缆标准

随着以太网组网技术的不断发展，传输电缆的技术也得到了快速的发展，特别是交换技术和其他网络通信技术的发展，都推动了以太网技术的发展，从以太网诞生到目前为止，主要有以下几种应用较成熟的以太网线缆标准。

1）10Mb/s 标准以太网线缆标准

最开始的以太网只有 10Mb/s 的吞吐量，它所使用的是 CSMA/CD 的访问控制方法，通常把这种最早期的 10Mb/s 以太网称为标准以太网，标准以太网主要有双绞线、同轴电缆、光纤等传输介质，如表 2.1 所示。10Mb/s 以太网线缆标准是在 IEEE 802.3 中定义。

表 2.1　标准以太网线缆标准

名　　称	电　　缆	最长有效距离
10BASE-2	细同轴电缆	185m
10BASE-5	粗同轴电缆	500m
10BASE-T	双绞线	100m
10BASE-F	光纤	2km

所有的以太网都遵循 IEEE 802.3 标准，在这些标准中，以太网线缆标准前面的数字表示传输速度，单位是 Mb/s，最后一个数字表示单段网线长度（基准单位是 100m），BASE 表示“基带”，T 代表双绞线，F 代表光纤。

2）100Mb/s 快速以太网线缆标准

随着网络的发展，标准以太网技术已难以满足日益增长的网络数据的传输需求。1995 年 3 月 IEEE 宣布了 IEEE802.3u 100BASE-T 快速以太网（Fast Ethernet）标准，开启了快速以太网的时代，快速以太网提供每秒 100Mb/s 的数据传输速率。

快速以太网与原来在 100Mb/s 带宽下工作的 FDDI 相比有许多的优点，主要体现在快速以太网技术可以有效地保障用户在布线基础设施上的投资，它支持三、四、五类双绞线和光纤连接，能有效地利用现有的设施。快速以太网的不足其实也是以太网技术的不足，那就是快速以太网仍基于 CSMA/CD 技术，当网络负载较重时，会造成效率的降低，当然这可以使用交换技术来弥补。快速以太网线缆标准如表 2.2 所示。

表 2.2　快速以太网线缆标准

名　　称	电　　缆	最长有效距离
100BASE-T4	四对三类双绞线	100m
100BASE-TX	两对五类双绞线	100m
100BASE-FX	单模光纤或多模光纤	2km

3）吉以太网线缆标准

吉以太网是对 IEEE 802.3 以太网标准的扩展，在基于以太网协议的基础上，将快速以太网的传输速率提高了 10 倍，达到了 1Gb/s，并且仍与现有的以太网标准保持兼容。吉以太网工作在全双工模式，允许在两个方向上同时通信，所有线路都具有缓存能力，每台计算机或者交换机在任何时候都可以自由发送帧，不需要事先检测信道是否有别人正在使用。在全双工模式下，不需要使用 CSMA/CD 技术监控信息冲突，电缆长度由信息强度来决定。吉以太网有两个标准：IEEE 802.3z（光纤与铜缆）和 IEEE 802.3ab（双绞线）。吉以太网线缆标准如表 2.3 所示。

表 2.3　吉以太网线缆标准

名　称	电　缆	最长有效距离
1000BASE-SX	多模光纤	550m
1000BASE-LX	单模光纤或多模光纤	5km
1000BASE-TX	双绞线	100m

4）万兆以太网线缆标准

IEEE 在 2002 年 6 月制定了万兆以太网线缆标准 IEEE802.3ae，该标准正式定义了光纤传输的万兆标准，但并不适用于企业局域网普遍采用的铜缆连接，同年 11 月，IEEE 就提出使用铜缆实现万兆以太网的建议，并成立了专门的研究小组。为了满足万兆铜缆以太网的需要，2004 年 3 月，IEEE 制定了 802.3ak，在同轴铜缆上实现万兆以太网，IEEE 802.3an 定义了在双绞线上实现万兆以太网。

万兆以太网仍属于以太网家族，和其他以太网技术兼容，不需要修改现有以太网的 MAC 子层协议或帧格式，就能够与标准以太网、快速以太网或吉以太网无缝集成在一起直接通信。万兆以太网技术适用于企业和运营商网络建立交换机到交换机的连接或交换机与服务器之间互连。万兆以太网线缆标准如表 2.4 所示。

表 2.4　万兆以太网线缆标准

名　称	电　缆	最长有效距离
10GBASE-T	双绞线	100m
10GBASE-CX	同轴铜缆	185m
10GBASE-LX	单模光纤或多模光纤	多模 300m/单模 10km
10GBASE-SR/SW	多模光纤	300m
10GBASE-LR/LW	多模光纤	10km
10GBASE-ER/EW	单模光纤	40km

5）太比特以太网线缆标准

2007 年，IEEE 组织提出 IEEE802.3ba 技术标准，设计目标为 40Gb/s 或 100Gb/s 以太网规范，以太网技术逐渐发展成为主流局域网建设的标准。以太网之所以有如此强大的生命力，是和其本身具备的组网简单的特征分不开的。

2.1.2　以太网帧结构

以太网使用两种标准帧格式，一种是 20 世纪 80 年代初提出的 DIX v2 格式，即 Ethernet Ⅱ帧格式，Ethernet Ⅱ后来被 IEEE802 标准接纳。另一种是 1983 年提出的 IEEE802.3 格式。这两种格式的主要区别在于，Ethernet Ⅱ格式中包含一个 Type 字段，标识以太帧处理完成之后将被发送到哪个上层协议进行处理；而在 IEEE802.3 格式中，同样的位置是 Length 字段。

不同的 Type 字段值可以用来区别这两种帧的类型，当 Type 字段值小于或等于 1500（或者十六进制的 0x05DC）时，帧使用的是 IEEE802.3 格式；当 Type 字段值大于或等于 1536（或者十六进制的 0x0600）时，帧使用的是 Ethernet Ⅱ 格式，以太网中大多数的数据帧使用的是 Ethernet Ⅱ 格式，如图 2.1 所示。

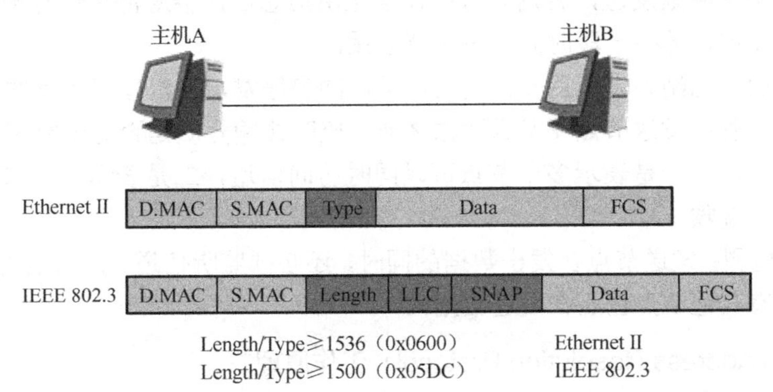

图 2.1　IEEE 802.3 与 Ethernet II 帧格式比较

以太网帧中还包括源 MAC 地址和目的 MAC 地址，分别代表发送者的 MAC 地址和接收者的 MAC 地址，此外还有帧校验序列字段，用于检验传输过程中帧的完整性。

以太网中帧的 MAC 地址传播方式如下所述。

MAC 地址也叫物理地址、硬件地址，由网络设备制造商生产时烧录在网卡的芯片中，IP 地址与 MAC 地址在计算机里都是以二进制数值表示的，IP 地址是 32 位的，MAC 地址是 48 位的。

MAC 地址通常表示为 12 个十六进制数，如 00-16-EA-AE-3C-40，其中前 6 个十六进制数 00-16-EA 代表网络硬件制造商的编号，它由 IEEE 分配，后 6 个十六进制数 AE-3C-40 代表该制造商所制造的某个网络产品（如网卡）的系列号。MAC 地址如同身份证上的身份证号码，具有唯一性。MAC 地址最高字节的低位第一位，表示这个 MAC 地址是单播还是多播，0 表示单播，1 表示组播。

（1）单播 MAC 地址：指第一个字节的最低位是 0 的 MAC 地址。

如：xxxxxxx**0**-xxxxxxxx-xxxxxxxx-xxxxxxxx-xxxxxxxx-xxxxxxxx

（2）组播 MAC 地址：指第一个字节的最低位是 1 的 MAC 地址。

如：xxxxxxx**1**-xxxxxxxx-xxxxxxxx-xxxxxxxx-xxxxxxxx-xxxxxxxx

（3）广播 MAC 地址：每个比特位都是 1 的 MAC 地址。广播是组播的一个特例。

如：11111111-11111111-11111111-11111111-11111111-11111111

（4）任播 MAC 地址（Anycast）是 IPv6 中的概念，由最近的识别该信息的节点接收，可用于 DNS 的解析等。

2.1.3　以太网工作原理

传统共享式以太网的典型代表是总线型以太网，在这种类型的以太网中，通信信道只有一个，并且采用介质共享的访问方法进行数据传输。

1. CSMA/CD（Carrier Sense Multiple Access/Collision Detection）工作原理

以太网使用随机争用型的介质访问控制方法，即冲突检测的载波监听多路访问的方法，CSMA/CD 的基本原理是：每个节点都共享网络传输信道，发送数据之前，要先检测信道是否空闲，如果空闲则发送，否则等待；在发送出信息后，会对冲突进行检测，如果发现冲突，则取消发送，等待一段时间，再重新尝试。

上述原理简单总结为先听后发，边发边听，冲突停发，随机延迟后重发。

（1）载波监听：发送节点在发送数据之前，监听传输介质是否处于空闲状态。

（2）多路访问：一是表示多个节点可以同时访问信道，二是表示一个节点发送的数据可以被多个节点接收。

（3）冲突检测：发送节点在发出数据的同时，还必须监听信道，判断是否发生冲突（同一时间，是否有其他节点也正在发送数据）。

2. ARP（Address Resolution Protocol）工作原理

ARP 即地址解析协议，是根据 IP 地址获取物理地址的一个 TCP/IP 协议。主机在发送信息时将包含目标 IP 地址的 ARP 请求广播到网络上的所有主机，并接收返回消息，以此确定目标的物理地址；在收到返回消息后将该 IP 地址和物理地址存入本机 ARP 缓存中并保留一定时间，并在下次请求时直接查询 ARP 缓存以节约资源。地址解析协议是建立在网络中各个主机互相信任的基础上的，网络上的主机可以自主发送 ARP 应答消息，其他主机在收到应答报文时不会检测该报文的真实性直接将其记入本机 ARP 缓存。因此攻击者可以向某一主机发送伪 ARP 应答报文，使其发送的信息无法到达预期的主机或到达错误的主机，这就构成了一个 ARP 欺骗。arp 命令可用于查询本机 ARP 缓存中 IP 地址和 MAC 地址的对应关系，以及添加或删除静态对应关系等。

例如，ARP 工作过程如下所述。

主机 PC1 的 IP 地址为 192.168.11.1，MAC 地址为 54-89-98-76-48-5C，如图 2.2 所示；主机 PC2 的 IP 地址为 192.168.11.2，MAC 地址为 54-89-98-3C-73-E6，如图 2.3 所示。

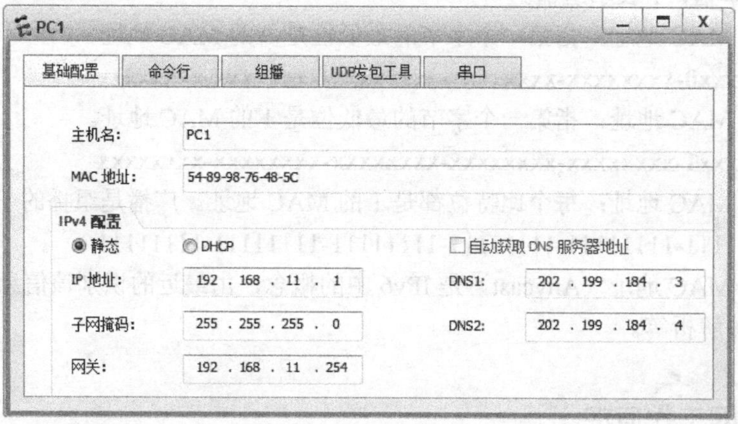

图 2.2　主机 PC1 配置

当主机 PC1 要与主机 PC2 通信时，如图 2.4 所示，地址解析协议可以将主机 PC2 的 IP 地址（192.168.11.2）解析成主机 PC2 的 MAC 地址，工作过程如图 2.5 所示。

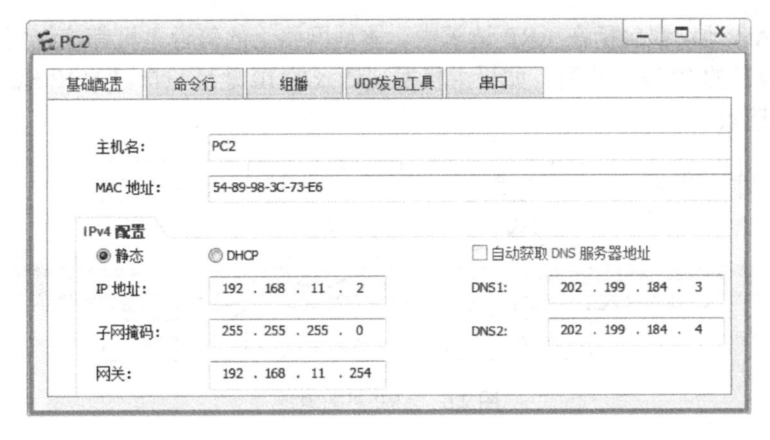

图 2.3　主机 PC2 配置

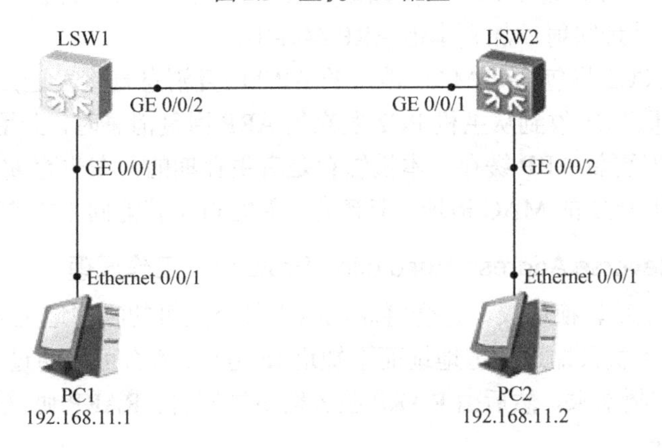

图 2.4　主机 PC1 与主机 PC2 通信

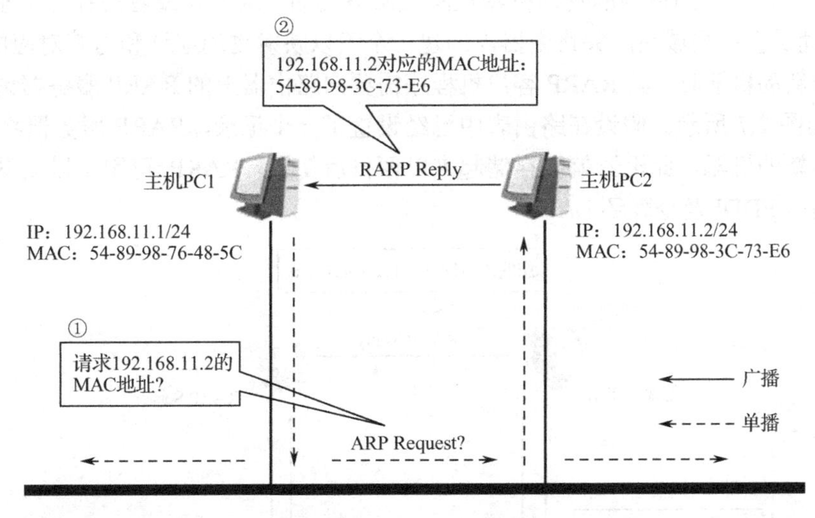

图 2.5　ARP 工作过程

第 1 步：根据主机 PC1 上的路由表内容，确定用于访问主机 PC2 的转发 IP 地址是 192.168.11.2。然后 PC1 主机在自己的本地 ARP 缓存中检查主机 PC2 的匹配 MAC 地址。

第 2 步：如果主机 PC1 在 ARP 缓存中没有找到地址映射，它将询问 192.168.11.2 的硬件地址，从而将 ARP 请求帧广播到本地网络上的所有主机，如图 2.6 所示。源主机 PC1 的

IP 地址和 MAC 地址都包括在 ARP 请求中。本地网络上的每台主机都接收到 ARP 请求并检查是否与自己的 IP 地址匹配。如果主机发现请求的 IP 地址与自己的 IP 地址不匹配，它将丢弃 ARP 请求。

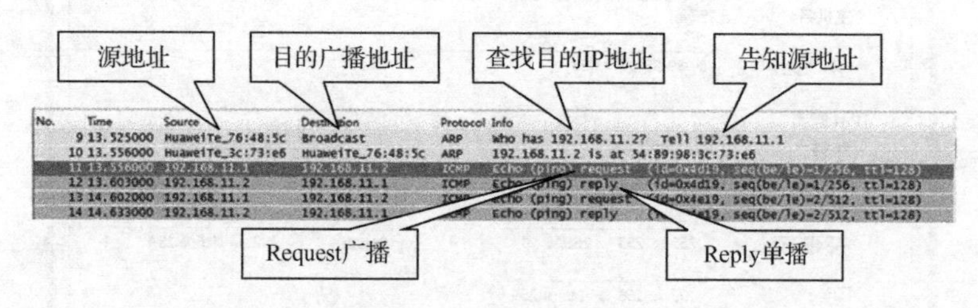

图 2.6　ARP 目的地址

第 3 步：主机 PC2 确定 ARP 请求中的 IP 地址与自己的 IP 地址匹配，则将主机 PC1 的 IP 地址和 MAC 地址映射添加到本地 ARP 缓存中。

第 4 步：主机 PC2 将包含其 MAC 地址的 ARP 回复消息直接发送回主机 PC1。

第 5 步：当主机 PC1 收到从主机 PC2 发来的 ARP 回复消息时，会用主机 PC2 的 IP 地址和 MAC 地址映射更新 ARP 缓存。本机缓存是有生存期的，在生存期结束后，将再次重复上面的过程。主机 PC2 的 MAC 地址一旦确定，主机 PC1 就能向主机 PC2 发送 IP 通信了。

3．RARP（Reverse Address Resolution Protocol）工作原理

RARP 即反向地址转换协议，它会将局域网中某个主机的物理地址转换为 IP 地址，比如局域网中有一台主机只知道物理地址而不知道 IP 地址，那么可以通过 RARP 协议发出征求自身 IP 地址的广播请求，然后由 RARP 服务器负责回答。RARP 协议被广泛用于获取无盘工作站的 IP 地址。

RARP 协议允许局域网的物理机器从网关服务器的 ARP 表或者缓存上请求其 IP 地址。网络管理员会在局域网网关路由器内创建一个表以映射物理地址和与其对应的IP地址。当设置一台新的机器时，其 RARP 客户机程序需要向路由器上的 RARP 服务器请求相应的 IP 地址，如图 2.7 所示。假设在路由表中已经设置了一个记录，RARP 服务器将会返回 IP 地址给这台新的机器，此机器就会存储起来以便日后使用。RARP 可用于以太网、光纤分布式数据端口 FDDI 及令牌环 LAN。

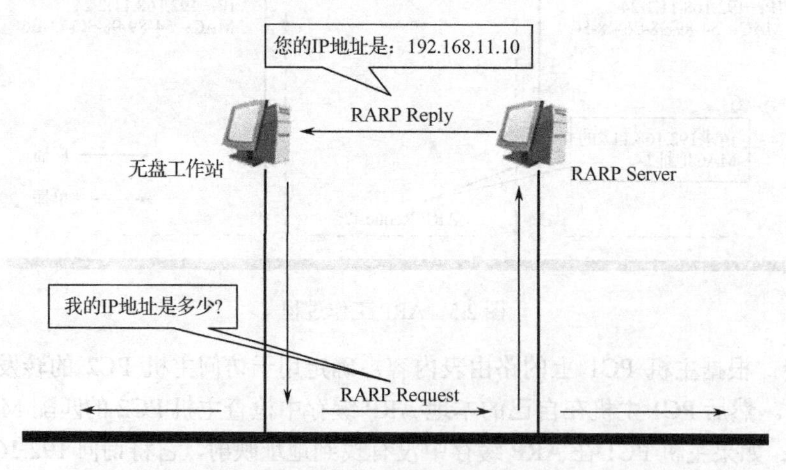

图 2.7　RARP 的工作过程

2.1.4　以太网通信方式

一个通信系统至少由三部分组成：发送器、传输介质、接收器。发送器产生信号，经过传输介质传送给接收器，由接收器接收这个信号，完成信号从一端到另一端的传送。根据信号传输方向，将通信方式分为三类。

（1）单工通信：发送器和接收器之间只有一个传输通道，信息沿单方向从发送器传送到接收器。

（2）半双工通信：发送器和接收器之间有两个传输通道，信息只能轮流进行双向的传送，在某一时刻只能沿单方向从发送器传送到接收器。

（3）全双工通信：发送器和接收器之间有两个传输通道，信息可以同时进行双向的传送。

2.1.5　以太网冲突域和广播域

1．冲突域与广播域

冲突域（物理分段）：连接在同一导线上的所有工作站的集合，或者说是同一物理网段上所有节点的集合或以太网上竞争同一带宽的节点集合。这个区域代表了冲突在其中发生并传播的区域，可以被认为是共享段。在 OSI 模型中，冲突域被看作第一层的概念，连接同一冲突域的设备有集线器 Hub、中继器 Repeater 或者其他进行简单复制信号的设备。也就是说，用集线器 Hub 或者中继器 Repeater 连接的所有节点都可以被认为是在同一个冲突域内的，第一层设备不会划分冲突域。而第二层设备（网桥，交换机）和第三层设备（路由器）是可以划分冲突域的，当然也可以连接不同的冲突域。简单来说，我们可以将中继器 Repeater 等看作一根电缆，而将网桥等看作一束电缆。

广播域：接收同样广播消息的节点的集合。例如，在该集合中的任何一个节点传输一个广播帧，则所有其他能收到这个帧的节点都被认为该广播帧的一部分。由于许多设备都极易产生广播，所以如果不维护，就会消耗大量的带宽，降低网络的效率。广播域被看作 OSI 中第二层的概念，所以像集线器 Hub、交换机等第一、第二设备连接的节点都被认为是在同一个广播域内的。而路由器、三层交换机则可以划分广播域，即可以连接不同的广播域。

主机 A 只是想要发送一个单播数据包给主机 B，但由于传统共享式以太网的广播性质，接入到总线上的所有主机都将收到此单播数据包。此时如果任何第三方，包括主机 B 要发送数据到总线上时，则都将产生冲突，导致双方数据发送失败。这时连接在总线上的所有主机共同构成了一个冲突域。

当主机 A 发送的目标是所有主机的广播类型数据包时，总线上的所有主机都要接收该广播数据包，并检查广播数据包的内容，如果需要的话，可以进行进一步的处理。这时连接在总线上的所有主机共同构成了一个广播域，如图 2.8 所示。

2．常用网络设备的冲突域与广播域划分

（1）中继器（Repeater）。中继器主要有两个作用，一是扩展网络距离，将衰减信号进行再生，二是实现粗同轴电缆以太网和细同轴电缆以太网的相互连接。通过中继器虽然可

以延长信号传输的距离、实现两个网段的相互连接，但并没有增加网络的可用带宽，如图 2.9 所示，网段 1 和网段 2 经过中继器连接后构成了一个单个的冲突域和广播域。

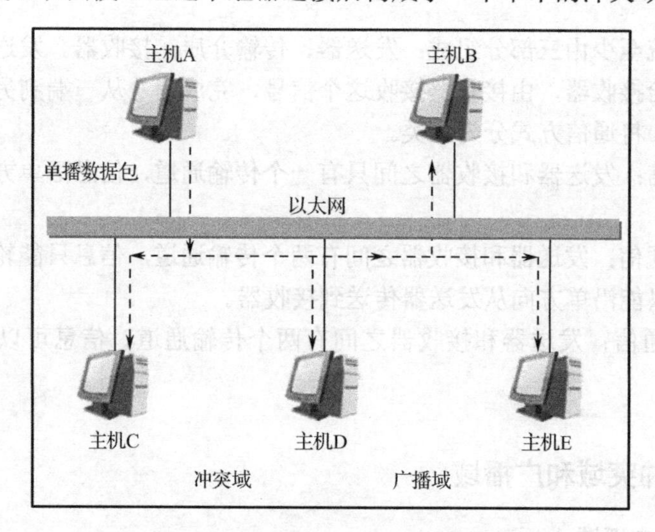

图 2.8　总线型以太网冲突域与广播域

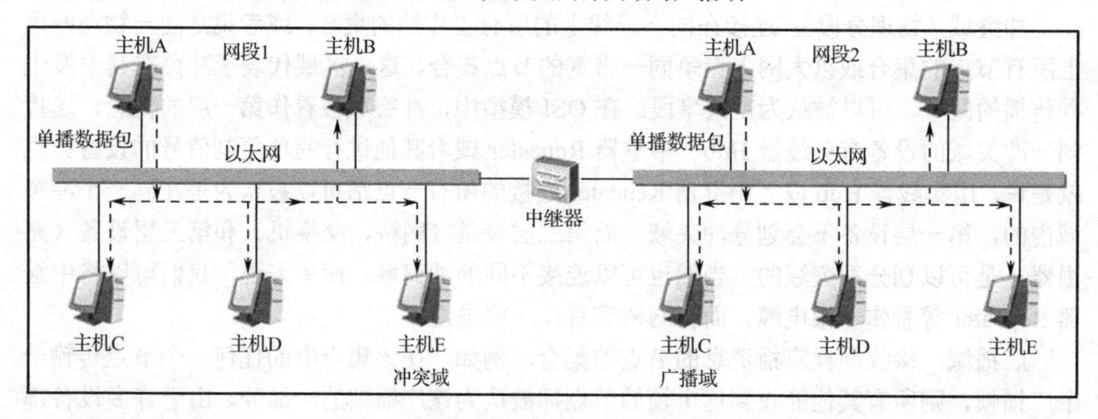

图 2.9　中继器冲突域与广播域

（2）集线器（Hub）。集线器实际上相当于多端口的中继器，通常有 8 个、16 个或 24 个等数量不等的端口。集线器同样可以延长网络的通信距离，或者连接物理结构不同的网络，但主要还是作为一个主机站点的聚合点，将连接在集线器各个端口上的主机联系起来，使之可以互相通信。如图 2.10 所示，所有主机都连接到中心节点的集线器上构成了一个物理上的星形连接。但实际上，在集线器内部，各端口都是通过背板总线连接在一起的，在逻辑上仍构成一个共享的总线。因此，集线器及其所有端口连接的主机共同构成了一个冲突域和一个广播域。

（3）网桥（Bridge），又称为桥接器。和中继器类似，传统的网桥只有两个端口，用于连接不同的网段。和中继器不同的是，网桥具有一定的智能性，可以学习网络上主机的地址，同时具有信号过滤的功能。如图 2.11 所示，网段 1 的主机 A 发给主机 B 的数据包不会被网桥转发到网段 2。因为，网桥可以识别出这是网段 1 内部的通信数据流。同样，网段 2 的主机 A 发给主机 B 的数据包也不会被网桥转发到网段 1。可见，网桥可以将一个冲突域分割为两个，每个冲突域共享自己的总线信道带宽。

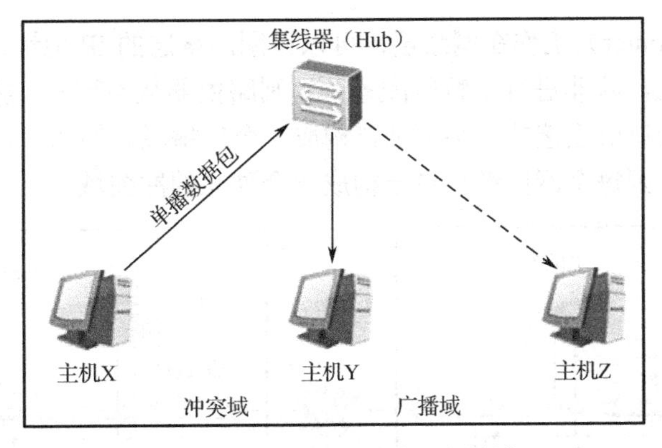

图 2.10　集线器冲突域与广播域

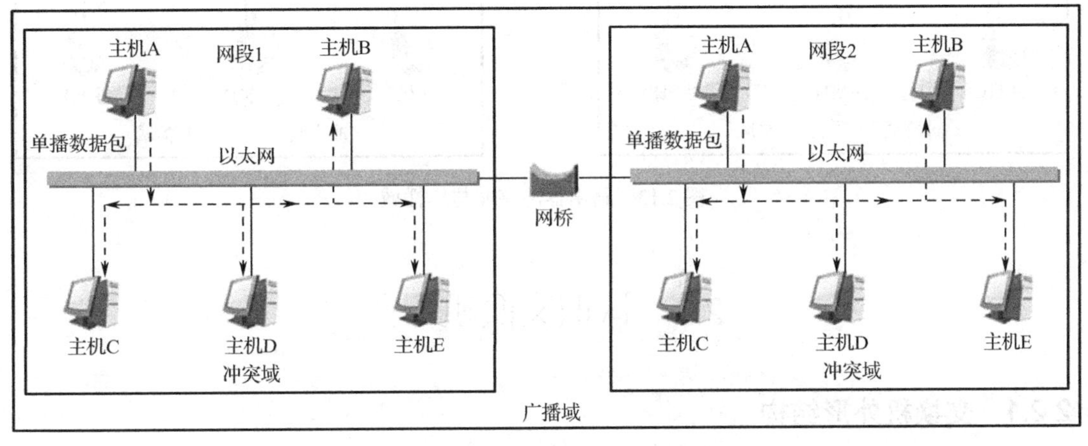

图 2.11　网桥冲突域与广播域

（4）交换机（Switch），也被称为交换式集线器。它的出现是为了解决连接在集线器上的所有主机共享可用带宽的缺陷。交换机是通过为需要通信的两台主机直接建立专用的通信信道来增加可用带宽的，从这个角度来讲，交换机相当于多端口网桥，如图 2.12 所示，交换机为主机 A 和主机 B 建立了一条专用的信道，也为主机 C 和主机 D 建立了一条专用的信道。只有当某个端口直接连接了一个集线器，而集线器又连接了多台主机时，交换机上的该端口和集线器上所连的所有主机才可能产生冲突，形成冲突域。换句话说，交换机上的每个端口都是一个独立的冲突域。

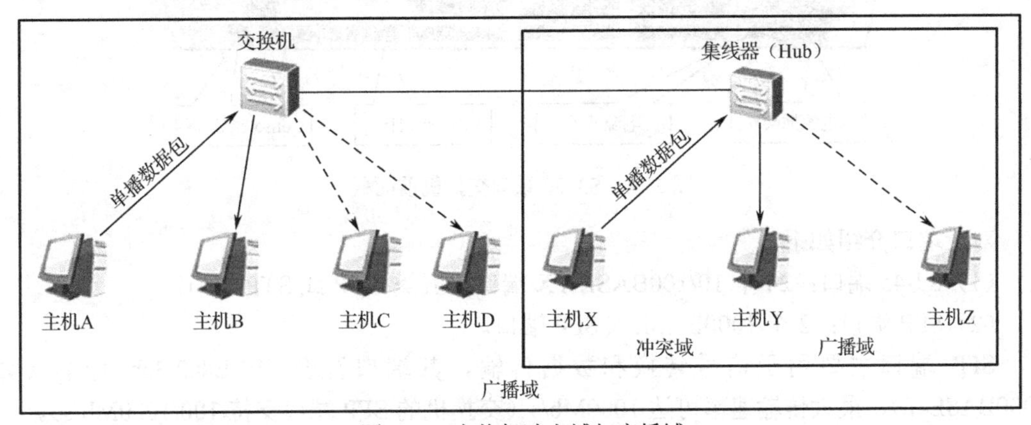

图 2.12　交换机冲突域与广播域

（5）路由器（Router）工作在网络层，可以识别网络层的 IP 地址，有能力过滤第三层的广播消息。实际上，除非进行了特殊配置，否则路由器从不转发广播类型的数据包。因此，路由器的每个端口所连接的网络都独自构成一个广播域。如图 2.13 所示，如果各网段都是共享式局域网，则每个网段都会自己构成一个独立的冲突域。

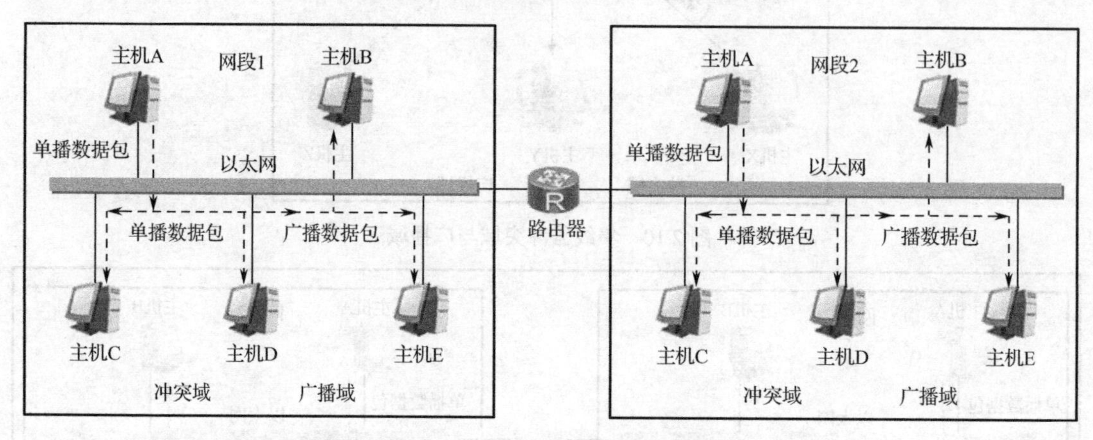

图 2.13　路由器冲突域与广播域

2.2　认识交换机设备

2.2.1　交换机外形结构

1．交换机设备外形

不同厂商、不同型号的交换机设备的外形结构也不同，但功能、端口类型基本相同，具体可参考相应厂商的产品说明书。常用的交换机有两种类型：二层交换机及三层交换机，这里主要介绍华为 S3700 系列交换机。

S3700 系列交换机前面板，如图 2.14 所示。

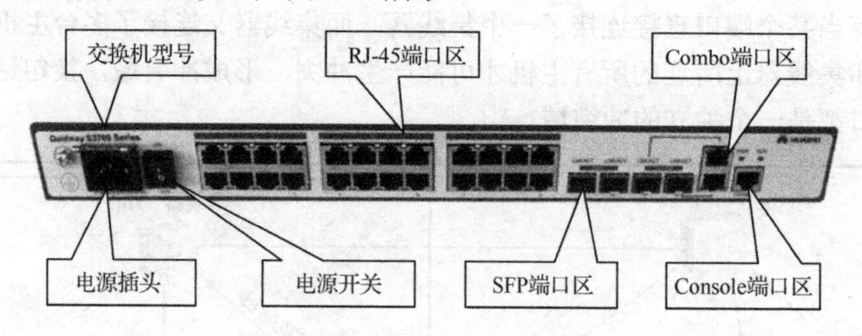

图 2.14　S3700 系列交换机前面板

对应端口介绍如下。

（1）RJ-45 端口：24 个 10/100BASE-TX 端口，五类 UTP 或 STP 端口。

（2）SFP 端口：2 个 1000BASE-X SFP 端口。

SFP 端口主要用于信号转换和数据传输，其端口符合 IEEE802.3ab 标准（如 1000BASE-T），最大传输速率可达 1000Mb/s（交换机的 SFP 端口支持 100/1000Mb/s）。

SFP 端口对应的模块是 SFP 光模块，是一种将千兆位电信号转换为光信号的端口器件，可插在交换机、路由器、媒体转换器等网络设备的 SFP 端口上，用来连接光或铜网络线缆进行数据传输，通常用在以太网交换机、路由器、防火墙和网卡中。

千兆交换机的 SFP 端口可以通过连接各种不同类型的光纤（如单模和多模光纤）和网络跳线（如 CAT5E 和 CAT6）来扩展整个网络的交换功能，不过千兆交换机的 SFP 端口在使用前必须先插入 SFP 光模块，然后再使用光纤和网络跳线进行数据传输。

目前，市面上大多数交换机都至少具备两个 SFP 端口，可通过光纤和网络跳线等线缆的连接构建不同建筑物、楼层或区域之间的环形或星形网络拓扑结构。

（3）Combo 端口：2 个千兆 Combo 端口（10/100/1000BASE-T 或 100/1000BASE-X）。

Combo 端口在交换机中是光电复用的意思，指交换机设备面板上的两个以太网端口（通常一个是光口，一个是电口），而在设备内部只有一个转发端口。Combo 电口与其对应的光口在逻辑上是光电复用的，用户可根据实际组网情况选择其中的一个使用，但两者不能同时工作，当激活其中一个端口时，另一个端口就自动处于禁用状态。为了方便管理，Combo 端口分为两种类型，即单 Combo 端口和双 Combo 端口。

☑ 单 Combo 端口：设备面板上的两个以太网端口只对应一个端口视图，用户在同一个端口视图完成对两个端口的状态切换操作。单 Combo 端口可以是二层以太网端口，也可以是三层以太网端口。

☑ 双 Combo 端口：设备面板上的两个以太网端口对应两个 Interface 视图，用户在光口或电口自己的端口视图上完成对两个端口的状态切换操作。双 Combo 端口只能是二层以太网端口。

（4）Console 端口：用于配置管理交换机，反转线连接。

计算机与交换机接线如图 2.15 所示。

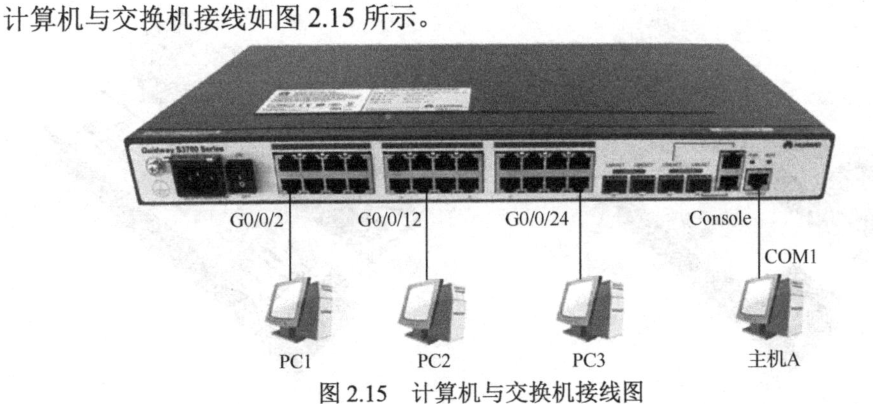

图 2.15　计算机与交换机接线图

2.2.2　认识交换机组件

以太网交换机和计算机一样也由硬件和软件系统组成，虽然不同厂商的交换机产品由不同硬件构成，但组成交换机的基本硬件一般都包括处理器（Central Processing Unit，CPU）、随机存储器（Random-Access Memory，RAM），只读存储器（Read Only Memory Image，ROM），闪存（Flash）、端口（Interface）等组件。

1. CPU 芯片

交换机的 CPU 主要控制和管理所有网络通信的运行，理论上可以执行任何网络功能，如执行 VLAN 协议、路由协议、ARP 解析等，但在交换机中，CPU 应用通常没有那么频繁，因为大部分帧的交换和解封装均由一种叫作专用集成电路的专用硬件来完成。

2．专用集成电路（Application Specific Integrated Circuit，ASIC）芯片

交换机的 ASIC 芯片，是连接 CPU 和前端端口的硬件集成电路，能并行转发数据，提供高性能的基于硬件的帧交换功能，主要实现对端口上接收到的数据帧的解析、缓冲、拥塞避免、链路聚合、VLAN 标记、广播抑制等功能。

3．RAM

和计算机一样，交换机的 RAM 主要用于存储交换机正在运行的程序，在交换机启动时按需要随意存取，在断电时将丢失存储内容。

4．Flash

交换机的 Flash 是可读写的存储器，在系统重新启动或关机之后仍能保存数据，一般用来保存交换机的操作系统文件和配置文件信息。

5．交换机模块

交换机模块是在原有的板卡上预留出槽位，以方便客户未来进行设备业务扩展。常见的物理模块类型可以分为光模块（Gigabit Interface Converter，GBIC）、电口模块、光转电模块、电转光模块等。

SFP 模块是 Small Form-Factor Pluggable 的缩写，为 GBIC 模块的升级版本，功能与 GBIC 模块相同。SFP 模块体积比 GBIC 模块小一半，在相同面板上可以多出一倍以上的端口数量，有些交换机厂商称 SFP 模块为小型化 GBIC 模块，如图 2.16 和图 2.17 所示。

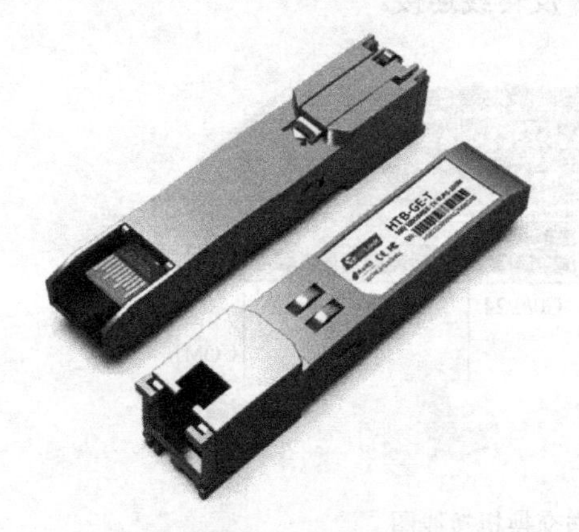

图 2.16　SFP 千兆电口模块

图 2.17　SFP 千兆光口模块

2.2.3　三层交换技术

1．传统二层交换技术

传统交换技术是在 OSI 网络标准模型的第二层——数据链路层进行操作的，而二层交换机属于数据链路层设备。二层交换技术发展比较成熟，可以识别数据包中的 MAC 地址信息，根据 MAC 地址进行转发，并将这些 MAC 地址与对应的端口记录在自己内部的地址表中，具体的工作流程如下所述。

（1）当交换机从某个端口收到一个数据包，它会先读取包头中的源 MAC 地址，这样它就知道源 MAC 地址的机器是连在哪个端口上的。

（2）然后读取包头中的目的 MAC 地址，并在地址表中查找相应的端口。

（3）如果表中有与此目的 MAC 地址对应的端口，则把数据包直接复制到这个端口上。

（4）如果表中找不到相应的端口，则把数据包广播到所有端口上，当目的机器对源机器回应时，交换机就可以学习到目的 MAC 地址与哪个端口对应，在下次传送数据时就不再需要对所有端口进行广播了。不断地循环这个过程，就可以学习到全网的 MAC 地址信息，二层交换机就是这样建立和维护自己的地址表的，如图 2.18 所示。

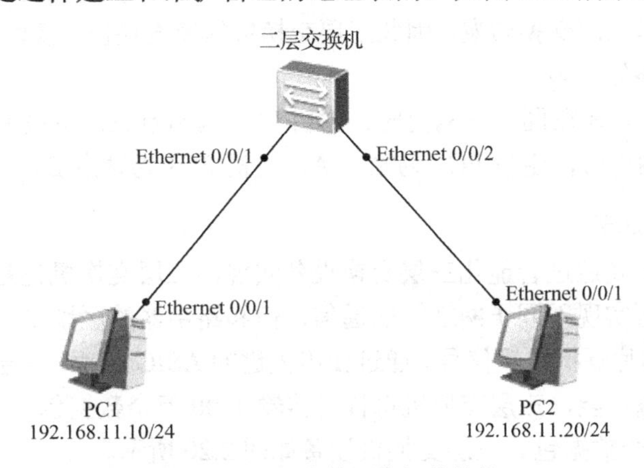

图 2.18　二层交换网络拓扑结构

二层交换技术从网桥发展到 VLAN（虚拟局域网），在局域网建设和改造中得到了广泛的应用。二层交换技术按照所接收到的数据包的目的 MAC 地址来进行转发，对于网络层或者高层协议来说是透明的。它不处理网络层的 IP 地址，不处理高层协议诸如 TCP、UDP 的端口地址，它只需要数据包的物理地址即 MAC 地址，数据交换是靠硬件来实现的，其速度相当快，这是二层交换的一个显著优点。但是，它不能处理不同 IP 子网之间的数据交换。传统的路由器可以处理大量的跨越 IP 子网的数据包，但是它的转发效率比二层交换低，因此既想利用二层转发效率高这一优点，又要处理三层 IP 数据包，就诞生了三层交换技术。

2. 三层交换技术

三层交换技术（也称多层交换技术，或 IP 交换技术）是相对于传统交换概念提出的，既可实现网络路由功能，又可根据不同网络状况做到最优网络性能。三层交换技术在 OSI 网络模型中的第三层实现了数据包的高速转发，简单地说，三层交换技术就是二层交换技术＋三层转发技术。

一台三层交换设备就是一台带有第三层路由功能的交换机，为了实现三层交换技术，交换机通过维护一张“MAC 地址表”、一张“IP 路由表”和一张包括“目的 IP 地址，下一跳 MAC 地址”在内的硬件转发表，完成三层交换技术。

三层交换技术的出现，解决了局域网中网段划分之后，网段中子网必须依赖路由器进行管理的局面，解决了传统路由器低速、复杂所造成的网络瓶颈问题。

其原理是：假设两个使用 IP 协议的站点 A、B 通过第三层交换机进行通信，如图 2.19 所示，发送站 A 在开始发送时，把自己的 IP 地址与目的站 B 的 IP 地址进行比较，判断目的站 B 与自己是否在同一子网内。若目的站 B 与发送站 A 在同一子网内，则进行二层的转发；若两个站点不在同一子网内，则发送站 A 要先向“默认网关”发出 ARP（地址解析）封包，而“默认网关”的 IP 地址其实是三层交换机的三层交换模块。当发送站 A 对“默认网关”的 IP 地址广播出一个 ARP 请求时，如果三层交换模块在以前的通信过程中已经知道目的站 B 的 MAC 地址，则向发送站 A 回复目的站 B 的 MAC 地址；否则三层交换模块根据路由信息向目的站 B 广播一个 ARP 请求，目的站 B 得到此 ARP 请求后向三层交换模块回复其 MAC 地址，三层交换模块保存此地址并回复给发送站 A，同时将目的站 B 的 MAC 地址发送到二层交换引擎的 MAC 地址表中。从这以后，发送站 A 向目的站 B 发送的数据包便全部交给二层交换处理，信息得以高速交换。由于仅仅在路由过程中才需要三层处理，绝大部分数据都通过二层交换转发，因此三层交换机的速度很快，接近二层交换机的速度，同时比路由器的价格低很多。

注意：当站点 A、B 在同一子网内时，主机 PC1 为站点 A，主机 PC2 为站点 B；当站点 A、B 在不同子网内时，主机 PC1 为站点 A，主机 PC3 为站点 B。

3. 认识三层交换机

三层交换技术主要通过智能化三层交换设备实现，三层交换机也是工作在网络层的设备，和路由器一样可实现不同子网之间的通信，但和路由器的区别是，三层交换机在工作中使用硬件 ASIC 芯片解析传输信号。通过使用先进的 ASIC 芯片，三层交换机可提供远高于路由器的网络传输性能，三层交换机每秒可传输 4000 万个数据包，而路由器则慢很多，每秒只能传输 30 万个数据包。三层交换机设备如图 2.20 所示。

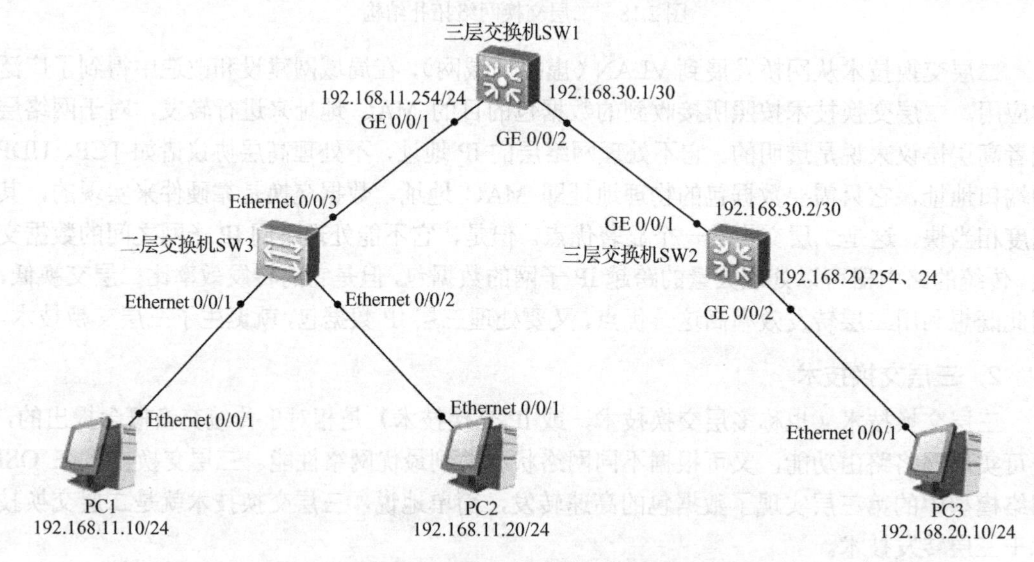

图 2.19 三层交换网络拓扑结构

图 2.20 三层交换机设备

在三层交换技术出现之前，几乎没有必要将路由功能器件和路由器区别开来，它们完全是相同的：提供路由功能。然而，现在三层交换机完全能够执行传统路由器的大多数功能。作为网络互连的设备，三层交换机具有以下特征：

☑ 转发基于第三层地址的业务流；

☑ 完全交换功能；

☑ 可以完成特殊服务，如报文过滤或认证；

☑ 执行或不执行路由处理。

三层交换机与传统路由器相比具有以下优点。

（1）子网间传输带宽可任意分配。传统路由器每个端口连接一个子网，子网通过路由器进行传输的速率被端口的带宽所限制。而三层交换机则不同，它可以把多个端口定义成一个虚拟网，把多个端口组成的虚拟网作为虚拟网端口，该虚拟网内信息可通过组成虚拟网的端口传送给三层交换机，由于端口数可任意指定，因此子网间传输带宽没有限制。

（2）合理配置信息资源。由于访问子网内资源的速率和访问全局网中资源的速率没有区别，子网设置单独服务器的意义不大，通过在全局网中设置服务器群不仅可以节省费用，而且可以合理配置信息资源。

（3）成本低。通常的网络设计用交换机构成子网，用路由器进行子网间互连。目前采用三层交换机进行网络设计，既可以进行虚拟子网划分，又可以通过交换机三层路由功能完成子网间通信，因此节省了价格昂贵的路由器。

（4）交换机之间连接灵活。交换机之间是不允许存在回路的，但三层交换机用生成树算法阻塞造成回路的端口，在进行路由选择时，依然把阻塞的通路作为可选路径参与路由选择。

交换机和路由器是性能和功能的矛盾体，交换机交换速度快，但控制性能弱，路由器控制性能强，但报文转发速度慢。三层交换能有效解决这个矛盾，既有交换机线速转发报文能力，又有路由器良好的控制功能。

2.2.4 交换机性能参数

1．背板带宽

交换机的背板带宽，是交换机端口处理器或端口卡和数据总线间所能吞吐的最大数据量。背板带宽标志了交换机总的数据交换能力，单位为 Gb/s，也叫交换带宽，一般交换机的背板带宽从几 Gb/s 到上百 Gb/s。一台交换机的背板带宽越高，所能处理数据的能力就越强，但同时设计成本也会越高。

2．包转发率

交换机的包转发率标志了交换机转发数据包能力的大小，单位一般为 p/s（包每秒），一般交换机的包转发率在几十 Kp/s 到几百 Mp/s。包转发率以数据包为单位体现了交换机的交换能力。其实，决定包转发率的一个重要指标就是交换机的背板带宽，背板带宽标志了交换机总的数据交换能力。一台交换机的背板带宽越高，所能处理数据的能力就越强，包转发率也越高。

3. 线速交换

线速交换是指按照网络通信线上的数据传输速度实现无瓶颈的数据交换。线速交换的实现是通过专用集成电路芯片硬件来完成协议解析和数据包的转发，而不是通过软件方式依靠交换机的 CPU 来完成的。线速交换的实现还借助于分布式处理技术，使得交换机多个端口的数据流能够同时进行处理，因此局域网交换机可以看作 CPU、RISC 和 ASIC 并用的并行处理设备，对于网络设备而言，线速转发意味着无延迟地处理所收到的帧，即无阻塞交换。

4. 支持 VLAN 数量

虚拟局域网（Virtual Local Area Network，VLAN）是一种将局域网设备从逻辑上划分（注意，不是从物理上划分）成一个个网段（或者说是更小的局域网），从而实现虚拟工作组的数据交换技术，这一新兴技术主要应用于交换机和路由器中，但目前主流应用还是在交换机之中。一台交换机上支持 VLAN 的数量越多，所消耗的资源就越多，其性能也就越好。

5. MAC 地址表

MAC 地址表数量是指在交换机 MAC 地址表中，可以存储 MAC 地址的最大数量。存储的 MAC 地址数量越多，数据转发的速度和效率也就越高，其性能也就越好。

除此之外，交换机每个端口也需要足够的缓存记忆 MAC 地址，所以缓存容量的大小也决定了交换机记忆 MAC 地址数量的多少，越高档的交换机能记住的 MAC 地址的数量也就越多，同时，交换机是否支持堆叠、路由表的容量大小、背板支持模块个数的多少、插槽数量的多少等，都决定了交换机的性能和价格。

2.3 交换机工作原理

交换机工作在数据链路层，拥有一条很高带宽的背板总线和内部交换矩阵，交换机也有端口直接连接在这条背板总线上，前端 ASIC 芯片控制电路在收到数据帧以后，会查找内存中的 MAC 地址对照表，确定目的 MAC 地址连接在哪个端口，并通过内部交换矩阵，迅速将数据帧传送到目的端口；若目的 MAC 地址不存在，则广播到其他所有的端口。

2.3.1 交换机基本功能

一般来说，交换机的每个端口都用来连接一个独立的网段，相应的网段上发生的冲突也不会影响其他网络。通过增加网段数量，减少每个网段上的用户数量，可以减少网络内部冲突，从而优化网络的传输环境。二层交换机通过源 MAC 地址表来获悉与特定端口相连的设备的地址，并根据目的 MAC 地址来决定如何处理这个帧，但是有时为了提供更快的接入速度，我们可以把一些重要的网络计算机直接连接到交换机的端口上。这样，网络的关键服务器就拥有了更快的接入速度，可以支持更大的信息流量。

1. 网络连接

像集线器一样，交换机提供了大量可供线缆连接的端口，可以采用星形拓扑结构进行连接。交换机在转发帧时，可能会重新产生一个不失真的方形电信号。在交换机每个端口上都使用相同的转发或过滤逻辑，可以将局域网分为多个冲突域，每个冲突域都有独立的宽带，从而大大提高局域网的带宽。除了具有网桥、集线器和中继器的功能，交换机还提供了更先进的功能，如虚拟局域网（VLAN）。

2. 地址自主学习

交换机通过查看接收到的每个帧的源 MAC 地址，可以学习每个端口连接设备的 MAC 地址，建立地址表到端口的映射关系，并将地址同相应的端口映射起来存放在交换机缓存中的 MAC 地址表中，从而学习到整个网络的地址情况。

3. 转发过滤

当一个数据帧的目的地址在 MAC 地址表中有映射时，它会被转发到连接目的节点的端口而不是所有端口（如该数据帧为广播/组播帧则转发至所有端口）。

4. 消除回路

当交换机包括一个冗余回路时，以太网交换机通过生成树协议避免回路的产生，同时允许存在后备路径。

交换机除了能够连接同种类型的网络，还可以在不同类型的网络（如以太网和快速以太网）之间起到互连作用，如今许多交换机都能够提供支持快速以太网或 FDDI 等的高速连接端口，用于连接网络中的其他交换机或者为带宽占用量大的关键服务器提供附加带宽。

2.3.2 交换机地址学习和转发过滤

1. 地址学习

由于交换机的 MAC 地址表存放在 RAM 中，在交换机刚通电启动（冷启动）时，MAC 地址表为空，如图 2.21 所示。在初始化之前，交换机不知道主机连接的是哪个端口，而在交换机收到数据帧后，数据帧会被广播到除发送端口以外的所有端口，此过程被称为泛洪。

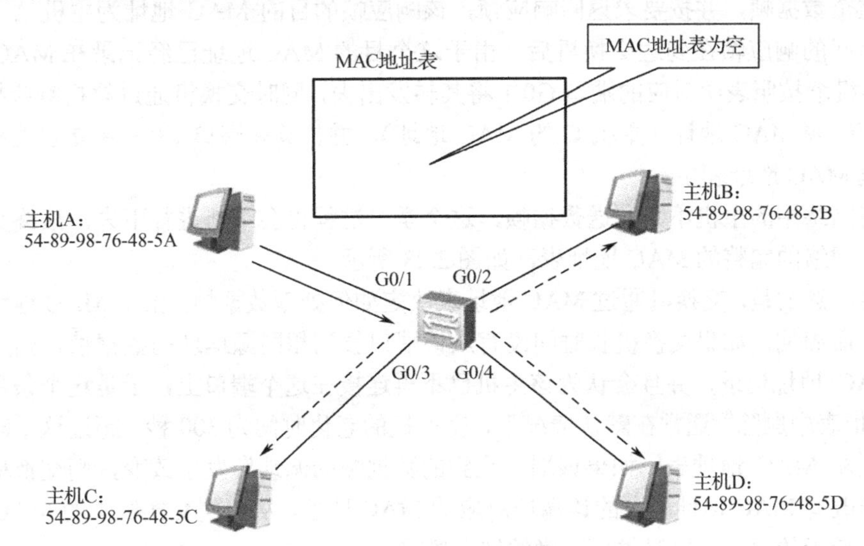

图 2.21　MAC 地址表初始化

当交换机从某端口收到一个数据帧后，首先会取出该数据帧中的源 MAC 地址，然后查看交换机 MAC 地址表，确定 MAC 地址表中是否存在该 MAC 地址，如果 MAC 地址表中没有数据帧中的源 MAC 地址，就将该 MAC 地址及连接交换机的端口号写入 MAC 地址表中，即交换机学习到一条 MAC 地址记录，通常将这一过程称为交换机的地址学习过程。

例如，当主机 A 要给主机 C 发送数据帧时，帧源地址是主机 A 的 MAC 地址（54-89-98-76- 48-5A），目的地址是主机 C 的 MAC 地址（54-89-98-76-48-5C），由于初始化 MAC 地址表为空，所以交换机把收到的该数据帧通过广播的方式泛洪到交换机所有端口上，同时交换机通过解析数据帧获得这个数据帧的源地址，并将该 MAC 地址和发送端口建立起映射关系，记录在 MAC 地址表中，至此交换机就学习到主机 A 位于端口 G0/1 上，如图 2.22 所示。

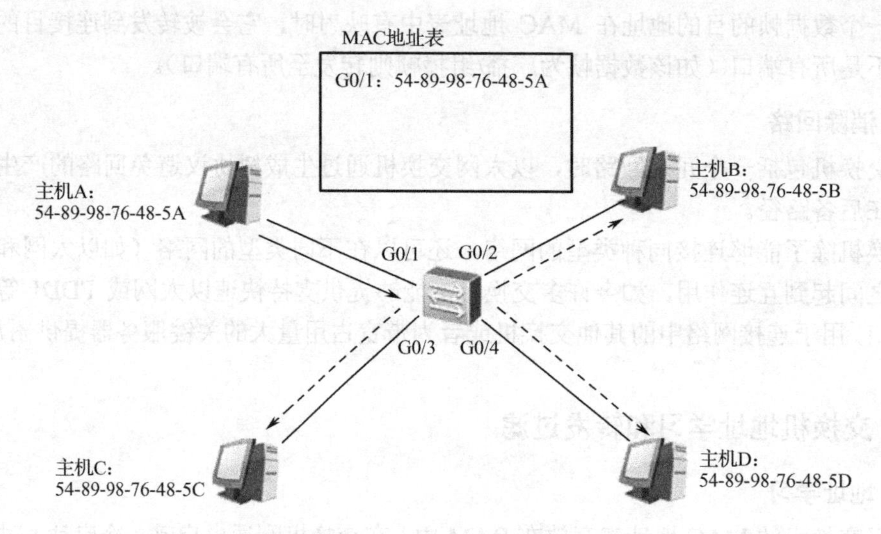

图 2.22　在 MAC 地址表中添加地址

网络中的其他主机通过广播也会收到这个数据帧，但会丢弃该数据帧，只有目的主机 C 响应这个数据帧，并按要求返回响应帧，该响应帧的目的 MAC 地址为主机 A 的 MAC 地址。返回的响应帧在到达交换机后，由于这个目的 MAC 地址已经记录在 MAC 地址表中，交换机就按照表中对应的端口 G0/1 将其转发出去，同时交换机通过解析响应帧，学习到响应帧的源 MAC 地址（主机 C 的 MAC 地址），并把其和端口 G0/3 建立起关系，记录在交换机 MAC 地址表中。

随着网络中的主机不断发送数据帧，这个学习过程也会不断进行下去，最终交换机会得到整个网络的完整的 MAC 地址表，如图 2.23 所示。

需要注意的是，交换机通过 MAC 地址表决定如何处理数据帧，由于 MAC 地址表中的条目有生命周期，如果交换机长时间没有从该端口收到相同源地址的数据帧，则交换机会刷新 MAC 地址记录，并且会认为该主机已不再连接在这个端口上，于是这个条目将会从 MAC 地址表中删除。通常在默认情况下，交换机的老化时间为 300 秒，超过这个时间交换机就会刷新 MAC 地址表，如果该端口收到的数据帧的源地址发生改变，则交换机会用新的源地址改写 MAC 地址表中的该端口对应的 MAC 地址，从而使交换机中的 MAC 地址表一直保持最新的记录，以提供更准确的转发策略。

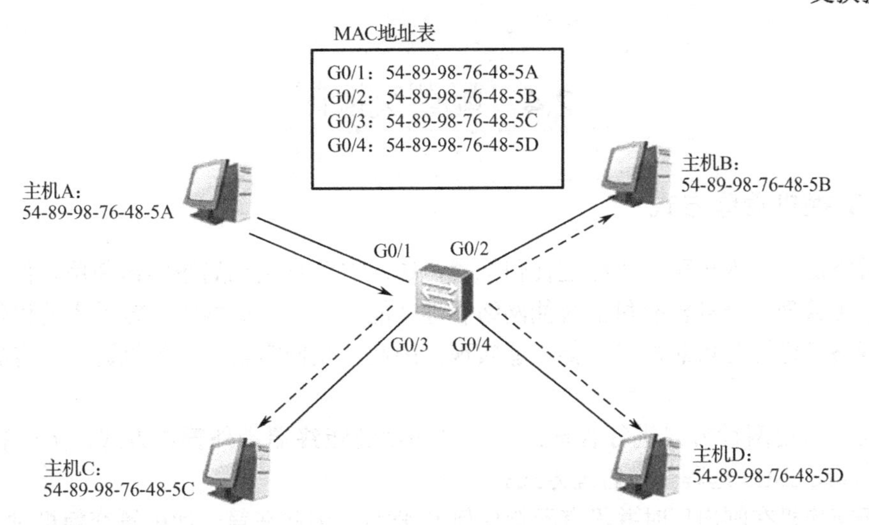

图 2.23　完整的 MAC 地址表

2. 转发过滤

交换机在收到目标 MAC 地址后，会按照记录在 MAC 地址表中的映射关系，将接收到的数据帧从相应端口转发出去。当主机 A 再次将数据帧发送给主机 C 时，主机 A 的网卡首先以“帧头+MAC-C+MAC-A+Data+校验位”的格式封装数据帧；在该数据帧传输到交换机上时，交换机的 ASIC 芯片会解析该数据帧，由于目标 MAC 地址（主机 C 的 MAC 地址为 54-89-98-76-48-5C）记录在交换机 MAC 地址表中，交换机会按照查找到的 MAC 地址直接将数据帧从相应的端口转发出去，如图 2.24 所示。

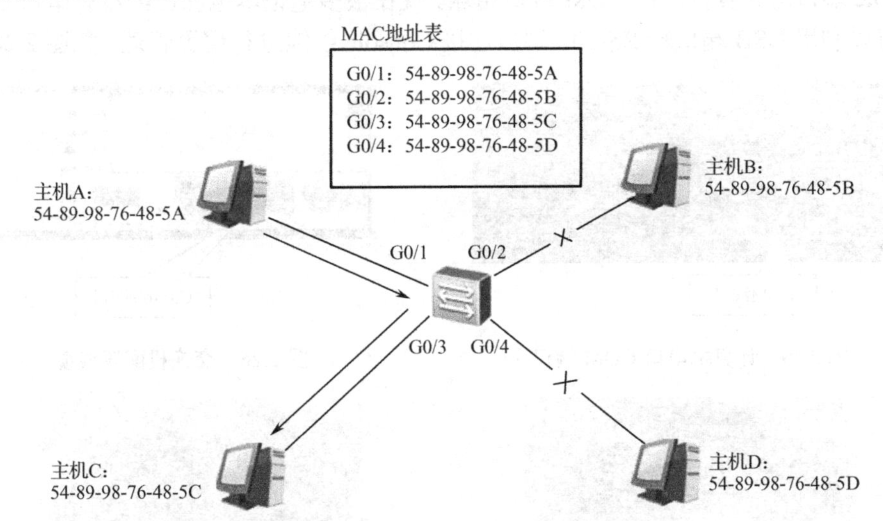

图 2.24　交换机按 MAC 地址表转发过滤

主机 A 向主机 C 发送数据帧的过程可以描述如下。

（1）交换机将数据帧的目的 MAC 地址和 MAC 地址表中的条目进行比较。

（2）若发现数据帧可以通过端口 G0/3 到达目的主机，便将数据帧从该端口转发出去。

（3）通过交换机 MAC 地址表的过滤，交换机不会再将该数据帧广播到交换机 G0/2 和 G0/4 中去，这样就减少了网络中的传输流量，优化了带宽，这种操作被称为帧过滤。

2.4 配置交换机

2.4.1 交换机管理方式

通常情况下交换机可以不经过任何配置，在加电后直接在局域网内使用，但是这种方式浪费了可管理型交换机提供的智能网络管理功能，并且局域网内传输效率的优化以及安全性、网络稳定性与可靠性等也都不能实现，因此，我们需要对交换机进行一定的配置和管理。

交换机常用两种方式进行管理：一种是使用超级终端带外管理方式，另一种是使用Telnet远程或SSH2远程带内管理方式。

由于交换机在刚出厂时并没有配置任何IP地址，因此在第一次配置交换机时，只能用Console端口来配置。这种配置方式使用专用的配置线缆连接交换机的Console端口，不占用网络带宽，因此被称为带外管理方式；而其他方式通过网线与交换机RJ-45端口相连，并通过IP地址实现管理，被称为带内管理方式。

1. 带外方式管理交换机

带外方式是通过连接计算机串口COM端口与交换机Console端口来管理交换机的方式，如图2.25和图2.26所示。不同类型的交换机的Console端口所处的位置不同，但交换机的面板上都有Console字样标识。利用交换机配置线缆，如图2.27所示，可以将交换机的Console端口与计算机串口COM端口相连。现在很多笔记本电脑已经没有串口COM端口了，可以利用USB端口转RS-232端口连接Console线缆进行配置管理，如图2.28所示。

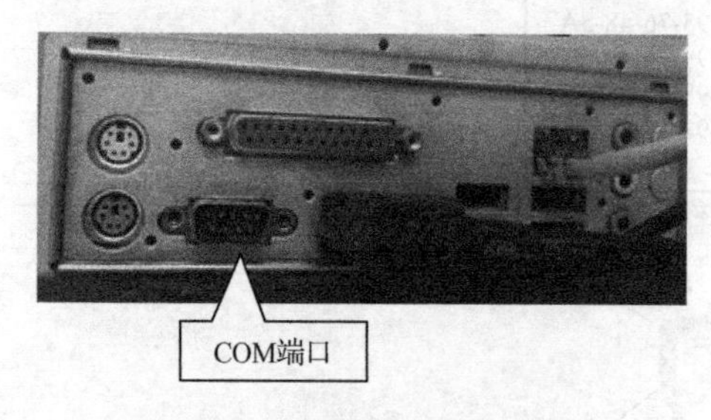

图2.25 计算机串口COM端口

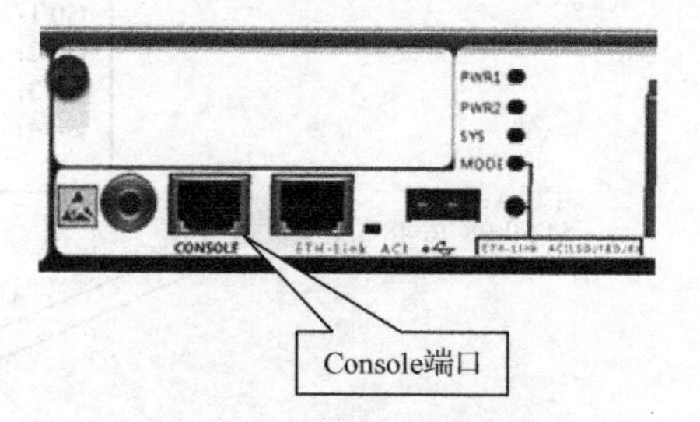

图2.26 交换机配置线缆

图2.27 交换机配置线缆

图2.28 USB端口转RS-232端口线缆

（1）超级终端程序。选择【开始】→【所有程序】→【附件】→【超级终端】命令，根据提示进行相关配置，设置COM属性，如图2.29所示，在正确设置之后进入交换机用户模式，如图2.30所示。

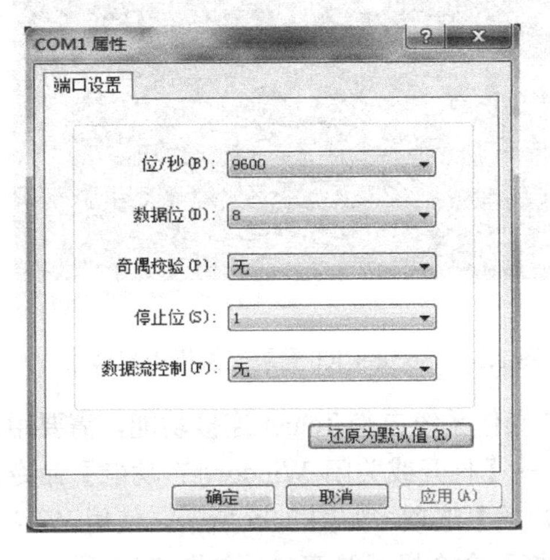

图2.29　超级终端COM属性设置

图2.30　超级终端登录交换机用户模式

（2）SecureCRT终端仿真程序。SecureCRT是一款支持SSH（SSH1和SSH2）的终端仿真程序，打开SecureCRT终端仿真程序主界面，如图2.31所示，单击【连接】按钮，打开“连接”对话框，如图2.32所示，单击【Properties】按钮，进行“会话”选项设置，可以在“协议”列表中选择相应协议进行连接，如Serial、Telnet、SSH2等。选择串口Serial协议，并在“会话选项”对话框中设置串行选项，如图2.33所示，在正确设置后便可以进入交换机用户模式，如图2.34示。

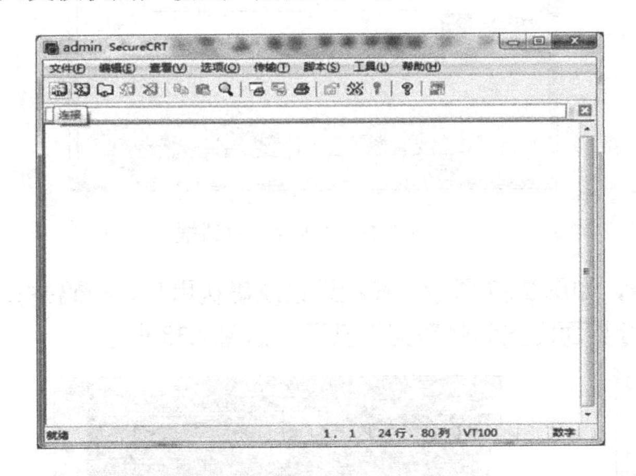

图2.31　SecureCRT主界面

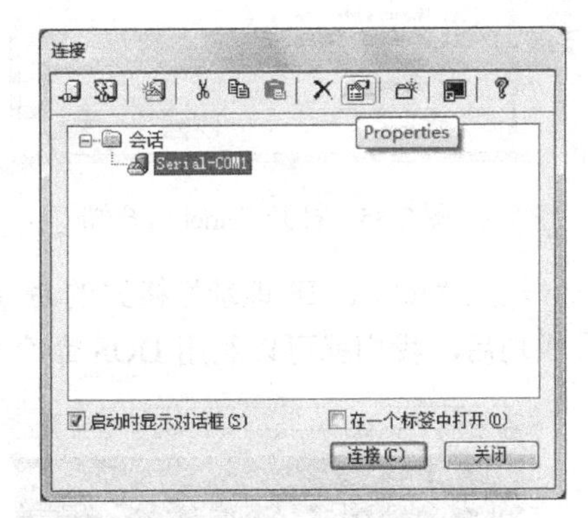

图2.32　“连接”对话框

2. 带内方式管理交换机

带内方式是通过网线远程连接并管理交换机的方式，如通过Telnet、SSH等，在通过Console端口对交换机进行初始化配置，包括配置交换机管理IP地址、用户、密码等，并开启Telnet服务后，就可以通过网络以Telnet等远程方式登录并管理交换机。

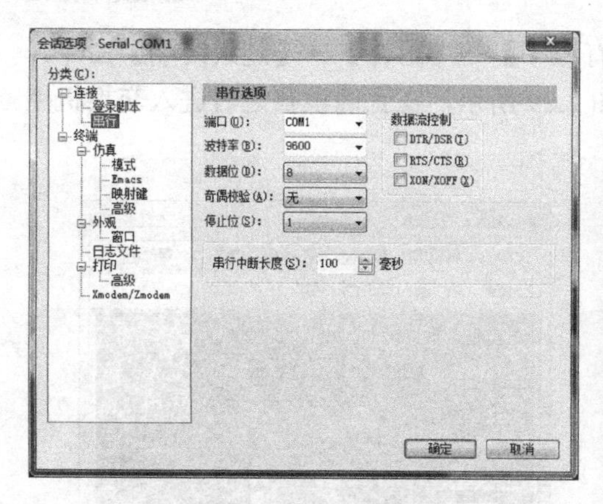

图 2.33 设置串行选项

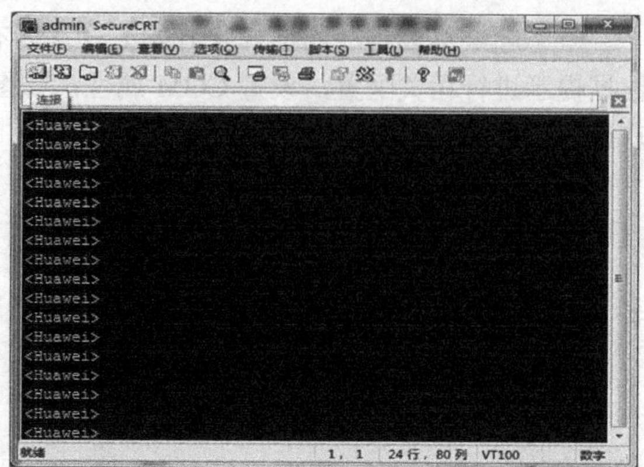

图 2.34 SecureCRT 登录交换机用户模式

Telnet 协议是一种远程访问协议，Windows7 操作系统自带 Telnet 连接功能，需要用户自行开启：打开计算机控制面板，选择【程序】→【打开或关闭 Windows7 功能】命令，打开“Windows 功能”对话框，勾选【Telnet 客户端】选项，如图 2.35 所示，使用 WIN+R 快捷键，在“运行”对话框输入“cmd”命令，打开命令提示符窗口，如图 2.36 所示，转到 DOS 命令行界面。

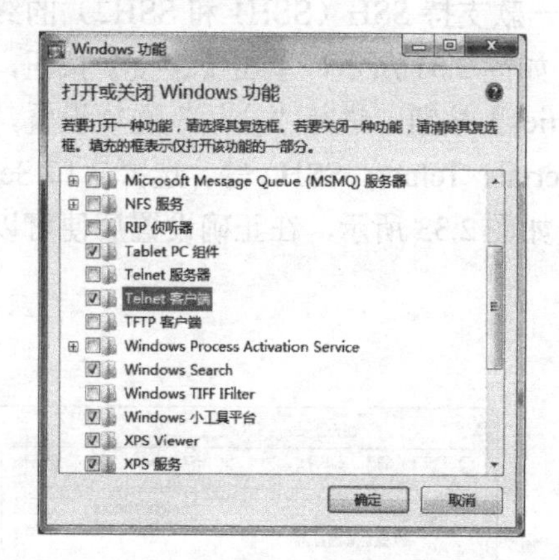

图 2.35 打开 Telnet 客户端

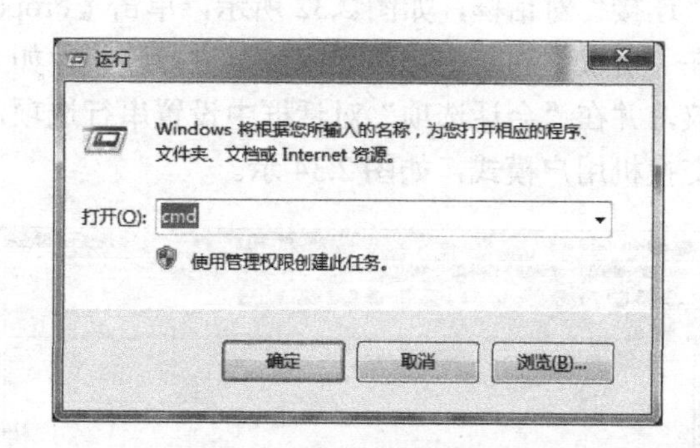

图 2.36 “运行”对话框

输入“telnet +IP 地址”格式的命令，如图 2.37 所示，在经过系统确认用户、密码并登录成功后，我们就可以利用 DOS 命令行界面配置和管理交换机了，如图 2.38 所示。

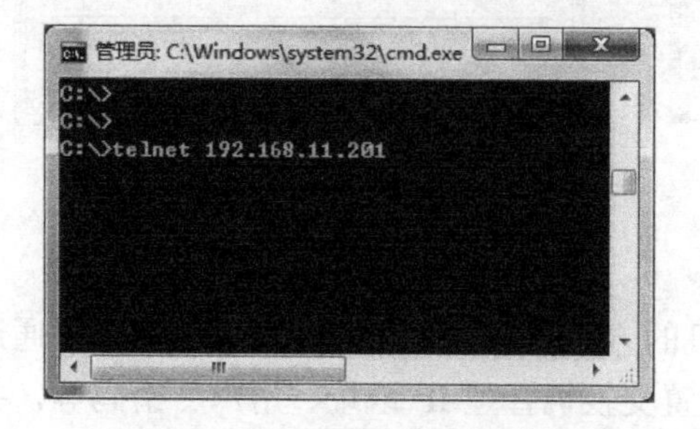

图 2.37 Telnet 远程方式登录

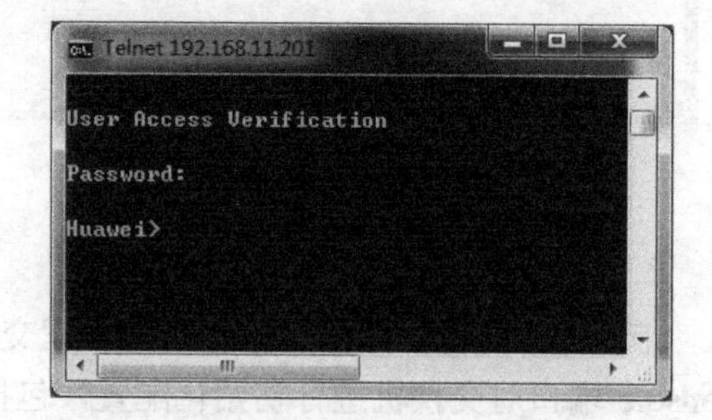

图 2.38 Telnet 登录交换机用户模式

2.4.2 交换机命令行基础

1. 命令行视图

随着越来越多的终端设备被接入网络中，网络设备的负担越来越重。为了提升网络的运行效率，华为公司开发了通用路由平台（Versatile Routing Platform，VRP），该平台以 IP 业务为核心，采用组件化的体系结构，在实现丰富功能特性的同时，提供了基于应用的可裁剪和可扩展的功能，使得交换机和路由器的运行效率大大增加。熟练掌握利用 VRP 进行配置和操作已经成为对网络工程师的一种基本要求。

交换机的配置管理界面可分为若干模式。根据配置管理功能不同，VRP 分层的命令结构定义了很多命令行视图，每条命令只能在特定视图下执行，每条命令都注册在一个或多个命令视图下，用户只有先进入这个命令所在的视图，才能运行相应的命令。在进入 VRP 系统的配置界面后，VRP 上最先出现的视图是用户视图，相关实例代码如下。

```
<Huawei>system-view
Enter system view, return user view with Ctrl+Z.
[Huawei]interface GigabitEthernet 0/0/8
[Huawei-GigabitEthernet0/0/8]
```

在该视图下，用户可以查看设备的运行状态和统计信息。若要修改系统参数，必须先进入系统视图，还可以通过系统视图进入其他功能配置视图，如端口视图和协议视图，如图 2.39 所示。通过提示符可以判断当前所处的视图，例如，“< >”表示用户视图，“[ ]”表示除用户视图以外的其他视图。

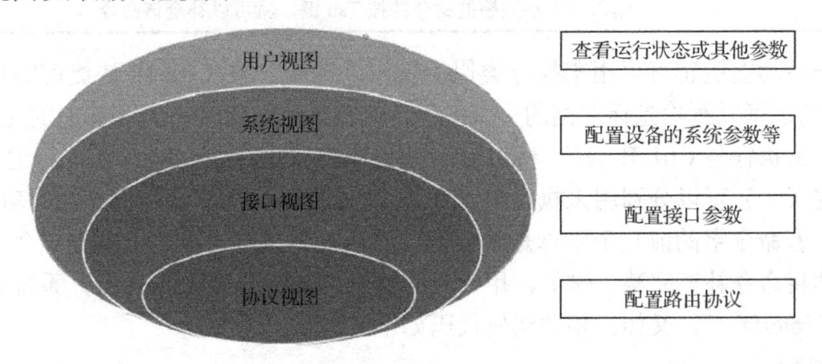

图 2.39 命令行视图

2. 命令行快捷键功能

为了简化操作，系统提供了快捷键，使用户能够快速执行相应的操作，例如，按 Ctrl+Z 快捷键可以返回用户视图界面，相关实例代码如下。

```
<Huawei>system-view
Enter system view, return user view with Ctrl+Z.
[Huawei]interface GigabitEthernet 0/0/8
[Huawei-GigabitEthernet0/0/8] ^ z      //按 Ctrl+Z 返回用户视图界面
<Huawei>
```

其他快捷键功能如表 2.5 所示。

表 2.5 快捷键功能

命 令	功 能
Ctrl+A	将光标移动到当前命令行的最前端
Ctrl+B	将光标向左移动一个字符
Ctrl+C	停止当前命令的运行
Ctrl+D	删除当前光标所在位置的字符
Ctrl+E	将光标移动到当前行的末尾
Ctrl+F	将光标向右移动一个字符
Ctrl+H	删除光标左侧的一个字符
Ctrl+N	显示历史命令缓冲区中的后一条命令
Ctrl+P	显示历史命令缓冲区中的前一条命令
Ctrl+W	删除光标左侧的一个字符串
Ctrl+X	删除光标左侧的所有字符
Ctrl+Y	删除光标所在位置的字符及其右侧所有的字符
Esc+B	将光标向左移动一个字符串
Esc+D	删除光标右侧的一个字符串
Esc+F	将光标向右移动一个字符串
Backspace	删除光标左侧的第一个字符
Tab	输入一个不完整的命令并按 Tab 键，就可以补全该命令

还有一些功能键也可以用来执行类似的操作，例如，与 Ctrl+H 快捷键的功能一样，Backspace 键也可以删除光标左侧的一个字符。向左的光标键（←）和向右的光标键（→）可以分别用来执行与 Ctrl+B 快捷键和 Ctrl+F 快捷键相同的功能。向下的光标键（↓）和向上的光标键（↑）可以分别用来执行与 Ctrl+N 快捷键和 Ctrl+P 快捷键相同的功能。

此外，若命令字的前几个字母是独一无二的，则系统可以在用户输完该命令的前几个字母后自动将命令补充完整。例如，用户只需输入“inter”并按 Tab 键，系统会自动将命令补充为“interface”。又如，相关实例代码如下。

```
<Huawei>sys
Enter system view, return user view with Ctrl+Z.
[Huawei]int  g         //按 Tab 键补全命令
[Huawei]int  GigabitEthernet
```

若命令字并非独一无二的，则用户在按 Tab 键后会显示所有可能的命令。例如，用户输入“ar”并按 Tab 键，系统会按顺序显示以下命令：arp、arp-miss、arp-suppress。

3. 命令行在线帮助

VRP 提供两种帮助功能，分别是部分帮助和完全帮助。

部分帮助是指用户输入命令时，如果用户只记得此命令关键字的开头一个或几个字符，则可以使用命令行的部分帮助获取以该字符串开头的所有关键字的提示，例如，在用户视图下输入“S?”，相关实例代码如下。

```
<Huawei>S?
  save                                    schedule
```

```
    screen-length                              screen-width
    send                                       set
    stack                                      start-script
    startup                                    super
    system-view
  <Huawei>S
```

完全帮助是指在任一命令视图下，用户可以输入“?”获取该命令视图下所有的命令及其简单描述。例如，用户输入一条命令关键字，后接以空格分隔的“?”，如果该位置为关键字，则VRP会列出全部关键字及其描述，如在用户视图下输入“startup ?”，相关实例代码如下。

```
<Huawei>startup  ?
  patch                   Set patch file
  saved-configuration     Saved-configuration file for system to startup
  system-software         Config system software for system to startup
<Huawei>startup
```

2.4.3 交换机基本配置命令

1．配置设备名称

因为网络环境中设备众多，为了方便管理员管理，就需要对这些设备进行统一配置。使用sysname命令可以修改设备名称，而设备名称一旦设置，就会立刻生效，相关实例代码如下。

```
<Huawei>system-view
Enter system view, return user view with Ctrl+Z.
[Huawei]sysname  SW1            //修改交换机的名称为SW1
[SW1]
```

交换机名称长度不能超过255个字符。在系统视图下使用undo命令，可将交换机名称恢复为默认值，相关实例代码如下。

```
[SW1]undo  sysname              //恢复交换机默认名称
[Huawei]                        //交换机默认名称为Huawei
```

2．配置返回命令行

使用quit或return命令可以返回命令行，quit命令返回到上级命令行，而return命令返回到用户视图命令行，相关实例代码如下。

```
<Huawei>system-view
Enter system view, return user view with Ctrl+Z.
[Huawei]interface GigabitEthernet 0/0/1
[Huawei-GigabitEthernet0/0/1]quit              //返回到上一级命令行
[Huawei]
[Huawei]interface GigabitEthernet 0/0/1
[Huawei-GigabitEthernet0/0/1]return            //返回到用户视图命令行
<Huawei>
```

3．配置系统时钟

系统时钟是设备上的系统时间戳，由于地域的不同，用户可以根据当地规定设置系统时钟，正确设置系统时钟以确保其与其他设备保持同步。

协调世界时，又称世界统一时间、世界标准时间、国际协调时间，英文为Coordinated Universal Time，简称UTC。由于系统默认采用UTC时区，而中国北京在东八区，时间与

UTC 的时差均为+8，也就是 UTC+8，因此在对系统时间和日期进行配置前，应先设置时区，相关实例代码如下。

```
<Huawei>clock   timezone   CHINA-BJ   add   08:00:00
<Huawei>clock   datetime   18:44:30 2019-07-09
<Huawei>display   clock
2019-07-09 18:44:43+08:00
Tuesday
Time Zone(CHINA-BJ) : UTC+08:00
<Huawei>
```

通常情况下，时钟一旦设定，即使设备断电，设备时钟仍可以继续运行，原则上不再修改，除非需要修正设备时间。

4．配置用户登录权限界面命令

虚拟类型终端（Virtual TypeTerminal，VTY）是一种虚拟线路端口，用户通过终端与设备建立 Telnet 或 SSH 连接后，也就建立了一条 VTY，即用户可以通过 VTY 方式登录设备。不同类型的设备支持同时登录的用户数量不同，大多数最多为 15 个。通过 VTY 方式访问，执行 user-interface maximum-vty number 命令，可以配置同时登录到设备的 VTY 类型用户界面的最大个数，相关实例代码如下。

```
<Huawei>system-view
Enter system view, return user view with Ctrl+Z.
[Huawei]user-interface   vty   0   4
[Huawei-ui-vty0-4]quit
[Huawei]
[Huawei]user-interface   maximum-vty ?
  INTEGER<0-15>   The maximum number of VTY users, the default value is 5
[Huawei]user-interface   maximum-vty   1
```

如果将最大登录用户数设为 0，则任何用户都不能通过 Telnet 或者 SSH 登录到设备，可以使用 display user-interface 命令来查看用户界面信息。

从设备安全的角度考虑，限制用户的访问和操作权限是很有必要的。用户权限和用户认证是提升终端安全的两种方式。用户权限要求规定用户的级别，一定级别的用户只能执行特定级别的命令。配置用户界面的用户认证方式后，用户在登录设备时，需要输入密码进行认证，这样就限制了用户访问设备的权限。在通过 VTY 进行 Telnet 连接时，所有接入设备的用户都必须要经过认证，相关实例代码如下。

```
<Huawei>system-view
Enter system view, return user view with Ctrl+Z.
[Huawei]user-interface vty 0 4
[Huawei-ui-vty0-4]user privilege level 3                    //配置本地用户级别
[Huawei-ui-vty0-4]set authentication password ?             //配置本地认证密码
  cipher   Set the password with cipher text                 //密文密码
  simple   Set the password in plain text                    //明文密码
[Huawei-ui-vty0-4]set authentication password cipher ?
  STRING<1-16>/<24>   Plain text/cipher text password
[Huawei-ui-vty0-4]set authentication password cipher admin01
[Huawei-ui-vty0-4]
```

设备提供三种认证模式，即 AAA 模式、密码认证模式和不认证模式。AAA 认证模式具有很高的安全性，因为用户在登录时必须输入用户名和密码。密码认证模式只需要输入登录密码即可，所以所有用户使用的都是同一个密码。不认证模式就是不需要对用户进行认证，直接登录到设备。需要注意的是，Console 界面默认使用不认证模式。对于 Telnet 登录用户而言，授权是非常必要的，最好设置用户名、密码和指定账号相关联的权限。

用户可以设置 Console 界面和 VTY 界面的属性，以提高系统安全性。如果一个连接到设备的用户一直处于空闲状态而不断开，可能会给系统带来很大风险，应该在等待一个超时时间后，系统自动中断连接。这个闲置切断时间又称超时时间，默认为 10min，相关实例代码如下。

```
<Huawei>system-view
Enter system view, return user view with Ctrl+Z.
[Huawei]user-interface vty 0 4
[Huawei-ui-vty0-4]idle-timeout 5 30                //5min30s 中断连接，默认为 10min
[Huawei-ui-vty0-4]screen-length 30                 //一页输出 30 行
[Huawei-ui-vty0-4]history-command max-size 30      //历史命令缓存 30 条记录
```

当 display 命令输出的信息超过一页时，系统会对输出内容进行分页，使用空格键可以切换下一页。如果一页输出的信息过少或过多时，用户可以执行 screen-length 命令修改信息输出时一页的行数。默认行数为 24，最大支持 512 行，不建议将行数设置为 0，否则不会显示任何输出内容。

在每条命令执行后，执行的记录都会被保存在历史命令缓存区。用户可以利用↑、↓、Ctrl+P、Ctrl+N 等快捷键调用这些命令。历史命令缓存区中默认能存储 10 条命令，可以通过运行 history-command max-size 命令改变可存储的命令数，最多可存储 256 条命令。

5. 配置标题信息

用户在登录网络设备时，可以使用 header 命令来设置用户登录设备时终端上显示的标题信息。

login 参数指定当用户在登录设备认证过程中时，激活终端连接时显示的标题信息。

shell 参数指定当用户成功登录到设备上时，已经建立了会话时显示的标题信息。

header 命令的内容可以是字符串或文件名，为字符串时，标题信息以第一个英文字符为起始符号，以最后一个相同的英文字符为结束符。通常情况下，建议使用英文特殊符号，并需要确保在信息正文中没有此符号。相关实例代码如下。

```
<Huawei>
<Huawei>system-view
Enter system view, return user view with Ctrl+Z.
[Huawei]header login information "welcome to huawei study"
[Huawei]header shell information "please don't shutdown the device!"
[Huawei]
```

6. 命令等级

为了增加设备的安全性，系统会将命令进行分级管理，不同的用户拥有不同的权限，可以使用对应级别的命令行。在默认情况下命令级别分为 0～3 级，用户级别分为 0～15 级。用户 0 级为访问级别，对应网络诊断工具命令（ping、tracert）、从本设备出发访问外部设备的命令（Telnet 客户端）、部分 display 命令等。用户 1 级为监控级别，对应命令 0、1 级，包括用于系统维护的命令和 display 命令等。用户 2 级是配置级别，对应命令 2 级，向用户提供直接网络服务，包括路由、各个网络层次的命令。用户 3～15 级是管理级别，对应命令 3 级，该级别主要是用于系统运行的命令，对业务提供支撑作用，包括文件系统、FTP、

TFTP 下载、文件交换配置、电源供应控制，备份板控制、用户管理、命令级别设置、系统内部参数设置，以及用于业务故障诊断的 debugging 命令等。

2.4.4 文件系统管理

1. 基本查询命令

（1）dir 命令，显示当前目录下的文件信息，相关实例代码如下。

```
<Huawei>dir
Directory of flash:/
  Idx   Attr       Size(Byte)   Date              Time          FileName
    0   drw-                -   Aug 06 2015 21:26:42    src
    1   drw-                -   Jul 09 2019 17:39:06    compatible
32,004 KB total (31,972 KB free)
<Huawei>
```

（2）pwd 命令，查看当前目录，相关实例代码如下。

```
<Huawei>pwd
flash:

<Huawei>
```

（3）more 命令，查看文本文件内容。

2. 目录操作

（1）cd 命令，修改用户当前界面的工作目录。

（2）mkdir 命令，创建新的目录。

（3）rmdir 命令，删除目录，相关实例代码如下。

```
<Huawei>mkdir   aaa                            //创建 aaa 文件夹
Info: Create directory flash:/aaa......Done.
<Huawei>dir                                    //显示当前目录下的文件信息
Directory of flash:/

  Idx   Attr       Size(Byte)   Date              Time          FileName
    0   drw-                -   Aug 06 2015 21:26:42    src
    1   drw-                -   Jul 09 2019 17:39:06    compatible
    2   drw-                -   Jul 09 2019 21:55:22    aaa
    3   -rw-              651   Jul 09 2019 21:45:09    vrpcfg.zip

32,004 KB total (31,964 KB free)

<Huawei>cd   aaa                               //进入 aaa 文件夹
<Huawei>dir
<Huawei>pwd                                    //查看当前目录
flash:/aaa

<Huawei>
<Huawei>cd ..                                  //返回上一级目录
<Huawei>dir
Directory of flash:/
```

```
  Idx  Attr      Size(Byte)  Date          Time          FileName
    0  drw-               -  Aug 06 2015 21:26:42  src
    1  drw-               -  Jul 09 2019 17:39:06  compatible
    2  drw-               -  Jul 09 2019 21:55:22  aaa
    3  -rw-             651  Jul 09 2019 21:45:09  vrpcfg.zip

32,004 KB total (31,964 KB free)
<Huawei>
<Huawei>rmdir aaa                         //删除 aaa 文件夹
Remove directory flash:/aaa?[Y/N]:y
%Removing directory flash:/aaa...Done!
<Huawei>dir
Directory of flash:/
  Idx  Attr      Size(Byte)  Date          Time          FileName
    0  drw-               -  Aug 06 2015 21:26:42  src
    1  drw-               -  Jul 09 2019 17:39:06  compatible
    2  -rw-             651  Jul 09 2019 21:45:09  vrpcfg.zip
32,004 KB total (31,968 KB free)
<Huawei>
```

3．文件操作

（1）copy 命令，复制文件。

（2）move 命令，移动文件。

（3）rename 命令，重命名文件。

（4）delete 命令，删除文件。

（5）unreserved 命令，永久删除文件。

（6）undelete 命令，恢复删除的文件。

（7）reset recycle-bin 命令，彻底删除回收站中的文件。

4．配置文件查询

（1）display current-configuration 命令，显示当前配置文件。

（2）display save-configuration 命令，显示保存的配置文件。

（3）display startup 命令，显示系统启动配置参数。

display current-configuration 命令可以用来查看设备当前生效的配置。

display current-configuration | begin {regular-expression}命令可以用来显示以不同参数或表达式开头的配置。

display current-configuration | include {regular-expression}命令可以用来显示包含了指定关键字或表达式的配置。

display saved-configuration [last|time]命令可以用来查看设备下次启动时加载的配置文件，使用 last 参数可以显示本次启动时使用的配置文件内容，使用 time 参数可以显示系统启动后最近的一次手动或者系统自动保存配置的时间。

display startup 命令可以用来查看设备本次及下次启动的相关系统软件、备份系统软件、配置文件、License 文件、补丁文件以及语音文件。

5．配置文件保存

save 命令，保存当前配置信息。

save [configuration-file]命令可以用来保存当前的配置信息到系统默认的存储路径中。

configuration-file 是配置文件的文件名，此参数是可选的。在执行 save 命令后，当前配置会被保存到设备的默认储存路径中，默认文件名为 vrpcfg.zip。

6．配置文件初始化

reset saved-configuration 命令，清除下次启动时加载的配置文件。

reset saved-configuration 命令可以用来清除存储设备中启动配置文件的内容。在执行该命令后，如果不使用 startup saved-configuration 命令重新指定设备下次启动时使用的配置文件，也不使用 save 命令保存配置文件，则设备在下次启动时会采用默认的配置参数进行初始化。

7．更新配置重启设备

reboot 命令，重启动设备。

在输入此命令后，系统会提示是否保存配置文件，在实际操作中，可以根据需要选择保存或不保存配置。

练 习 题

1．选择题

（1）快速以太网标准协议为（　　）。

A．802.3　　B．802.3u　　C．802.3z　　D．802.3ab

（2）ARP 是根据 IP 地址获取物理地址的，它是通过（　　）传播方式获取的。

A．单播　　B．组播　　C．广播　　D．任播

（3）下列可以隔离广播域的设备是（　　）。

A．集线器　　B．网桥　　C．交换机　　D．路由器

（4）下列属于带外方式管理交换机的是（　　）。

A．Telnet　　B．Console　　C．Web　　D．SSH

（5）下列可显示历史命令缓冲区中的前一条命令的快捷键是（　　）。

A．Ctrl+N　　B．Ctrl+P　　C．Ctrl+W　　D．Ctrl+X

（6）通用路由平台 VRP 结构定义了很多命令行视图，“<>”代表（　　）命令行视图。

A．用户视图　　B．系统视图　　C．端口视图　　D．协议视图

（7）集线器是工作在（　　）的网络设备。

A．物理层　　B．数据链路层　　C．网络层　　D．传输层

（8）以太网的介质访问协议为（　　）。

A．CSMA/CA　　B．Token-Bus　　C．CSMA/CD　　D．Token-Ring

（9）交换机依据（　　）决定转发数据帧。

A．MAC 地址和 MAC 地址表　　B．IP 地址和 MAC 地址表

C．MAC 地址和路由表　　D．IP 地址和 IP 地址表

（10）网桥处理的是（　　）。

A．比特流　　B．数据帧　　C．IP 包　　D．ATM 包

（11）对设备进行文件管理时，使用（　　）命令可以删除文件夹目录。

A．mkdir　　B．rmdir　　C．move　　D．rename

（12）进行文件配置管理时，使用（　　）命令可以使设备在下次启动时采用默认的配置参数进行初始化。

A．reboot　　B．reset saved-configuration

C．save　　D．display saved-configuration

2．简答题

（1）什么是以太网，快速以太网线缆的标准是什么？

（2）简述以太网工作原理。

（3）简述 ARP 工作原理。

（4）简述以太网冲突域和广播域。

（5）什么是三层交换技术？三层交换机与传统路由器相比的优点是什么？

（6）简述交换机的基本功能。

（7）交换机管理方式有几种？各自优缺点是什么？

项目三 虚拟局域网技术

教学目标、知识点：

1．了解 VLAN 技术、VLAN 帧格式、VLAN 优点及端口类型。
2．掌握 VLAN 内通信、VLAN 间通信的配置方法。
3．理解 GVRP 工作原理及配置方法。
4．掌握端口限速、端口镜像、端口聚合配置方法。
5．掌握 Telnet 配置管理方法。

3.1 VLAN 概述

3.1.1 VLAN 技术简介

传统局域网存在着效率低、安全性差、业务扩展能力差等问题，这严重制约了网络技术的发展与应用。随着网络的发展，越来越多的用户需要接入网络，交换机提供的大量接入端口已经不能很好地满足这种需求，传统局域网不仅面临冲突域限制和广播域太大两大难题，而且无法保障传输信息的安全。为了扩展传统局域网，接入更多计算机，同时避免冲突的恶化，出现了网桥和二层交换机。网桥和交换机采用交换的方式将来自入端口的信息转发到出端口上，能有效隔离冲突域，克服了共享网络中的冲突问题。但是，在采用交换机进行组网时，广播域和信息安全问题依旧存在。为了限制广播域的范围，减少广播信息的网上流量，需要在没有二层互访需求的主机之间进行隔离。路由器是基于三层 IP 地址信息来选择路由和转发数据的，它在连接两个网段时可以有效抑制广播报文的转发，但成本较高，因此，人们设想在物理局域网上构建多个逻辑局域网。

虚拟局域网（Virtual Local Area Network，VLAN）是在一个物理网络上划分出来的逻辑网络，是将一个物理的局域网在逻辑上划分成多个广播域的技术，可按照功能、部门及应用等因素划分逻辑工作组，形成不同的虚拟网络，如图 3.1 所示。

使用 VLAN 技术的目的是，将原本在一个广播域的网络划分成几个逻辑广播域，每个逻辑广播域内的用户形成一个组，组内的成员可以通信，组间的成员不允许通信。一个 VLAN 是一个广播域，二层的单播帧、广播帧和多播帧在同一 VLAN 内转发、扩散，而不会直接进入其他 VLAN 之中，广播报文就被限制在各个 VLAN 内，同时也提高了网络安全性，提高了交换机运行效率。VLAN 划分方法有很多，如基于端口、基于 MAC 地址、基于协议、基于 IP 子网、基于策略等，目前主流应用的是基于端口划分，因为此方法简单易用。

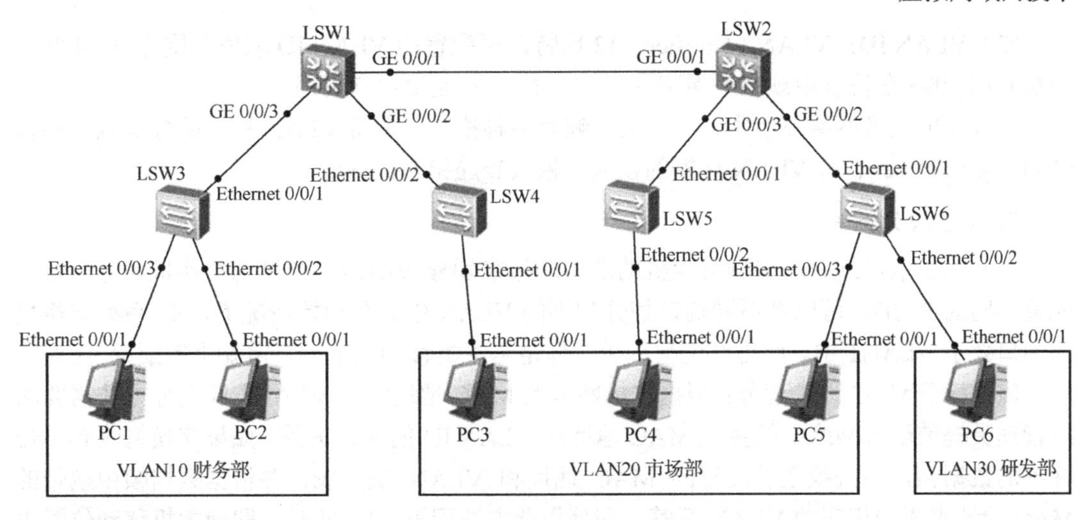

图 3.1 VLAN 逻辑分组

VLAN 建立在局域网交换机的基础上，既保持了局域网的低延迟、高吞吐量特点，又解决了由于单个广播域内广播包过多，网络性能降低的问题。VLAN 技术是局域网组网时经常使用的主要技术之一。

1. VLAN 帧格式

在以太网帧中添加的 VLAN 标签长度为 32 比特，直接添加在以太网帧头中，IEEE 802.1q 文档对 VLAN 标签做出了说明，如图 3.2 所示。

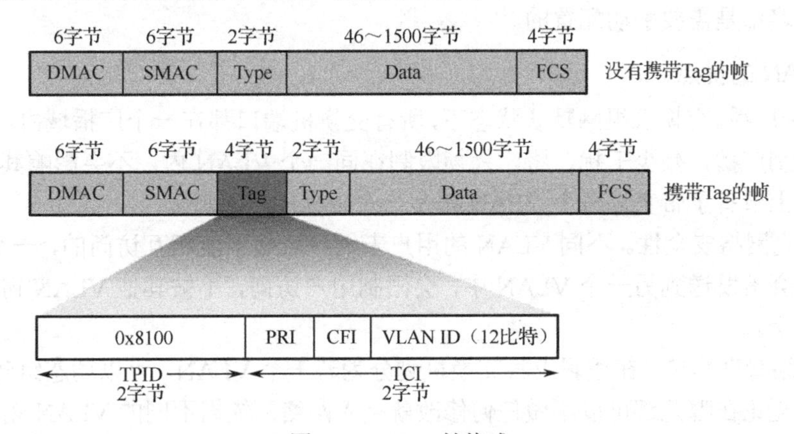

图 3.2 VLAN 帧格式

TPID：Tag Protocol Identifier，2 字节，固定取值为 0x8100，是 IEEE 定义的新类型，表明这是一个携带 802.1q 标签的帧。如果不支持 802.1q 的设备收到这样的帧，则会将其丢弃。

TCI：Tag Control Information，2 字节。帧的控制信息，详细说明如下。

（1）PRI：Priority，3 比特，表示帧的优先级，取值范围为 0～7，值越大优先级越高。当交换机阻塞时，优先发送优先级高的数据帧。

（2）CFI：Canonical Format Indicator，1 比特。CFI 表示 MAC 地址是否为经典格式，为 0 说明是经典格式，为 1 说明是非经典格式。CFI 用于区分以太网帧、FDDI 帧和令牌环网帧。在以太网中，CFI 的值为 0。

（3）VLAN ID：VLAN Identifier，12 比特，可配置的 VLAN ID 取值范围为 0～4095，但是 0 和 4095 在协议中规定为保留的 VLAN ID，不能给用户使用。

在现有的交换网络环境中，以太网的帧有两种格式：未带 VLAN 标签的标准以太网帧（Untagged Frame）、有 VLAN 标签的以太网帧（Tagged Frame）。

2．VLAN 划分方式

（1）基于端口划分：根据交换机的端口编号来划分 VLAN。通过为交换机的每个端口配置不同的 PVID，可以将不同端口划分到不同 VLAN 中。在初始情况下，X7 系列交换机的端口处于 VLAN1 中。此方法配置简单，但是当主机移动位置时，需要重新配置 VLAN。

（2）基于 MAC 地址划分：根据主机网卡的 MAC 地址划分 VLAN。此划分方法需要网络管理员提前配置网络中的主机 MAC 地址和 VLAN ID 的映射关系。如果交换机收到不带标签的数据帧，会查找之前配置的 MAC 地址和 VLAN 映射表，并根据数据帧中携带的 MAC 地址来添加相应的 VLAN 标签。在使用此方法配置 VLAN 时，即使主机移动位置也不需要重新配置 VLAN。

（3）基于 IP 子网划分：交换机在收到不带标签的数据帧时，会根据报文携带的 IP 地址给数据帧添加 VLAN 标签。

（4）基于协议划分：根据数据帧的协议类型（或协议族类型）、封装格式来分配 VLAN ID。网络管理员需要先配置协议类型和 VLAN ID 之间的映射关系。

（5）基于策略划分：使用几个条件的组合来分配 VLAN 标签。这些条件包括 IP 子网、端口和 IP 地址等。只有当所有条件都匹配时，交换机才会为数据帧添加 VLAN 标签。另外，每条策略都是需要手动配置的。

3．VLAN 的优点

（1）限制广播。交换机组网默认状态下，所有交换机端口都在一个广播域内。采用 VLAN 技术可以限制广播，减少干扰，将广播帧限制在同一个 VLAN 内，不会影响其他 VLAN，在一定程度上节省了带宽，每个 VLAN 都是一个独立的广播域。

（2）提高网络安全性。不同 VLAN 的用户未经许可是不能相互访问的，一个 VLAN 内的广播帧不会被发送到另一个 VLAN 中，会限制用户访问，不被其他 VLAN 窃听，从而保证了网络安全。

（3）网络管理简单。在逻辑上将交换机划分为若干个 VLAN，可以动态组建网络环境，使一个用户无论在哪儿都可以不做任何修改就接入网络。依据不同的 VLAN 划分方式，可以在一台交换机上提供多个网络应用服务，提高了设备的利用率。

3.1.2　链路类型

VLAN 技术的出现，使得交换机网络中存在了带 Tag 的 VLAN 以太网帧和不带 Tag 的 VLAN 以太网帧，因此，可以对链路进行相应的区分，分为接入链路和干道链路，如图 3.3 所示。

1．接入链路（Access Link）

用于连接计算机和交换机的链路称为接入链路，接入链路上通过的帧为不带 Tag 的 VLAN 以太网帧。

2. 干道链路（Trunk Link）

用于连接交换机和交换机的链路称为干道链路，干道链路上通过的帧一般为带 Tag 的 VLAN 以太网帧，也可以通过不带 Tag 的 VLAN 以太网帧。

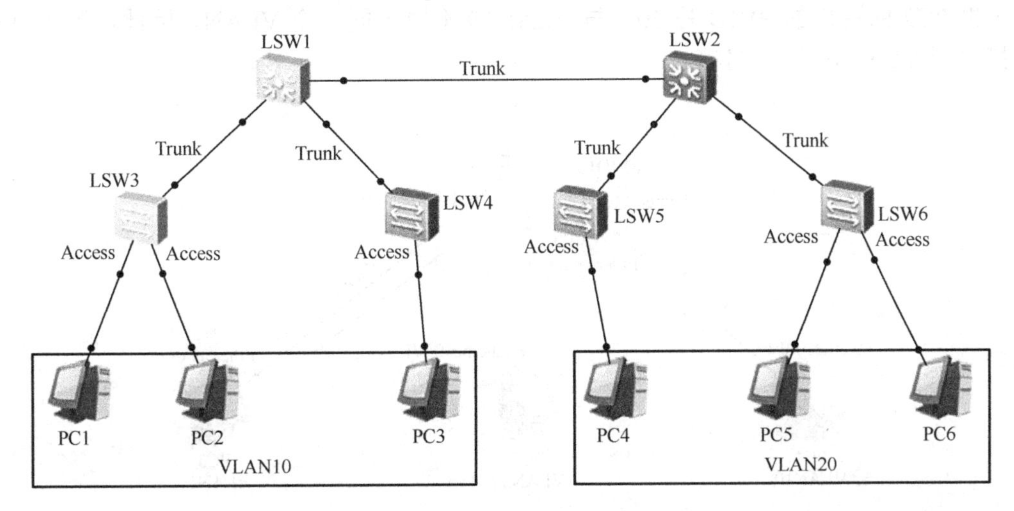

图 3.3 接入链路和干道链路

3.1.3 端口类型

PVID 即 Port VLAN ID，代表端口的默认 VLAN，在默认情况下，交换机每个端口的 PVID 都是 1，交换机从对端设备收到的帧可能是 Untagged 的数据帧，但所有以太网帧在交换机中都是以 Tagged 的形式被处理和转发的，因此交换机必须给端口收到的 Untagged 数据帧添加上 Tag。为了实现此目的，需要为交换机配置端口的默认 VLAN，当该端口收到 Untagged 数据帧时，交换机将给它加上该默认 VLAN 的 VLAN Tag。

基于链路对 VLAN Tag 的不同处理方式，可以对以太网交换机的端口进行区分，端口类型大致可分为三类。

1. 接入端口（Access Port）

Access 端口是交换机上用来连接用户主机的端口，它只能连接接入链路，并且只能允许唯一的 VLAN ID 通过本端口。

Access 端口收发数据帧的规则如下所述。

（1）如果 Access 端口收到对端设备发送的数据帧是 Untagged（不带 VLAN Tag），则交换机会强制加上该端口的 PVID；如果该端口收到对端设备发送的数据帧是 Tagged（带 VLAN Tag），则交换机会检查该 Tag 内的 VLAN ID，当 VLAN ID 与该端口的 PVID 相同时，接收该报文，否则丢弃该报文。

（2）Access 端口在发送数据帧时，总是会先剥离数据帧的 Tag，然后再发送，Access 端口发往对端设备的以太网帧永远是不带 Tag 的数据帧。

如图 3.4 所示，交换机 LSW1 的 Ethernet 0/0/1、Ethernet 0/0/2、Ethernet 0/0/3 端口分别连接 3 台主机 PC1、PC2 和 PC3，并且都配置为 Access 端口。主机 PC1 把数据帧（未加 Tag）发送到交换机 LSW1 的 Ethernet 0/0/1 端口，再由交换机发往其他目的地。

在收到数据帧之后，交换机 LSW1 会根据端口的 PVID 给数据帧加上 VLAN Tag 10，然后决定通过 Ethernet 0/0/3 端口转发数据帧。Ethernet 0/0/3 端口的 PVID 也是 10，与 VLAN Tag 中的 VLAN ID 相同。然后交换机会剥离 Tag，把数据帧发送到主机 PC3。连接主机 PC2 的端口的 PVID 是 20，与 VLAN10 不属于同一个 VLAN，因此，该端口不会接收到 VLAN10 的数据帧。

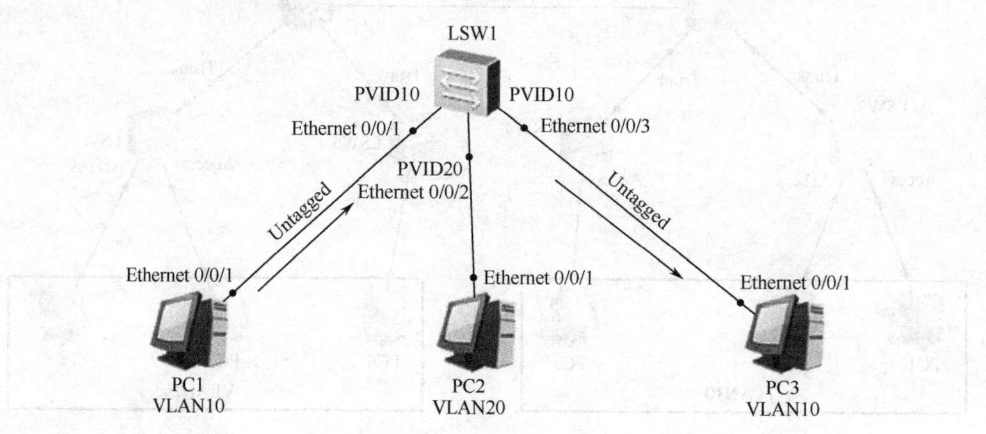

图 3.4　Access 端口类型

2. 干道端口（Trunk Port）

Trunk 端口是交换机上用来和其他交换机连接的端口，它只能连接干道链路。Trunk 端口允许多个 VLAN 的帧（带 Tag）通过。

Trunk 端口收发数据帧的规则如下所述。

（1）当 Trunk 端口接收到对端设备发送的不带 Tag 的数据帧时，交换机会给数据帧添加该端口的 PVID，如果 PVID 在允许通过的 VLAN ID 列表中，则接收该报文，否则丢弃该报文。当接收到对端设备发送的带 Tag 的数据帧时，交换机会检查 VLAN ID 是否在允许通过的 VLAN ID 列表中，如果在则接收该报文，否则丢弃该报文。

（2）Trunk 端口在发送数据帧时，当 VLAN ID 与端口的 PVID 相同，并且是该端口允许通过的 VLAN ID 时，交换机会剥离 Tag，发送该报文。当 VLAN ID 与端口的 PVID 不同，但也是该端口允许通过的 VLAN ID 时，会保持原有 Tag，发送该报文。

如图 3.5 所示，交换机 LSW1 和交换机 LSW2 连接主机的端口为 Access 端口，PVID 见图 3.5。交换机 LSW1 和交换机 LSW2 互连的端口为 Trunk 端口，PVID 都为 1，此 Trunk 链路允许所有 VLAN 的流量通过。当交换机 LSW1 转发 VLAN1 的数据帧时，会剥离 Tag，然后发送到 Trunk 链路上；而在转发 VLAN20 的数据帧时，不会剥离 Tag，而直接转发到 Trunk 链路上。

3. 混合端口（Hybrid Port）

Access 端口发往其他设备的报文，都是 Untagged 数据帧，而 Trunk 端口仅在一种特定情况下才能发出 Untagged 数据帧，在其他情况下发出的都是 Tagged 数据帧。

Hybrid 端口是交换机上既可以连接用户主机，又可以连接其他交换机的端口，即既可以连接接入链路又可以连接干道链路。Hybrid 端口允许多个 VLAN 的帧通过，并且可以在出端口方向将某些 VLAN 帧的 Tag 剥离。华为设备默认的端口类型是 Hybrid。

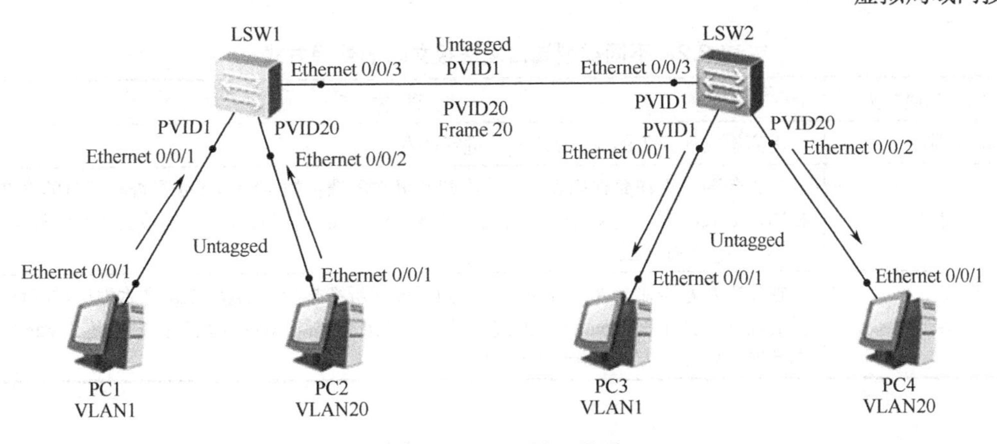

图 3.5 Trunk 端口类型

如图 3.6 所示，要求主机 PC1 和 PC2 都能访问服务器，但它们之间不能互相访问。此时交换机连接主机和服务器的端口，以及交换机互连的端口都配置为 Hybrid 类型。交换机连接 PC1 的端口的 PVID 是 10，连接 PC2 的端口的 PVID 是 20，连接服务器的端口的 PVID 是 100。

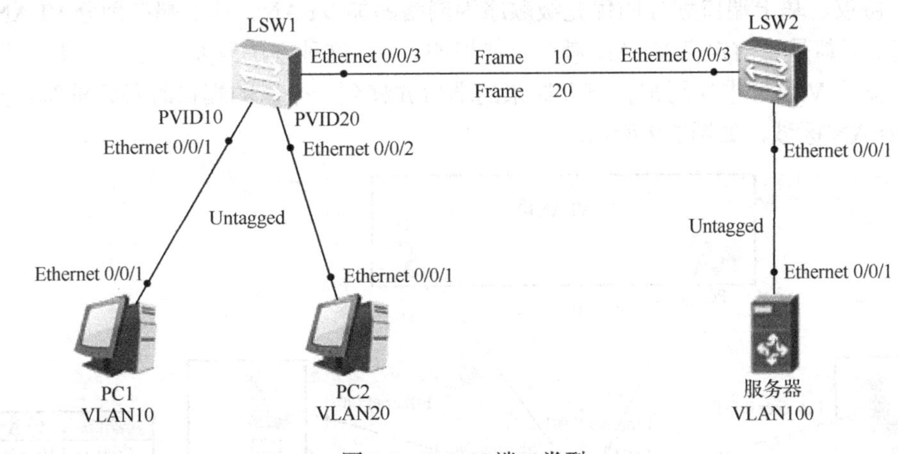

图 3.6 Hybrid 端口类型

不同类型的端口接收报文时的处理方式，如表 3.1 所示。

表 3.1 不同类型端口接收报文时的处理方式

端口类型	处理方式	
	携带 VLAN Tag	不携带 VLAN Tag
Access 端口	丢弃该报文	为该报文加上 VLAN Tag（本端口的 PVID）
Trunk 端口	判断本端口是否允许携带该 VLAN Tag 的报文通过，如果允许则报文携带原有 VLAN Tag 进行转发，否则丢弃该报文	同上
Hybrid 端口	同上	同上

不同类型的端口发送报文时的处理方式，如表 3.2 所示。

表 3.2　不同类型端口发送报文时的处理方式

端口类型	处理方式
Access 端口	剥离报文所携带的 VLAN Tag，进行转发
Trunk 端口	首先判断是否在允许列表中，其次判断报文所携带的 VLAN Tag 是否和端口的 PVID 相同，如果相同，则剥离报文所携带的 VLAN Tag 进行转发；否则报文将携带原有的 VLAN Tag 进行转发
Hybrid 端口	首先判断是否在允许列表中，其次判断报文所携带的 VLAN Tag 在本端口需要做怎样的处理，如果是 Untagged 方式转发，则处理方式同 Access 端口；如果是 Tagged 方式转发，则处理方式同 Trunk 端口

3.2　VLAN 内通信

3.2.1　VLAN 基本配置

交换机设备支持多种 VLAN 划分，一般会按照基于策略、基于 MAC 地址、基于 IP 子网、基于协议、基于端口划分的优先级顺序为网络添加 VLAN。基于端口划分 VLAN 的优先级最低，但却是目前定义 VLAN 最广泛使用的方法，这种方法只要定义一次端口就可以，缺点在于某个 VLAN 中的用户在离开原来的端口并移到一个新的端口时必须重新定义端口所在的 VLAN 区域，如图 3.7 所示。

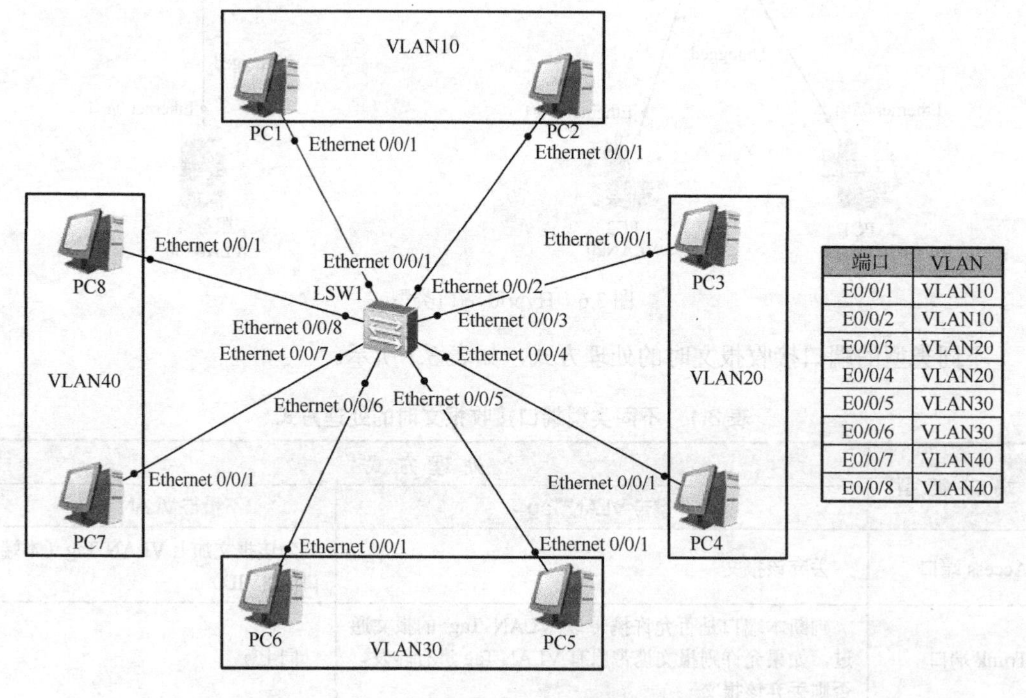

端口	VLAN
E0/0/1	VLAN10
E0/0/2	VLAN10
E0/0/3	VLAN20
E0/0/4	VLAN20
E0/0/5	VLAN30
E0/0/6	VLAN30
E0/0/7	VLAN40
E0/0/8	VLAN40

图 3.7　交换机按端口方式划分 VLAN

1．创建 VLAN

用户在首次登录到用户模式<Huawei>后，输入 system-view 命令并按 Enter 键，会进入系统模式[Huawei]，在系统模式下使用 VLAN 命令进入 VLAN 配置模式，可以创建或者修改 VLAN，相关实例代码如下。

```
<Huawei>                                          //用户模式
<Huawei>system-view                               //进入系统模式命令
[Huawei]                                          //系统模式
[Huawei]vlan 10                                   //创建 VLAN10
[Huawei-vlan10]description user-group-10          //修改 VLAN10 组的描述
[Huawei-vlan10]vlan 20                            //创建 VLAN20
[Huawei-vlan20]description user-group-20          //修改 VLAN20 组的描述
[Huawei-vlan20]vlan 30                            //创建 VLAN30
[Huawei-vlan30]description user-group-30          //修改 VLAN30 组的描述
[Huawei-vlan30]vlan 40                            //创建 VLAN40
[Huawei-vlan40]description user-group-40          //修改 VLAN40 组的描述
[Huawei-vlan40]quit                               //返回到上一级模式
[Huawei-vlan40]return                             //返回到用户模式
<Huawei>
```

2. 划分端口给相应的 VLAN

将端口划分给相应的 VLAN 有两种方式。因为华为设备默认的端口类型是 Hybrid，所以要将端口划分给相应的 VLAN，首先要设置端口类型。

方式一：在端口模式下设置端口类型，将端口划分给相应的 VLAN，例如将 Ethernet 0/0/1 端口和 Ethernet 0/0/2 端口划分给 VLAN10，如图 3.7 所示，相关实例代码如下。

```
<Huawei>                                          //用户模式
<Huawei>system-view                               //进入系统模式命令
[Huawei]
[Huawei]VLAN 10
[Huawei-vlan10]quit
[Huawei]interface Ethernet 0/0/1                  //进入 Ethernet 0/0/1 端口
[Huawei-Ethernet0/0/1]port link-type access       //设置端口类型
[Huawei-Ethernet0/0/1]port default vlan 10        //将端口划分给 VLAN10
[Huawei-Ethernet0/0/2]interface Ethernet 0/0/2
[Huawei-Ethernet0/0/2]port link-type access
[Huawei-Ethernet0/0/2]port default vlan 10
[Huawei-Ethernet0/0/2]quit
[Huawei]
```

方式二：在 VLAN 模式下设置端口类型，将端口划分给相应的 VLAN，例如将 Ethernet 0/0/3 端口和 Ethernet 0/0/4 端口划分给 VLAN20，如图 3.7 所示，相关实例代码如下。

```
<Huawei>                                          //用户模式
<Huawei>system-view                               //进入系统模式命令
[Huawei]
[Huawei]VLAN 20
[Huawei-vlan20]interface Ethernet 0/0/3           //进入 Ethernet 0/0/3 端口
[Huawei-Ethernet0/0/3]port link-type access       //设置端口类型
[Huawei-Ethernet0/0/3] interface Ethernet 0/0/4
[Huawei-Ethernet0/0/4]port link-type access
[Huawei]vlan20
[Huawei-vlan20]port   Ethernet 0/0/3 to 0/0/4     //将 Ethernet 0/0/3 端口和 Ethernet 0/0/4 端口划分给 VLAN20
[Huawei-vlan20]quit
[Huawei]
```

3. 查看并保存配置文件

（1）查看版本信息，相关实例代码如下。

```
[Huawei]display version
Huawei Versatile Routing Platform Software
VRP (R) software, Version 5.110 (S3700 V200R001C00)
Copyright (c) 2000-2011 HUAWEI TECH CO., LTD
Quidway S3700-26C-HI Routing Switch uptime is 0 week, 0 day, 1 hour, 45 minutes
[Huawei]
```

（2）查看当前运行的配置信息，相关实例代码如下。

```
[Huawei]display current-configuration
#
sysname Huawei
#
vlan batch 10 20
#
```

（3）查看端口配置信息，相关实例代码如下。

```
<Huawei>display current-configuration | begin interface Eth     //“|”表示从 interface Eth 开始显示
interface Ethernet0/0/1
 port link-type access
 port default vlan 10
#
interface Ethernet0/0/2
 port link-type access
 port default vlan 10
#
interface Ethernet0/0/3
 port link-type access
 port default vlan 20
#
interface Ethernet0/0/4
 port link-type access
 port default vlan 20
#
```

（4）查看 VLAN 配置信息，相关实例代码如下。

```
[Huawei]display vlan
The total number of vlans is : 3
--------------------------------------------------------------------------------
U: Up;            D: Down;            TG: Tagged;            UT: Untagged;
MP: Vlan-mapping;                     ST: Vlan-stacking;
#: ProtocolTransparent-vlan;    *: Management-vlan;
--------------------------------------------------------------------------------
VID  Type     Ports
--------------------------------------------------------------------------------
1    common   UT:Eth0/0/5(U)     Eth0/0/6(U)      Eth0/0/7(U)      Eth0/0/8(U)
                 Eth0/0/9(D)     Eth0/0/10(D)     Eth0/0/11(D)     Eth0/0/12(D)
                 Eth0/0/13(D)    Eth0/0/14(D)     Eth0/0/15(D)     Eth0/0/16(D)
                 Eth0/0/17(D)    Eth0/0/18(D)     Eth0/0/19(D)     Eth0/0/20(D)
                 Eth0/0/21(D)    Eth0/0/22(D)     GE0/0/1(D)       GE0/0/2(D)
10   common   UT:Eth0/0/1(U)     Eth0/0/2(U)
```

```
20    common   UT:Eth0/0/3(U)        Eth0/0/4(U)

VID   Status   Property         MAC-LRN Statistics Description
--------------------------------------------------------------------------------
1     enable   default          enable  disable    VLAN 0001
10    enable   default          enable  disable    VLAN 0010
20    enable   default          enable  disable    VLAN 0020
[Huawei-vlan20]
```

（5）保存当前配置信息，相关实例代码如下。

```
<Huawei>save
The current configuration will be written to the device.
Are you sure to continue?[Y/N]y                                  //提示是否继续操作
Info: Please input the file name ( *.cfg, *.zip ) [vrpcfg.zip]:
Jul 11 2019 10:34:43-08:00 Huawei %%01CFM/4/SAVE(l)[2]:The user chose Y when dec
iding whether to save the configuration to the device.
Now saving the current configuration to the slot 0.
Save the configuration successfully.
<Huawei>
```

3.2.2 交换机 Trunk 端口实现 VLAN 内通信

（1）同一个 VLAN 内可以相互访问，不同 VLAN 间禁止相互访问。

交换机 LSW1 与交换机 LSW2 使用 Trunk 端口互连，相同 VLAN 的 PC 之间可以互访，不同 VLAN 的 PC 之间禁止相互访问，如图 3.8 所示。

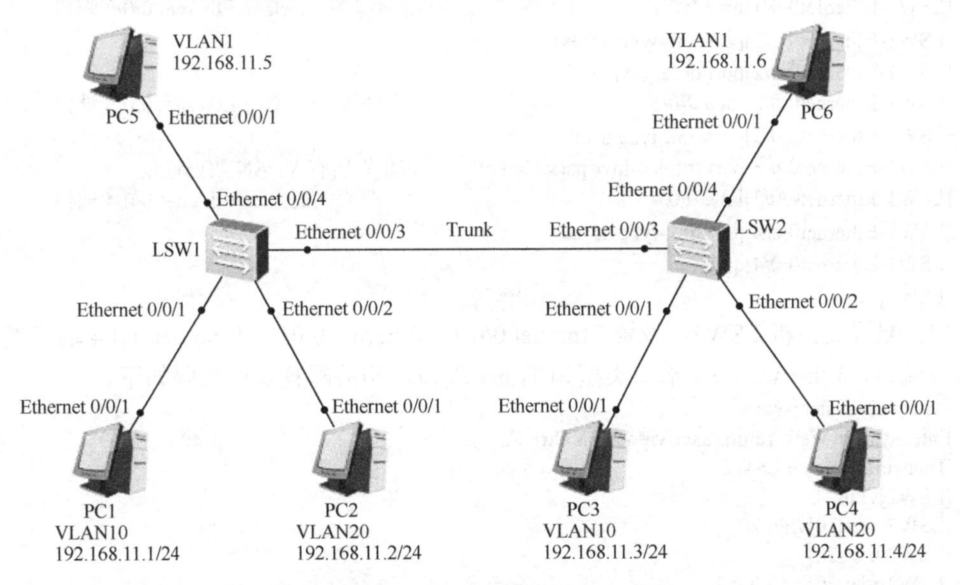

图 3.8　Trunk 端口配置实现 VLAN 通信

（2）配置相关主机的 IP 地址、VLAN 信息，主机 PC1 与 PC3 属于 VLAN10，主机 PC2 与 PC4 属于 VLAN20，主机 PC5 与 PC6 属于 VLAN1，所有配置信息都可以在 eNSP 软件下模拟测试，如主机 PC1 的 IP 地址，如图 3.9 所示。其他 IP 地址的设置、端口设置、所属 VLAN 等信息，如图 3.8 所示进行配置。

图 3.9 主机 PC1 的 IP 地址设置

（3）配置交换机 LSW1，设置 Ethernet 0/0/1、Ethernet 0/0/2、Ethernet 0/0/4 端口类型为 Access 端口，Ethernet 0/0/3 端口类型为 Trunk 端口，相关配置实例代码如下。

```
<Huawei>system-view
Enter system view, return user view with Ctrl+Z.
[Huawei]sysname LSW1
[LSW1]vlan 10
[LSW1-vlan10]vlan 20
[LSW1-vlan20]
[LSW1-vlan20]int e 0/0/1                              //简写的 interface Ethernet 0/0/1 端口
[LSW1-Ethernet0/0/1]port link-type access
[LSW1-Ethernet0/0/1]port default vlan 10
[LSW1-Ethernet0/0/1]int e 0/0/2                       //简写的 interface Ethernet 0/0/2 端口
[LSW1-Ethernet0/0/2]port link-type access
[LSW1-Ethernet0/0/2]port default vlan 10
[LSW1-Ethernet0/0/2]int e 0/0/3                       //简写的 interface Ethernet 0/0/3 端口
[LSW1-Ethernet0/0/3]port link-type trunk
[LSW1-Ethernet0/0/3]port trunk allow-pass vlan all    //允许所有 VLAN 数据通过
[LSW1-Ethernet0/0/3]int e 0/0/4                       //简写的 interface Ethernet 0/0/4 端口
[LSW1-Ethernet0/0/4]port link-type access
[LSW1-Ethernet0/0/4]quit
[LSW1]
```

（4）配置交换机 LSW2，设置 Ethernet 0/0/1、Ethernet 0/0/2、Ethernet 0/0/4 端口类型为 Access 端口，Ethernet 0/0/3 端口类型为 Trunk 端口，相关配置实例代码如下。

```
<Huawei>system-view
Enter system view, return user view with Ctrl+Z.
[Huawei]sysname LSW2
[LSW2]vlan 10
[LSW2-vlan10]vlan 20
[LSW2-vlan20]
[LSW2-vlan20]int e 0/0/1
[LSW2-Ethernet0/0/1]port link-type access
[LSW2-Ethernet0/0/1]port default vlan 10
[LSW2-Ethernet0/0/1]int e 0/0/2
[LSW2-Ethernet0/0/2]port link-type access
[LSW2-Ethernet0/0/2]port default vlan 10
[LSW2-Ethernet0/0/2]int e 0/0/3
[LSW2-Ethernet0/0/3]port link-type trunk
[LSW2-Ethernet0/0/3]port trunk allow-pass vlan 10 to 20      //只允许 VLAN10 至 VLAN20 数据通过
```

```
[LSW2-Ethernet0/0/3]int e 0/0/4
[LSW2-Ethernet0/0/4]port link-type access
[LSW2-Ethernet0/0/4]quit
[LSW2]
```

（5）显示交换机 LSW1 的配置信息，主要配置实例代码如下。

```
[LSW1]display current-configuration
sysname LSW1
#
vlan batch 10 20
#
interface Ethernet0/0/1
 port link-type access
 port default vlan 10
#
interface Ethernet0/0/2
 port link-type access
 port default vlan 20
#
interface Ethernet0/0/3
 port link-type trunk
 port trunk allow-pass vlan 2 to 4094                    //允许所有 VLAN 数据通过
#
interface Ethernet0/0/4
 port link-type access
#
return
<LSW1>
```

（6）显示交换机 LSW2 的配置信息，主要配置实例代码如下。

```
[LSW2]display current-configuration
#
sysname LSW2
#
vlan batch 10 20
#
interface Ethernet0/0/1
 port link-type access
 port default vlan 10
#
interface Ethernet0/0/2
 port link-type access
 port default vlan 20
#
interface Ethernet0/0/3
 port link-type trunk
 port trunk allow-pass vlan 10 to 20                    //只允许 VLAN10 至 VLAN20 数据通过
#
interface Ethernet0/0/4
 port link-type access
return
[LSW2]
```

（7）相关结果测试。

主机 PC1 与 PC2 分别属于 VLAN10 与 VLAN20，虽然它们连接在同一台交换机 LSW1 上，但仍然无法相互访问，如图 3.10 所示。

主机 PC1 与 PC3 同属于 VLAN10，所以即使它们分别连接在交换机 LSW1 与交换机

LSW2 上，因为主干链路为 Trunk 链路，但仍然可以相互访问，如图 3.11 所示。

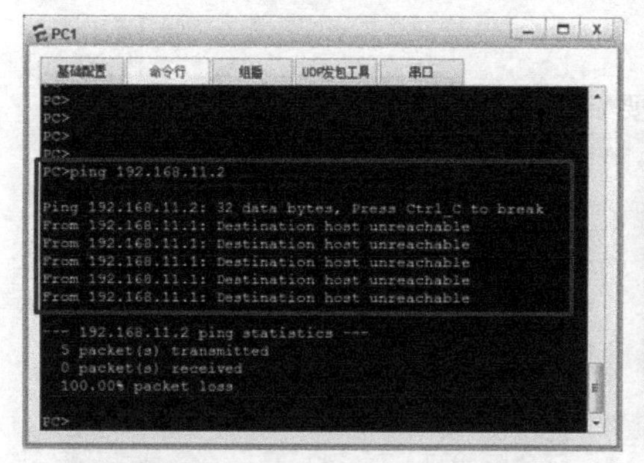

图 3.10　PC1 ping PC2 无法访问

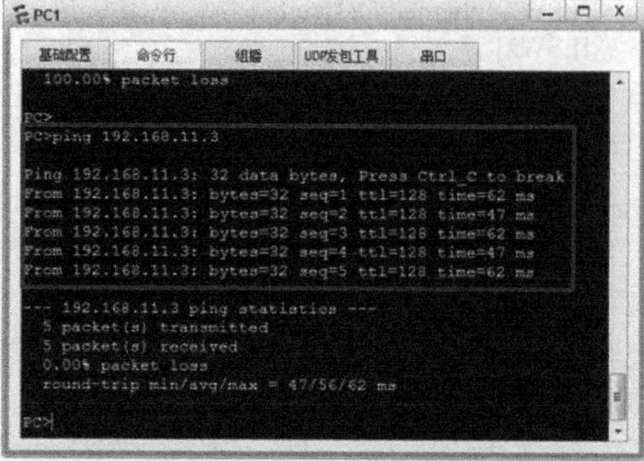

图 3.11　PC1 ping PC3 可以访问

主机 PC1 与 PC4 分别属于 VLAN10 与 VLAN20，分别连接在交换机 LSW1 与交换机 LSW2 上，无法相互访问，如图 3.12 所示。

主机 PC1 与 PC5 分别属于 VLAN10 与 VLAN1，虽然它们连接在同一台交换机 LSW1 上，并且默认情况下，所有交换机端口都属于 VLAN1，即 PC5 属于 VLAN1，但仍然无法相互访问，如图 3.13 所示。

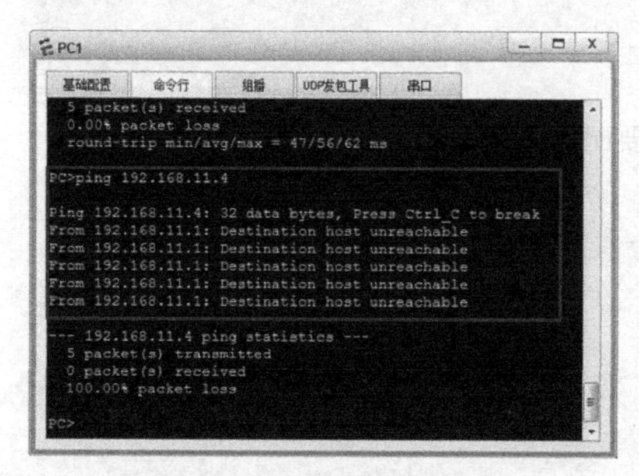

图 3.12　PC1 ping PC4 无法访问

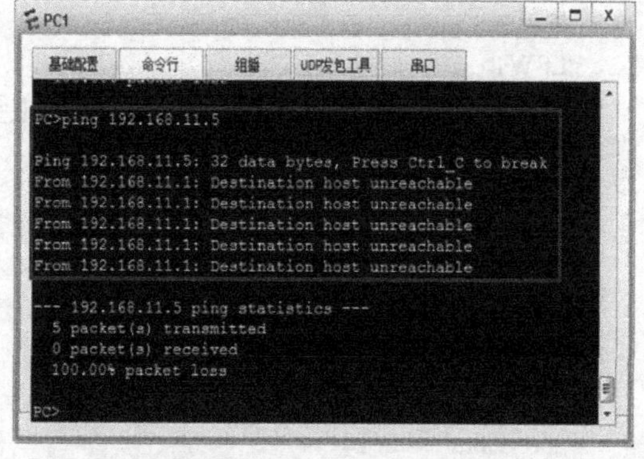

图 3.13　PC1 ping PC5 无法访问

主机 PC5 与 PC6 同属于 VLAN1，虽然在交换机 LSW2 上配置了只允许 VLAN10 至 VLAN20 数据通过，但默认 VLAN1 的数据是可以通过的，因此可以 ping 通，如图 3.14 所示。

（8）如何配置使默认 VLAN1 的数据不在干道链路上进行转发呢？也就是说，主机 PC5 与 PC6 都在默认 VLAN1 中，如何使它们无法相互访问。

可以有两种方式实现这种效果，一种方式是在干道链路上，改变本地默认 PVID 号，使用不是默认 VLAN1 的 PVID 号，相关实例代码如下。

```
[LSW1] interface Ethernet0/0/3
[LSW1-Ethernet0/0/3]port trunk pvid vlan 100
[LSW1-Ethernet0/0/3]quit
[LSW1]
```

设置 Ethernet 0/0/3 端口干道链路的 PVID 为 100，使得 PC5 无法访问 PC6，如图 3.15 所示。

另一种方式是在干道链路上，不转发默认 VLAN1 的数据，相关实例代码如下。

```
[LSW1] interface Ethernet0/0/3
[LSW1-Ethernet0/0/3]undo port trunk pvid vlan                //恢复默认 VLAN1 的 PVID
[LSW1-Ethernet0/0/3]
[LSW1-Ethernet0/0/3]undo port trunk allow-pass vlan 1
[LSW1-Ethernet0/0/3]
```

设置 Ethernet 0/0/3 端口干道链路，不转发默认 VLAN1 的数据，使得 PC5 无法访问 PC6，如图 3.15 所示。

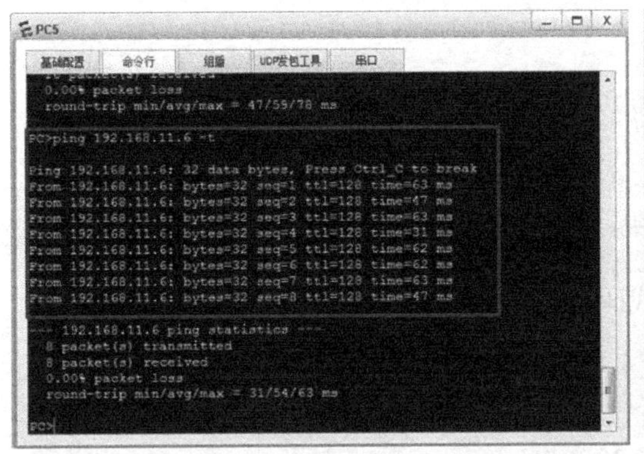

图 3.14　PC5 ping PC6 可以访问

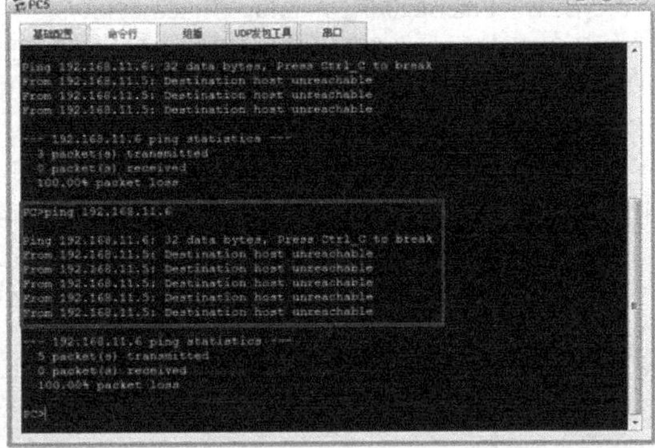

图 3.15　PC5 ping PC6 无法访问

3.2.3　交换机 Hybrid 端口实现 VLAN 内通信

华为交换机默认端口类型为 Hybrid 端口，在现实中有很大意义，因为一般都希望在组内可以相互访问，而在组间不可以相互访问。虽然组与组之间无法相互访问，但都可以访问服务器，所以二层交换机就能很好地解决这样的问题，而不需要三层来实现，方便实用。

主机 PC1、PC2 与 PC3 分别属于 VLAN10、VLAN20 与 VLAN30，均连接在交换机 LSW1 上，而服务器 A 属于 VLAN200，连接在交换机 LSW2 上，主机 IP 地址、端口信息如图 3.16 所示。

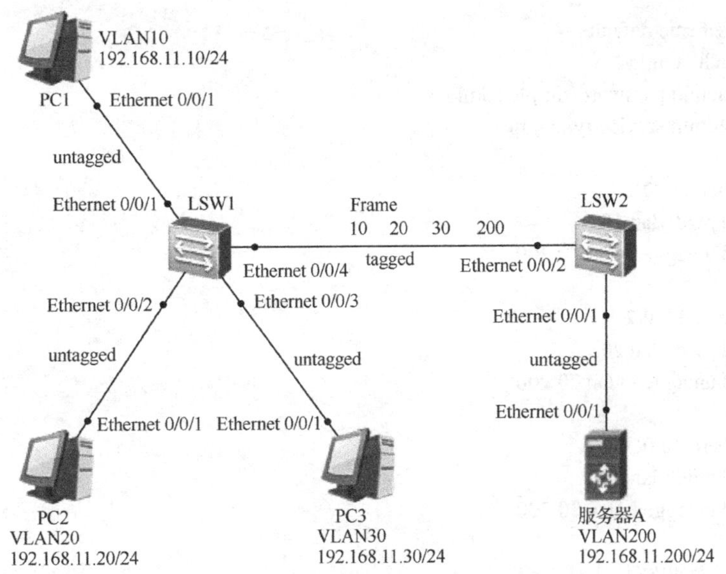

图 3.16　交换机 Hybrid 端口实现 VLAN 通信

（1）配置交换机 LSW1，相关配置实例代码如下。

```
[Huawei]sysname LSW1
[LSW1]interface Ethernet 0/0/1
[LSW1-Ethernet0/0/1]port hybrid pvid vlan 10
[LSW1-Ethernet0/0/1]port hybrid untagged vlan 10 200
[LSW1-Ethernet0/0/1]interface Ethernet 0/0/2
[LSW1-Ethernet0/0/2]port hybrid pvid vlan 20
[LSW1-Ethernet0/0/2]port hybrid untagged vlan 20 200
[LSW1-Ethernet0/0/2]interface Ethernet 0/0/3
[LSW1-Ethernet0/0/3]port hybrid pvid vlan 30
[LSW1-Ethernet0/0/3]port hybrid untagged vlan 30 200
[LSW1-Ethernet0/0/3]interface Ethernet 0/0/4
[LSW1-Ethernet0/0/4]port link-type hybrid
[LSW1-Ethernet0/0/4]port hybrid tagged vlan 10 20 30 200
[LSW1-Ethernet0/0/4]quit
```

（2）配置交换机 LSW2，相关配置实例代码如下。

```
[Huawei]sysname   LSW2
[LSW2]interface   Ethernet 0/0/1
[LSW2-Ethernet0/0/1]port hybrid pvid vlan 200
[LSW2-Ethernet0/0/1]port hybrid untagged vlan 10 20 30 200
[LSW2-Ethernet0/0/1]interface Ethernet 0/0/2
[LSW2-Ethernet0/0/2]port link-type hybrid
[LSW2-Ethernet0/0/2]port hybrid tagged vlan 10 20 30 200
[LSW2-Ethernet0/0/2]quit
[LSW2]
```

（3）显示交换机 LSW1 的配置信息，主要配置实例代码如下。

```
[LSW1]display current-configuration
#
sysname LSW1
#
vlan batch 10 20 30 200
#
accounting-scheme default
domain default_admin
 local-user admin password simple admin
 local-user admin service-type http
#
interface Ethernet0/0/1
 port hybrid pvid vlan 10
 port hybrid untagged vlan 10 200
#
interface Ethernet0/0/2
 port hybrid pvid vlan 20
 port hybrid untagged vlan 20 200
#
interface Ethernet0/0/3
 port hybrid pvid vlan 30
 port hybrid untagged vlan 30 200
#
interface Ethernet0/0/4
  port link-type hybrid
```

```
  port hybrid tagged vlan 10 20 30 200
#
interface NULL0
#
return
[LSW1]
```

（4）显示交换机 LSW2 的配置信息，主要配置实例代码如下。

```
[LSW2]display current-configuration
#
sysname LSW2
#
vlan batch 10 20 30 200
#
local-user admin password simple admin
 local-user admin service-type http
#
interface Ethernet0/0/2
  port link-type hybrid
  port hybrid tagged vlan 10 20 30 200
#
interface Ethernet0/0/1
  port hybrid pvid vlan 200
  port hybrid untagged vlan 10 20 30 200
#
interface NULL0
#
return
[LSW2]
```

（5）相关结果测试。VLAN10 中的主机 PC1 访问 VLAN200 中的服务器 A，可以相互访问，如图 3.17 所示。其他结果可自行测试。

图 3.17　PC1 访问服务器 A 的结果

3.3　VLAN 间通信

VLAN 隔离了二层广播域，也严格地隔离了各个 VLAN 之间的任何二层流量，属于不同 VLAN 的用户之间不能进行二层通信，所以必须通过三层路由才能将报文从一个 VLAN 中转发到另一个 VLAN 中。

解决 VLAN 间通信的第一种方法：在路由器上为每个 VLAN 分配一个单独的端口，并使用一条物理链路连接到二层交换机上。当 VLAN 间的主机需要通信时，数据会经由路由器进行三层路由，并被转发到目的 VLAN 内的主机中，这样就可以实现 VLAN 的相互通信了。然而，随着每台交换机上的 VLAN 数量的增加，必然需要大量的路由器端口，而路由器的端口数量是极其有限的，并且，某些 VLAN 之间的主机可能不需要频繁进行通信，这种方法会导致路由器的端口利用率很低。因此，在实际应用中，一般不采用这种方案来解决 VLAN 间的通信问题。

解决 VLAN 间通信的第二种方法：在三层交换机上配置 VLANIF 端口来实现 VLAN 间路由。如果网络上有多个 VLAN，则需要给每个 VLAN 配置一个 VLANIF 端口，并给每个 VLANIF 端口配置 IP 地址。用户设置的默认网关就是三层交换机中 VLANIF 端口的 IP 地址。

3.3.1 三层交换机实现 VLAN 间通信

三层交换机逻辑端口 Interface VLAN 简称 VLANIF，通常这个端口的地址会作为 VLAN 下用户的网关，利用 VLANIF 可以实现 VLAN 之间的通信。为了实现 VLAN 之间的通信，需要为三层交换机的 VLAN 创建逻辑端口 VLANIF 并配置 IP 地址，将 VLAN 中的主机的网关 IP 地址设置成为 VLANIF 的 IP 地址。

（1）如图 3.18 所示，主机 PC1 要向 PC2 发送一个数据包，由于 PC1 和 PC2 不在同一 VLAN 中，因此 PC1 要先将数据包发送至 192.168.10.254 的网关地址，三层交换机 LSW1 接收到这个数据包以后，会取出目标 IP 地址，确定要去往的目标网络地址为 192.168.20.0 网段，查询三层交换机 LSW1 路由表，得知去往目标网络需要通过 192.168.20.254 端口发送数据包，而逻辑端口 VLANIF 10（192.168.10.254）和逻辑端口 VLANIF 20（192.168.20.254）分别是 VLAN 10 和 VLAN 20 的路由端口，也就是 VLAN 10 和 VLAN 20 网段中主机的网关地址。

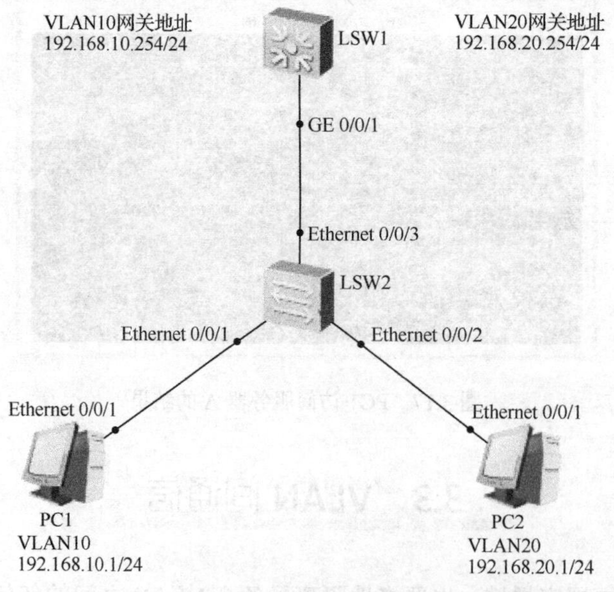

图 3.18　三层交换机实现 VLAN 间相互访问

（2）在交换机 LSW1 中创建 VLAN10、VLAN20，相关配置实例代码如下。

```
<Huawei>system-view
[Huawei]
[Huawei]sysname LSW1
[LSW1]vlan bath 10 20                              //创建 VLAN10、VLAN20
[LSW1]quit
```

（3）在交换机 LSW1 中创建 VLANIF 的 VLAN10 与 VLAN20 网关地址，相关配置实例代码如下。

```
[LSW1]interface Vlanif 10
[LSW1-Vlanif10]ip address 192.168.10.254 24
[LSW1-Vlanif10]quit
[LSW1]interface Vlanif 20
[LSW1-Vlanif20]ip address 192.168.20.254 24
[LSW1-Vlanif20]quit
[LSW1]
```

（4）配置交换机 LSW1 的 GigabitEthernet 0/0/1 端口，并禁止默认 VLAN1 的数据包转发，相关配置实例代码如下。

```
LSW1]
[LSW1]interface GigabitEthernet 0/0/1
[LSW1-GigabitEthernet0/0/1]port link-type trunk
[LSW1-GigabitEthernet0/0/1]port trunk allow-pass vlan 10
[LSW1-GigabitEthernet0/0/1]port trunk allow-pass vlan 20
[LSW1-GigabitEthernet0/0/1]undo port trunk pvid vlan
[LSW1-GigabitEthernet0/0/1]quit
[LSW1]
```

（5）显示交换机 LSW1 的配置信息，主要配置实例代码如下。

```
[LSW1]display current-configuration
#
sysname LSW1
#
vlan batch 10 20
#
 accounting-scheme default
 domain default
 domain default_admin
 local-user admin password simple admin
 local-user admin service-type http
#
interface Vlanif10
 ip address 192.168.10.254 255.255.255.0
#
interface Vlanif20
 ip address 192.168.20.254 255.255.255.0
#
interface GigabitEthernet0/0/1
 port link-type trunk
```

```
  port trunk allow-pass vlan 10 20
return
[LSW1]
```

（6）配置交换机 LSW2，相关配置实例代码如下。

```
[LSW2]
[LSW2]vlan 10
[LSW2-vlan10]vlan 20
[LSW2-vlan20]
[LSW2-vlan20]int e 0/0/1                              //简写的 interface Ethernet 0/0/1 端口
[LSW2-Ethernet0/0/1]port link-type access
[LSW2-Ethernet0/0/1]port default vlan 10
[LSW2-Ethernet0/0/1]int e 0/0/2                       //简写的 interface Ethernet 0/0/2 端口
[LSW2-Ethernet0/0/2]port link-type access
[LSW2-Ethernet0/0/2]port default vlan 20
[LSW2-Ethernet0/0/2]int e0/0/3                        //简写的 interface Ethernet 0/0/3 端口
[LSW2-Ethernet0/0/3]port link-type trunk
[LSW2-Ethernet0/0/3]port trunk allow-pass vlan all    //允许所有 VLAN 数据通过
[LSW2-Ethernet0/0/4]quit
[LSW2]
```

（7）显示交换机 LSW2 的配置信息，主要配置实例代码如下。

```
[LSW2]display current-configuration
#
sysname LSW2
#
vlan batch 10 20
#
interface Ethernet0/0/1
  port link-type access
  port default vlan 10
#
interface Ethernet0/0/2
  port link-type access
  port default vlan 20
#
interface Ethernet0/0/3
  port link-type trunk
  port trunk allow-pass vlan 10 20
#
user-interface con 0
user-interface vty 0 4
#
user-interface con 0
user-interface vty 0 4
#
return
[LSW2]
```

（8）相关结果测试。VLAN10 中的主机 PC1 访问 VLAN20 中的主机 PC2，可以访问，如图 3.19 所示。

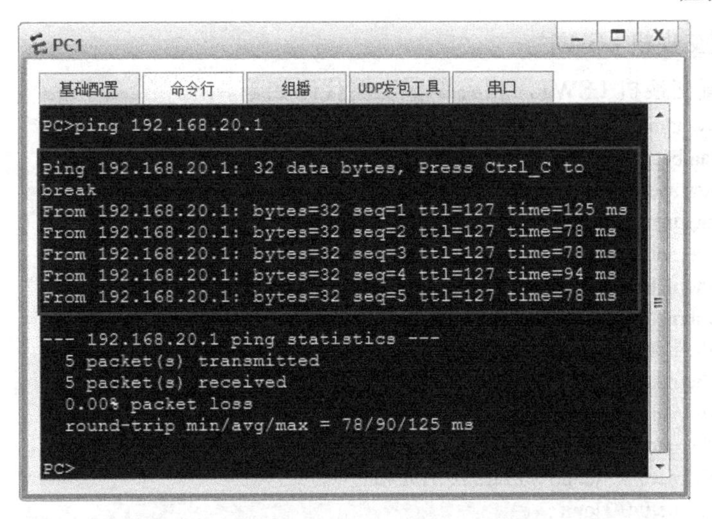

图 3.19　三层交换机不同 VLAN 互访结果

3.3.2　单臂路由实现 VLAN 间通信

解决 VLAN 间通信问题的第三种方法是，在交换机和路由器之间仅使用一条物理链路连接。在交换机上，把连接到路由器的端口配置成 Trunk 类型的端口，并允许相关 VLAN 的数据帧通过。在路由器上创建子端口，在逻辑上把连接路由器的物理链路分成多条。一个子端口代表了一条归属于某个 VLAN 的逻辑链路。在配置子端口时，需要注意以下几点：

☑ 必须为每个子端口分配一个 IP 地址，该 IP 地址与子端口所属的 VLAN 位于同一网段；

☑ 在子端口上配置 802.1q 封装，用来剥离和添加 VLAN Tag，从而实现 VLAN 间互通；

☑ 在子端口上执行 arp broadcast enable 命令，实现子端口的 ARP 广播功能。

如图 3.20 所示，主机 PC1 发送数据给 PC2 时，路由器 AR1 会通过 GE0/0/0.1 子端口收到此数据，然后查找路由表，将数据从 GE0/0/0.2 子端口发送给 PC2，这样就实现了 VLAN10 和 VLAN20 之间的主机通信。

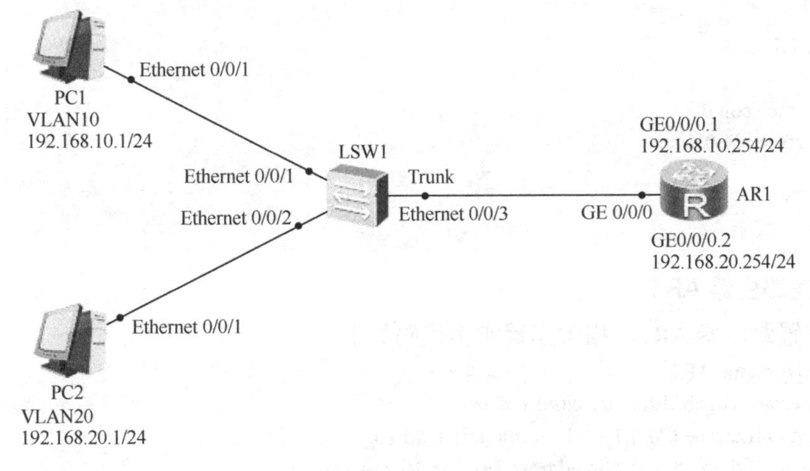

图 3.20　单臂路由实现 VLAN 间通信

1. 配置交换机 LSW1

(1)配置交换机 LSW1,相关配置实例代码如下。

```
[Huawei]sysname LSW1
[LSW1]vlan batch 10 20
[LSW1]interface Ethernet 0/0/1
[LSW1-Ethernet0/0/1]port link-type access
[LSW1-Ethernet0/0/1]port default vlan 10
[LSW1-Ethernet0/0/1]interface Ethernet0/0/2
[LSW1-Ethernet0/0/2]port link-type access
[LSW1-Ethernet0/0/2]port default vlan 20
[LSW1-Ethernet0/0/2]interface Ethernet0/0/3
[LSW1-Ethernet0/0/3]port link-type trunk
[LSW1-Ethernet0/0/3]port trunk allow-pass vlan 10 20
[LSW1-Ethernet0/0/3]undo port trunk pvid vlan
[LSW1-Ethernet0/0/3]quit
[LSW1
```

(2)显示交换机 LSW1 的配置信息,主要配置实例代码如下。

```
[LSW1]display current-configuration
#
sysname LSW1
#
vlan batch 10 20
#
interface Ethernet0/0/1
 port link-type access
 port default vlan 10
#
interface Ethernet0/0/2
 port link-type access
 port default vlan 20
#
interface Ethernet0/0/3
 port link-type trunk
 port trunk allow-pass vlan 10 20
#
interface NULL0
#
user-interface con 0
user-interface vty 0 4
#
return
[LSW1]
```

2. 配置路由器 AR1

(1)配置路由器 AR1,相关配置实例代码如下。

```
[Huawei]sysname AR1
[AR1]interface GigabitEthernet 0/0/0.1
[AR1-GigabitEthernet0/0/0.1]dot1q termination vid 10
[AR1-GigabitEthernet0/0/0.1]ip address 192.168.10.254 24
[AR1-GigabitEthernet0/0/0.1]arp broadcast enable
```

```
[AR1-GigabitEthernet0/0/0.1]interface GigabitEthernet 0/0/0.2
[AR1-GigabitEthernet0/0/0.2]dot1q termination vid 20
[AR1-GigabitEthernet0/0/0.2]ip address 192.168.20.254 255.255.255.0
[AR1-GigabitEthernet0/0/0.2]arp broadcast enable
[AR1-GigabitEthernet0/0/0.2]quit
[AR1]
```

（2）显示路由器 AR1 的配置信息，主要配置实例代码如下。

```
[AR1]display current-configuration
[V200R003C00]
#
 sysname AR1
#
interface GigabitEthernet0/0/0
#
interface GigabitEthernet0/0/0.1
 dot1q termination vid 10
 ip address 192.168.10.254 255.255.255.0
 arp broadcast enable
#
interface GigabitEthernet0/0/0.2
 dot1q termination vid 20
 ip address 192.168.20.254 255.255.255.0
 arp broadcast enable
#
interface GigabitEthernet0/0/1
#
interface GigabitEthernet0/0/2
#
return
[AR1]
```

（3）相关结果测试。VLAN10 中的主机 PC1 访问 VLAN20 中的 PC2，可以相互访问，如图 3.21 所示。

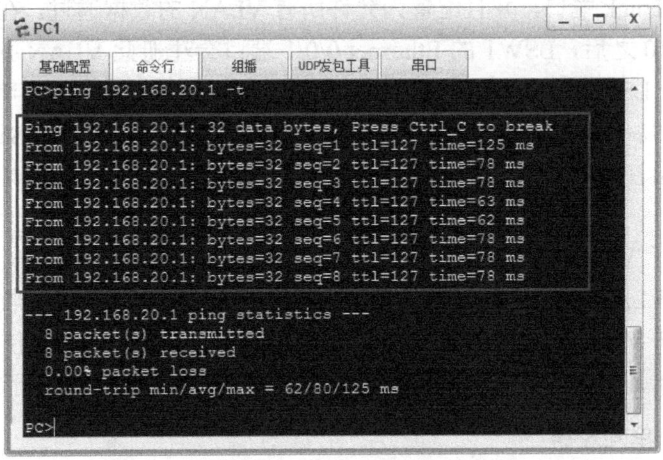

图 3.21　单臂路由实现 VLAN 间通信结果

3.4 GVRP 协议

3.4.1 GVRP 工作原理

GVRP（GARP VLAN Registration Protocol，VLAN 注册协议）基于 GARP 的工作机制，是 GARP 的一种应用。

GARP（Generic Attribute Registration Protocol，通用属性注册协议）为处于同一个交换网内的交换成员提供了一种分发、传播、注册某种信息的手段，这些信息可以是 VLAN 信息、组播组地址等。通过 GARP 机制，一个 GARP 成员上的配置信息会迅速传播到整个交换网。GARP 主要应用于大中型网络，用来提升交换机的管理效率。因为在大中型网络中，如果管理员手动配置和维护每台交换机，将会带来巨大的工作量，使用 GARP 可以自动完成大量交换机的配置和部署，减少了大量的人力消耗。GARP 本身只是一种协议规范，并不会作为实体在交换机中存在。

GVRP 用来维护交换机中的 VLAN 动态注册信息，并发送该信息到其他交换机中。支持 GVRP 特性的交换机能够接收来自其他交换机的 VLAN 注册信息，并动态更新本地的 VLAN 注册信息，包括当前的 VLAN、VLAN 成员等。支持 GVRP 特性的交换机能够将本地 VLAN 注册信息向其他交换机传播，以便使同一交换网内所有支持 GVRP 特性的设备的 VLAN 信息达成一致。交换机可以静态创建 VLAN，也可以动态通过 GVRP 获取 VLAN 信息。手动配置的 VLAN 是静态 VLAN，通过 GVRP 创建的 VLAN 是动态 VLAN。GVRP 传播的 VLAN 注册信息包括本地手动配置的静态注册信息和来自其他交换机的动态注册信息。

1. GVRP 单向注册

如图 3.22 所示，所有交换机以及互连的端口都已经启用 GVRP 协议，各交换机之间相连的端口均为 Trunk 端口，并且配置为允许所有 VLAN 的数据通过。在交换机 LSW1 上手动创建 VLAN10 之后，LSW1 的 Ethernet 0/0/1 端口会注册此 VLAN 并发送声明（Join 消息）给 LSW2，LSW2 的 Ethernet 0/0/1 端口接收到由 LSW1 发来的声明后，会在此端口注册 VLAN10，然后从 Ethernet 0/0/2 发送声明（Join 消息）给 LSW3，LSW3 的 Ethernet 0/0/1 收到声明后也会注册 VLAN10。通过此过程就完成了 VLAN10 从 LSW1 向其他交换机的单向注册。

只有注册了 VLAN10 的端口才可以接收和转发 VLAN10 的数据，没有注册 VLAN10 的端口会丢弃 VLAN10 的数据，如果 LSW2 的 Ethernet 0/0/2 端口没有收到 VLAN10 的 Join 消息，不会注册 VLAN10，就不能接收和转发 VLAN10 的数据。为了使 VLAN10 流量实现双向互通，同样还需要进行 LSW3 到 LSW1 方向的 VLAN 属性的注册过程。

2. GVRP 单向注销

如果所有交换机都不再需要 VLAN10，可以在 LSW1 上手动删除 VLAN10，则 GVRP 会通过发送 Leave 消息，注销 LSW2 和 LSW3 上 Ethernet 0/0/1 端口的 VLAN10 信息。

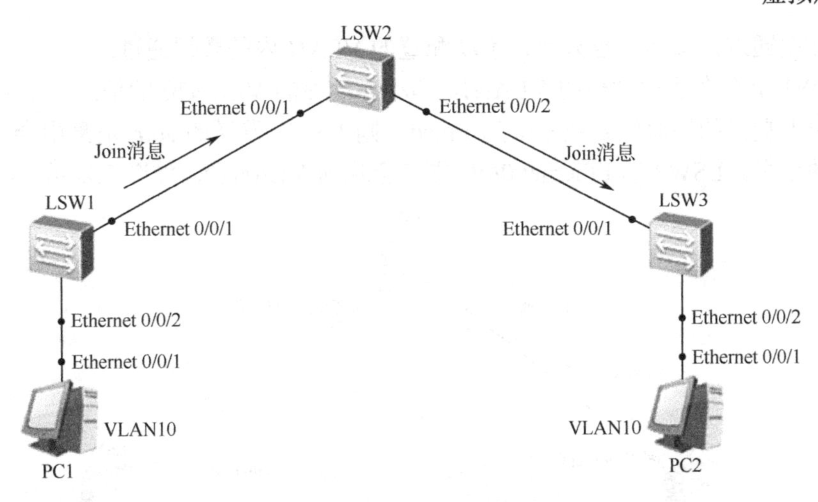

图 3.22 GVRP 单向注册

为了彻底删除所有设备上的 VLAN10，需要进行 VLAN 属性的双向注销。

3.4.2 GVRP 注册模式

GVRP 的注册模式包括 Normal、Fixed 和 Forbidden。

1. Normal 注册模式

当一个 Trunk 端口被配置为 Normal 注册模式时，会允许在该端口动态或手动创建、注册和注销 VLAN，同时会发送静态 VLAN 和动态 VLAN 的声明消息。交换机在运行 GVRP 协议时，端口的注册模式都默认为 Normal。

在 LSW1 上存在手动创建的 VLAN10 和动态学习的 VLAN20 的信息，三台交换机的注册模式都默认为 Normal，在 LSW1 发送的 Join 消息中会包含 VLAN10 和 VLAN20 的信息，LSW2 的 Ethernet 0/0/1 端口会注册 VLAN10 和 VLAN20，之后会同样发送 Join 消息给 LSW3，LSW3 的 Ethernet 0/0/1 端口也会注册 VLAN10 和 VLAN20，如图 3.23 所示。

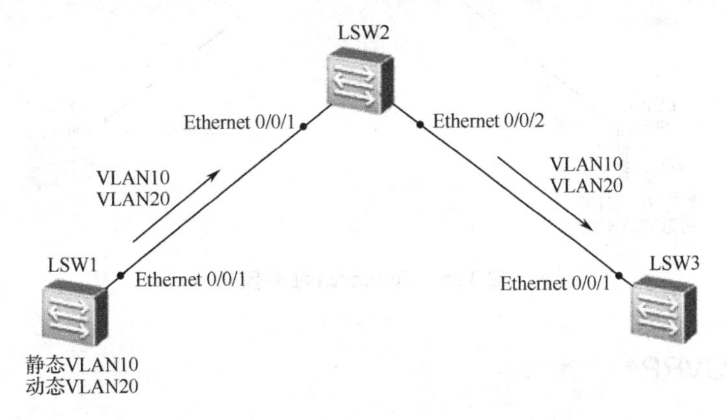

图 3.23 Normal 注册模式

2. Fixed 注册模式

在 Fixed 注册模式中，GVRP 不能动态注册或注销 VLAN，只能发送静态 VLAN 注册信息。如果一个 Trunk 端口的注册模式被设置为 Fixed，那么即使端口被配置为允许所有

VLAN 的数据通过，该端口也只允许手动配置的 VLAN 内的数据通过。

在 LSW1 上存在手动创建的 VLAN10 和动态学习的 VLAN20 的信息，如果 LSW1 的 Ethernet 0/0/1 端口的注册模式被修改为 Fixed，则 LSW1 发送的 Join 消息中会只包含静态 VLAN10 的信息，LSW2 的 Ethernet 0/0/1 端口会注册 VLAN10，如图 3.24 所示。

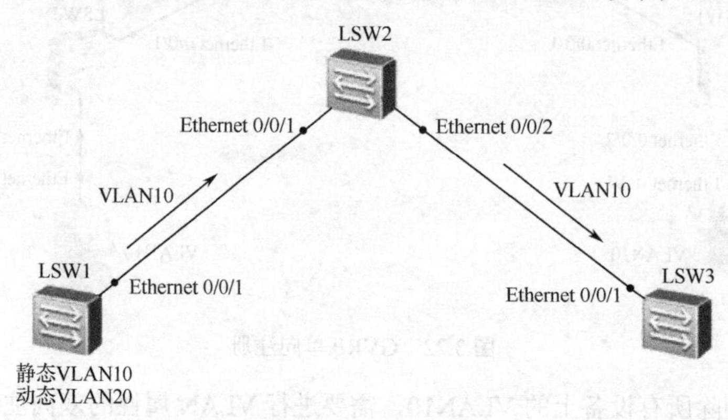

图 3.24　Fixed 注册模式

3. Forbidden 注册模式

在 Forbidden 注册模式中，GVRP 端口不能动态注册或注销 VLAN，只保留 VLAN1 的信息。如果一个 Trunk 端口的注册模式被设置为 Forbidden，那么即使端口被配置为允许所有 VLAN 的数据通过，该端口也只允许 VLAN1 的数据通过。

在 LSW1 上存在手动创建的 VLAN10 和动态学习的 VLAN20 的信息，如果 LSW1 的 Ethernet 0/0/1 端口的注册模式被修改为 Forbidden，则该端口不会发送 VLAN10 和 VLAN20 的信息，并且只允许 VLAN1 的数据通过，如图 3.25 所示。

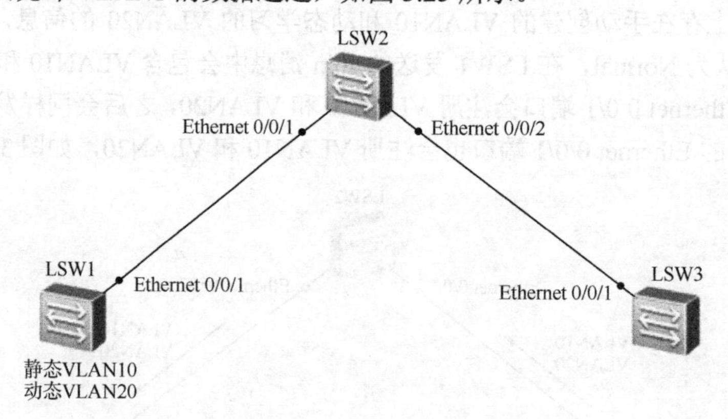

图 3.25　Forbidden 注册模式

3.4.3　配置 GVRP

配置 GVRP 时必须先在全局视图下使能 GVRP 功能，然后在端口视图下使能 GVRP 功能。

在全局视图下执行 gvrp 命令，全局使能 GVRP 功能。

在端口视图下执行 gvrp 命令，在端口上使能 GVRP 功能。

在 LSW1 与 LSW2 上，配置 GVRP 功能，注册 VLAN 信息，如图 3.26 所示。

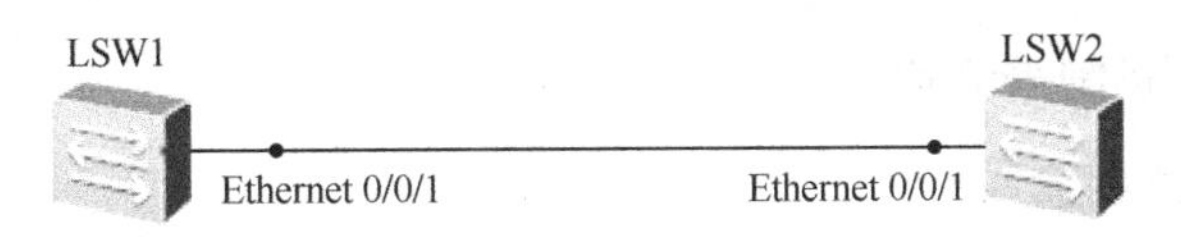

图 3.26　配置 GVRP 功能

（1）配置交换机 LSW1，相关配置实例代码如下。

```
< Huawei >system-view
[Huawei]sysname LSW1
[LSW1]gvrp
[LSW1]interface Ethernet 0/0/1
[LSW1-Ethernet0/0/1]port link-type trunk
[LSW1-Ethernet0/0/1]port trunk allow-pass vlan all
[LSW1-Ethernet0/0/1]gvrp
[LSW1-Ethernet0/0/1]gvrp registration fixed
[LSW1-Ethernet0/0/1]quit
[LSW1]
```

（2）显示交换机 LSW1 的配置信息，主要配置实例代码如下。

```
[LSW1]display current-configuration
#
sysname LSW1
 #
 gvrp
 #
 interface Vlanif1
 #
interface Ethernet0/0/1
 port link-type trunk
 port trunk allow-pass vlan 2 to 4094
 gvrp
 gvrp registration fixed
#
user-interface con 0
user-interface vty 0 4
#
return
[LSW1]
```

3.5 端口扩展配置

3.5.1 端口限速配置

端口限速是指将超过限速值的包丢弃，并且返回发送方一个信息要求其重发，同时该端口自身也只按限速值发送包。端口限速一般是人为设置的，可以避免通信拥塞，是一种预防机制。在交换机的端口中，存在一些寄存器，是用来计数的，可以对它进行设置来达到端口限速的目的。流量控制一般是交换机自身的功能，为了避免缓冲区溢出而出现帧丢失，所以通过一系列机制来避免。

1．端口限速基本概念

（1）CIR（Committed Information Rate，承诺信息速率）：每秒可通过的信息规模，计量单位为Kb/s，如设置为500Kb/s，1Kb/s=1024b/s。

（2）PIR（Peak Information Rate，峰值信息速率）：允许传输或转发报文的最大速率，单位为Kb/s。

（3）CBS（Committed Burst Size）：承诺突发尺寸，令牌桶的容量，即每次突发所允许的最大的流量尺寸。设置的突发尺寸必须大于最大报文长度，计量单位为Byte（字节），1Byte=8bit。

（4）PBS（Peak Burst Size，峰值突发尺寸）：应用于通信行业的QoS领域的流量参数，计量单位为Byte。PIR、PBS这两个参数只在交换机上才有，路由器没有这个参数。PIR值必须不小于CIR的设置值，如果大于CIR，则速率限制在CIR与PIR之间的一个值。

（5）EBS（Excess Burst Size，超出突发尺寸）：瞬间能够通过的超出突发流量。

配置交换机的端口限速时，CIR和CBS的关系如下：CBS要大于报文的最大长度。在连续流量的情况下，对于CBS没有特殊的要求，只需保证平均速率是CIR的速率。在突发流量需要保证的情况下，如果CBS换算成Kbit小于CIR，那么CBS也无法保证突发流量，所以CBS可以配置得大一些。

在对FTP业务进行限速时，由于FTP属于TCP业务，并且TCP协议有其特殊的传输机制，导致流量无法达到所应该达到的限速速率，推荐配置CBS=200×CIR，PBS=2×CBS。

CIR单位为Kb/s，CBS、PBS单位为Byte。

例如：配置CIR带宽为2Mb/s=2048Kb/s，则：

CBS=200×CIR=200×2048=409600Kbit=51200Kbyte=52428800Byte

PBS=2×CBS=2×409600=819200 Kbit =102400Kbyte=104857600Byte

2．端口限速两种常用方法

（1）创建traffic-limit，并在希望限速的端口上应用入站（inbound）/出站（outbound）方向的ACL，实现入/出方向的流量控制。

（2）直接在希望限速的端口上应用rate-limit策略，进行端口入站/出站方向限速。

通常traffic-limit限速通过令牌桶调度算法实现，rate-limit限速通过设置端口的寄存器实现速率控制，二者实现效果相当。

两种方式的主要区别为：traffic-limit可以关联ACL，实现基于特定报文流的限速（比如只针对网页的HTTP的流量进行限速，或者是只针对××网段的用户限速等），控制方式灵活；rate-limit只支持基于整个端口的限速，不对具体流量进行区分，控制方式单一。

部分交换机只支持rate-limit output方向、traffic-limit input方向的限速，也有同时支持双向rate-limit和双向traffic-limit限速的设备。

（3）在交换机LSW1相关端口上进行相应配置，对Ethernet 0/0/1和Ethernet 0/0/2端口进行限速控制，如图3.27所示。

（4）配置交换机LSW1，在端口Ethernet 0/0/1入口方向进行流量控制，转发速率（CIR）为1Mb/s，最大的流量（CBS）为CIR的200倍，即200M（200×1024×1024/8=26214400）

Byte，突发峰值（PBS）为最大流量的 2 倍，即 400M（400×1024×1024/8=52428800）Byte，相关配置实例代码如下。

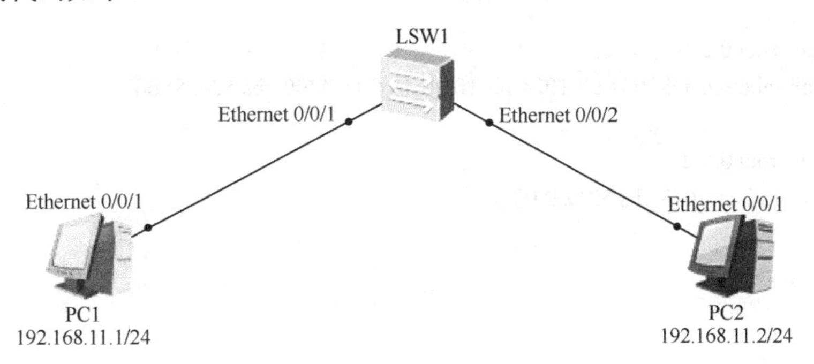

图 3.27　端口限速配置

```
<Huawei>system-view
[Huawei]sysname LSW1
[LSW1]acl number 2001
[LSW1-Ethernet0/0/1]traffic-limit inbound acl 2001 cir ?
  INTEGER<8-10000000>    Value of CIR (Unit: Kbps)              //CIR 单位为 Kb/s
[LSW1-Ethernet0/0/1]traffic-limit inbound acl 2001 cir 1024 cbs ?
  INTEGER<4000-4294967295>    Value of CBS (Unit: byte)         //CBS 单位为 Byte
[LSW1-Ethernet0/0/1]traffic-limit inbound acl 2001 cir 1024 cbs
[LSW1-Ethernet0/0/1]traffic-limit inbound acl 2001 cir 1024 cbs 26214400 pbs ?
  INTEGER<4000-4294967295>    Value of PBS (Unit: byte)         //PBS 单位为 Byte
[LSW1-Ethernet0/0/1]traffic-limit inbound acl 2001 cir 1024 cbs 26214400 pbs 52428800
[LSW1-Ethernet0/0/1quit
```

（5）交换机 LSW1 配置信息显示，在端口 Ethernet 0/0/2 出口方向进行流量控制，转发速率（CIR）为 2Mb/s，最大的流量（CBS）为 CIR 的 200 倍，即 400MByte，相关配置实例代码如下。

```
[LSW1]interface Ethernet0/0/2
[LSW1-Ethernet0/0/2]qos ?                       //在端口上配置 qos lr 接口限速（Limit Rate）
  drr      Deficit round robin
  lr       Specify LR(Limit Rate) feature
  phb      Per-hop-behavior
  pq       Priority queue
  queue    Queue index
  wred     Specify wred parameters
  wrr      Weight round robin

[LSW1-Ethernet0/0/2]qos lr ?                    //在端口出方向上应用流量控制
  inbound     Inbound
  outbound    Outbound
[LSW1-Ethernet0/0/2]qos lr outbound cir 2048 cbs 52428800
[LSW1-Ethernet0/0/2]quit
```

（6）显示交换机 LSW1 的配置信息，主要配置实例代码如下。

```
<LSW1>display current-configuration
#
sysname LSW1
#
```

```
acl number 2001
rule 10 permit source 192.168.11.0 0.0.0.255
#
interface Ethernet 0/0/1
 traffic-limit inbound acl 2001 cir 1024 pir 1024 cbs 26214400 pbs 52428800
#
interface Ethernet 0/0/2
 qos lr outbound cir 2048 cbs 52428800
#
return
<LSW1>
```

3.5.2 端口镜像配置

端口镜像（Port Mirroring）功能是通过在交换机或路由器上，将一个或多个源端口的数据流量转发到某一个指定端口来实现对网络的监听的功能。指定端口被称为“镜像端口”或“目的端口”，在不严重影响源端口正常吞吐流量的情况下，可以通过镜像端口对网络的流量进行监控分析。在企业中应用镜像功能，可以很好地对企业内部的网络数据进行监控管理，在网络出故障时，可以快速定位故障。

镜像端口可以连接到主机，也可以连接交换机，每个连接都有两个方向的数据流。对于交换机来说，这两个数据流是要分开镜像的，镜像端口按照一定的数据流分类规则对数据进行分流，然后将属于指定分流的所有数据映射到监控端口上，以便进行数据分析，如图 3.28 所示。

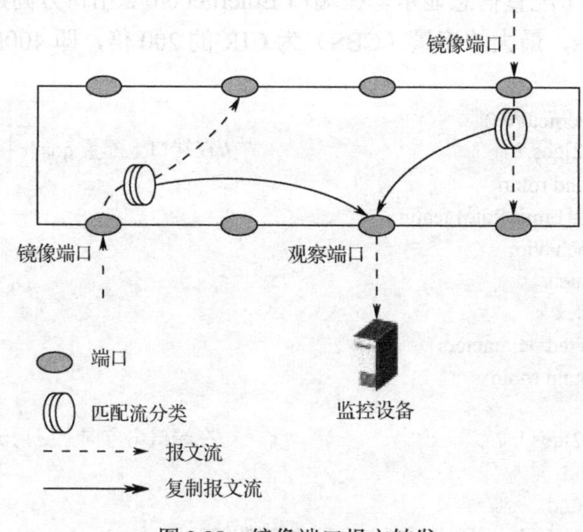

图 3.28　镜像端口报文转发

注：配置为镜像端口的是用于被监控的端口，它一方面正常转发数据流，另一方面还要负责转发一份复制报文传给监控端口，监控端口用于数据流监控分析。

将交换机 LSW1 的 Ethernet 0/0/22 端口配置为监控端口（观察端口），其他端口配置为被监控端口（镜像端口），如图 3.29 所示。

（1）配置交换机 LSW1，相关配置实例代码如下。

```
<Huawei>system-view
[Huawei]sysname LSW1
[LSW1]vlan batch 10 20 30
[LSW1]observe-port 1 interface Ethernet 0/0/22                    //监控端口
[LSW1]port-group 1                                                //创建工作组 1
[LSW1-port-group-1]group-member Ethernet 0/0/1 to Ethernet 0/0/3  //被监控端口
[LSW1-port-group-1]port link-type access
[LSW1-port-group-1]port default vlan 10
[LSW1-port-group-1]port-mirroring to observe-port 1 both
[LSW1-port-group-1]quit
[LSW1]port-group 2                                                //创建工作组 2
[LSW1-port-group-2]group-member Ethernet 0/0/4 to Ethernet 0/0/6  //被监控端口
[LSW1-port-group-2]port link-type access
[LSW1-port-group-2]port default vlan 20
[LSW1-port-group-2]port-mirroring to observe-port 1 both
[LSW1-port-group-2]quit
[LSW1]port-group 3                                                //创建工作组 3
[LSW1-port-group-3]group-member Ethernet 0/0/7 to Ethernet 0/0/9  //被监控端口
[LSW1-port-group-3]port link-type access
[LSW1-port-group-3]port default vlan 30
[LSW1-port-group-3]port-mirroring to observe-port 1 both
[LSW1-port-group-3]quit
[LSW1] [LSW1]
```

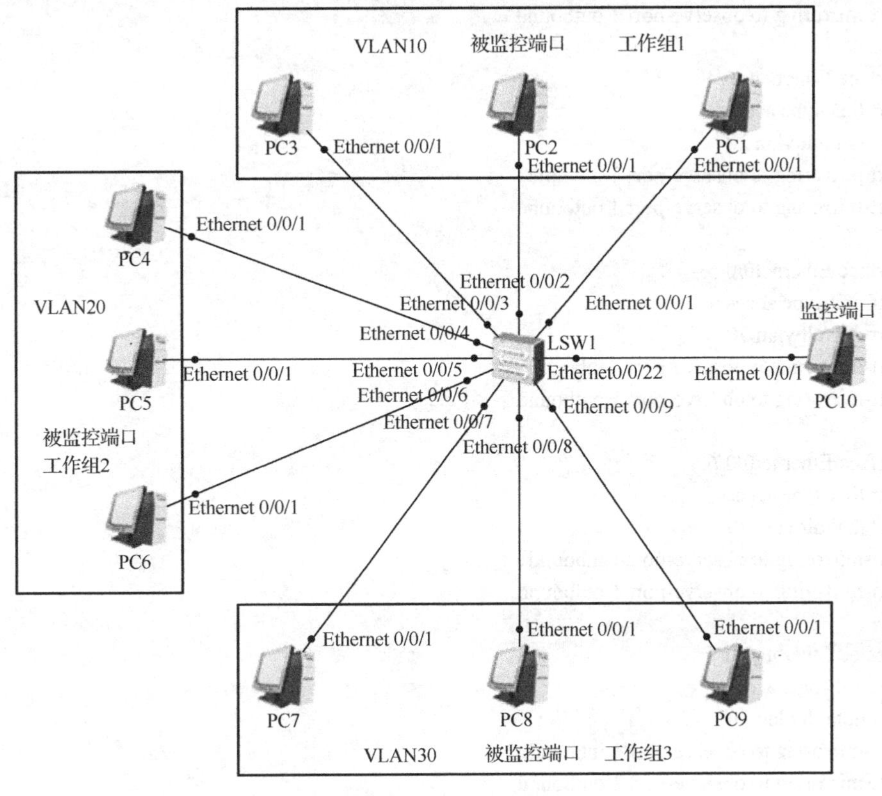

图 3.29　端口镜像配置

（2）显示交换机 LSW1 的配置信息，主要配置实例代码如下。

```
<LSW1>display current-configuration
#
sysname LSW1
#
vlan batch 10 20 30
#
observe-port 1 interface Ethernet0/0/22
#
interface Ethernet0/0/1
 port link-type access
 port default vlan 10
 port-mirroring to observe-port 1 inbound
 port-mirroring to observe-port 1 outbound
#
interface Ethernet0/0/2
 port link-type access
 port default vlan 10
 port-mirroring to observe-port 1 inbound
 port-mirroring to observe-port 1 outbound
#
interface Ethernet0/0/3
 port link-type access
 port default vlan 10
 port-mirroring to observe-port 1 inbound
 port-mirroring to observe-port 1 outbound
#
interface Ethernet0/0/4
 port link-type access
 port default vlan 20
 port-mirroring to observe-port 1 inbound
 port-mirroring to observe-port 1 outbound
#
interface Ethernet0/0/5
 port link-type access
 port default vlan 20
 port-mirroring to observe-port 1 inbound
 port-mirroring to observe-port 1 outbound
#
interface Ethernet0/0/6
 port link-type access
 port default vlan 20
 port-mirroring to observe-port 1 inbound
 port-mirroring to observe-port 1 outbound
#
interface Ethernet0/0/7
 port link-type access
 port default vlan 30
 port-mirroring to observe-port 1 inbound
 port-mirroring to observe-port 1 outbound
#
```

```
interface Ethernet0/0/8
 port link-type access
 port default vlan 30
 port-mirroring to observe-port 1 inbound
 port-mirroring to observe-port 1 outbound
#
interface Ethernet0/0/9
 port link-type access
 port default vlan 30
 port-mirroring to observe-port 1 inbound
 port-mirroring to observe-port 1 outbound
#
interface Ethernet0/0/22
#
port-group 1
 group-member Ethernet0/0/1
 group-member Ethernet0/0/2
 group-member Ethernet0/0/3
#
port-group 2
 group-member Ethernet0/0/4
 group-member Ethernet0/0/5
 group-member Ethernet0/0/6
#
port-group 3
 group-member Ethernet0/0/7
 group-member Ethernet0/0/8
 group-member Ethernet0/0/9
#
return
<LSW1>
```

此时端口镜像已经做好了，可通过主机 PC10 安装抓包软件，对交换机端口 Ethernet0/0/22，即对 PC10 上产生的流量进行分析，通过 display observe-port 命令查看监控端口，如图 3.30 所示；通过 display mirror-port 命令查看镜像端口，如图 3.31 所示。

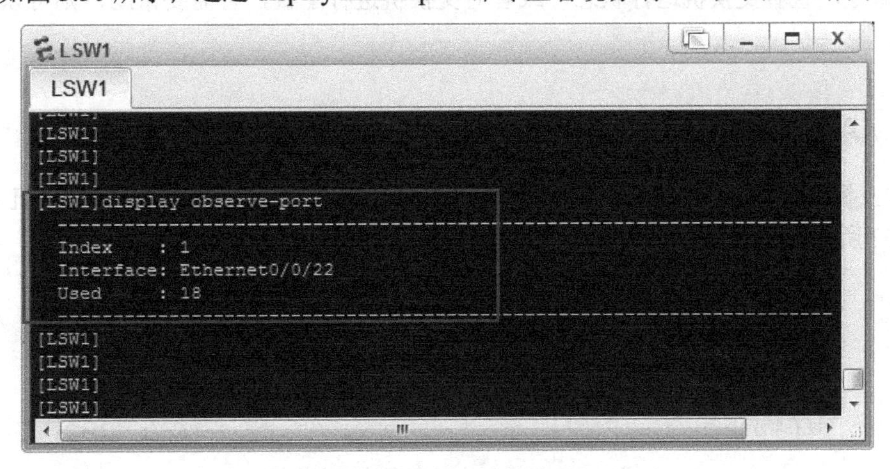

图 3.30　查看监控端口结果

```
LSW1
[LSW1]
[LSW1]display mirror-port
  Port-mirror:
  -------------------------------------------------------------------------------
  Mirror-port              Direction      Observe-port
  -------------------------------------------------------------------------------
  Ethernet0/0/1            Both           Ethernet0/0/22
  Ethernet0/0/2            Both           Ethernet0/0/22
  Ethernet0/0/3            Both           Ethernet0/0/22
  Ethernet0/0/4            Both           Ethernet0/0/22
  Ethernet0/0/5            Both           Ethernet0/0/22
  Ethernet0/0/6            Both           Ethernet0/0/22
  Ethernet0/0/7            Both           Ethernet0/0/22
  Ethernet0/0/8            Both           Ethernet0/0/22
  Ethernet0/0/9            Both           Ethernet0/0/22
  -------------------------------------------------------------------------------
[LSW1]
```

图 3.31　查看被监控端口结果

3.6　Telnet 配置管理

通过 Console 端口登录交换机主要用于交换机第一次上电或本地配置，有两种情况只能通过 Console 端口对交换机进行配置：一是交换机第一次上电启动，二是无法通过 Telnet 登录交换机时。如果已知待登录交换机的 IP 地址，则用户可以通过 Telnet 方式登录到交换机上，进行本地或者远程配置。用户需要通过 Console 端口方式预先正确配置交换机端口的 IP 地址、用户账号，以及登录验证方式和呼入呼出受限规则，并且使终端与交换机之间直连或有可达路由，目标交换机会根据配置的登录参数对用户进行验证。

☑ AAA 本地验证：登录用户需要输入正确的用户名和口令。

☑ password 验证：登录用户需要输入正确的口令。

用户在登录成功后，Telnet 客户端界面上会出现命令行提示符（如<Huawei>），此时可以键入命令，查看交换机运行状态，或者对交换机进行配置，若需要帮助，则可以随时键入“?”。

3.6.1　AAA 认证方式

（1）主机 PC1 通过局域网进行 AAA 本地验证，通过 Telnet 方式访问管理交换机 LSW1，如图 3.32 所示。

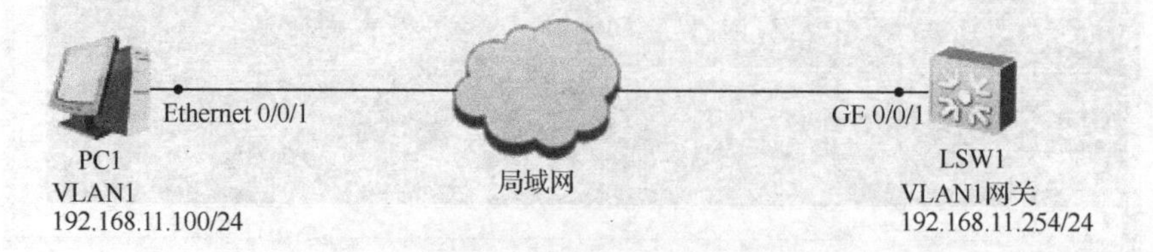

图 3.32　Telnet 方式配置管理交换机

（2）交换机 LSW1 配置，相关配置实例代码如下。

```
<Huawei>system-view
[Huawei]sysname LSW1
[LSW1]telnet server enable                               //开启 Telnet 服务
[LSW1]user-interface vty 0 4                             //允许同时在线管理人员为 5 人
[LSW1-ui-vty0-4]authentication-mode    aaa               //认证方式为 AAA 方式
[LSW1-ui-vty0-4]quit
[LSW1]aaa
[LSW1-aaa]local-user admin123 password cipher admin123456
//设置 AAA 认证，用户名：admin123，口令：admin123456，加密方式为密文（cipher），
//如果加密方式为明文，则设置为 simple
[LSW1-aaa]local-user admin123 service-type telnet ssh web    //设置用户服务类型
[LSW1-aaa]local-user admin123 privilege level 3              //设置用户管理等级为 3 级，管理级
[LSW1-aaa]quit
[LSW1]interface Vlanif 1
[LSW1-Vlanif1]ip address 192.168.11.254 24                   //设置管理 IP 地址
[LSW1-Vlanif1]quit
[LSW1]
```

（3）显示交换机 LSW1 的配置信息，主要配置实例代码如下。

```
<LSW1>display current-configuration
#
sysname LSW1
#
aaa
 authentication-scheme default
 domain default_admin
 local-user admin password simple admin                          //本地用户名和口令均为 admin
 local-user admin service-type http
 local-user admin123 password cipher "=LP!6$^-IZ.]3I*G!&.%!!!    //密码为密文
 local-user admin123 privilege level 3
 local-user admin123 service-type telnet ssh web
#
interface Vlanif1
 ip address 192.168.11.254 255.255.255.0
#
user-interface con 0
user-interface vty 0 4
 authentication-mode aaa
#
return
<LSW1>
```

（4）查看交换机 LSW1 配置信息结果，使用 telnet 192.168.11.254 命令远程登录交换机，输入用户名和口令，可以访问管理 LSW1，如图 3.33 所示。

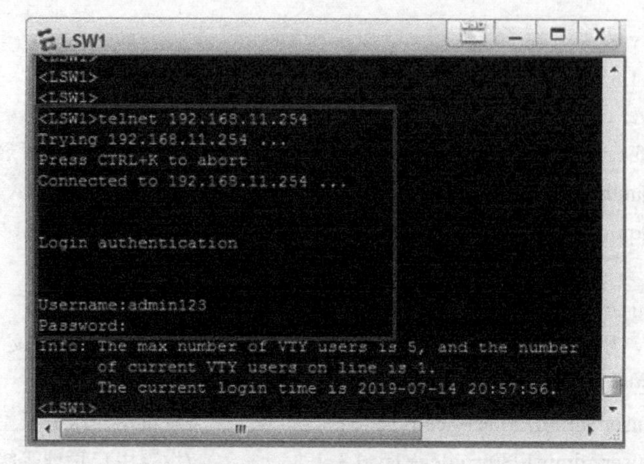

图 3.33　AAA 认证方式

3.6.2　密码认证方式

（1）主机 PC1 通过局域网，使用 password 验证方式，通过 Telnet 方式访问管理交换机 LSW1，如图 3.31 所示配置 LSW1，相关配置实例代码如下。

```
<Huawei>system-view
Enter system view, return user view with Ctrl+Z.
[Huawei]sysname LSW1
[LSW1]telnet server enable
[LSW1]user-interface vty 0 4
[LSW1-ui-vty0-4]authentication-mode password                    //认证方式为 password 方式
[LSW1-ui-vty0-4]set authentication password simple admin123456  //设置明文口令为 admin123456
[LSW1-ui-vty0-4]user privilege level 3                          //设置用户管理等级为 3 级，管理级
[LSW1-ui-vty0-4]quit
[LSW1]int Vlanif 1
[LSW1-Vlanif1]ip address 192.168.11.254 24
[LSW1-Vlanif1]quit
[LSW1]
```

（2）显示交换机 LSW1 的配置信息，主要配置实例代码如下。

```
<LSW1>display current-configuration
#
sysname LSW1
#
aaa
 authentication-scheme default
 authorization-scheme default
 accounting-scheme default
 domain default
 domain default_admin
 local-user admin password simple admin
 local-user admin service-type http
#
interface Vlanif1
 ip address 192.168.11.254 255.255.255.0
#
user-interface con 0
user-interface vty 0 4
 user privilege level 3
```

```
    set authentication password simple admin123456       //明文口令为 admin123456
#
return
<LSW1>
```

（3）查看交换机 LSW1 配置信息结果，使用 telnet 192.168.11.254 命令远程登录交换机，输入密码，可以访问管理 LSW1，如图 3.34 所示。

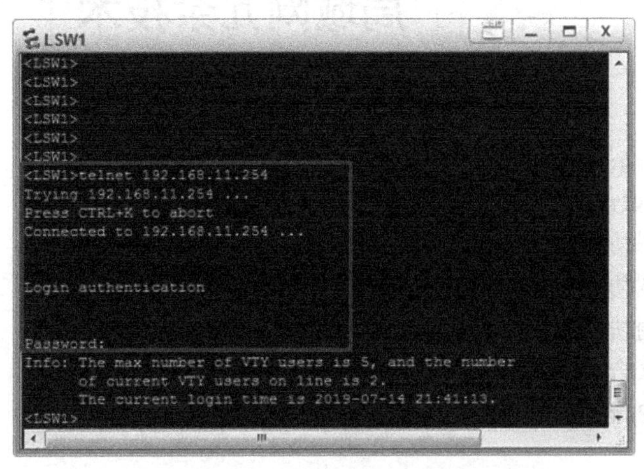

图 3.34　password 验证方式

练　习　题

1．选择题

（1）华为交换机默认端口类型为（　　）。

A．Access　　B．Trunk　　C．Hybrid　　D．Shutdown

（2）GVRP 默认的注册模式为（　　）。

A．Normal　　B．Fixed　　C．Forbidden　　D．Tagged

（3）关于 IEEE 802.1q 帧格式，是通过（　　）给以太网帧打上 VLAN 标签的。

A．在以太网帧的前面插入 4 个字节的 Tag

B．在以太网帧的尾部插入 4 个字节的 Tag

C．在以太网帧的外部加入 802.1q 封装

D．在以太网帧的源地址和长度/类型字段之间插入 4 个字节的 Tag

（4）一个 Access 类型端口可以属于（　　）。

A．最多 32 个 VLAN　　B．仅一个 VLAN

C．最多 4094 个 VLAN　　D．依据管理员配置结果

2．简答题

（1）什么是计算机网络，常用的网络连接设备有哪些?

（2）交换机常用的端口类型有哪几类?

（3）如何实现 VLAN 间通信？简单描述几种方法。

（4）简述 GVRP 的工作原理。

（5）简述端口限速的配置方法。

（6）简述 Telnet 管理方式和配置方式。

项目四 局域网冗余技术

教学目标、知识点：

1．了解生成树协议及其环路形成原因。
2．理解生成树协议工作原理。
3．掌握生成树协议配置方法。
4．掌握链路聚合配置方法。
5．掌握 VRRP 配置方法。

4.1 生成树协议概述

随着局域网规模的不断扩大，越来越多的交换机被用来实现主机之间的互连。如果交换机之间仅使用一条链路互连，则可能会出现单点故障，导致业务中断。为了解决此类问题，交换机在互连时一般都会使用冗余链路来实现备份。虽然冗余链路增强了网络的可靠性，但是会产生环路，而环路会带来一系列的问题，并可能会导致广播以及 MAC 地址表不稳定等，给交换网络带来较大风险，进而影响到用户的使用，造成通信质量下降甚至通信业务中断，如图 4.1 所示。

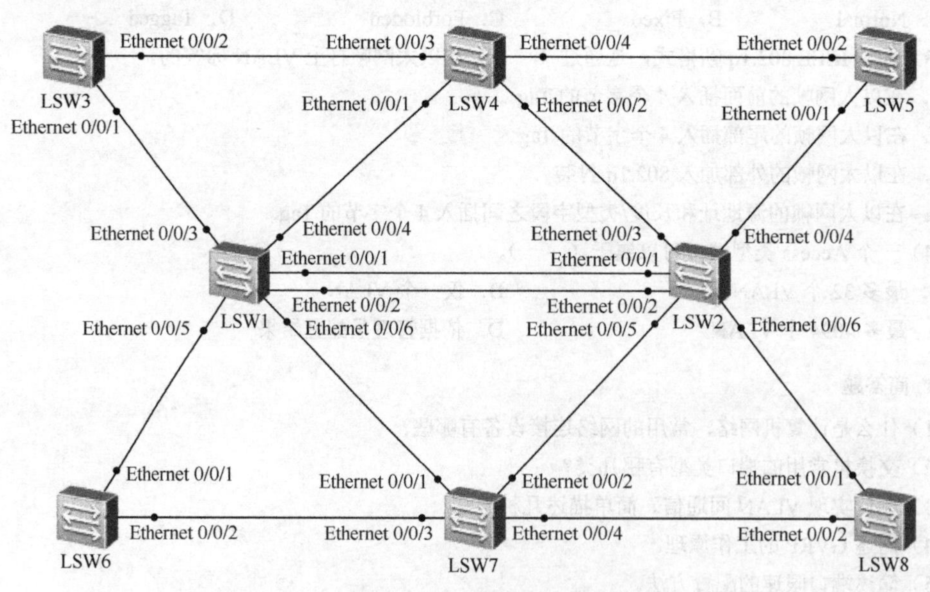

图 4.1　二层冗余交换网络

生成树协议是基于 Radia Perlman 在 DEC 公司工作时发明的一种算法，后被纳入了 IEEE 802.1d 中。2001 年 IEEE 组织推出了快速生成树协议，在网络结构发生变化时，它会比生成树协议更快地收敛网络，还引进了端口角色来完善收敛机制，并将其纳入了 IEEE 802.1w 中。生成树协议是在 OSI 网络模型中的第二层（数据链路层）使用的通信协议，可以防止交换机冗余链路产生的环路，用于确保以太网中无环路的逻辑拓扑结构，从而避免了“广播风暴”大量占用交换机的资源，它通过有选择地阻塞网络冗余链路来达到消除网络二层环路的目的，同时具备链路的备份功能。

生成树协议的主要功能有两个：一是利用生成树算法，在以太网络中创建一个以某台交换机的某个端口为根的生成树，以避免环路；二是在以太网络拓扑发生变化时，通过生成树协议达到收敛保护的目的。

生成树协议工作原理：在任意一台交换机中，如果有两条或者两条以上的链路到达根网桥，生成树协议会根据算法把其中一条切断，仅保留一条，从而保证任意两个交换机之间只有一条单一的活动链路。因为生成的这种拓扑结构，很像是以根交换机为树干的树形结构，故被称为生成树协议。

生成树协议的特点如下。

（1）生成树协议提供了一种控制环路的方法。采用这种方法，在连接发生问题时，用户控制的以太网能够绕过出现故障的连接。

（2）生成树中的根桥是一个逻辑的中心，并且监视整个网络的通信。最好不要依靠设备的自动选择去挑选成为根桥的网桥。

（3）生成树协议重新计算是冗余的。恰当地设置主机连接端口（这样就不会引起重新计算），推荐使用快速生成树协议。

（4）生成树协议可以有效地抑制广播风暴。在开启生成树协议后，可以抑制广播风暴，网络将会更加稳定，可靠性、安全性会大大增强。

4.1.1 二层环路问题的产生

1. 广播风暴

根据交换机的转发原则，在默认情况下，交换机对网络中生成的广播帧不进行过滤，如果交换机从一个端口上接收到的是一个广播帧，或者是一个目的 MAC 地址未知的单播帧，则会将这个帧向除源端口以外的其他所有端口进行转发。如果交换网络中有环路，则这个帧会被无限转发，此时便会形成广播风暴，网络中会充斥着重复的数据帧。

如图 4.2 所示，主机 PC1 向外发送了一个单播帧，假设此单播帧的目的 MAC 地址在网络中所有交换机的 MAC 地址表中都暂时不存在。交换机 LSW1 在接收到此帧后，会将其转发到 LSW2 和 LSW4，LSW2 和 LSW4 也会将此帧转发到除源端口以外的其他所有端口，结果此帧又会被再次转发给 LSW1，这种循环会一直持续，便产生了“广播风暴”，交换机性能会因此急速下降，并导致业务中断。

2. MAC 地址表不稳定

MAC 地址表不稳定是由一个相同帧的副本在一台交换机的两个不同端口被接收引起的，并且会造成设备反复刷新 MAC 地址表，如果交换机将资源都消耗在复制不稳定的 MAC 地址表上，数据转发功能就会被减弱，如图 4.3 所示。

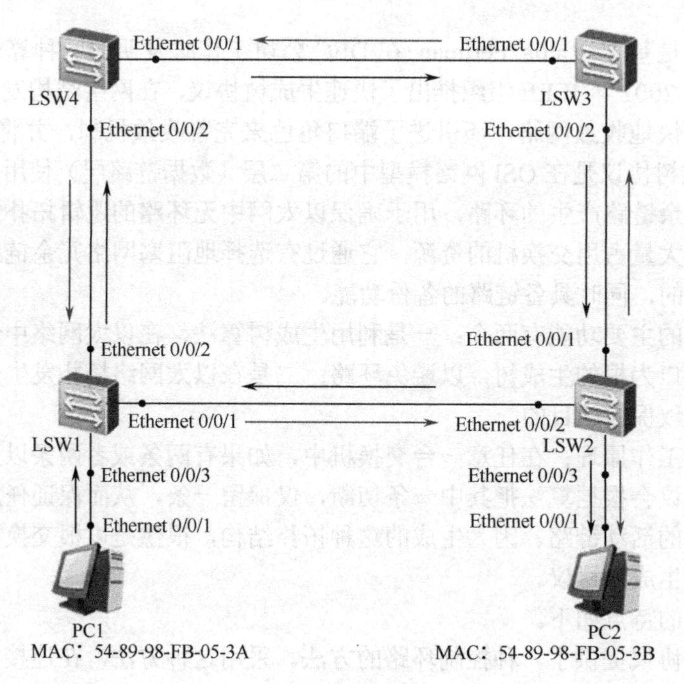

图 4.2　广播风暴

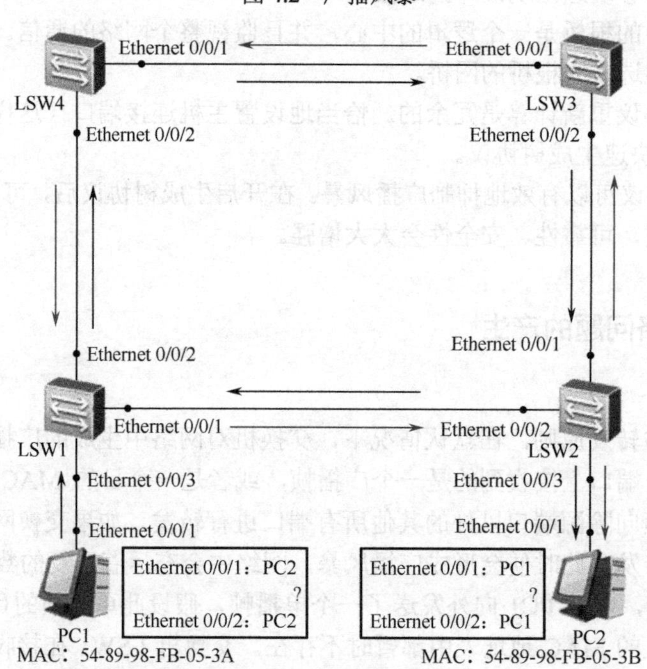

图 4.3　MAC 地址表不稳定

交换机是根据所接收到的数据帧的源地址和接收端口生成 MAC 地址表项的。当 PC1 向外发送一个单播帧，假设此单播帧的目的 MAC 地址在网络中所有交换机的 MAC 地址表中都暂时不存在。LSW1 在收到此数据帧之后，会在 MAC 地址表中生成一个 MAC 地址表项，即 54-89-98-FB-05-3A，对应端口为 Ethernet 0/0/3，并将其从 Ethernet 0/0/1 和 Ethernet 0/0/2 端口转发。这里仅以 LSW1 从 Ethernet 0/0/2 端口转发此帧为例进行说明。当 LSW4 接收到此帧后，由于 MAC 地址表中没有对应此帧目的 MAC 地址的表项，所以 LSW4 会将此帧从 Ethernet 0/0/1 转发出去。LSW3 在接收到此帧后，由于 MAC 地址表中也没有对应此帧目的 MAC 地址的表项，所以 LSW3 会将此帧从 Ethernet 0/0/2 端口发送回 LSW1，也会发送给 PC2。LSW1 从 Ethernet 0/0/1 端口接收到此数据帧之后，会在 MAC 地址表中删除原有的相关表项，生成一个新的表项，54-89-98-FB-05-3A，对应端口为 Ethernet 0/0/1。此过程会不断重复，从而导致 MAC 地址表不稳定。

4.1.2 STP 协议

在以太网中，二层网络的环路会带来广播风暴、MAC 地址表不稳定、重复数据帧等问题。为解决交换网络中的环路问题，提出了生成树协议。

生成树协议（Spanning Tree Protocol，STP）是根据 IEEE 802.1d 标准建立的，用于在局域网中消除数据链路层物理环路的协议。运行该协议的设备通过彼此交互信息发现网络中的环路，并有选择地对某些端口进行阻塞，最终将环路网络结构修剪成无环路的树形结构，从而防止报文在环路中不断增加和无限循环，避免设备由于重复接收相同的报文所造成的报文处理能力下降的问题。

STP 协议采用的协议报文是桥协议数据单元（Bridge Protocol Data Unit，BPDU），也称为配置消息，是一种生成树协议问候数据包，它可以被间隔地发出，用来在网络的网桥间进行信息交换。BPDU 是运行 STP 协议的交换机之间交换的消息帧，其内包含了 STP 协议所需的路径和优先级信息，STP 协议可以利用这些信息来确定根桥及到根桥的路径。BPDU 中包含了足够的信息来保证设备完成生成树的计算过程。STP 协议就是通过在设备之间传递 BPDU 来确定网络的拓扑结构的。

STP 协议的工作过程：首先进行根桥的选举，选举依据是网桥优先级（Bridge Priority）和 MAC 地址组合生成的桥 ID，桥 ID 最小的网桥将成为网络中的根桥。全部的生成树网络中只有一个根桥，根桥的主要职责是定期发送配置信息。在此基础上，计算每个节点到根桥的距离，并由这些路径得到各冗余链路的代价，然后选择最小的成为通信路径（相应的端口状态变为 Forwarding），其他的就成为备份路径（相应的端口状态变为 Blocking）。STP 协议在生成过程中的通信任务由 BPDU 完成，BPDU 帧用于交换机之间传递信息帧，每 2s 发送一次报文，这种数据包又分为包含配置信息的配置 BPDU（其大小不超过 35 字节）和包含拓扑变化信息的 TCN BPDU（其长度不超过 4 字节）。

1. BPDU

生成树协议定义了一个数据包，叫作 BPDU，网桥用 BPDU 来相互通信，并用 BPDU 的相关机能来动态选择根桥和备份桥，因为从根桥到任何网段只有一个路径存在，所以桥回路会被消除。

要实现生成树的功能，交换机之间通过传递 BPDU 报文实现信息交互，该报文携带了用于生成树计算的所有有用信息。当一个网桥开始变为活动时，它的每个端口会每 2s 发送一个 BPDU 报文。然而，如果一个端口收到另外一个网桥发送过来的 BPDU 报文，而这个 BPDU 报文比它正在发送的 BPDU 报文更优，则本地端口会停止发送 BPDU 报文。如果在一段时间（默认为 20s）后它没有再接收到其他更优的 BPDU 报文，则本地端口会再次发送 BPDU 报文。

BPDU 报文格式及字段说明如表 4.1 所示。

表 4.1 BPDU 报文格式及字段说明

字　段	字 节 数	说　明
Protocol Identifier（协议 ID）	2	该值总为 0
Protocol Version（协议版本）	1	STP（802.1d）传统生成树，值为 0； RSTP（802.1w）快速生成树，值为 2； MSTP（802.1s）多生成树，值为 3
Message Type（消息类型）	1	指示当前 BPDU 的消息类型： 0x00 为配置 BPDU（Configuration BPDU），负责建立、维护 STP 拓扑； 0x80 为 TCN BPDU（Topology Change Notification BPDU），传达拓扑变更
Flags（标志）	1	最低位=TC（Topology Change，拓扑变化）标志，最高位=TCA（Topology Change Acknowledgement，拓扑变化确认）标志
Root Identifier（根 ID）	8	指示当前根桥的 RID（根 ID），由 2 字节的桥优先级和 6 字节 MAC 地址构成
Root Path Cost（根路径开销）	4	指示发送该 BPDU 报文的端口累计到根桥的开销
Bridge Identifier（桥 ID）	8	指示发送该 BPDU 报文的交换设备的 BID（发送者 BID），也是由 2 字节的桥优先级和 6 字节 MAC 地址构成
Port Identifier（端口 ID）	2	指示发送该 BPDU 报文的 PID（发送端口 ID）
Message Age（消息生存时间）	2	指示该 BPDU 报文的生存时间，即端口保存 BPDU 报文的最长时间，过期后将删除，要在这个时间内转发才有效。如果配置 BPDU 是直接来自根桥的，则 Message Age 为 0；如果是其他桥转发的，则 Message Age 是从根桥发送到当前桥接收到 BPDU 报文的总时间，包括传输延时等。在实际实现中，配置 BPDU 报文每经过一个桥，Message Age 就增加 1
Max Age（最大生存时间）	2	指示 BPDU 报文的最大生存时间，即老化时间
Hello Time（Hello 消息定时器）	2	指示发送两个相邻 BPDU 报文的时间间隔，根桥通过不断发送 STP 维持自己的“地位”，Hello Time 是发送的间隔时间，默认时间为 2s
Forward Delay（转发延时）	2	指示控制监听和学习状态的持续时间，表示在拓扑结构改变后，交换机在发送数据包前维持在监听和学习状态的时间

为了计算生成树，交换机之间需要交换相关的信息和参数，这些信息和参数被封装在 BPDU 中，BPDU 有两种类型：配置 BPDU 和 TCN BPDU。

（1）配置 BPDU 包含了桥 ID、路径开销和端口 ID 等参数。STP 协议通过在交换机之间传递配置 BPDU 来选举根交换机，以及确定每个交换机端口的角色和状态。在初始化过程中，每个桥都会主动发送配置 BPDU。在网络拓扑稳定以后，只有根桥主动发送配置 BPDU，其他交换机在收到上游传来的配置 BPDU 后，才会发送自己的配置 BPDU。

配置 BPDU 中包含了足够的信息来保证设备完成生成树计算，其包含的重要信息如下所述。

☑ 根桥 ID：由根桥的优先级和 MAC 地址组成，每个 STP 网络中有且仅有一个根桥。
☑ 根路径开销：到根桥的最短路径开销。
☑ 指定桥 ID：由指定桥的优先级和 MAC 地址组成。
☑ 指定端口 ID：由指定端口的优先级和端口号组成。
☑ Message Age：配置 BPDU 在网络中传播的生存期。
☑ Max Age：配置 BPDU 在设备中能够保存的最大生存期。
☑ Hello Time：配置 BPDU 发送的周期。

（2）TCN BPDU 是指下游交换机感知到拓扑发生变化时向上游发送的拓扑变化通知。

2．桥 ID

桥 ID 共 8 字节，由网桥优先级（2 字节）和网桥的 MAC 地址（6 字节）构成，取值范围为 0～65535，默认值为 32768。

3．根桥

根据桥 ID 选择根桥，桥 ID 最小的将成为根桥，先比较网桥优先级，具有高优先级（数值较小者）称为根桥，如果优先级相等，再比较 MAC 地址，MAC 地址较小者称为根桥。可以通过 display stp 命令来查看网络中的根桥。

交换机在启动后就会自动开始进行生成树收敛计算。在默认情况下，所有交换机在启动时都认为自己是根桥，自己的所有端口都为指定端口，这样 BPDU 报文就可以通过所有端口转发。对端交换机在收到 BPDU 报文后，会比较 BPDU 中的根桥 ID 和自己的桥 ID。如果收到的 BPDU 报文中的桥 ID 优先级低，接收交换机会继续通告自己的配置 BPDU 报文给邻接交换机；如果收到的 BPDU 报文中的桥 ID 优先级高，则交换机会修改自己的 BPDU 报文的根桥 ID 字段，宣告新的根桥。如图 4.4 所示，由于交换机默认优先级均为 32768，交换机 LSW1 的 MAC 地址最小，经过 BPDU 报文信息最终选举 LSW1 为根交换机；如果生成树网络中的根桥发生了故障，则其他交换机中优先级最高的交换机会被选举为新的根桥；如果原来的根桥再次被激活，则网络又会根据 BID 来重新选举新的根桥。

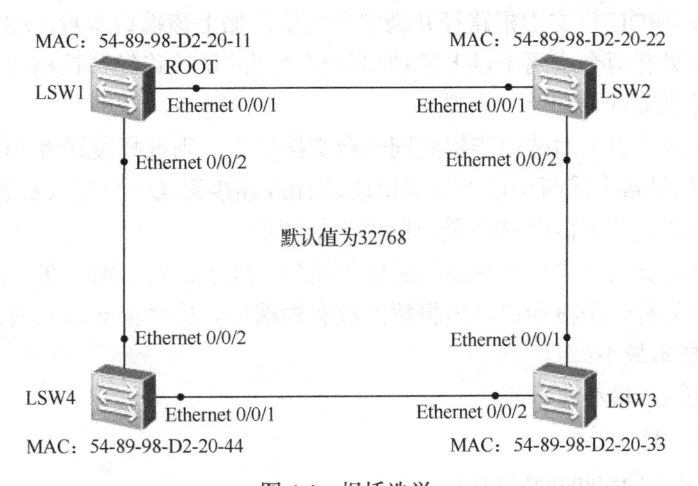

图 4.4　根桥选举

4．端口 ID

运行 STP 交换机的每个端口都有一个端口 ID，端口 ID 由端口优先级和端口号构成。端口优先级取值范围是 0～240，步长为 16，即取值必须为 16 的整数倍，默认值为 128。端口 ID（Port ID）可以用来确定端口角色。

5．端口开销与路径开销

交换机的每个端口都有一个端口开销（Port Cost）参数，此参数表示该端口在 STP 网络中的开销值。在默认情况下，端口的开销和端口的带宽有关，带宽越高，开销越小。从一个非根桥到达根桥的路径可能有多条，每条路径都有一个总的开销值，此开销值是该路径上所有接收 BPDU 的端口的开销总和（BPDU 的入方向端口），称为路径开销。非根桥通过对比多条路径的路径开销，选出到达根桥的最短路径，并生成无环树状网络，这条最短路径的路径开销被称为 RPC（Root Path Cost，根路径开销），根桥的根路径开销是 0。在一般情况下，交换机支持多种 STP 协议的路径开销计算标准，提供最大程度的兼容性。华为 X7 系列交换机使用 IEEE 802.1t 标准来计算路径开销，根路径开销是非根交换机到根桥的路径总开销，而端口开销指的是交换机某个端口的开销。

6．端口角色

STP 协议通过构造树状网络来消除交换网络中的环路。每个 STP 网络中，都会存在一个根桥，其他交换机为非根桥。根桥或者根交换机位于整个逻辑树的根部，是 STP 网络的逻辑中心，非根桥是根桥的下游设备。当现有根桥出现故障时，非根桥之间会交互信息并重新选举根桥，交互的这种信息被称为 BPDU，BPDU 中包含交换机在参加生成树计算时的各种参数信息，前文已经详细介绍过。

STP 协议中定义了三种端口角色，包括根端口（Root Port）、指定端口（Designated Port）和替代端口（Alternate Port）。

1）根端口（Root Port）

每个非根桥都要选举一个根端口。根端口是距离根桥最近的端口，这个最近的衡量标准是由路径开销来判定的，即路径开销最小的端口就是根端口。端口在收到一个 BPDU 报文后，会抽取该 BPDU 报文中根路径开销字段的值，加上该端口本身的端口开销即为本端口路径开销。如果有两个或两个以上的端口计算得到的累计路径开销相同，那么选择收到发送者 BID 最小的那个端口作为根端口。

如果两个或两个以上的端口连接到同一台交换机上，则选择发送者 PID 最小的那个端口作为根端口。如果两个或两个以上的端口通过 Hub 连接到同一台交换机的同一个端口上，则选择本交换机的这些端口中 PID 最小的作为根端口。

根端口是非根交换机去往根桥路径最优的端口，处于转发状态。在一台运行 STP 协议的交换机上最多只有一个根端口，但根桥上没有根端口。选举根端口的依据顺序如下：

☑ 根路径成本最小；

☑ 发送网桥 ID 最小；

☑ 发送端口 ID 最小。

2）指定端口（Designated Port）

在网段上抑制其他端口（无论是自己的还是其他设备的）发送 BPDU 报文的端口，就是该网段的指定端口。每个网段都应该有一个指定端口，根桥的所有端口都是指定端口（除非根桥在物理上存在环路)。指定端口的选举也是先比较累计路径开销,累计路径开销最小的端口就是指定端口;如果累计路径开销相同,则比较端口所在交换机的桥 ID,所在桥 ID 最小的端口被选举为指定端口。如果通过累计路径开销和所在桥 ID 选举不出来,则比较端口 ID,端口 ID 最小的被选举为指定端口。

在网络收敛后,只有指定端口和根端口可以转发数据。其他端口为预备端口,会被阻塞,不能转发数据,只能从所连网段的指定交换机接收到 BPDU 报文,并以此来监视链路的状态。指定端口是交换机向所连网段转发配置 BPDU 的端口,每个网段有且只能有一个指定端口,用来转发所连接网段数据。选举指定端口的依据顺序如下:

☑ 根路径成本最小;

☑ 所在交换机的网桥 ID 最小;

☑ 发送端口 ID 最小。

3)替代端口(Alternate Port)

如果一个端口既不是指定端口也不是根端口,则此端口为替代端口,替代端口会被阻塞,不向所连接网段转发任何数据。只有当主链路故障时,才会启用备份链路,开启替代端口来替代根端口,以保障网络正常通信。

由于交换机 LSW1 为根交换机,所以 LSW1 的端口 Ethernet 0/0/1 与端口 Ethernet 0/0/2 被选举为指定端口;LSW2 的端口 Ethernet 0/0/1 被选举为根端口,端口 Ethernet 0/0/2 被选举为指定端口;LSW4 的端口 Ethernet 0/0/2 被选举为根端口,端口 Ethernet 0/0/1 被选举为指定端口;LSW3 的端口 Ethernet 0/0/1 被选举为根端口,端口 Ethernet 0/0/2 被选举为替代端口。LSW3 与 LSW4 之间的这条链路在逻辑上处于断开状态,这样就将交换环路变成了逻辑上的无环拓扑结构,只有在主链路发生故障时,才会启用备份链路,如图 4.5 所示。

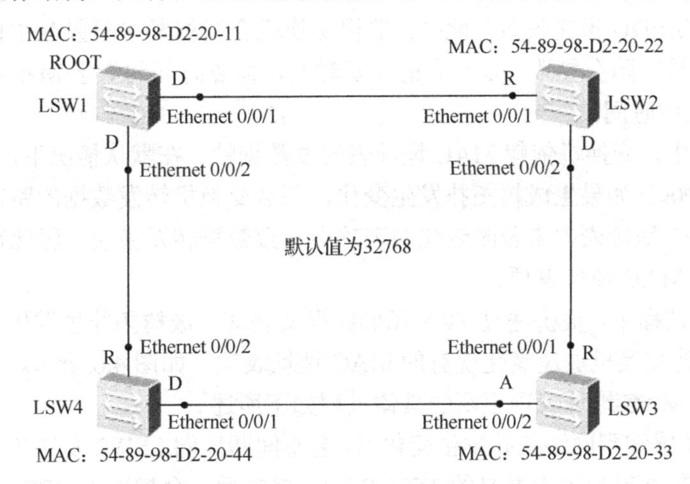

图 4.5　端口选举

7. 端口状态

STP 端口有五种工作状态,具体情况如下所述。

☑ Blocking(阻塞)状态:此时二层端口为非指定端口,不会参与数据帧的转发。该端口通过接收 BPDU 来判断根交换机的位置和根 ID,以及在 STP 拓扑收敛结束之后,各交换机端口应该处于什么状态。在默认情况下,端口会在这种状态下停留 20s。

☑ Listening(侦听)状态:此时生成树已经根据交换机所接收到的 BPDU 判断出了这

个端口应该参与数据帧的转发，于是交换机端口不再满足于接收 BPDU，而是也开始发送自己的 BPDU，并以此通告邻接的交换机该端口会在活动拓扑中参与转发数据帧的工作。在默认情况下，该端口会在这种状态下停留 15s。

☑ Learning（学习）状态：此时该二层端口准备参与数据帧的转发，并开始填写 MAC 表。在默认情况下，端口会在这种状态下停留 15s。

☑ Forwarding（转发）状态：此时该二层端口已经成了活动拓扑的一个组成部分，它会转发数据帧，并同时收发 BPDU。

☑ Disabled（禁用）状态：此时该二层端口不会参与生成树，也不会转发数据帧。

STP 端口功能描述，如表 4.2 所示。

表 4.2　STP 端口功能描述

端 口 状 态	端口功能描述
Disabled	不收发任何报文
Blocking	不接收或者转发数据，接收但不发送 BPDU，不进行地址学习
Listening	不接收或者转发数据，接收并发送 BPDU，不进行地址学习
Learning	不接收或者转发数据，接收并发送 BPDU，开始进行地址学习
Forwarding	接收或者转发数据，接收并发送 BPDU，进行地址学习

8. STP 拓扑变化

在稳定的 STP 拓扑里，非根桥会定期收到来自根桥的 BPDU 报文。如果根桥发生了故障，则停止发送 BPDU 报文，下游交换机就无法收到来自根桥的 BPDU 报文。如果下游交换机一直收不到 BPDU 报文，Max Age 定时器就会超时（Max Age 的默认值为 20s），从而导致已经收到的 BPDU 报文失效，此时，非根交换机会互相发送配置 BPDU 报文，重新选举新的根桥。根桥故障会导致 50s 左右的恢复时间，恢复时间约等于 Max Age 加上两倍的 Forward Delay 收敛时间。

在交换网络中，交换机依赖 MAC 地址表转发数据帧。在默认情况下，MAC 地址表项的老化时间是 300s。如果生成树拓扑发生变化，那么交换机转发数据的路径也会随之发生改变，此时 MAC 地址表中未及时老化的表项会导致数据转发错误，因此在拓扑发生变化后需要及时更新 MAC 地址表项。

在拓扑变化过程中，根桥通过 TCN BPDU 报文获知生成树拓扑里发生了故障，并且生成 TC 以通知其他交换机加速老化现有的 MAC 地址表项，如图 4.6 所示。

拓扑变更和 MAC 地址表项更新的具体过程如下所述。

（1）LSW3 在感知到网络拓扑发生变化后，会不间断地向 LSW2 发送 TCN BPDU 报文。

（2）LSW2 在收到 LSW3 发来的 TCN BPDU 报文后，会把配置 BPDU 报文中的 Flags 的 TCA 位设置为 1，然后发送给 LSW3，并且告知 LSW3 停止发送 TCN BPDU 报文。

（3）LSW2 向根桥交换机 LSW1 转发 TCN BPDU 报文。

（4）根桥交换机 LSW1 把配置 BPDU 报文中的 Flags 的 TC 位设置为 1 后发送该报文，通知下游设备把 MAC 地址表项的老化时间由默认的 300s 修改为 Forward Delay 的时间（默认为 15s）。

（5）最多等待 15s 之后，LSW3 中的错误 MAC 地址表项会被自动清除。此后，LSW3 就能重新开始 MAC 表项的学习及转发操作。

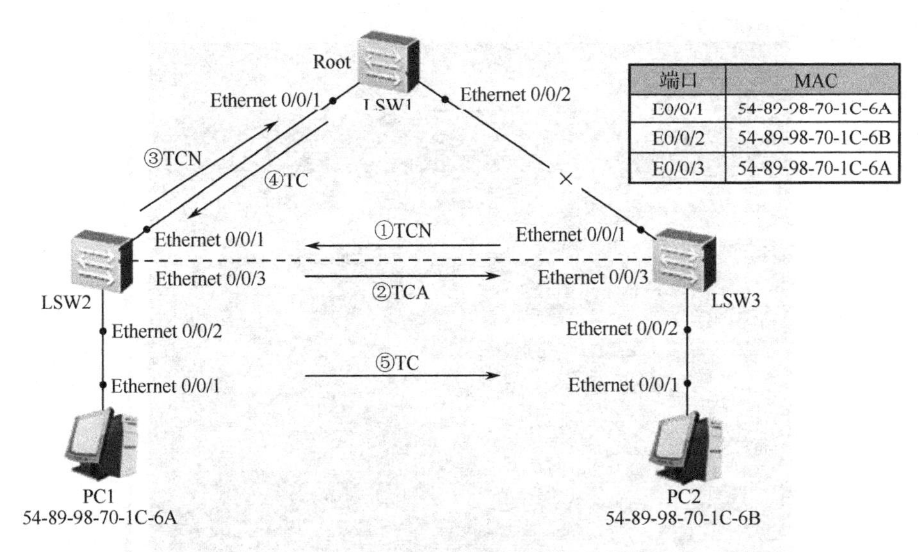

端口	MAC
E0/0/1	54-89-98-70-1C-6A
E0/0/2	54-89-98-70-1C-6B
E0/0/3	54-89-98-70-1C-6A

图 4.6　STP 拓扑变化

9. STP 协议的配置

华为 X7 系列交换机支持三种 STP 协议模式，使用 stp mode { mstp | stp | rstp }命令来配置交换机的 STP 协议模式。在默认情况下，华为 X7 系列交换机工作在 MSTP 模式。在使用 STP 协议前，必须重新配置 STP 协议模式。

（1）如图 4.7 所示，进行网络拓扑连接，交换机会进行默认选举。

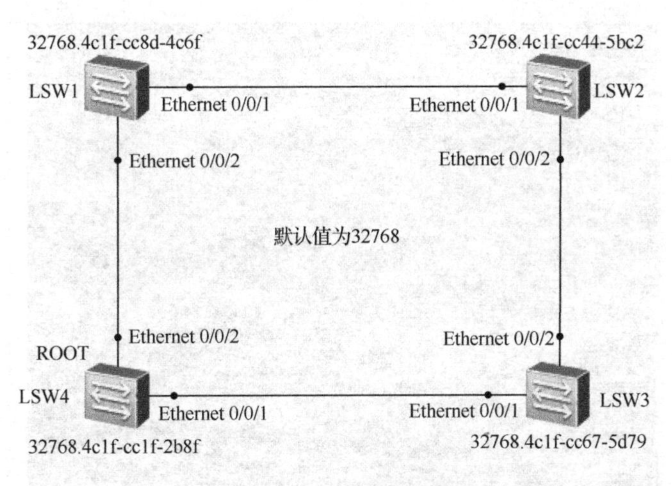

图 4.7　STP 协议的配置

（2）查看 STP 协议的运行状态，使用 display stp 命令可以看到 LSW4 被选举为根桥，如图 4.8 所示。

（3）查看 STP 协议运行状态，使用 display stp 命令可以看到 LSW1 被选举为非根网桥，如图 4.9 所示。

图 4.8　LSW4 的 STP 协议运行状态

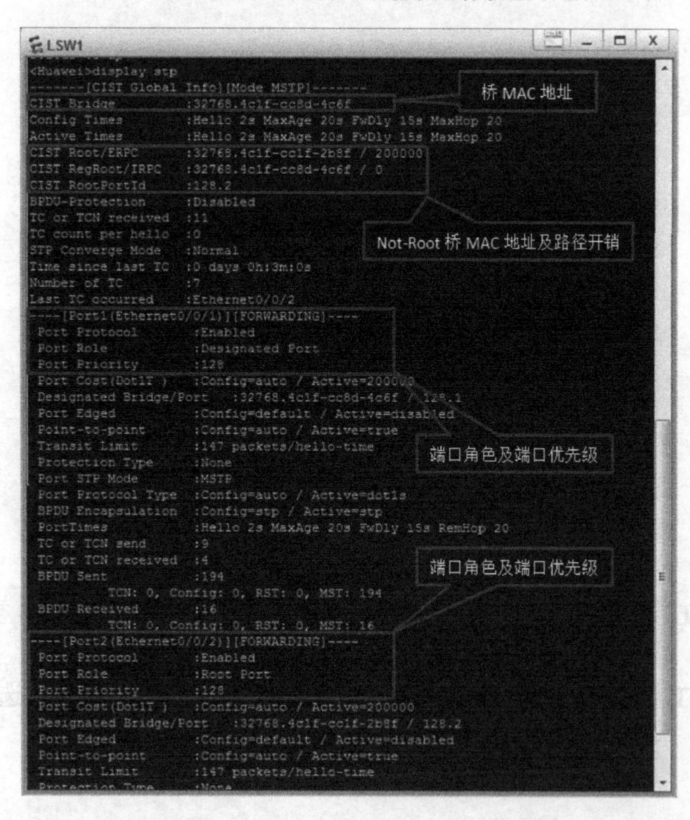

图 4.9　LSW1 的 STP 协议运行状态

（4）查看 STP 协议运行状态，使用 display stp brief 命令可以看到各交换机 STP 端口角色及端口状态，如图 4.10 所示。

图 4.10　默认的各交换机 STP 端口角色及端口状态

（5）配置 LSW1，使之成为根桥，配置交换机优先级和路径开销标准，相关配置实例代码如下。

```
<Huawei>system-view
[Huawei]sysname LSW1
[LSW1]stp mode stp                          //配置 STP 协议模式
[LSW1]stp priority 4096                     //配置交换机优先级
[LSW1]stp pathcost-standard dot1t           //配置路径开销标准
[LSW1]interface Ethernet 0/0/1
[LSW1-Ethernet0/0/1]stp cost 1000           //配置路径开销值
[LSW1-Ethernet0/0/1]quit
[LSW1]
```

华为 X7 系列交换机支持三种路径开销标准，以确保和其他厂商设备保持兼容。在默认情况下，路径开销标准为 IEEE 802.1t。使用 stp pathcost-standard { dot1d-1998 | dot1t | legacy }命令来配置指定交换机上的路径开销标准。每个端口的路径开销也可以手动指定。这种控制 STP 路径开销的方法必须谨慎使用，手动指定端口的路径开销可能会生成次优生成树拓扑。使用 stp cost *cost* 命令来配置路径开销值，*cost* 的取值取决于路径开销计算方法：

☑ 使用华为的私有计算方法时，*cost* 取值范围是 1～200000。

☑ 使用 IEEE 802.1d 标准方法时，*cost* 取值范围是 1～65535。

☑ 使用 IEEE 802.1t 标准方法时，*cost* 取值范围是 1～200000000。

（6）查看 LSW1 的 STP 协议运行状态，如图 4.11 所示。

（7）查看 STP 协议运行状态，使用 display stp brief 命令可以看到各交换机端口角色及端口状态，如图 4.12 所示。

图 4.11　配置交换机优先级及路径开销

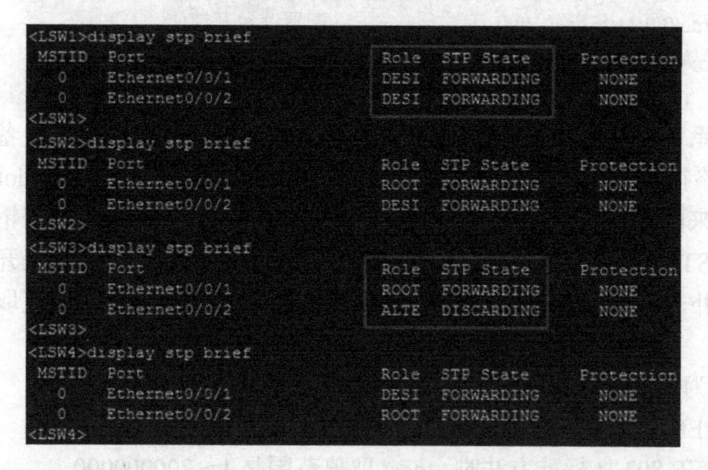

图 4.12　配置后交换机 STP 端口角色及端口状态

4.1.3　RSTP 协议

快速生成树协议（Rapid Spanning Tree Protocol，RSTP）是根据 IEEE 802.1w 标准建立的。RSTP 协议是从 STP 协议发展过来的，其思想基本一致，但它进一步处理了网络临时失去连通性的问题，在网络结构发生变化时能更快地收敛网络。RSTP 协议规定在某些情况下，处于 Blocking 状态的端口不必经历两倍的 Forward Delay 时延，可以直接进入转发状态。例如网络边缘端口（直接与终端相连的端口）不接收配置 BPDU 报文，不参与 RSTP 运算，可以由 Disabled 状态直接转到 Forwarding 状态，不需要任何时延，如图 4.13 所示。但是，一旦边缘端口收到配置 BPDU 报文，就丧失了边缘端口属性，成为普通 STP 端口，并重新进行生成树计算，或者网桥上旧的根端口已经进入 Blocking 状态，并且新的根端口所连接的对端网桥的指定端口仍处于 Forwarding 状态，那么新的根端口可以立即进入 Forwarding 状态。IEEE 802.1w 比 IEEE 802.1d 多了一种端口类型，即备份端口（Backup Port），用来进行指定端口的备份。IEEE 802.1w 规定 RSTP 协议的收敛速度可达到 1s，而 IEEE 802.1d 规定 STP 协议的收敛速度需要大约 50s。

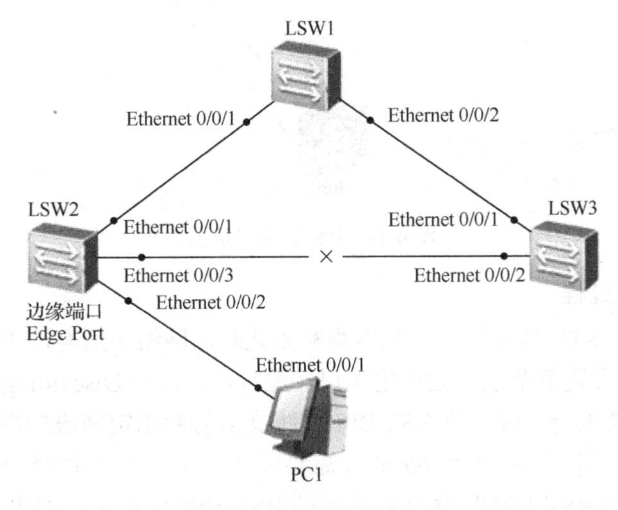

图 4.13　边缘端口

配置交换机 LSW2，相关配置实例代码如下。

```
<Huawei>system-view
[Huawei]sysname LSW2
[LSW2]interface Ethernet 0/0/2
[LSW2-Ethernet0/0/2]stp edged-port enable
[LSW2-Ethernet0/0/2]quit
[LSW2]
```

STP 协议能够提供无环网络，但是收敛速度较慢。如果 STP 网络的拓扑结构频繁变化，则网络也会随之频繁失去连通性，导致用户通信频繁中断。RSTP 协议使用了 Proposal/Agreement 机制保证链路及时协商，从而有效避免收敛计时器在生成树收敛前超时。运行 RSTP 协议的交换机使用了两个不同的端口角色来实现冗余备份。当到根桥的当前路径出现故障时，替代端口作为根端口的备份，提供了从一个交换机到根桥的另一条可切换路径；备份端口作为指定端口的备份，提供了另一条从根桥到相应 LAN 网段的备份路径。当一个交换机和一个共享媒介设备（如 Hub）建立两个或者多个连接时，可以使用备份端口。同样，当交换机上两个或者多个端口和同一个 LAN 网段连接时，也可以使用备份端口，如图 4.14 所示。

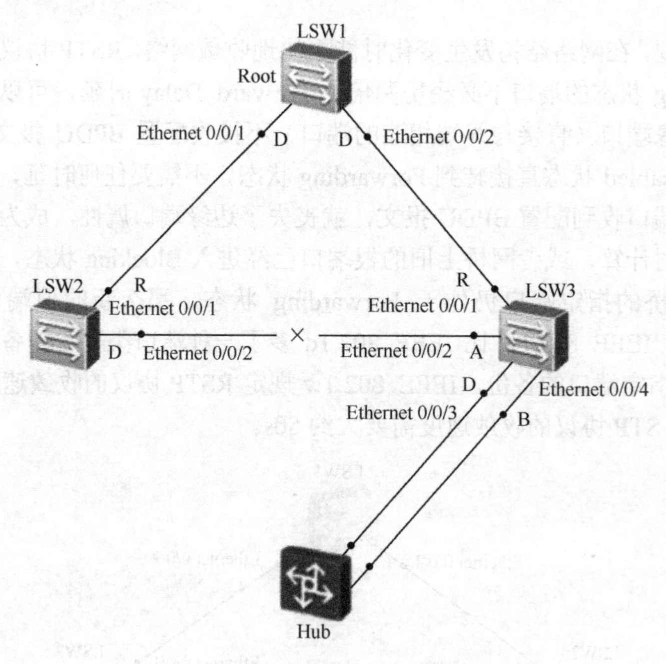

图 4.14　RSTP 端口角色

1．RSTP 收敛过程

RSTP 收敛遵循 STP 基本原理。在网络初始化时，网络中所有的 RSTP 交换机都认为自己是“根桥”，并设置每个端口为指定端口。此时，端口为 Discarding 状态。每个认为自己是“根桥”的交换机会生成一个 RST BPDU 报文来协商指定网段的端口状态，此时 RST BPDU 报文的 Flags 字段里面的 Proposal 位需要置位。当一个端口收到 RST BPDU 报文时，此端口会比较收到的 RST BPDU 报文和本地的 RST BPDU 报文，如果本地 RST BPDU 报文优于接收的 RST BPDU 报文，则端口会丢弃接收的 RST BPDU 报文，并发送 Proposal 置位的本地 RST BPDU 报文来回复对端设备。

交换机使用同步机制来实现端口角色协商管理。当收到 Proposal 置位并且优先级高的 BPDU 报文时，接收交换机必须设置所有下游指定端口为 Discarding 状态。如果下游端口是替代端口或者边缘端口，则端口状态保持不变。当确认下游指定端口迁移到 Discarding 状态后，设备发送 RST BPDU 报文回复上游交换机发送的 Proposal 消息。在此过程中，端口已经确认为根端口，因此 RST BPDU 报文 Flags 字段里面设置了 Agreement 标记位和根端口角色。在 P/A 进程的最后阶段，上游交换机收到 Agreement 置位的 RST BPDU 报文后，指定端口立即从 Discarding 状态迁移到 Forwarding 状态。然后，下游网段开始使用同样的 P/A 进程协商端口角色。在 RSTP 协议中，如果交换机的端口在连续三次 Hello Time 规定的时间间隔内没有收到上游交换机发送的 RST BPDU 报文，便会确认本端口和对端端口的通信失败，从而需要重新进行 RSTP 计算来确定交换机及端口角色。

RSTP 协议是可以与 STP 协议实现后向兼容的，但在实际情况中，并不推荐这种做法，原因是 RSTP 协议会失去其快速收敛的优势，而 STP 协议慢速收敛的缺点会暴露出来。当同一个网段里既有运行 STP 协议的交换机又有运行 RSTP 协议的交换机时，STP 交换机会忽略接收到的 RST BPDU 报文，而 RSTP 交换机在某端口上接收到 STP BPDU 报文时，会等待两倍 Hello Time 时间之后，把自己的端口转换到 STP 工作模式，此后便发送 BPDU 报文，这样就实现了兼容性操作。

2. 端口角色

RSTP 协议根据端口在活动拓扑中的作用，定义了五种端口角色：根端口（Root Port）、指定端口（Designated Port）、替代端口（Alternate Port）、备份端口（Backup Port）和禁用端口（Disabled Port）。STP 中的根端口和指定端口这两个角色在 RSTP 中被保留，阻断端口分为备份和替代端口这两个角色。生成树算法（STA）使用 BPDU 来决定端口的角色，端口类型也是通过比较端口中保存的 BPDU 来确定哪个端口比其他端口更优先。

（1）根端口（Root Port）。与 STP 协议一样，即到根桥开销最小的端口。

（2）指定端口（Designated Port）。与 STP 协议一样，每个以太网网段段内必须有一个指定端口。

（3）替代端口（Alternate Port）。如果一个端口收到另外一个网桥的更好的 BPDU，但不是最好的，那么这个端口将成为替换端口。当根端口发生故障后，替代端口将成为根端口。

（4）备份端口（Backup Port）。如果一个端口收到同一个网桥的更好的 BPDU，那么这个端口将成为备份端口。当两个端口被一个点到点链路的一个环路连在一起时，或者当一个交换机有两个或多个到共享局域网段的连接时，一个备份端口才能存在。当指定端口发生故障后，备份端口将成为指定端口。

（5）禁用端口（Disabled Port）。在 RSTP 应用的网络运行中不担当任何角色。

3. 端口状态

STP 协议定义了五种不同的端口状态，即关闭（Disabled）、阻断（Blocking）、监听（Listening）、学习（Learning）和转发（Forwarding）。在网络拓扑中，端口状态表现为阻断或转发，端口角色表现为根端口、指定端口、备份端口等。从操作上看，阻断状态和监听状态没有区别，都是丢弃数据帧且不学习 MAC 地址；在转发状态下，无法知道该端口是根端口还是指定端口。

RSTP 协议只定义了三种端口状态，Discarding、Learning 和 Forwarding。IEEE 802.1d 中的禁止端口、监听端口、阻塞端口在 IEEE 802.1w 中统一合并为禁止端口。

RSTP 端口功能描述，如表 4.3 所示。

表 4.3 RSTP 端口功能描述

端 口 状 态	端口功能描述
Discarding	既不转发用户流量也不学习 MAC 地址，不收发任何报文
Learning	不接收或转发数据，接收并发送 STP BPDU 报文，开始进行地址学习
Forwarding	接收或转发数据，接收并发送 STP BPDU 报文，进行地址学习

4. RSTP 协议的配置

（1）如图 4.15 所示，进行网络拓扑连接。

（2）配置交换机 LSW1，使之成为根桥，配置交换机优先级和路径开销标准，相关配置实例代码如下。其他各交换机开启 RSTP 协议，相关配置与 LSW1 类似，不再赘述。

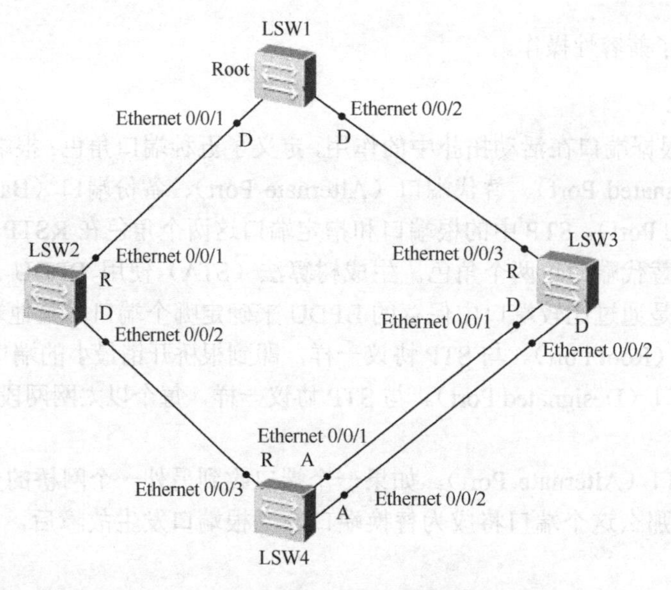

图 4.15　RSTP 协议的配置

```
<Huawei>system-view
Enter system view, return user view with Ctrl+Z.
[Huawei]sysname LSW1
[LSW1]stp mode rstp                              //配置 RSTP 协议模式
[LSW1]stp priority 4096                          //配置交换机优先级
[LSW1]stp pathcost-standard dot1t                //配置路径开销标准
[LSW1]interface Ethernet 0/0/1
[LSW1-Ethernet0/0/1]stp cost 1000                //配置路径开销值
[LSW1-Ethernet0/0/1]stp port priority 32         //配置端口优先级
[LSW1-Ethernet0/0/1]quit
[LSW1]
```

（3）查看 RSTP 协议的运行状态，使用 display stp brief 命令可以看到各交换机 RSTP 端口角色及端口状态，如图 4.16 所示。

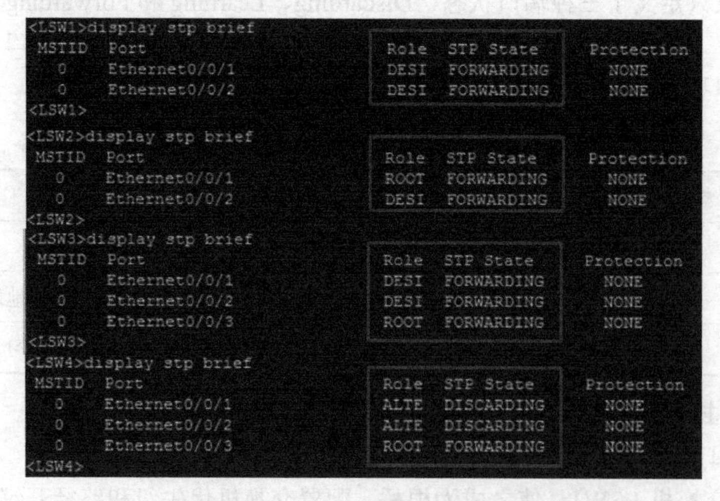

```
<LSW1>display stp brief
 MSTID  Port              Role  STP State    Protection
   0    Ethernet0/0/1     DESI  FORWARDING     NONE
   0    Ethernet0/0/2     DESI  FORWARDING     NONE
<LSW1>
<LSW2>display stp brief
 MSTID  Port              Role  STP State    Protection
   0    Ethernet0/0/1     ROOT  FORWARDING     NONE
   0    Ethernet0/0/2     DESI  FORWARDING     NONE
<LSW2>
<LSW3>display stp brief
 MSTID  Port              Role  STP State    Protection
   0    Ethernet0/0/1     DESI  FORWARDING     NONE
   0    Ethernet0/0/2     DESI  FORWARDING     NONE
   0    Ethernet0/0/3     ROOT  FORWARDING     NONE
<LSW3>
<LSW4>display stp brief
 MSTID  Port              Role  STP State    Protection
   0    Ethernet0/0/1     ALTE  DISCARDING     NONE
   0    Ethernet0/0/2     ALTE  DISCARDING     NONE
   0    Ethernet0/0/3     ROOT  FORWARDING     NONE
<LSW4>
```

图 4.16　配置后各交换机 RSTP 端口角色及端口状态

4.1.4 MSTP 协议

多生成树（MST）使用修正的 RSTP 协议，叫作多生成树协议（Multiple Spanning Tree Protocol，MSTP），多生成树是把 IEEE 802.1w 的快速生成树算法扩展而得到的。

RSTP 协议在 STP 协议的基础上进行了改进，实现了网络拓扑快速收敛。但由于局域网内的所有 VLAN 共享一棵生成树，因此链路被阻塞后将不承载任何流量，无法在 VLAN 间实现数据流量的负载均衡，从而造成了带宽浪费。为了弥补 STP 协议和 RSTP 协议的缺陷，IEEE 于 2002 年发布的 802.1s 标准定义了 MSTP 协议。

采用多生成树能够通过干道（Trunk）建立多个生成树，将 VLAN 关联到相关的生成树进程，每个生成树进程具备单独于其他进程的拓扑结构。多生成树提供了多个数据转发路径和负载均衡，提高了网络容错能力，因为一个进程（转发路径）的故障不会影响其他进程（转发路径）。一个生成树进程只能存在于具备一致的 VLAN 进程分配的桥中，必须用同样的多生成树配置信息来配置一组桥，这使得这些桥能参与到一组生成树进程中，具备同样的多生成树配置信息的互连的桥可以构成多生成树域。

多生成树将环路网络修剪成为一个无环的树形网络，避免报文在环路网络中的增生和无限循环，同时还提供了数据转发的多个冗余路径，在数据转发过程中实现 VLAN 数据的负载均衡。MSTP 协议兼容 STP 协议和 RSTP 协议，并且可以弥补 STP 协议和 RSTP 协议的缺陷。它既可以快速收敛，也可以使不同 VLAN 的流量沿各自的路径分发，从而为冗余链路提供更好的负载分担机制。

MSTP 协议通过设置 VLAN 映射表（VLAN 和生成树的对应关系表），把 VLAN 和生成树联系起来；通过增加“实例”（将多个 VLAN 整合到一个集合中）的概念，将多个 VLAN 捆绑到一个实例中，以节省通信开销和资源占用率；通过把一个交换网络划分成多个域，使每个域内形成多棵生成树，并且生成树之间彼此独立。

1. MSTP 协议的相关基本概念

1）MST 域

多生成树域（Multiple Spanning Tree Region，MST 域）由交换网络中的多台交换设备及它们之间的网段构成。同一个 MST 域的设备具有以下特点：都启动了 MSTP 协议，具有相同的域名，具有相同的 VLAN 到生成树实例的映射配置，具有相同的 MSTP 协议修订级别配置。

所谓实例，就是针对一组 VLAN 的一个独立计算的 STP 协议。将多个 VLAN 捆绑到一个实例，相对于每个 VLAN 独立运算来说，可以节省通信开销和资源占用率。MSTP 各个实例的计算过程相互独立，使用多个实例可以实现物理链路的负载均衡。当把多个相同拓扑结构的 VLAN 映射到一个实例之后，这些 VLAN 在端口上的转发状态取决于该端口在对应 MSTP 实例中的状态。

2）CST/IST/CIST/总根/主桥

公共和内部生成树（Common Internal Spanning Tree，CIST）是通过 STP 或 RSTP 协议计算生成的，连接一个交换网络内所有交换设备的单生成树。总根是整个网络中优先级最高的网桥，即为 CIST 的根桥。

公共生成树（Common Spanning Tree，CST）是连接交换网络内所有 MST 域的一个生成树，是网络中的节点通过 STP 或 RSTP 协议计算生成的。

内部生成树（Internal Spanning Tree，IST）是各 MST 域内的一个生成树，是 CIST 在 MST 域中的一个片段。

MST 域内每个生成树都对应一个实例号，IST 的实例号为 0。无论有没有配置，实例 0 都是存在的，没有映射到其他实例的 VLAN 默认都会映射到实例 0，即 IST 上。

主桥（Master Bridge）也就是 IST Master，它是域内距离总根最近的交换设备。如果总根在 MST 域中，则总根为该域的主桥。

构成单生成树（Single Spanning Tree，SST）有两种情况：运行 STP 或 RSTP 的交换设备只能属于一个生成树；MST 域中只有一个交换设备，这个交换设备构成单生成树。

3）MSTI/MSTI 域根

一个 MST 域内可以存在多个生成树，每个生成树都称为一个 MSTI。MSTI 域根是每个多生成树实例的树根，域中不同的 MSTI 有各自的域根。MSTI 之间彼此独立，MSTI 可以与一个或者多个 VLAN 对应，但一个 VLAN 只能与一个 MSTI 对应。

一个 MSTI 对应一个实例号，实例号从 1 开始，以区分实例号为 0 的 IST。MSTI 域根是每个 MSTI 上优先级最高的网桥，MST 域内每个 MSTI 可以指定不同的根。

4）端口角色

MSTP 协议在 RSTP 协议的基础上新增了两种端口，因此 MSTP 协议共有七种端口角色：根端口、指定端口、Alternate 端口、Backup 端口、边缘端口、Master 端口和域边缘端口。

Master 端口是 MST 域和总根相连的所有路径中最短路径上的端口，它是交换设备上连接 MST 域到总根的端口，是域中的报文去往总根的必经之路。Master 端口是特殊域边缘端口，其在 CIST 上的角色是 Root Port，在其他各实例上的角色都是 Master 端口。

域边缘端口是 MST 域内网桥和其他 MST 域或 STP/RSTP 网桥相连的端口。

5）MSTP 快速收敛

MSTP 协议的快速收敛方式分为两种：一种是普通方式 P/A，同 RSTP 协议；另一种是增强型方式 P/A。在 MSTP 协议中，P/A 机制工作过程如下。

（1）上游设备发送 Proposal 报文，请求进行快速迁移。下游设备接收到报文后，将与上游设备相连的端口设置为根端口，并阻塞所有非边缘端口。

（2）上游设备继续发送 Agreement 报文。下游设备接收到报文后，将根端口转为 Forwarding 状态。

（3）下游设备回应 Agreement 报文。上游设备接收到报文后，将与下游设备相连的端口设置为指定端口并进入 Forwarding 状态。

2. MSTP 协议的配置

（1）如图 4.17 所示，进行网络拓扑连接。

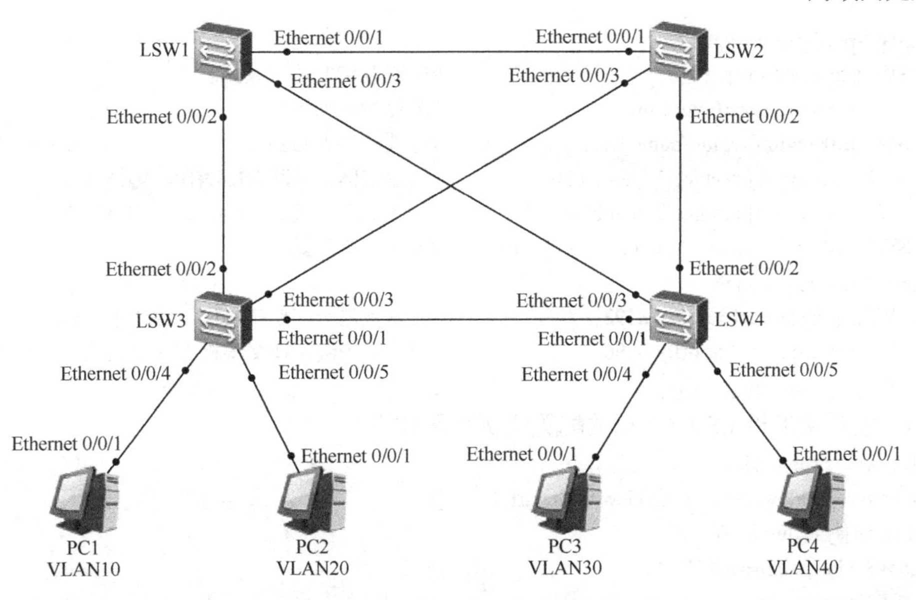

图 4.17　MSTP 协议的配置

（2）配置交换机 LSW1，相关配置实例代码如下。

```
<Huawei>system-view
[Huawei]sysname LSW1
Enter system view, return user view with Ctrl+Z.
[LSW1]vlan batch 10 20 30 40                       //创建 VLAN10、VLAN20、VLAN30、VLAN40
[LSW1]port-group 1                                 //创建端口组，进行统一设置
[LSW1-port-group-1]group-member Ethernet 0/0/1 to Ethernet 0/0/3
[LSW1-Ethernet0/0/1]port link-type trunk           //配置端口类型
[LSW1-port-group-1]port trunk allow-pass vlan all  //允许所有 VLAN 数据通过
[LSW1-port-group-1]quit
[LSW1]stp mode mstp                                //配置 MSTP 协议模式
[LSW1]stp region-configuration                     //配置 MSTP 区域
[LSW1-mst-region]region-name RG1                   //区域名字为 GR1
[LSW1-mst-region]instance 1 vlan 10 30             //创建实例 1 关联 VLAN10、VLAN30
[LSW1-mst-region]instance 2 vlan 20 40             //创建实例 2 关联 VLAN20、VLAN40
[LSW1-mst-region]active   region-configuration     //激活区域配置
[LSW1-mst-region]quit
[LSW1]stp instance 1 priority 4096                 //配置优先级，使交换机 LSW1 为实例 1 的根桥
[LSW1]stp instance 2 priority 8192                 //配置优先级，使交换机 LSW2 为实例 2 的根桥
[LSW1]
```

（3）配置交换机 LSW2，相关配置实例代码如下。

```
<Huawei>system-view
Enter system view, return user view with Ctrl+Z.
[Huawei]sysname LSW2
[LSW2]vlan batch 10 20 30 40                       //创建 VLAN10、VLAN20、VLAN30、VLAN40
[LSW2]port-group 1                                 //创建端口组，进行统一设置
[LSW2-port-group-1]group-member Ethernet 0/0/1 to Ethernet 0/0/3
[LSW2-Ethernet0/0/1]port link-type trunk           //配置端口类型
[LSW2-port-group-1]port trunk allow-pass vlan all //允许所有 VLAN 数据通过
```

```
[LSW2-port-group-1]quit
[LSW2]stp mode mstp                                  //配置 MSTP 协议模式
[LSW2]stp region-configuration                       //配置 MSTP 区域
[LSW2-mst-region]region-name RG1                     //区域名字为 GR1
[LSW2-mst-region]instance 1 vlan 10 30               //创建实例 1 关联 VLAN10、VLAN30
[LSW2-mst-region]instance 2 vlan 20 40               //创建实例 2 关联 VLAN20、VLAN40
[LSW2-mst-region]active  region-configuration        //激活区域配置
[LSW2-mst-region]quit
[LSW2]stp instance 1 priority 8192                   //配置优先级，使交换机 LSW1 为实例 1 的根桥
[LSW2]stp instance 2 priority 4096                   //配置优先级，使交换机 LSW2 为实例 2 的根桥
[LSW2]
```

（4）配置交换机 LSW3，相关配置实例代码如下。

```
<Huawei>system-view
Enter system view, return user view with Ctrl+Z.
[Huawei]sysname LSW3
[LSW3]vlan batch 10 20 30 40
[LSW3]port-group 1
[LSW3-port-group-1]group-member Ethernet 0/0/1 to Ethernet 0/0/3
[LSW3-Ethernet0/0/1]port link-type trunk
[LSW3-port-group-1]port trunk allow-pass vlan all
[LSW3-port-group-1]quit
[LSW3]stp mode mstp
[LSW3]stp region-configuration
[LSW3-mst-region]region-name RG1
[LSW3-mst-region]instance 1 vlan 10 30
[LSW3-mst-region]instance 2 vlan 20 40
[LSW3-mst-region]active  region-configuration
[LSW3-mst-region]quit
[LSW3]port-group 2
[LSW3-port-group-2]group-member Ethernet 0/0/4 to Ethernet 0/0/5
[LSW3-port-group-2]port link-type access
[LSW3-port-group-2]stp edged-port enable     //配置为边缘端口
[LSW3-port-group-2]quit
[LSW3]interface Ethernet 0/0/4
[LSW3-Ethernet0/0/4]port default vlan 10
[LSW3-Ethernet0/0/4]quit
[LSW3]interface Ethernet 0/0/5
[LSW3-Ethernet0/0/5]port default vlan 20
[LSW3-Ethernet0/0/5]quit
[LSW3]
```

（5）配置交换机 LSW4，相关配置实例代码如下。

```
<Huawei>system-view
Enter system view, return user view with Ctrl+Z.
[Huawei]sysname LSW4
[LSW4]vlan batch 10 20 30 40
[LSW4]port-group 1
[LSW4-port-group-1]group-member Ethernet 0/0/1 to Ethernet 0/0/3
```

```
[LSW4-Ethernet0/0/1]port link-type trunk
[LSW4-port-group-1]port trunk allow-pass vlan all
[LSW4-port-group-1]quit
[LSW4]stp mode mstp
[LSW4]stp region-configuration
[LSW4-mst-region]region-name RG1
[LSW4-mst-region]instance 1 vlan 10 30
[LSW4-mst-region]instance 2 vlan 20 40
[LSW4-mst-region]active   region-configuration
[LSW4-mst-region]quit
[LSW4]port-group 2
[LSW4-port-group-2]group-member Ethernet 0/0/4 to Ethernet 0/0/5
[LSW4-port-group-2]port link-type access
[LSW4-port-group-2]stp edged-port enable        //配置为边缘端口
[LSW4-port-group-2]quit
[LSW4]interface Ethernet 0/0/4
[LSW4-Ethernet0/0/4]port default vlan 30
[LSW4-Ethernet0/0/4]quit
[LSW4]interface Ethernet 0/0/5
[LSW4-Ethernet0/0/5]port default vlan 40
[LSW4-Ethernet0/0/5]quit
[LSW4] [LSW3]
```

（6）查看 MSTP 协议运行状态，使用 display stp instance 1 brief 命令，可以看到实例 1 各交换机端口角色及端口状态，如图 4.18 所示。

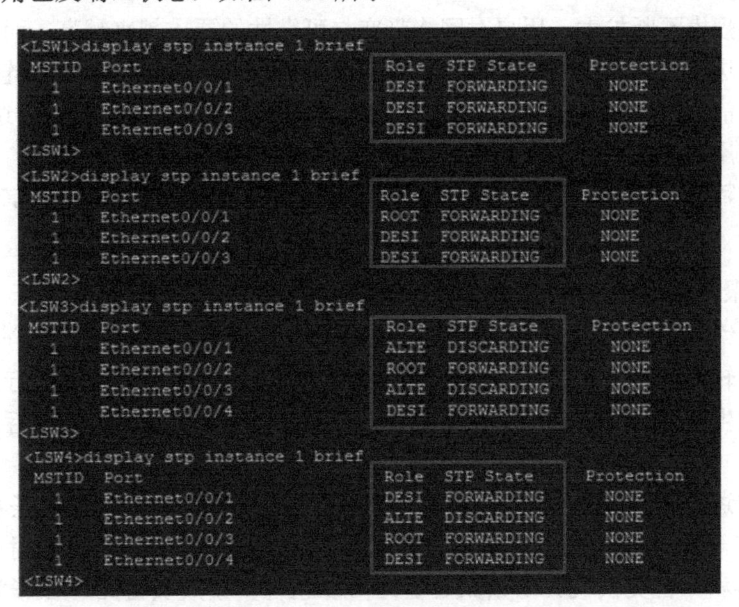

图 4.18　实例 1 各交换机端口角色及端口状态

（7）查看 MSTP 协议运行状态，使用 display stp instance 2 brief 命令，可以看到实例 2 各交换机端口角色及端口状态，如图 4.19 所示。

```
<LSW1>display stp instance 2 brief
 MSTID  Port                        Role  STP State     Protection
   2    Ethernet0/0/1               ROOT  FORWARDING      NONE
   2    Ethernet0/0/2               DESI  FORWARDING      NONE
   2    Ethernet0/0/3               DESI  FORWARDING      NONE
<LSW1>
<LSW2>display stp instance 2 brief
 MSTID  Port                        Role  STP State     Protection
   2    Ethernet0/0/1               DESI  FORWARDING      NONE
   2    Ethernet0/0/2               DESI  FORWARDING      NONE
   2    Ethernet0/0/3               DESI  FORWARDING      NONE
<LSW2>
<LSW3>display stp instance 2 brief
 MSTID  Port                        Role  STP State     Protection
   2    Ethernet0/0/1               ALTE  DISCARDING      NONE
   2    Ethernet0/0/2               ALTE  DISCARDING      NONE
   2    Ethernet0/0/3               ROOT  FORWARDING      NONE
   2    Ethernet0/0/5               DESI  FORWARDING      NONE
<LSW3>
<LSW4>display stp instance 2 brief
 MSTID  Port                        Role  STP State     Protection
   2    Ethernet0/0/1               DESI  FORWARDING      NONE
   2    Ethernet0/0/2               ROOT  FORWARDING      NONE
   2    Ethernet0/0/3               ALTE  DISCARDING      NONE
   2    Ethernet0/0/5               DESI  FORWARDING      NONE
<LSW4>
```

图 4.19　实例 2 各交换机端口角色及端口状态

4.2　链路聚合技术

4.2.1　链路聚合概述

随着网络规模不断扩大，用户对网络带宽与可靠性的要求越来越高，而采用链路聚合技术可以在不进行硬件升级的情况下，扩展链路带宽，提高链路可靠性。链路聚合是将两个或更多数据信道结合成一个单个的信道，该信道以一个单个的更高带宽的逻辑链路出现。链路聚合一般用来连接一个或多个带宽需求大的设备，增加设备间的带宽，并且在其中一条链路出现故障时，可以快速地将流量转移到其他链路，这种切换为毫秒级，远远快于 STP 切换。

1. 链路聚合目的

在整个网络数据交换中，所有设备的流量在转发到其他网络前都会聚合到核心层，再由核心层设备转发到其他网络，或者转发到外网，因此，在核心层设备进行数据的高速交换时，容易发生拥塞。在核心层部署链路聚合，可以提高整个网络的数据吞吐量，解决拥塞问题。

（1）增加逻辑链路的带宽。链路聚合是把两台或更多设备之间的多条物理链路聚合在一起，当作一条逻辑链路来使用。这两台设备可以是一对路由器，一对交换机，或者是一台路由器和一台交换机。一条聚合链路可以包含多条成员链路，在华为 X7 系列交换机上默认最多为八条。链路聚合能够提高链路带宽。理论上，通过聚合几条链路，一个聚合端口的带宽可以扩展为所有成员端口带宽的总和，这样就有效地增加了逻辑链路的带宽。

（2）提高网络的可靠性。在配置链路聚合后，如果一个成员端口发生故障，则该成员的物理链路会把流量切换到另一条成员链路上。链路聚合还可以在一个聚合端口上实现负载均衡，一个聚合端口可以把流量分散到多个不同的成员端口上，通过成员链路把流量发送到同一个目的地，从而将网络产生拥塞的可能性降到最低。

2. 链路聚合条件

通过执行 interface Eth-trunk <trunk-id>命令可以配置链路聚合。这条命令创建了一个 Eth-Trunk 端口，并且进入该 Eth-Trunk 端口视图。trunk-id 用来唯一标识一个 Eth-Trunk 端口，该参数的取值可以是 0～63 的任意整数。如果指定的 Eth-Trunk 端口已经存在，则执行 interface eth-trunk 命令会直接进入该 Eth-Trunk 端口视图。

配置 Eth-Trunk 端口和成员端口，需要注意以下规则。

（1）在将端口加入 Eth-Trunk 端口时，二层 Eth-Trunk 端口的成员端口必须是二层端口，三层 Eth-Trunk 端口的成员端口必须是三层端口。

（2）一个 Eth-Trunk 端口最多可以加入八个成员端口，加入 Eth-Trunk 端口的端口必须是 Hybrid 端口（默认的端口类型）。

（3）一个以太端口只能加入一个 Eth-Trunk 端口。如果把一个以太端口加入另一个 Eth-Trunk 端口中，则必须先把该以太端口从当前所属的 Eth-Trunk 端口中删除。

（4）一个 Eth-Trunk 端口的成员端口类型必须相同。例如，一个快速以太端口（FE 端口）和一个千兆以太端口（GE 端口）不能加入同一个 Eth-Trunk 端口。

（5）成员端口的速率必须相同，如都为 100Mb/s 或都为 1000Mb/s。

4.2.2 链路聚合配置

以太网链路聚合是指将多条以太网物理链路捆绑在一起，组成一条逻辑链路，从而实现增加链路带宽的目的，一般交换机的一个负荷分担组最多可以支持八个端口进行聚合。链路聚合分为手工模式和 LACP 模式。

1. 手工模式

手工模式是最基本的链路聚合方式，在该模式下，Eth-Trunk 端口的建立、成员端口的加入完全由手工来配置，没有 LACP 协议的参与，手工聚合端口的 LACP 协议为关闭状态。在该模式下，所有成员端口都参与数据的转发，分担负载流量，因此称为手工负载分担模式。

在手工聚合组中，端口可能处于两种状态：Selected 或 Standby。处于 Selected 状态且端口号最小的端口为聚合组的主端口，其他处于 Selected 状态的端口为聚合组的成员端口。由于设备所能支持的聚合组中的最大端口数有限，如果处于 Selected 状态的端口数超过设备所能支持的聚合组中的最大端口数，系统将按照端口号从小到大的顺序选择一些端口为 Selected 端口，其他则为 Standby 端口。

一般情况下，手工聚合对聚合前的端口速率和双工模式不进行限制。但对于以下情况，系统会进行特殊处理：对于初始就处于 DOWN 状态的端口，在聚合时对端口的速率和双工模式没有限制；对于曾经处于 UP 状态，并协商或强制指定过端口速率和双工模式，而当前处于 DOWN 状态的端口，在聚合时要求速率和双工模式一致；对于一个聚合组，当聚合组中某个端口的速率和双工模式发生改变时，系统不进行解聚合，聚合组中的端口也都处于正常工作状态，但如果是主端口出现速率降低和双工模式变化，则该端口的转发可能会出现丢包现象。

2．LACP 模式

链路聚合控制协议（Link Aggregation Control Protocol，LACP）是一种实现链路动态聚合与解聚合的协议。LACP 协议通过 LACPDU（Link Aggregation Control Protocol Data Unit，链路聚合控制协议数据单元）与对端交互信息，在使能某端口的 LACP 协议后，该端口将通过发送 LACPDU 向对端通告自己的系统优先级、系统 MAC、端口优先级、端口号和操作 Key。对端在接收到这些信息后，将这些信息与其他端口所保存的信息进行比较以选择能够聚合的端口，从而双方可以针对端口加入或退出某个动态聚合组达成一致。

LACP 模式需要有 LACP 协议的参与。当需要在两个直连设备之间提供一个较大的链路带宽且设备支持 LACP 协议时，建议使用 LACP 模式。LACP 模式不仅可以实现增加带宽、提高可靠性、分担负载的目的，而且可以提高端口的容错性，提供备份功能。

在 LACP 模式下，部分链路是活动链路，所有活动链路均参与数据的转发。如果某条活动链路发生故障，则链路聚合组会自动在非活动链路中选择一条链路作为活动链路，参与数据转发的链路的数目不变。

3．配置基本模式的链路聚合

交换机 LSW1 与 LSW2 的端口 GE 0/0/1 与 GE 0/0/2 进行链路聚合，如图 4.20 所示。

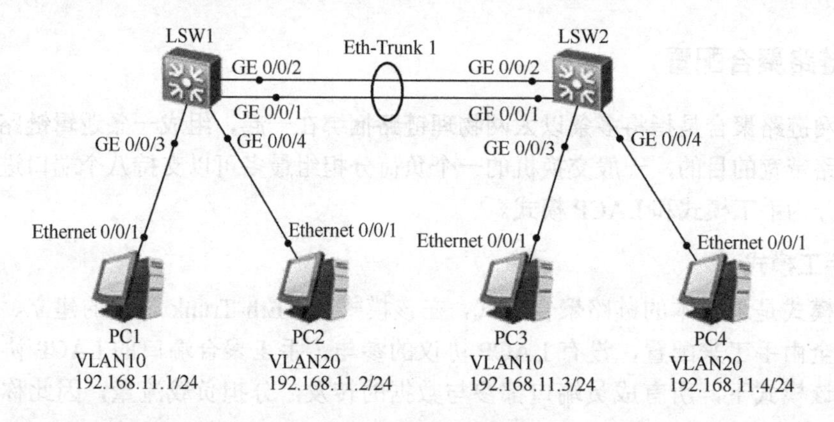

图 4.20 链路聚合

（1）配置交换机 LSW1，在 LSW1 上创建 Eth-Trunk 端口，并加入成员端口，相关配置实例代码如下。LSW2 与 LSW1 配置类似，不再赘述。

```
<Huawei>system-view
[Huawei]sysname LSW1
[LSW1]vlan batch 10 20                                          //创建 VLAN10、VLAN20
[LSW1]interface Eth-Trunk 1                                     //创建 Eth-Trunk 1 端口
[LSW1-Eth-Trunk1]trunkport GigabitEthernet 0/0/1 to 0/0/2       //加入成员端口
[LSW1-Eth-Trunk1]port link-type hybrid
[LSW1-Eth-Trunk1]port trunk allow-pass vlan 10 20
[LSW1-Eth-Trunk1]undo port trunk pvid vlan
[LSW1-Eth-Trunk1]load-balance src-dst-mac                       //配置负载均衡分担方式
```

```
[LSW1-Eth-Trunk1]quit
[LSW1]interface GigabitEthernet 0/0/3
[LSW1-GigabitEthernet0/0/3]port link-type access
[LSW1-GigabitEthernet0/0/3]port default vlan 10
[LSW1-GigabitEthernet0/0/3]quit
[LSW1]interface GigabitEthernet 0/0/4
[LSW1-GigabitEthernet0/0/4]port link-type access
[LSW1-GigabitEthernet0/0/4]port default vlan 20
[LSW1-GigabitEthernet0/0/4]quit
[LSW1]
```

（2）显示 LSW2 与 LSW1 的配置信息，二者类似，主要配置实例代码如下。

```
<Huawei>display current-configuration
#
sysname LSW1
#
vlan batch 10 20
#
interface Eth-Trunk1
 port link-type hybrid
 port trunk allow-pass vlan 10 20
 load-balance src-dst-mac
#
interface GigabitEthernet0/0/1
 eth-trunk 1
#
interface GigabitEthernet0/0/2
 eth-trunk 1
#
interface GigabitEthernet0/0/3
 port link-type access
 port default vlan 10
#
interface GigabitEthernet0/0/4
 port link-type access
 port default vlan 20
#
return
<LSW1>
```

（3）查看 LSW1 与 LSW2 配置结果，使用 display eth-trunk 1 命令查看链路聚合结果，如图 4.21 所示。

```
<LSW1>display eth-trunk 1
Eth-Trunk1's state information is:
WorkingMode: NORMAL          Hash arithmetic: According to SA-XOR-DA
Least Active-linknumber: 1  Max Bandwidth-affected-linknumber: 8
Operate status: up           Number Of Up Port In Trunk: 2
--------------------------------------------------------------------------------
PortName                      Status      Weight
GigabitEthernet0/0/1          Up          1
GigabitEthernet0/0/2          Up          1

<LSW1>
<LSW2>display eth-trunk 1
Eth-Trunk1's state information is:
WorkingMode: NORMAL          Hash arithmetic: According to SA-XOR-DA
Least Active-linknumber: 1  Max Bandwidth-affected-linknumber: 8
Operate status: up           Number Of Up Port In Trunk: 2
--------------------------------------------------------------------------------
PortName                      Status      Weight
GigabitEthernet0/0/1          Up          1
GigabitEthernet0/0/2          Up          1

<LSW2>
```

图 4.21　基本模式的链路聚合结果

4．配置 LACP 模式的链路聚合

（1）配置交换机 LSW1，在 LSW1 上创建 Eth-Trunk 端口，并加入成员端口。LSW2 与 LSW1 配置类似，不再赘述。同时配置 GE 0/0/5 为备份链路，如图 4.22 所示。

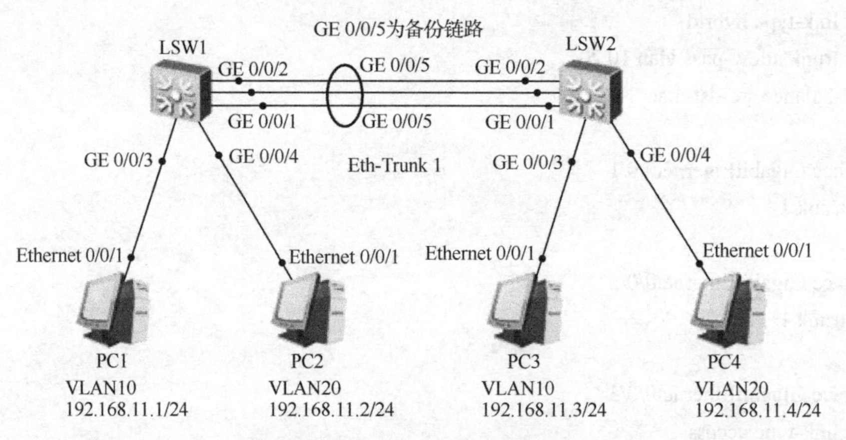

图 4.22　LACP 模式的链路聚合

（2）配置交换机 LSW1，相关配置实例代码如下。

```
<Huawei>system-view
[Huawei]sysname LSW1
[LSW1]interface Eth-Trunk 1
[LSW1-Eth-Trunk1]mode lacp
[LSW1-Eth-Trunk1]quit
[LSW1]interface GigabitEthernet 0/0/1
[LSW1-GigabitEthernet0/0/1]eth-trunk 1                //成员端口加入 Eth-Trunk 1 端口
[LSW1-GigabitEthernet0/0/1]quit
[LSW1]interface GigabitEthernet 0/0/2
[LSW1-GigabitEthernet0/0/2]eth-trunk 1
[LSW1-GigabitEthernet0/0/2]quit
[LSW1]interface GigabitEthernet 0/0/5
[LSW1-GigabitEthernet0/0/5]eth-trunk 1
```

```
[LSW1-GigabitEthernet0/0/5]quit
[LSW1]lacp priority 100    //设置交换机端口 LACP 的优先级为 100，使交换机 LSW1 成为主交换机
[LSW1]interface Eth-Trunk 1
[LSW1-Eth-Trunk1]max active-linknumber 2        //限制最大汇聚链路端口数为 2
[LSW1-Eth-Trunk1]quit
[LSW1]interface GigabitEthernet 0/0/1
[LSW1-GigabitEthernet0/0/1]lacp priority 100      //设置交换机端口 LACP 的优先级为 100
[LSW1-GigabitEthernet0/0/1]quit
[LSW1]interface GigabitEthernet 0/0/2
[LSW1-GigabitEthernet0/0/2]lacp priority 100      //设置交换机端口 LACP 的优先级为 100
                                                  //可以使端口 GE0/0/5 为备份链路端口
[LSW1-GigabitEthernet0/0/2]quit
[LSW1]
```

（3）显示交换机 LSW1 配置信息，主要配置实例代码如下。

```
<LSW1>display current-configuration
#
sysname LSW1
#
vlan batch 10 20
#
lacp priority 100
#
ndp enable
#
interface Eth-Trunk1
 port link-type hybrid
 port trunk allow-pass vlan 10 20
 mode lacp-static
 max active-linknumber 2
#
interface GigabitEthernet0/0/1
 eth-trunk 1
 lacp priority 100
#
interface GigabitEthernet0/0/2
 eth-trunk 1
 lacp priority 100
#
interface GigabitEthernet0/0/3
 port link-type access
 port default vlan 10
#
interface GigabitEthernet0/0/4
 port link-type access
 port default vlan 20
#
interface GigabitEthernet0/0/5
 eth-trunk 1
#
interface GigabitEthernet0/0/6
```

```
#
Return
<LSW1>
```

（4）查看交换机 LSW1 配置结果，使用 display eth-trunk 1 命令查看链路聚合结果，如图 4.23 所示。

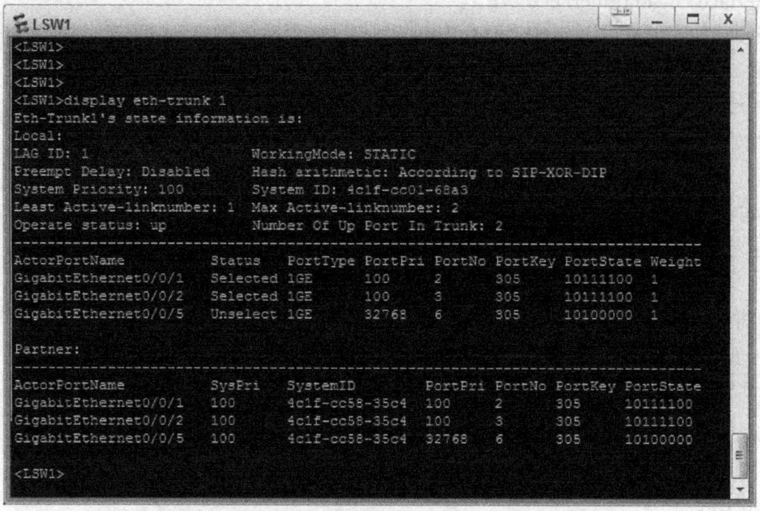

```
LSW1
<LSW1>
<LSW1>
<LSW1>
<LSW1>display eth-trunk 1
Eth-Trunk1's state information is:
Local:
LAG ID: 1                   WorkingMode: STATIC
Preempt Delay: Disabled     Hash arithmetic: According to SIP-XOR-DIP
System Priority: 100        System ID: 4c1f-cc01-68a3
Least Active-linknumber: 1  Max Active-linknumber: 2
Operate status: up          Number Of Up Port In Trunk: 2
--------------------------------------------------------------------------------
ActorPortName          Status   PortType PortPri PortNo PortKey PortState Weight
GigabitEthernet0/0/1   Selected 1GE      100     2      305     10111100  1
GigabitEthernet0/0/2   Selected 1GE      100     3      305     10111100  1
GigabitEthernet0/0/5   Unselect 1GE      32768   6      305     10100000  1

Partner:
--------------------------------------------------------------------------------
ActorPortName          SysPri   SystemID        PortPri PortNo PortKey PortState
GigabitEthernet0/0/1   100      4c1f-cc58-35c4  100     2      305     10111100
GigabitEthernet0/0/2   100      4c1f-cc58-35c4  100     3      305     10111100
GigabitEthernet0/0/5   100      4c1f-cc58-35c4  32768   6      305     10100000

<LSW1>
```

图 4.23　LACP 模式的链路聚合结果

4.3　虚拟路由冗余协议

4.3.1　VRRP 协议概述

虚拟路由冗余协议（Virtual Router Redundancy Protocol，VRRP），是由 IETF（互联网工程任务组）提出的解决局域网中配置静态网关出现单点失效问题的路由协议。VRRP 广泛应用在边缘网络中，它的设计目标是在特定情况下 IP 数据流量失败转移不会引起混乱，允许主机使用单路由器，以及及时在实际第一跳路由器使用失败的情形下仍能够维护路由器间的连通性。

VRRP 协议是一种路由容错协议，也可以叫作备份路由协议。一个局域网络内的所有主机都设置默认路由，当网内主机发出的目的地址不在本网段时，报文就会通过默认路由被发往外部路由器，从而实现主机与外部网络的通信。当默认路由器 down 掉（端口关闭）之后，内部主机将无法与外部通信，如果路由器设置了 VRRP 协议，那么这时虚拟路由会启用备份路由器，从而实现全网通信。

在 VRRP 协议中，有两组重要的概念：VRRP 路由器和虚拟路由器，主控路由器和备份路由器。VRRP 路由器是指运行 VRRP 协议的路由器，是物理实体；虚拟路由器是指由 VRRP 协议创建的路由器，是逻辑概念。一组 VRRP 路由器协同工作，共同构成一台虚拟路由器。该虚拟路由器对外表现为一个具有唯一固定 IP 地址和 MAC 地址的逻辑路由器。

处于同一个 VRRP 组中的路由器具有两种互斥的角色：主控路由器和备份路由器。一个 VRRP 组中有且只有一台处于主控角色的路由器，但可以有一个或者多个处于备份角色的路由器。VRRP 协议从路由器组中选出一台路由器作为主控路由器，负责 ARP 解析和转发 IP 数据包，组中的其他路由器作为备份角色并处于待命状态。当由于某种原因使主控路由器发生故障时，其中的一台备份路由器能在瞬间的时延后升级为主控路由器，由于此切换非常迅速而且不用改变 IP 地址和 MAC 地址，所以对终端使用者的系统是透明的。

1. VRRP 端口状态

VRRP 协议规定了三种状态：Initialize、Master 和 Backup。简单地说，Initialize 即初始状态；Master 即主用状态，也就是在 VRRP 备份组中真正起作用的路由器；Backup 即备用状态，是 Master 的备份。

（1）Initialize。在路由器启动时，如果路由器的优先级是 255（最高优先级，当且仅当配置的 VRRP 虚拟 IP 地址和端口 IP 地址相同，即所谓 IP 地址拥有者），要发送 VRRP 通告信息，并发送广播 ARP 信息，通告路由器 IP 地址对应的 MAC 地址为路由虚拟 MAC 地址，则设置通告信息定时器准备定时发送 VRRP 通告信息，转为 Master 状态；否则进入 Backup 状态，设置定时器定时检查是否收到 Master 的通告信息。

（2）Master。主用状态下的路由器主要完成以下功能：

☑ 设置定时通告定时器；
☑ 用 VRRP 虚拟 MAC 地址响应路由器 IP 地址的 ARP 请求；
☑ 转发目的 MAC 地址是 VRRP 虚拟 MAC 地址的数据包；
☑ 如果接收者是虚拟路由器 IP 地址的拥有者，则会接收目的地址是虚拟路由器 IP 地址的数据包，否则丢弃；
☑ 当收到 shutdown 的事件时删除定时通告定时器，发送优先值为 0 的通告包，转 Initialize 状态；
☑ 如果定时通告定时器超时，则发送 VRRP 通告信息；
☑ 在收到 VRRP 通告信息时，如果优先值为 0，则发送 VRRP 通告信息，否则，判断数据的优先级是否高于本机，如果优先级相等且实际 IP 地址大于本地实际 IP 地址，则设置定时通告定时器，复位主机超时定时器，转 Backup 状态，否则，丢弃该通告包。

（3）Backup。备用状态下的路由器主要实现以下功能：

☑ 设置主机超时定时器；
☑ 不能响应针对虚拟路由器 IP 地址的 ARP 请求信息；
☑ 丢弃所有目的 MAC 地址是虚拟路由器 MAC 地址的数据包；
☑ 不接收目的 MAC 地址是虚拟路由器 IP 地址的所有数据包；
☑ 当收到 shutdown 的事件时删除主机超时定时器，转 Initialize 状态；
☑ 在主机超时定时器超时，发送 VRRP 通告信息，广播 ARP 地址信息，转 Master 状态；
☑ 在收到 VRRP 通告信息时，如果优先值为 0，表示进入 Master 状态选举，否则，判断数据的优先级是否高于本机，如果数据的优先级高于本机，则承认 Master 状态有效，复位主机超时定时器，否则丢弃该通告包。

2. VRRP 选举机制

VRRP 协议使用选举机制来确定路由器的状态（Master 或 Backup）。运行 VRRP 协议的一组路由器对外组成了一个虚拟路由器，其中一台路由器处于 Master 状态，其他的处于 Backup 状态。

运行 VRRP 协议的路由器都会发送和接收 VRRP 通告消息，在通告消息中包含了自身的 VRRP 优先级信息。VRRP 通过比较路由器的优先级来进行选举，优先级高的路由器会成为主控路由器，其他路由器都为备份路由器。

虚拟路由器和 VRRP 路由器都有自己的 IP 地址（虚拟路由器的 IP 地址可以和 VRRP 备份组内的某个路由器的端口地址相同）。如果 VRRP 组中存在 IP 地址拥有者，即虚拟地址与某台 VRRP 路由器的地址相同时，则 IP 地址拥有者将成为主控路由器，并且拥有最高优先级 255。如果 VRRP 组中不存在 IP 地址拥有者，则 VRRP 路由器将通过比较优先级来确定主控路由器。路由器可配置的优先级范围为 1～254，在默认情况下，VRRP 路由器的优先级为 100。当优先级相同时，VRRP 将通过比较 IP 地址来进行选举，IP 地址大的路由器将成为主控路由器。

4.3.2 VRRP 配置

1. 配置 VRRP 单备份组

如图 4.24 所示，进行网络拓扑连接。

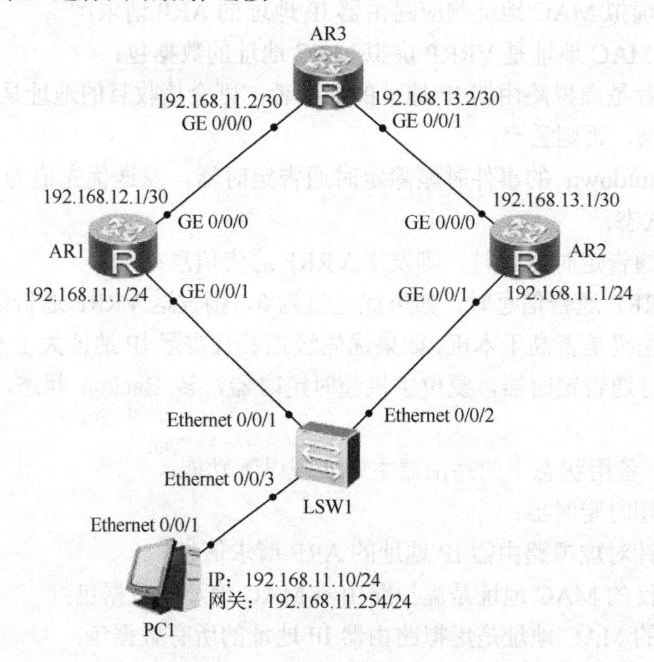

图 4.24 配置 VRRP 单备份组

（1）配置路由器 AR1，相关配置实例代码如下。

```
<Huawei>system-view
[Huawei]sysname AR1
[AR1]interface GigabitEthernet 0/0/1
[AR1-GigabitEthernet0/0/1]ip address 192.168.11.1 24
[AR1-GigabitEthernet0/0/1]vrrp vrid 1 virtual-ip 192.168.11.254          //虚拟网关地址
[AR1-GigabitEthernet0/0/1]vrrp vrid 1 priority 120                       //设置优先级
[AR1-GigabitEthernet0/0/1]interface GigabitEthernet0/0/0
[AR1-GigabitEthernet0/0/0]ip add 192.168.12.1 30
```

```
[AR1-GigabitEthernet0/0/0]quit
[AR1]interface LoopBack 1                                    //回环端口
[AR1-LoopBack1]ip address 10.10.10.1 32                      //回环地址
[AR1]
```

（2）显示路由器 AR1 的配置信息，主要配置实例代码如下。

```
<AR1>display current-configuration
#
 sysname AR1
#
interface GigabitEthernet0/0/0
 ip address 192.168.12.1 255.255.255.252
#
interface GigabitEthernet0/0/1
 ip address 192.168.11.1 255.255.255.0
 vrrp vrid 1 virtual-ip 192.168.11.254
 vrrp vrid 1 priority 120
#
interface LoopBack1
 ip address 10.10.10.1 255.255.255.255
#
return
<AR1>
```

（3）配置路由器 AR2，相关配置实例代码如下。

```
<Huawei>system-view
Enter system view, return user view with Ctrl+Z.
[Huawei]sysname AR2
[AR2]interface GigabitEthernet 0/0/1
[AR2-GigabitEthernet0/0/1]ip address 192.168.11.2 24
[AR2-GigabitEthernet0/0/1]vrrp vrid 1 virtual-ip 192.168.11.254
[AR2-GigabitEthernet0/0/1]interface GigabitEthernet0/0/0
[AR2-GigabitEthernet0/0/1]ip add 192.168.13.1 30
[AR2-GigabitEthernet0/0/0]quit
[AR2]interface LoopBack 1
[AR2-LoopBack1]ip address 20.20.20.1 32
[AR2]
```

（4）显示路由器 AR2 的配置信息，主要配置实例代码如下。

```
<AR2>display current-configuration
#
 sysname AR2
#
interface GigabitEthernet0/0/0
 ip address 192.168.13.1 255.255.255.252
#
interface GigabitEthernet0/0/1
 ip address 192.168.11.2 255.255.255.0
 vrrp vrid 1 virtual-ip 192.168.11.254
#
interface GigabitEthernet0/0/2
#
interface LoopBack1
 ip address 20.20.20.1 255.255.255.255
```

```
#
return
<AR2>
```

（5）使用 display vrrp brief 命令验证路由器 AR1 配置，如图 4.25 所示。

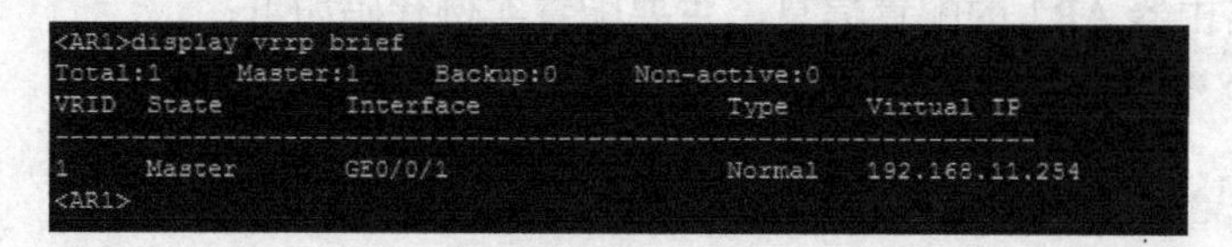

```
<AR1>display vrrp brief
Total:1     Master:1     Backup:0     Non-active:0
VRID  State        Interface                Type     Virtual IP
----------------------------------------------------------------
1     Master       GE0/0/1                  Normal   192.168.11.254
<AR1>
```

图 4.25　路由器 AR1 配置

（6）使用 display vrrp brief 命令验证路由器 AR2 配置，如图 4.26 所示。

```
<AR2>display vrrp brief
Total:1     Master:0     Backup:1     Non-active:0
VRID  State        Interface                Type     Virtual IP
----------------------------------------------------------------
1     Backup       GE0/0/1                  Normal   192.168.11.254
<AR2>
```

图 4.26　路由器 AR1 配置

（7）主机 PC1 测试 VRRP 验证结果，如图 4.27 所示。

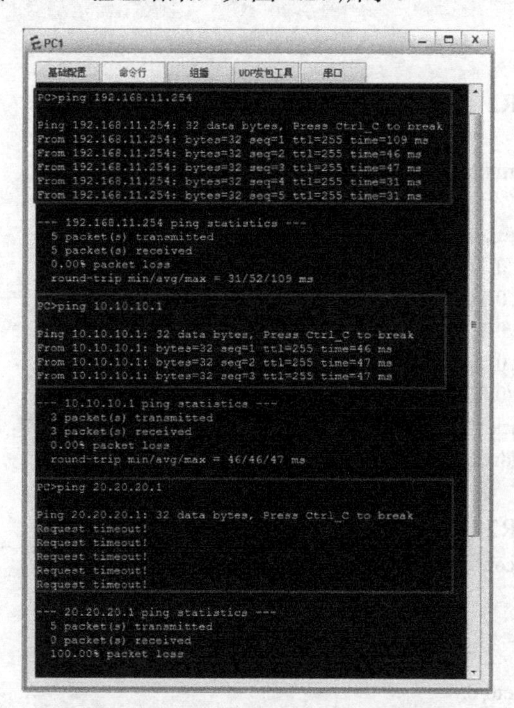


```
PC>ping 192.168.11.254

Ping 192.168.11.254: 32 data bytes, Press Ctrl_C to break
From 192.168.11.254: bytes=32 seq=1 ttl=255 time=109 ms
From 192.168.11.254: bytes=32 seq=2 ttl=255 time=46 ms
From 192.168.11.254: bytes=32 seq=3 ttl=255 time=47 ms
From 192.168.11.254: bytes=32 seq=4 ttl=255 time=31 ms
From 192.168.11.254: bytes=32 seq=5 ttl=255 time=31 ms

--- 192.168.11.254 ping statistics ---
  5 packet(s) transmitted
  5 packet(s) received
  0.00% packet loss
  round-trip min/avg/max = 31/52/109 ms

PC>ping 10.10.10.1

Ping 10.10.10.1: 32 data bytes, Press Ctrl_C to break
From 10.10.10.1: bytes=32 seq=1 ttl=255 time=46 ms
From 10.10.10.1: bytes=32 seq=2 ttl=255 time=47 ms
From 10.10.10.1: bytes=32 seq=3 ttl=255 time=47 ms

--- 10.10.10.1 ping statistics ---
  3 packet(s) transmitted
  3 packet(s) received
  0.00% packet loss
  round-trip min/avg/max = 46/46/47 ms

PC>ping 20.20.20.1

Ping 20.20.20.1: 32 data bytes, Press Ctrl_C to break
Request timeout!
Request timeout!
Request timeout!
Request timeout!
Request timeout!

--- 20.20.20.1 ping statistics ---
  5 packet(s) transmitted
  0 packet(s) received
  100.00% packet loss
```

图 4.27　主机 PC1 测试 VRRP 验证结果

2．配置 MSTP 与 VRRP 多备份组，实现负载均衡

配置 VLAN10 与 VLAN30 属于 MSTP 实例 1，VLAN10 与 VLAN30 属于 VRRP 主控交换机 LSW1，VRRP 备份交换机属于 LSW2；VLAN20 与 VLAN40 属于 MSTP 实例 2，VLAN20 与 VLAN40 属于 VRRP 主控交换机 LSW2，VRRP 备份交换机属于 LSW1；交换 LSW1 与 LSW2 之间做链路聚合，增加带宽，提高可靠性，如图 4.28 所示。

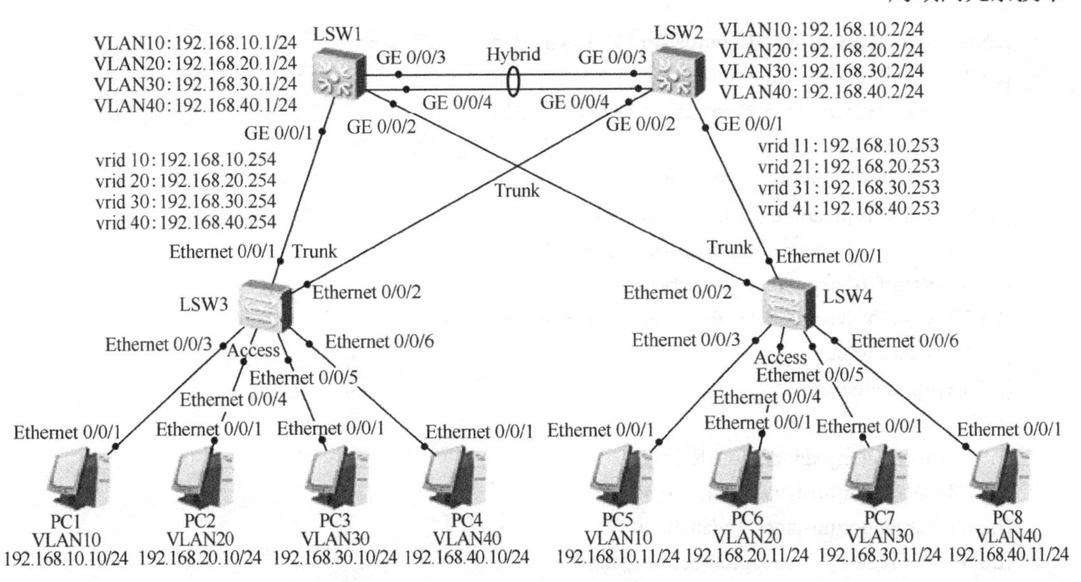

图 4.28　配置 MSTP 与 VRRP 多备份组

（1）配置交换机 LSW1，相关配置实例代码如下。

```
<Huawei>system-view
Enter system view, return user view with Ctrl+Z.
[Huawei]sysname LSW1
[LSW1]vlan batch 10 20 30 40
[LSW1]port-group group-member GigabitEthernet 0/0/1 to GigabitEthernet 0/0/2
[LSW1-port-group]port link-type trunk
[LSW1-port-group]port trunk allow-pass vlan all
[LSW1-port-group]quit
[LSW1]port-group group-member GigabitEthernet 0/0/3 to GigabitEthernet 0/0/4
[LSW1-port-group]port link-type hybrid
[LSW1-port-group]quit
[LSW1]interface Eth-Trunk 1                                  //配置链路聚合
[LSW1-Eth-Trunk1]trunkport GigabitEthernet 0/0/3 to 0/0/4
[LSW1-Eth-Trunk1]port link-type hybrid
[LSW1-Eth-Trunk1]quit
[LSW1]interface Vlanif 10
[LSW1-Vlanif10]ip address 192.168.10.1 24
[LSW1-Vlanif10]vrrp vrid 10 virtual-ip 192.168.10.254        //虚拟网关地址
[LSW1-Vlanif10]vrrp vrid 10 priority 120                     //设置优先级
[LSW1-Vlanif10]vrrp vrid 11 virtual-ip 192.168.10.253
[LSW1-Vlanif10]quit
[LSW1]interface Vlanif 20
[LSW1-Vlanif20]ip address 192.168.20.1 24
[LSW1-Vlanif20]vrrp vrid 20 virtual-ip 192.168.20.254
[LSW1-Vlanif20]vrrp vrid 20 priority 120
[LSW1-Vlanif20]vrrp vrid 21 virtual-ip 192.168.20.253
[LSW1-Vlanif20]quit
[LSW1]interface vlanif 30
[LSW1-Vlanif30]ip address 192.168.30.1 24
```

```
[LSW1-Vlanif30]vrrp vrid 30 virtual-ip 192.168.30.254
[LSW1-Vlanif30]vrrp vrid 30 priority 120
[LSW1-Vlanif30]vrrp vrid 31 virtual-ip 192.168.30.253
[LSW1-Vlanif30]quit
[LSW1]interface vlanif 40
[LSW1-Vlanif40]ip address 192.168.40.1 24
[LSW1-Vlanif40]vrrp vrid 40 virtual-ip 192.168.40.254
[LSW1-Vlanif40]vrrp vrid 40 priority 120
[LSW1-Vlanif40]vrrp vrid 41 virtual-ip 192.168.40.253
[LSW1-Vlanif40]quit
[LSW1]stp mode mstp
[LSW1]stp region-configuration
[LSW1-mst-region]region-name RG1
[LSW1-mst-region]instance 1 vlan 10 30
[LSW1-mst-region]instance 2 vlan 20 40
[LSW1-mst-region]active region-configuration
[LSW1-mst-region]quit
[LSW1]stp instance 1 priority 4096
[LSW1]stp instance 2 priority 8192
[LSW1]
```

（2）显示交换机 LSW1 的配置信息，主要配置实例代码如下。

```
<LSW1>display current-configuration
#
sysname LSW1
#
vlan batch 10 20 30 40
#
stp instance 1 priority 4096
stp instance 2 priority 8192
#
stp region-configuration
 region-name RG1
 instance 1 vlan 10 30
 instance 2 vlan 20 40
 active region-configuration
#
interface Vlanif10
 ip address 192.168.10.1 255.255.255.0
 vrrp vrid 10 virtual-ip 192.168.10.254
 vrrp vrid 10 priority 120
 vrrp vrid 11 virtual-ip 192.168.10.253
#
interface Vlanif20
 ip address 192.168.20.1 255.255.255.0
 vrrp vrid 20 virtual-ip 192.168.20.254
 vrrp vrid 20 priority 120
 vrrp vrid 21 virtual-ip 192.168.20.253
#
interface Vlanif30
 ip address 192.168.30.1 255.255.255.0
```

```
 vrrp vrid 30 virtual-ip 192.168.30.254
 vrrp vrid 30 priority 120
 vrrp vrid 31 virtual-ip 192.168.30.253
#
interface Vlanif40
 ip address 192.168.40.1 255.255.255.0
 vrrp vrid 40 virtual-ip 192.168.40.254
 vrrp vrid 40 priority 120
 vrrp vrid 41 virtual-ip 192.168.40.253
#
interface MEth0/0/1
#
interface Eth-Trunk1
#
interface GigabitEthernet0/0/1
 port link-type trunk
 port trunk allow-pass vlan 2 to 4094
#
interface GigabitEthernet0/0/2
 port link-type trunk
 port trunk allow-pass vlan 2 to 4094
#
interface GigabitEthernet0/0/3
 eth-trunk 1
#
interface GigabitEthernet0/0/4
 eth-trunk 1
#
user-interface con 0
user-interface vty 0 4
#
<LSW1>
```

（3）配置交换机 LSW2，相关配置实例代码如下。

```
<Huawei>system-view
Enter system view, return user view with Ctrl+Z.
[Huawei]sysname LSW2
[LSW2]vlan batch 10 20 30 40
[LSW2]port-group group-member GigabitEthernet 0/0/1 to GigabitEthernet 0/0/2
[LSW2-port-group]port link-type trunk
[LSW2-port-group]port trunk allow-pass vlan all
[LSW2-port-group]quit
[LSW2]port-group group-member GigabitEthernet 0/0/3 to GigabitEthernet 0/0/4
[LSW2-port-group]port link-type hybrid
[LSW2-port-group]quit
[LSW2]interface Eth-Trunk 1
[LSW2-Eth-Trunk1]trunkport GigabitEthernet 0/0/3 to 0/0/4
[LSW2-Eth-Trunk1]port link-type hybrid
[LSW2-Eth-Trunk1]quit
[LSW2]interface Vlanif 10
[LSW2-Vlanif10]ip address 192.168.10.1 24
[LSW2-Vlanif10]vrrp vrid 10 virtual-ip 192.168.10.254
```

```
[LSW2-Vlanif10]vrrp vrid 11 virtual-ip 192.168.10.253
[LSW2-Vlanif10]vrrp vrid 11 priority 120
[LSW2-Vlanif10]quit
[LSW2]interface Vlanif 20
[LSW2-Vlanif20]ip address 192.168.20.1 24
[LSW2-Vlanif20]vrrp vrid 20 virtual-ip 192.168.20.254
[LSW2-Vlanif20]vrrp vrid 21 virtual-ip 192.168.20.253
[LSW2-Vlanif20]vrrp vrid 21 priority 120
[LSW2-Vlanif20]quit
[LSW2]interface vlanif 30
[LSW2-Vlanif30]ip address 192.168.30.1 24
[LSW2-Vlanif30]vrrp vrid 30 virtual-ip 192.168.30.254
[LSW2-Vlanif30]vrrp vrid 31 virtual-ip 192.168.30.253
[LSW2-Vlanif30]vrrp vrid 31 priority 120
[LSW2-Vlanif30]quit
[LSW2]interface vlanif 40
[LSW2-Vlanif40]ip address 192.168.40.1 24
[LSW2-Vlanif40]vrrp vrid 40 virtual-ip 192.168.40.254
[LSW2-Vlanif40]vrrp vrid 41 virtual-ip 192.168.40.253
[LSW2-Vlanif40]vrrp vrid 41 priority 120
[LSW2-Vlanif40]quit
[LSW2]stp mode mstp
[LSW2]stp region-configuration
[LSW2-mst-region]region-name RG1
[LSW2-mst-region]instance 1 vlan 10 30
[LSW2-mst-region]instance 2 vlan 20 40
[LSW2-mst-region]active region-configuration
[LSW2-mst-region]quit
[LSW2]stp instance 1 priority 8192
[LSW2]stp instance 2 priority 4096
[LSW2]
```

（4）显示交换机 LSW2 的配置信息，主要配置实例代码如下。

```
<LSW2>display current-configuration
#
sysname LSW2
#
vlan batch 10 20 30 40
#
stp instance 1 priority 8192
stp instance 2 priority 4096
#
stp region-configuration
 region-name RG1
 instance 1 vlan 10 30
 instance 2 vlan 20 40
 active region-configuration
#
interface Vlanif10
 ip address 192.168.10.2 255.255.255.0
 vrrp vrid 10 virtual-ip 192.168.10.254
 vrrp vrid 11 priority 120
 vrrp vrid 11 virtual-ip 192.168.10.253
#
```

```
interface Vlanif20
 ip address 192.168.20.2 255.255.255.0
 vrrp vrid 20 virtual-ip 192.168.20.254
 vrrp vrid 21 priority 120
 vrrp vrid 21 virtual-ip 192.168.20.253
#
interface Vlanif30
 ip address 192.168.30.2 255.255.255.0
 vrrp vrid 30 virtual-ip 192.168.30.254
 vrrp vrid 31 priority 120
 vrrp vrid 31 virtual-ip 192.168.30.253
#
interface Vlanif40
 ip address 192.168.40.2 255.255.255.0
 vrrp vrid 40 virtual-ip 192.168.40.254
 vrrp vrid 41 priority 120
 vrrp vrid 41 virtual-ip 192.168.40.253
#
interface MEth0/0/1
#
interface Eth-Trunk1
#
interface GigabitEthernet0/0/1
 port link-type trunk
 port trunk allow-pass vlan 2 to 4094
#
interface GigabitEthernet0/0/2
 port link-type trunk
 port trunk allow-pass vlan 2 to 4094
#
interface GigabitEthernet0/0/3
 eth-trunk 1
#
interface GigabitEthernet0/0/4
 eth-trunk 1
#
user-interface con 0
user-interface vty 0 4
#
return
<LSW1>
```

（5）配置交换机 LSW3，相关配置实例代码如下。

```
<Huawei>system-view
Enter system view, return user view with Ctrl+Z.
[Huawei]sysname LSW3
[LSW3]vlan batch 10 20 30 40
[LSW3]port-group 1
[LSW3]port-group group-member Ethernet 0/0/1 to Ethernet 0/0/2
[LSW3-port-group]port link-type trunk
[LSW3-port-group]port trunk allow-pass vlan all
[LSW3-port-group]quit
[LSW3]port-group group-member Ethernet 0/0/3 to Ethernet 0/0/6
[LSW3-port-group]port link-type access
[LSW3-port-group]quit
[LSW3]interface Ethernet 0/0/3
```

```
[LSW3-Ethernet0/0/3]port default vlan 10
[LSW3-Ethernet0/0/3]quit
[LSW3]interface Ethernet 0/0/4
[LSW3-Ethernet0/0/4]port default vlan 20
[LSW3-Ethernet0/0/4]quit
[LSW3]interface Ethernet 0/0/5
[LSW3-Ethernet0/0/5]port default vlan 30
[LSW3-Ethernet0/0/5]quit
[LSW3]interface Ethernet 0/0/6
[LSW3-Ethernet0/0/6]port default vlan 40
[LSW3-Ethernet0/0/6]quit
[LSW3]
```

（6）显示交换机 LSW3 的配置信息，主要配置实例代码如下。

```
<LSW3>display current-configuration
#
sysname LSW3
#
vlan batch 10 20 30 40
#
interface Ethernet0/0/1
 port link-type trunk
 port trunk allow-pass vlan 2 to 4094
#
interface Ethernet0/0/2
 port link-type trunk
 port trunk allow-pass vlan 2 to 4094
#
interface Ethernet0/0/3
 port link-type access
 port default vlan 10
#
interface Ethernet0/0/4
 port link-type access
 port default vlan 20
#
interface Ethernet0/0/5
 port link-type access
 port default vlan 30
#
interface Ethernet0/0/6
 port link-type access
 port default vlan 40
#
port-group 1
#
return
<LSW3>
```

（7）配置交换机 LSW4，相关配置实例代码如下。

```
<Huawei>system-view
Enter system view, return user view with Ctrl+Z.
[Huawei]sysname LSW4
```

```
[LSW4]vlan batch 10 20 30 40
[LSW4]port-group 1
[LSW4]port-group group-member Ethernet 0/0/1 to Ethernet 0/0/2
[LSW4-port-group]port link-type trunk
[LSW4-port-group]port trunk allow-pass vlan all
[LSW4-port-group]quit
[LSW4]port-group group-member Ethernet 0/0/3 to Ethernet 0/0/6
[LSW4-port-group]port link-type access
[LSW4-port-group]quit
[LSW4]interface Ethernet 0/0/3
[LSW4-Ethernet0/0/3]port default vlan 10
[LSW4-Ethernet0/0/3]quit
[LSW4]interface Ethernet 0/0/4
[LSW4-Ethernet0/0/4]port default vlan 20
[LSW4-Ethernet0/0/4]quit
[LSW4]interface Ethernet 0/0/5
[LSW4-Ethernet0/0/5]port default vlan 30
[LSW4-Ethernet0/0/5]quit
[LSW4]interface Ethernet 0/0/6
[LSW4-Ethernet0/0/6]port default vlan 40
[LSW4-Ethernet0/0/6]quit
[LSW4]
```

（8）显示交换机 LSW4 的配置信息，主要配置实例代码如下。

```
<LSW4>display current-configuration
#
sysname LSW4
#
vlan batch 10 20 30 40
#
interface Ethernet0/0/1
 port link-type trunk
 port trunk allow-pass vlan 2 to 4094
#
interface Ethernet0/0/2
 port link-type trunk
 port trunk allow-pass vlan 2 to 4094
#
interface Ethernet0/0/3
 port link-type access
 port default vlan 10
#
interface Ethernet0/0/4
 port link-type access
 port default vlan 20
#
interface Ethernet0/0/5
 port link-type access
 port default vlan 30
```

```
#
interface Ethernet0/0/6
 port link-type access
 port default vlan 40
#
port-group 1
#
return
<LSW4>
```

（9）主机 PC1 与 PC6 的 IP 地址设置如图 4.29 所示，其他地址设置不再赘述。

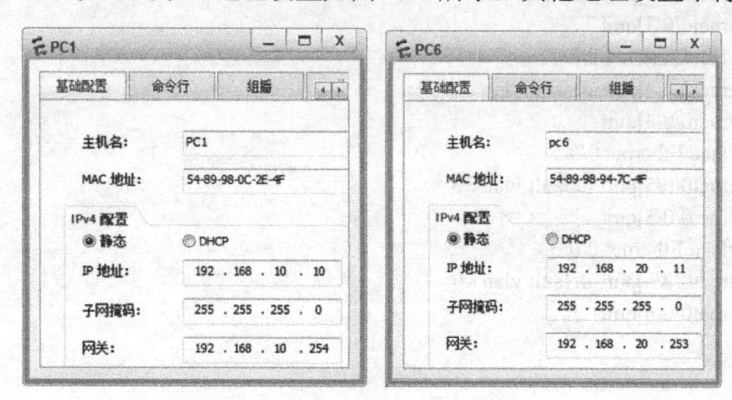

图 4.29　主机 PC1 与 PC6 的 IP 地址

（10）测试主机 PC1 的验证结果，如图 4.30 所示。

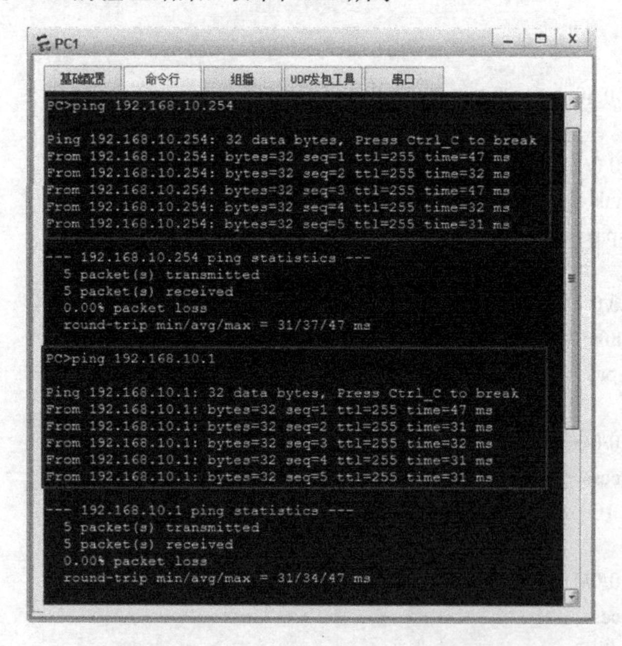

图 4.30　测试主机 PC1 的验证结果

（11）测试主机 PC6 的验证结果，如图 4.31 所示。

图 4.31　测试主机 PC6 的验证结果

（12）显示交换机 LSW1 的配置信息，使用 display eth-trunk 1 命令显示链路聚合状态，如图 4.32 所示。

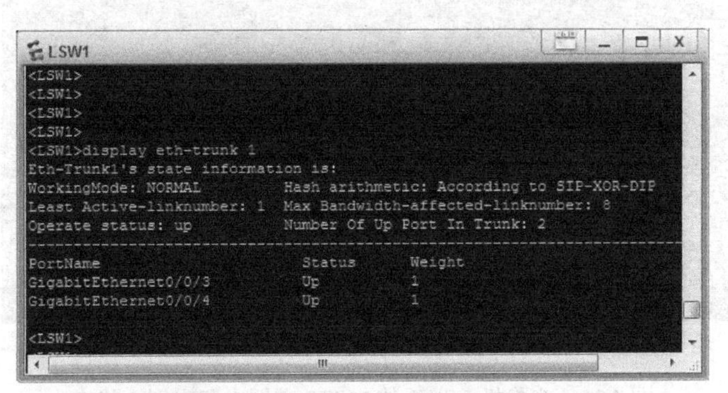

图 4.32　交换机 LSW1 链路聚合状态

（13）显示交换机 LSW2 的配置信息，使用 display eth-trunk 1 命令显示链路聚合状态，如图 4.33 所示。

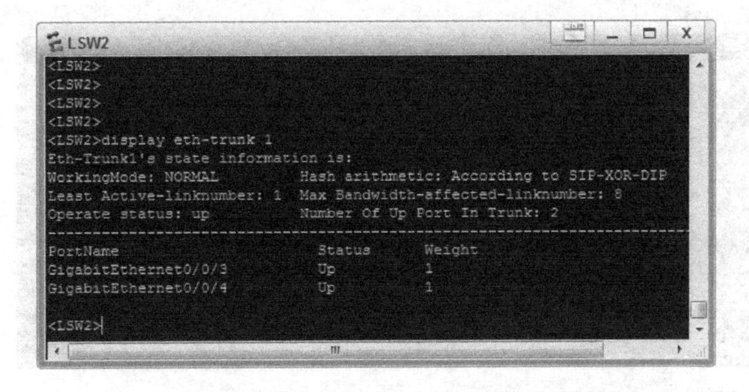

图 4.33　交换机 LSW2 链路聚合状态

（14）显示交换机 LSW1 的配置信息，使用 display stp instance 1 brief 命令显示 MSTP 实例 1 和实例 2 状态，如图 4.34 所示。

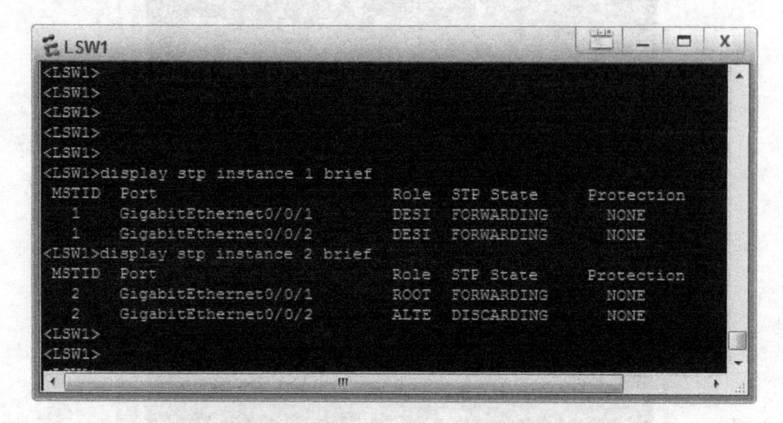

图 4.34　交换机 LSW1 的 MSTP 实例 1 和实例 2 状态

（15）显示交换机 LSW2 的配置信息，使用 display stp instance 1 brief 命令显示 MSTP 实例 1 和实例 2 状态，如图 4.35 所示。

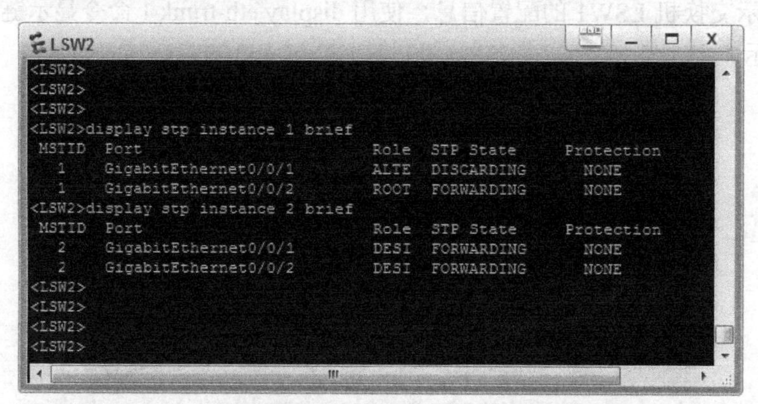

图 4.35　交换机 LSW2 的 MSTP 实例 1 和实例 2 状态

（16）显示交换机 LSW1 的配置信息，使用 display vrrp brief 命令显示 VRRP 状态，如图 4.36 所示。

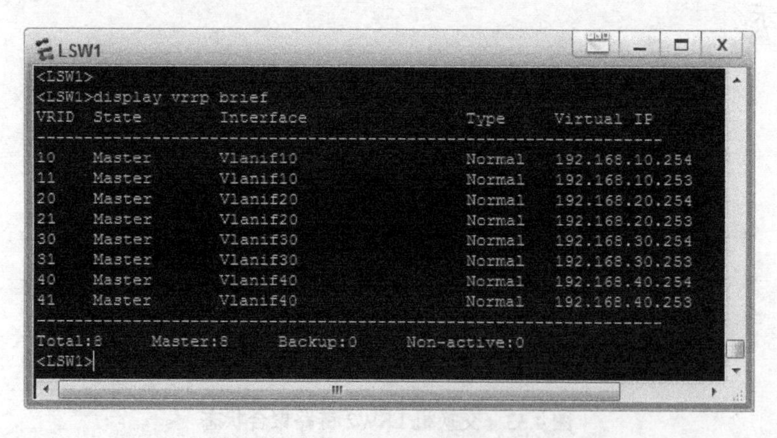

图 4.36　交换机 LSW1 的 VRRP 状态

（17）显示交换机 LSW2 的配置信息，使用 display vrrp brief 命令显示 VRRP 状态，如图 4.37 所示。

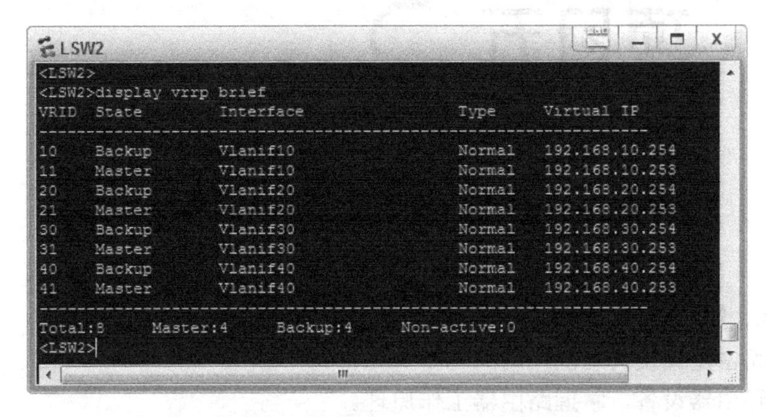

图 4.37 交换机 LSW2 的 VRRP 状态

练 习 题

1．选择题

（1）RSTP 定义了（　　）种端口状态。

A．2　　B．3　　C．4　　D．5

（2）下列选项中（　　）不是 STP 定义的端口角色。

A．根端口　　B．指定端口　　C．替代端口　　D．备份端口

（3）在 STP 协议中，交换机端口的默认优先级为（　　）。

A．16　　B．32　　C．64　　D．128

（4）在 STP 协议中，交换机的默认优先级为（　　）。

A．32768　　B．8192　　C．4096　　D．1

（5）关于 MSTP 的描述，错误的是（　　）。

A．MSTP 兼容于 RSTP 与 STP

B．一个 MSTI 可以与一个或多个 VLAN 对应

C．一个 MST 域内只能有一个生成树实例

D．每个生成树实例可以独立地运行 RSTP 算法

2．简答题

（1）简述生成树协议的主要作用及 STP 协议的缺点。

（2）STP 协议有哪几种端口角色及端口状态？

（3）RSTP 协议有哪几种端口角色及端口状态？

（4）MSTP 协议主要解决什么问题？

（5）简述链路聚合的主要作用及链路聚合条件。

（6）简述虚拟路由冗余协议的主要作用。

项目五 路由与静态路由技术

教学目标、知识点：

1．了解路由定义及其功能作用。

2．了解路由器设备，掌握路由器工作原理。

3．掌握静态路由与默认路由配置方法及应用场合。

5.1 路由技术基础

5.1.1 路由概述

1．路由的定义

路由是指把数据从源节点转发到目标节点的过程，根据数据包的目的地址进行定向并转发到另一个节点。一般来说，路由中的数据至少会经过一个或多个中间节点，如图 5.1 所示。路由通常与桥接进行对比，它们的主要区别在于桥接发生在 OSI 参考模型的第二层（数据链路层），而路由发生在 OSI 参考模型的第三层（网络层），这一区别使得二者在传递信息的过程中使用不同的信息，从而以不同的方式来完成其任务。

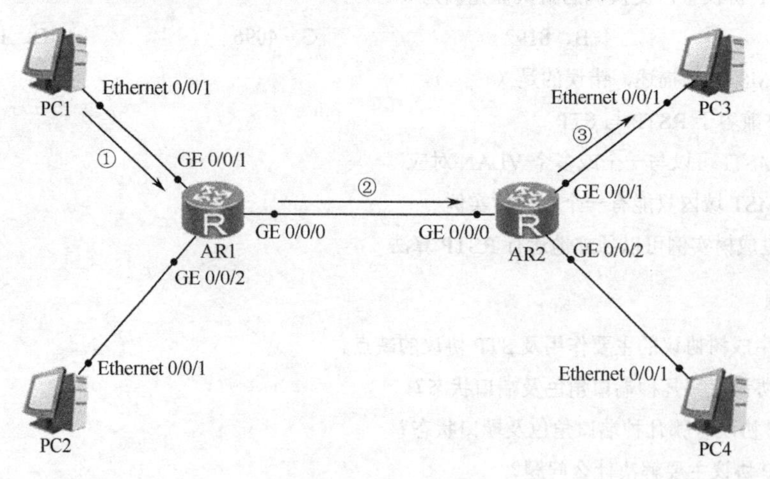

图 5.1 路由过程

2．路由器工作原理

路由器是连接因特网中各局域网、广域网的设备，会根据信道的情况自动选择和设定路由，并以最佳路径按前后顺序发送信号。路由器是互联网的枢纽，目前它已经被广泛应用于各行各业，各种不同档次的产品已成为实现各种骨干网内部连接、骨干网间互连，以及骨干网与互联网进行互连、互通业务的主力军。

路由器是用于网络互连的计算机设备，其核心作用是实现网络互连和数据转发。路由器是一种三层设备，它使用 IP 地址寻址，实现了从源 IP 地址到达目标 IP 地址的端到端的服务。如图 5.2 所示，路由器工作原理如下：路由器接收到数据包后，提取目标 IP 地址及子网掩码计算目标网络地址；根据目标网络地址查找路由表，如果找到目标网络地址，就按照相应的出端口发送给下一个路由器；如果没有找到目标网络地址，就查看有没有默认路由；如果有默认路由，就按照默认路由的出端口发送给下一个路由器；如果没有找到默认路由，就给源 IP 地址发送一个出错 ICMP 数据包表明没法传递该数据包；如果是直连路由，就按照第二层 MAC 地址发送给目标站点。

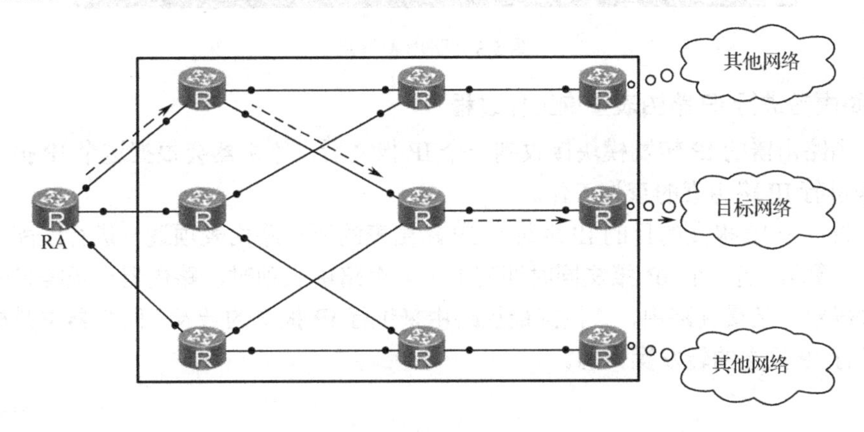

图 5.2 路由器工作原理

在网络通信中，路由是一个网络层的术语，是指从某一网络设备出发去往某个目的地的路径，而路由表则是若干条路由信息的一个集合体。路由表只存在于终端计算机、路由器和三层交换机中，二层交换机中是不存在路由表的。

路由器为执行数据转发，在进行路径选择时所需要的信息被包含在路由表的一个表项中，当路由器检查到数据包的目的 IP 地址时，它就可以根据路由表的内容决定数据包应该被转发到哪个下一跳 IP 地址上去。

路由表被存放在路由器的 RAM 上。在路由表中，每行就是一条路由信息（或称一个路由表项、一个路由条目）。在通常情况下，一条路由信息由三个要素组成：目的地/掩码（Destination/Mask）、出端口（Interface）、下一跳 IP 地址（NextHop），如图 5.3 所示。

（1）目的地/掩码：如果目的地/掩码中的掩码长度为 32，则目的地是一个主机端口地址，否则目的地是一个网络地址。在通常情况下，一个路由表项的目的地是一个网络地址（目的网络地址），是把主机端口地址看作目的地的一种特殊情况。

（2）出端口：指该路由表项中所包含的数据内容应该从哪个端口发送出去。

（3）下一跳 IP 地址：如果一个路由表项的下一跳 IP 地址与出端口的 IP 地址相同，则表示出端口已经直连到了该路由表项所指的目的网络地址。注意：下一跳 IP 地址所对应的那个主机端口与出端口一定位于同一个二层网络（二层广播域）中。

```
<AR1>display ip routing-table
Route Flags: R - relay, D - download to fib
------------------------------------------------------------------------------
Routing Tables: Public
         Destinations : 13       Routes : 13

Destination/Mask    Proto   Pre  Cost      Flags NextHop         Interface

      127.0.0.0/8   Direct  0    0           D   127.0.0.1       InLoopBack0
      127.0.0.1/32  Direct  0    0           D   127.0.0.1       InLoopBack0
127.255.255.255/32  Direct  0    0           D   127.0.0.1       InLoopBack0
    192.168.1.0/24  Direct  0    0           D   192.168.1.254   GigabitEthernet
0/0/0
  192.168.1.254/32  Direct  0    0           D   127.0.0.1       GigabitEthernet
0/0/0
  192.168.1.255/32  Direct  0    0           D   127.0.0.1       GigabitEthernet
0/0/0
    192.168.2.0/24  Direct  0    0           D   192.168.2.254   GigabitEthernet
0/0/1
  192.168.2.254/32  Direct  0    0           D   127.0.0.1       GigabitEthernet
0/0/1
  192.168.2.255/32  Direct  0    0           D   127.0.0.1       GigabitEthernet
0/0/1
    192.168.3.0/24  Direct  0    0           D   192.168.3.254   GigabitEthernet
0/0/2
```

图 5.3　路由表信息

3. 路由器进行 IP 路由表查询工作过程

（1）当路由器的 IP 转发模块接收到一个 IP 报文后，路由器会根据这个 IP 报文的目的 IP 地址来进行 IP 路由表的查询工作。

（2）将这个 IP 报文的目的 IP 地址与 IP 路由表的所有路由表项逐一进行匹配（进行逐位“与”运算）。当一个 IP 报文同时匹配上了多个路由表项时，路由器会根据最长掩码匹配原则来确定一条最优路由，并根据最优路由来进行 IP 报文的转发。路由器总是根据最优路由来进行 IP 报文的转发操作的。

5.1.2　路由选择

1. 路由信息的生成

路由信息的生成方式共有三种，包括设备自动发现、手动配置、通过动态路由协议生成。

（1）直连路由：指设备自动发现的路由信息。

在网络设备启动后，当路由器端口配置了正确的 IP 地址，并且端口处于 up 状态时，路由器将自动生成一条通过该端口去往直连网段的路由。直连路由的 Protocol 属性为 Direct，其 Cost 的值总为 0。

（2）静态路由（Static Route）：指手动配置的路由信息。

静态路由是由管理员在路由器进行手动配置的固定的路由。静态路由允许对路由的行为进行精确控制，减少了网络流量且配置简单。静态路由是在路由器中设置的固定的路由表，除非网络管理员干预，否则静态路由不会发生变化。由于静态路由不能对网络的改变做出反应，因此它一般用于网络规模不大、拓扑结构固定的网络中。静态路由的优点是简单、高效、可靠。在所有的路由中，静态路由优先级最高，当动态路由与静态路由发生冲突时，以静态路由为准。手动配置的静态路由的显著缺点是不具备自适应性，当网络规模较大时，管理员维护工作量会增大，容易出错，不能实时变化。静态路由的 Protocol 属性为 Static，其 Cost 的值可以人为设定。

（3）动态路由（Dynamic Route）：指网络设备通过运行动态路由协议而得到的路由信息，

网络中的路由器之间根据实时网络拓扑变化，相互通信传递路由信息，并利用收到的路由信息进行路由选择协议计算，更新路由表的过程。动态路由适用于大型网络。

一台路由器可以同时运行多种路由协议，而每种路由协议都会存在专门的路由表来存放该协议下发现的路由表项，然后通过一些优先筛选法，某些路由协议的路由表中的某些路由表项会被加入 IP 路由表中，而路由器最终会根据 IP 路由表来进行 IP 报文的转发工作。

2. 默认路由

默认路由：指目的地/掩码为 0.0.0.0/0 的路由。

（1）动态默认路由：指默认路由是通过动态路由协议生成的。

（2）静态默认路由：指默认路由是由手动配置而生成的。

默认路由是一种非常特殊的路由，任何一个待发送或待转发的 IP 报文都可以和默认路由匹配。

计算机或路由器的 IP 路由表中可能存在默认路由，也可能不存在默认路由。若网络设备的 IP 路由表中存在默认路由，当一个待发送或待转发的 IP 报文不能匹配 IP 路由表中的任何非默认路由时，就会根据默认路由来进行发送或转发；若网络设备的 IP 路由表中不存在默认路由，当一个待发送或待转发的 IP 报文不能匹配 IP 路由表中的任何路由时，就会将 IP 报文直接丢弃。

3. 路由的优先级

（1）不同来源的路由规定了不同的优先级，并且规定路由的优先级的值越小，优先级就越高。路由器默认管理距离，如表 5.1 所示。

表 5.1　路由器默认管理距离对照表

路 由 来 源	默认管理距离值
直连路由 DIRECT	0
OSPF	10
IS-IS	15
静态路由 STATIC	60
RIP	100
OSPF ASE	150
OSPF NSSA	150
不可达路由 UNKNOWN	255

（2）当存在多条目的地/掩码相同，但来源不同的路由时，具有最高优先级的路由会成为最优路由，并被加入 IP 路由表中；其他路由则处于未激活状态，是不会显示在 IP 路由表中的。

4. 路由的开销

（1）一条路由的开销：指到达这条路由的目的地/掩码需要付出的代价值。同一种路由协议在发现多条路由可以到达同一目的地/掩码时，将优选开销值最小的路由，即只把开销值最小的路由加入本协议的路由表中。

不同的路由协议对于开销的具体定义是不同的，RIP 协议只将“跳数”作为开销。“跳数”指到达目的地/掩码需要经过的路由器的个数。

（2）等价路由：指同一种路由协议发现的两条路由可以到达同一目的地/掩码，并且路由的开销相等的路由。

（3）负载分担：在等价路由情况下，当这两条路由都被加入路由器的路由表中时，那么在流量进行转发时，一部分流量会根据第一条路由来进行转发，另一部分流量会根据第二条路由来进行转发。

如果一台路由器同时运行了多种路由协议，并且对于同一目的地/掩码而言，每种路由协议都发现了一条或多条路由，那么每种路由协议都会根据开销值的比较情况在自己所发现的若干条路由中确定出最优路由，并将最优路由放进本协议的路由表中，然后，将不同的路由协议所确定出的最优路由进行路由优先级的比较，优先级最高的路由才能作为去往目的地/掩码的路由而加入该路由器的 IP 路由表中。如果该路由上还存在去往目的地/掩码的直连路由或静态路由，就会在优先级比较时一并进行考虑，选出优先级最高的路由加入 IP 路由表中。

5.2 认识路由器设备

路由器是连接两个或多个网络的硬件设备，在网络间起网关的作用，是互联网的主要节点设备，可以通过路由决定数据的转发，其最主要的功能可以理解为实现信息的转送。我们把这个过程称为寻址过程，因为路由器处在不同网络之间，但它并不一定是信息的最终接收地址，所以在路由器中，通常存在一张路由表，路由器会根据传送网络传送的信息的最终地址，寻找下一跳地址，即通过最终地址在路由表中进行匹配，通过算法确定下一跳地址（这个地址可能是中间地址，也可能是最终的到达地址）。

5.2.1 路由器外形结构

1. 路由器设备外形结构

不同厂商、不同型号的路由器设备的外形结构各不相同，但其功能、端口类型类似，具体可参考相应厂商的产品说明书。这里主要介绍华为 AR2220 系列产品路由器。

AR2220 系列路由器前面板与后面板外形结构，如图 5.4 所示，对应端口介绍如下。

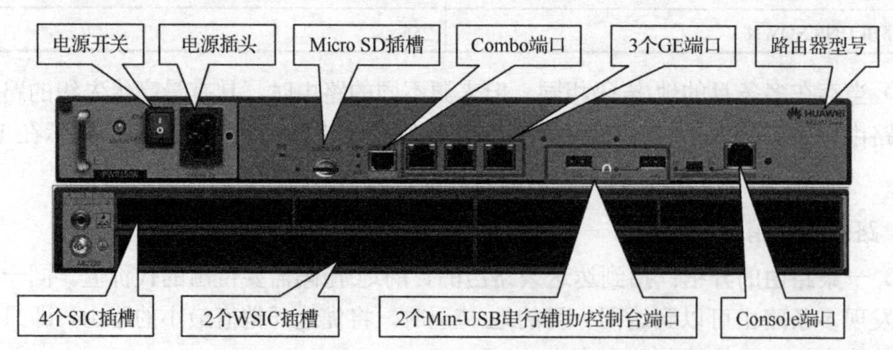

图 5.4 路由器前面板与后面板外形结构

① GE 端口：3 个 GE 端口，千兆 RJ-45 电口。

② Combo 端口：1 个千兆 Combo 端口（10/100/1000Base-T 或 100/1000Base-X）。

③ Console 端口：用于配置管理交换机，反转线连接。

④ USB 端口：2 个 USB2.0 端口，一个用于 Min-USB 控制台端口，一个用于串行辅助/控制台端口。

5.2.2 路由器访问方式

和配置交换机设备一样，对路由器进行配置有以下两种方式。

1. 带外方式管理路由器

带外方式是通过连接计算机 Combo 端口与交换机 Console 端口来管理路由器的方式。

2. 带内方式管理路由器

带内方式通过网线远程连接路由器，在通过 Console 端口对路由器进行初始化配置后，配置路由器的管理 IP 地址、用户、密码等，并开启 Telnet 服务后，就可以通过网络以 Telnet 远程方式登录并管理路由器。

由于管理方式与交换机一样，因此可以参考项目二交换机管理方式，这里不再赘述。

5.3 配置路由器

5.3.1 路由器基本配置

1. 配置路由器 IP 地址

（1）如图 5.5 所示，进行网络拓扑连接。

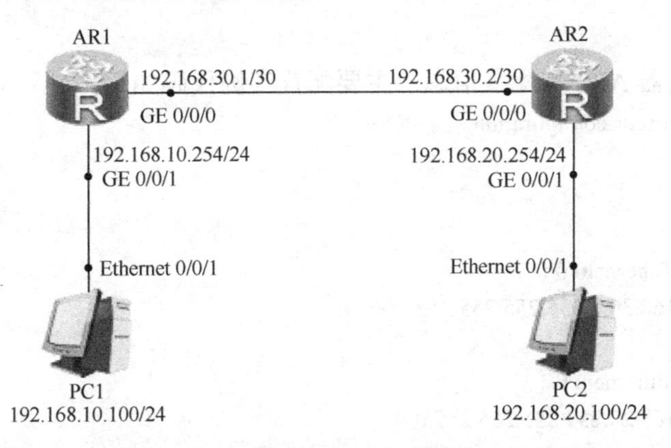

图 5.5 配置路由器 IP 地址

（2）配置路由器 AR1 的 IP 地址，相关配置实例代码如下。

```
<Huawei>system-view
Enter system view, return user view with Ctrl+Z.
[Huawei]sysname AR1                                    //配置路由器名称
[AR1]interface GigabitEthernet 0/0/1
```

```
[AR1-GigabitEthernet0/0/1]ip address 192.168.10.254 24        //配置端口 IP 地址
[AR1-GigabitEthernet0/0/1]quit
[AR1]interface GigabitEthernet 0/0/0
[AR1-GigabitEthernet0/0/0]ip address 192.168.30.1 30          //配置端口 IP 地址
[AR1-GigabitEthernet0/0/0]quit
[AR1]
```

（3）配置路由器 AR2 的 IP 地址，相关配置实例代码如下。

```
<Huawei>system-view
Enter system view, return user view with Ctrl+Z.
[Huawei]sysname AR2                                           //配置路由器名称
[AR2]interface GigabitEthernet 0/0/1
[AR2-GigabitEthernet0/0/1]ip address 192.168.20.254 24        //配置端口 IP 地址
[AR2-GigabitEthernet0/0/1]quit
[AR2]interface GigabitEthernet 0/0/0
[AR2-GigabitEthernet0/0/0]ip address 192.168.30.2 30          //配置端口 IP 地址
[AR2-GigabitEthernet0/0/0]quit
[AR2]
```

（4）显示路由器 AR1 的配置信息，主要配置实例代码如下。

```
[AR1]display current-configuration
#
 sysname AR1
#
interface GigabitEthernet0/0/0
 ip address 192.168.30.1 255.255.255.252
#
interface GigabitEthernet0/0/1
 ip address 192.168.10.254 255.255.255.0
#
return
[AR1]
```

（5）显示路由器 AR2 的配置信息，主要配置实例代码如下。

```
<AR2>display current-configuration
#
 sysname AR2
#
interface GigabitEthernet0/0/0
 ip address 192.168.30.2 255.255.255.252
#
interface GigabitEthernet0/0/1
 ip address 192.168.20.254 255.255.255.0
#
return
<AR2>
```

（6）配置主机 PC1 和 PC2 的 IP 地址，如图 5.6 所示。

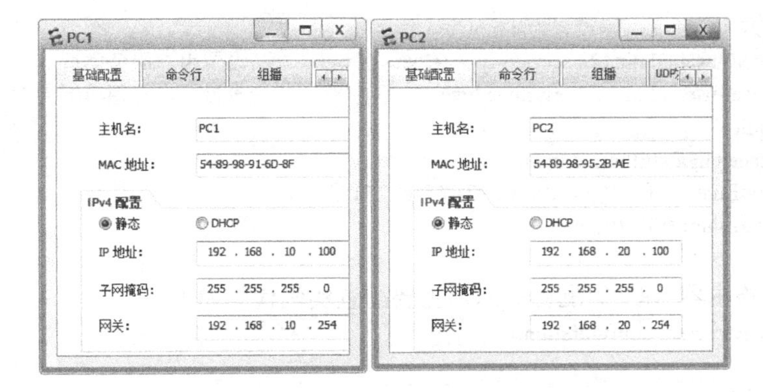

图 5.6　配置主机 PC1 和 PC2 的 IP 地址

（7）主机 PC1 相关结果测试，如图 5.7 所示。

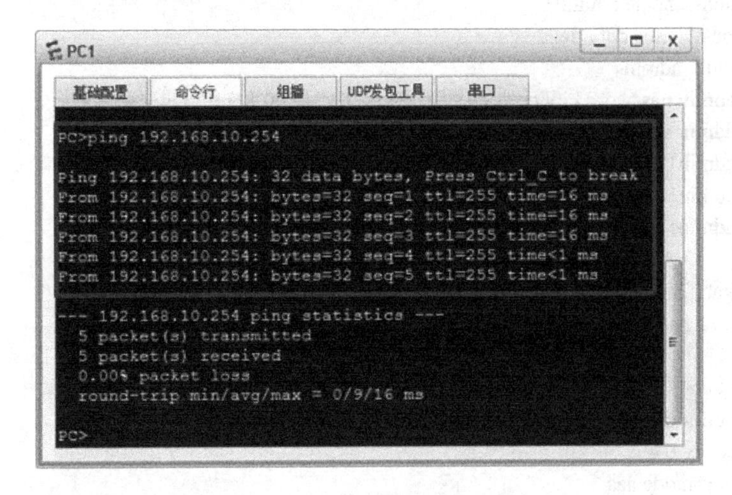

图 5.7　主机 PC1 相关结果测试

2. 配置路由器登录方式

（1）如图 5.8 所示，进行网络拓扑连接。

图 5.8　配置路由器登录方式

（2）配置路由器 AR1，相关配置实例代码如下。

```
<Huawei>system-view
[Huawei]sysname AR1
[AR1]telnet server enable                          //开启 Telnet 服务
[AR1]user-interface vty 0 4                        //允许同时在线管理人员为 5 人
[AR1-ui-vty0-4]authentication-mode    aaa          //认证方式为 AAA
[AR1-ui-vty0-4]quit
[AR1]aaa
[AR1-aaa]local-user admin123 password cipher admin123456
//设置 AAA 认证，用户名为 admin123，口令为 admin123456，加密方式为密文（cipher），
```

```
//如果加密方式为明文，则设置为 simple
[AR1-aaa]local-user admin123 service-type telnet ssh web        //设置用户服务类型
[AR1-aaa]local-user admin123 privilege level 3                  //设置用户管理等级为 3 级，管理级
[AR1-aaa]quit
[AR1]interface GigabitEthernet 0/0/0
[AR1-GigabitEthernet0/0/0]ip address 192.168.11.254 24
[AR1-GigabitEthernet0/0/0]quit
[AR1]
```

（3）显示路由器 AR1 的配置信息，主要配置实例代码如下。

```
<AR1>display current-configuration
#
 sysname AR1
#
 aaa
 authentication-scheme default
 authorization-scheme default
 domain default_admin
 local-user admin password cipher %$%$K8m.Nt84DZ}e#<0`8bmE3Uw}%$%$
 local-user admin service-type http
 local-user admin123 password cipher %$%$YKHtAFcxAQ-Oi{){$0#IE~KL%$%$
 local-user admin123 privilege level 3
 local-user admin123 service-type telnet ssh web      //开启服务类型
#
interface GigabitEthernet0/0/0
 ip address 192.168.11.254 255.255.255.0
#
user-interface con 0
 authentication-mode password
user-interface vty 0 4
 authentication-mode aaa
#
return
<AR1>
```

（4）查看路由器 AR1 配置信息结果，使用 telnet 192.168.11.254 命令远程登录路由器，输入用户名和口令，可以远程管理路由器 AR1，如图 5.9 所示。

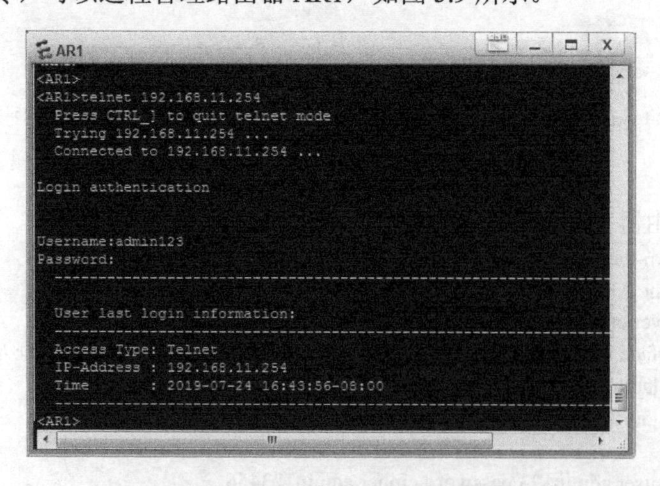

图 5.9 远程管理路由器 ARI

5.3.2 配置静态路由

（1）配置静态路由，网络拓扑连接、相关端口与 IP 地址配置如图 5.10 所示。

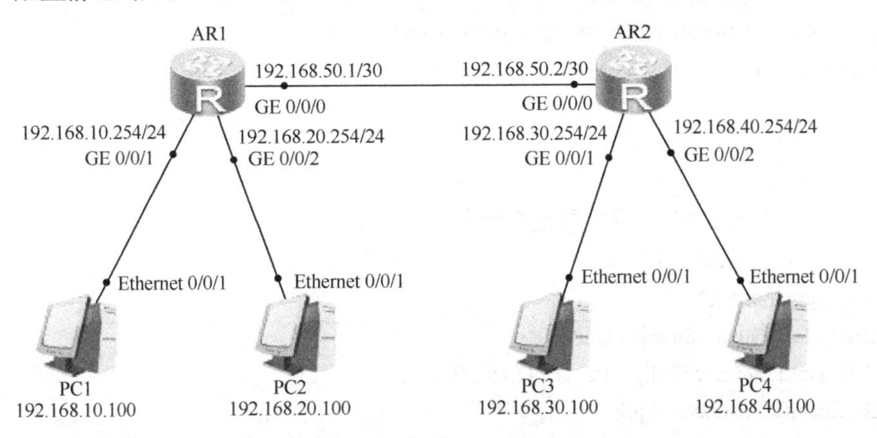

图 5.10　配置静态路由

（2）配置路由器 AR1，相关配置实例代码如下。

```
<Huawei>system-view
[Huawei]sysname AR1
[AR1]interface GigabitEthernet 0/0/0
[AR1-GigabitEthernet0/0/0]ip address 192.168.50.1 30
[AR1-GigabitEthernet0/0/0]quit
[AR1]interface GigabitEthernet 0/0/1
[AR1-GigabitEthernet0/0/1]ip address 192.168.10.254 24
[AR1-GigabitEthernet0/0/1]quit
[AR1]interface GigabitEthernet 0/0/2
[AR1-GigabitEthernet0/0/2]ip address 192.168.20.254 24
[AR1-GigabitEthernet0/0/2]quit
[AR1]ip route-static 192.168.30.0 255.255.255.0 192.168.50.2        //静态路由
     //设置静态路由    目的地址       子网掩码        下一跳地址
[AR1]ip route-static 192.168.40.0 255.255.255.0 192.168.50.2        //静态路由
     //设置静态路由    目的地址       子网掩码        下一跳地址
[AR1]quit
```

（3）显示路由器 AR1 的配置信息，主要配置实例代码如下。

```
<AR1>display current-configuration
#
 sysname AR1
#
interface GigabitEthernet0/0/0
 ip address 192.168.50.1 255.255.255.252
#
interface GigabitEthernet0/0/1
 ip address 192.168.10.254 255.255.255.0
```

```
#
interface GigabitEthernet0/0/2
 ip address 192.168.20.254 255.255.255.0
#
ip route-static 192.168.30.0 255.255.255.0 192.168.50.2
ip route-static 192.168.40.0 255.255.255.0 192.168.50.2
#
return
<AR1>
```

（4）配置路由器 AR2，相关配置实例代码如下。

```
<Huawei>system-view
[Huawei]sysname AR2
[AR2]interface GigabitEthernet 0/0/0
[AR2-GigabitEthernet0/0/0]ip address 192.168.50.2 30
[AR2-GigabitEthernet0/0/0]quit
[AR2]interface GigabitEthernet 0/0/1
[AR2-GigabitEthernet0/0/1]ip address 192.168.30.254 24
[AR2-GigabitEthernet0/0/1]quit
[AR2]interface GigabitEthernet 0/0/2
[AR2-GigabitEthernet0/0/2]ip address 192.168.40.254 24
[AR2-GigabitEthernet0/0/2]quit
[AR2]ip route-static 192.168.10.0 255.255.255.0 192.168.50.1        //静态路由
[AR2]ip route-static 192.168.20.0 255.255.255.0 192.168.50.1        //静态路由
[AR2]quit
```

（5）显示路由器 AR2 的配置信息，主要配置实例代码如下。

```
<AR2>display current-configuration
#
 sysname AR2
#
interface GigabitEthernet0/0/0
 ip address 192.168.50.2 255.255.255.252
#
interface GigabitEthernet0/0/1
 ip address 192.168.30.254 255.255.255.0
#
interface GigabitEthernet0/0/2
 ip address 192.168.40.254 255.255.255.0
#
ip route-static 192.168.10.0 255.255.255.0 192.168.50.1
ip route-static 192.168.20.0 255.255.255.0 192.168.50.1
#
return
<AR2>
```

（6）查看路由器 AR1 路由表信息结果，如图 5.11 所示。

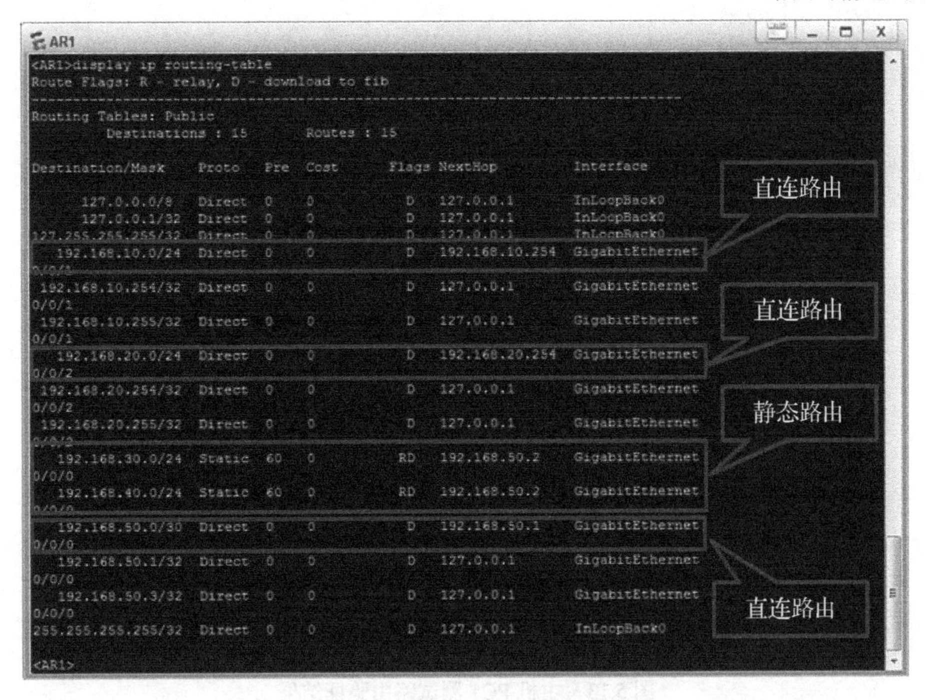

图 5.11 路由器 AR1 路由表信息结果

（7）查看路由器 AR2 路由表信息结果，如图 5.12 所示。

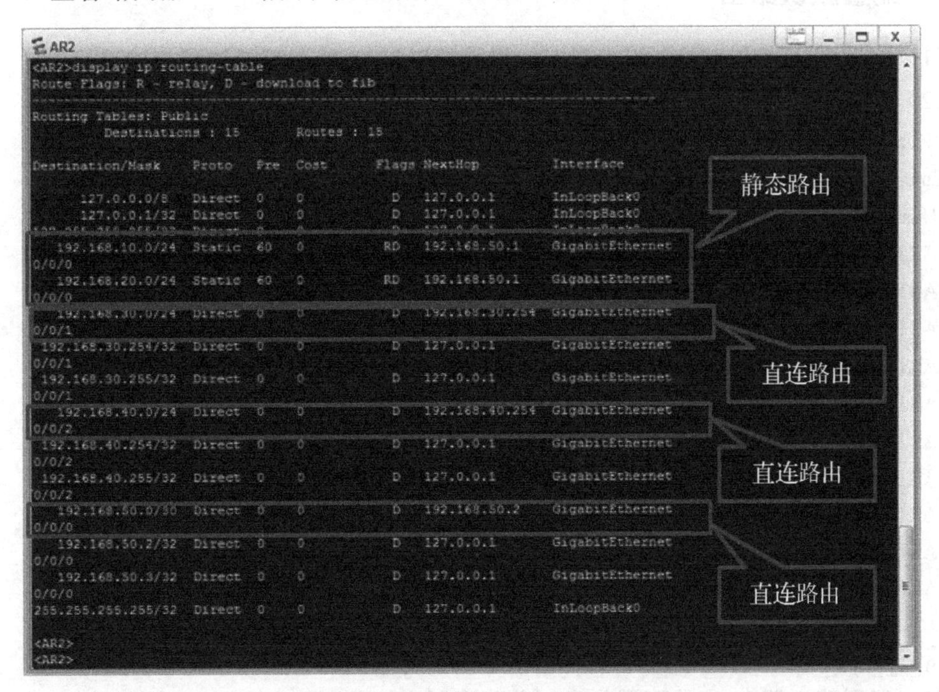

图 5.12 路由器 AR2 路由表信息结果

（8）主机 PC1 测试路由验证结果，如图 5.13 所示。

图 5.13 主机 PC1 测试路由验证结果

5.3.3 配置默认路由

（1）配置默认路由，网络拓扑连接、相关端口与 IP 地址配置如图 5.10 所示。

（2）配置路由器 AR1，相关配置实例代码如下。

```
<Huawei>system-view
Enter system view, return user view with Ctrl+Z.
[Huawei]sysname AR1
[AR1]interface GigabitEthernet 0/0/0
[AR1-GigabitEthernet0/0/0]ip address 192.168.50.1 30
[AR1-GigabitEthernet0/0/0]quit
[AR1]interface GigabitEthernet 0/0/1
[AR1-GigabitEthernet0/0/1]ip address 192.168.10.254 24
[AR1-GigabitEthernet0/0/1]quit
[AR1]interface GigabitEthernet 0/0/2
[AR1-GigabitEthernet0/0/2]ip address 192.168.20.254 24
[AR1-GigabitEthernet0/0/2]quit
[AR1]ip route-static 0.0.0.0 0.0.0.0 192.168.50.2                //默认路由
    //设置默认路由     目的地址        下一跳地址
[AR1]quit
```

（3）显示路由器 AR1 的配置信息，主要配置实例代码如下。

```
<AR1>display current-configuration
#
 sysname AR1
#
```

```
interface GigabitEthernet0/0/0
 ip address 192.168.50.1 255.255.255.252
#
interface GigabitEthernet0/0/1
 ip address 192.168.10.254 255.255.255.0
#
interface GigabitEthernet0/0/2
 ip address 192.168.20.254 255.255.255.0
#
ip route-static 0.0.0.0 0.0.0.0 192.168.50.2
#
return
<AR1>
```

（4）配置路由器 AR2，相关配置实例代码如下。

```
<Huawei>system-view
Enter system view, return user view with Ctrl+Z.
[Huawei]sysname AR2
[AR2]interface GigabitEthernet 0/0/0
[AR2-GigabitEthernet0/0/0]ip address 192.168.50.2 30
[AR2-GigabitEthernet0/0/0]quit
[AR2]interface GigabitEthernet 0/0/1
[AR2-GigabitEthernet0/0/1]ip address 192.168.30.254 24
[AR2-GigabitEthernet0/0/1]quit
[AR2]interface GigabitEthernet 0/0/2
[AR2-GigabitEthernet0/0/2]ip address 192.168.40.254 24
[AR2-GigabitEthernet0/0/2]quit
[AR2] ip route-static 0.0.0.0 0.0.0.0 192.168.50.1          //默认路由
    //设置默认路由      目的地址        下一跳地址
[AR2]quit
```

（5）显示路由器 AR2 的配置信息，主要配置实例代码如下。

```
<AR2>display current-configuration
#
 sysname AR2
#
interface GigabitEthernet0/0/0
 ip address 192.168.50.2 255.255.255.252
#
interface GigabitEthernet0/0/1
 ip address 192.168.30.254 255.255.255.0
#
interface GigabitEthernet0/0/2
 ip address 192.168.40.254 255.255.255.0
#
ip route-static 0.0.0.0 0.0.0.0 192.168.50.1
```

```
#
return
<AR2>
```

（6）查看路由器 AR1 路由表信息结果，如图 5.14 所示。

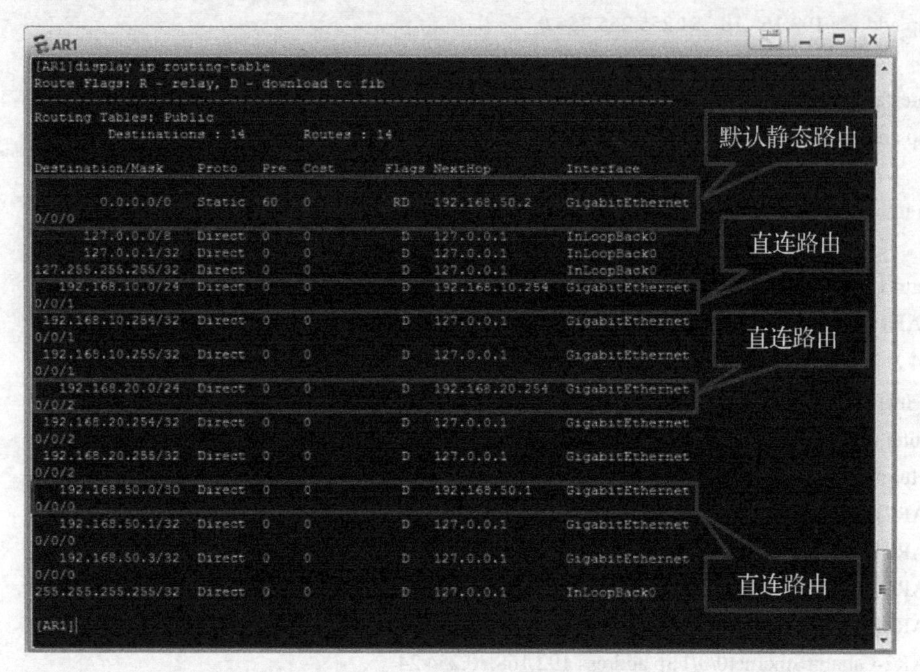

图 5.14　路由器 AR1 路由表信息结果

（7）查看路由器 AR2 路由表信息结果，如图 5.15 所示。

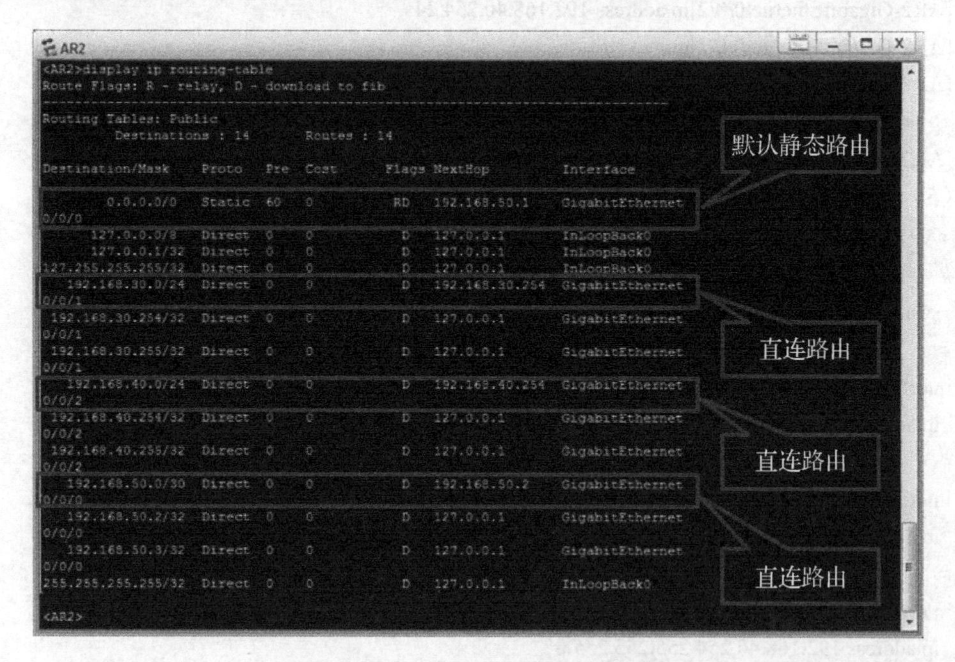

图 5.15　路由器 AR2 路由表信息结果

（8）查看主机 PC4 测试路由验证结果，如图 5.16 所示。

图 5.16　主机 PC4 测试路由验证结果

练　习　题

1．选择题

（1）静态路由默认管理距离值为（　　）。

A．0　　B．1　　C．10　　D．60

（2）路由表中的 0.0.0.0 代表的是（　　）。

A．动态路由　　B．默认路由　　C．RIP　　D．OSPF

（3）192.168.50.100/28 的网络地址是（　　）。

A．192.168.50.96　　B．192.168.50.255

C．192.168.50.111　　D．192.168.50.98

（4）192.168.50.100/28 的广播地址是（　　）。

A．192.168.50.96　　B．192.168.50.255

C．192.168.50.111　　D．192.168.50.98

（5）以下属于路由表产生的方式是（　　）。

A．通过运行动态路由协议自动学习产生　　B．通过路由器的直连网段自动生成

C．通过手动配置产生　　D．以上都是

（6）路由器在转发数据包时，依靠数据包中的（　　）寻找下一跳地址。

A．TCP 头中的目的地址　　B．UDP 头中的目的地址

C．IP 头中的目的 IP 地址　　D．数据帧中的目的 MAC 地址

2. 简答题

（1）简述路由器工作原理。

（2）如何进行路由选择？

（3）简述静态路由的特点及应用场合。

（4）如何配置静态路由？

项目六 RIP 路由协议

教学目标、知识点：

1．了解 RIP 路由协议的基本概念。
2．理解 RIP 路由协议的工作原理。
3．理解 RIP 路由环及防止路由环机制。
4．掌握 RIP 路由协议的配置方法。

6.1 RIP 路由协议概述

6.1.1 RIP 路由协议的基本概念

路由信息协议（Routing Information Protocol，RIP）是一种内部网关协议，是一种动态路由选择协议，用于自治系统（Autonomous System，AS）内的路由信息的传递。RIP 路由协议基于距离矢量算法（Distance Vector Algorithms），使用“跳数”（metric）来衡量到达目标地址的路由距离。使用这种协议的路由器只关心自己周围的世界，只与自己相邻的路由器交换信息，范围限制在 15 跳之内，若超过 15 跳就认为网络不可达。

RIP 路由协议应用于 OSI 网络 7 层模型的应用层，各厂家定义的管理距离（AD，即优先级）有所不同，例如，华为设备定义的优先级是 100，思科设备定义的优先级是 120。RIP 路由协议在带宽、配置和管理方面要求较低，主要适合于规模较小的网络中，如图 6.1 所示，其定义的相关参数较少，不支持 VLSM 和 CIDR，也不支持认证功能。

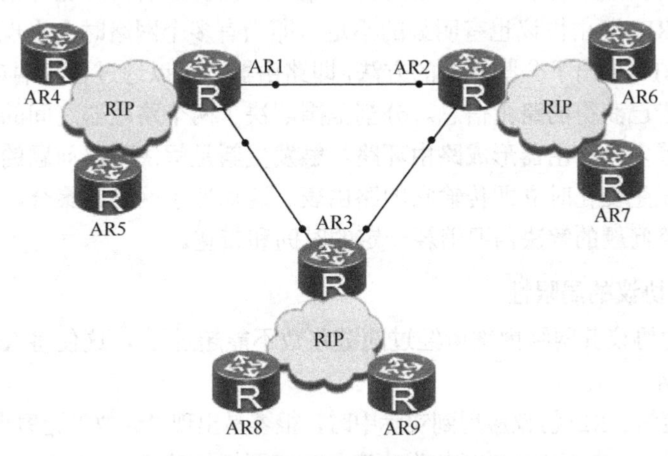

图 6.1　运行 RIP 路由协议的网络

1. RIP 路由协议的工作原理

在路由器启动时，路由表中只会包含直连路由。在运行 RIP 路由协议之后，路由器会发送 Request 报文，用来请求邻居路由器的路由；运行 RIP 路由协议的邻居路由器在收到该 Request 报文后，会根据自己的路由表，生成 Response 报文进行回复；路由器在收到 Response 报文后，会将相应的路由添加到自己的路由表中，如图 6.2 所示。

在 RIP 网络稳定后，每个路由器会周期性地向邻居路由器通告自己的整张路由表中的路由信息，默认周期为 30s，邻居路由器会根据收到的路由信息刷新自己的路由表，路由器每 30s 发送一次自己的路由表（以 RIP 应答的方式广播出去）。针对某一条路由信息，如果在 180s 后都没有接收到关于它的新的路由信息，就会将其标记为失效，即将 metric 值标记为 16。在另外的 120s 后，如果仍然没有更新信息，则该条失效信息就会被删除。

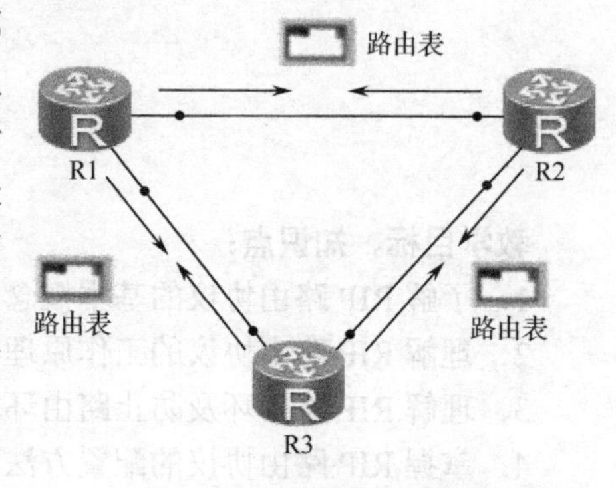

图 6.2　更新 RIP 路由表

2. RIP 路由协议版本

RIP 路由协议分为 3 个版本，即 RIPv1、RIPv2 和 RIPng，前两者用于 IPv4 网络，RIPng 用于 IPv6 网络。

（1）RIPv1 为有类别路由协议，不支持 VLSM 和 CIDR；支持以广播形式发送路由信息，目的 IP 地址为广播地址 255.255.255.255，不支持认证。RIPv1 通过 UDP 交换路由信息，端口号为 520。

一条 RIPv1 路由更新消息中最多可包含 25 条路由表项，每条路由表项都携带了目的网络的地址和度量值。整个 RIP 报文大小限制为不超过 504 字节，如果整个路由表的更新消息超过该数值，就需要发送多个 RIPv1 报文。

（2）RIPv2 为无类别路由协议，支持 VLSM，支持路由聚合与 CIDR；支持以广播或组播（224.0.0.9）方式发送报文；支持明文认证和 MD5 密文认证。RIPv2 在 RIPv1 的基础上进行了扩展，但 RIPv2 的报文格式仍然与 RIPv1 类似。

随着 OSPF 和 IS-IS 的出现，许多人认为 RIP 路由协议已经过时了，但事实上 RIP 路由协议也有它自己的优点：对于小型网络而言，RIP 路由协议所占带宽开销小，易于配置、管理和实现。但 RIP 路由协议也有明显的不足，即当有多个网络时会出现环路问题。为了解决环路问题，IETF 提出了分割范围的方法，即路由器不可以通过自身端口得知路由信息，再从本端口去宣告已获得的路由信息。分割范围解决了两个路由器之间的路由环路问题，但不能防止三个或多个路由器形成路由环路。触发更新是解决环路问题的另一方法，它要求路由器在链路发生变化时立即传输它的路由表。这加速了网络的聚合，但容易产生广播泛滥。总之，环路问题的解决需要消耗一定的时间和带宽。

3. RIP 路由协议的局限性

（1）RIP 路由协议其网络内部所经过的链路数不能超过 15，这使将 RIP 路由协议只能应用于小规模网络。

（2）收敛速度慢。RIP 协议应用到实际中时，很容易出现“计数到无穷大”的现象，这使得路由收敛速度很慢，在网络拓扑结构发生变化后需要很长时间才能让路由信息稳定下来。

（3）根据跳数选择的路由，不一定是最优路由。RIP 协议以跳数，即报文经过的路由器台数为衡量标准，并以此来选择路由，这一措施缺乏合理性，因为没有考虑网络延时、可靠性、线路负荷等因素对传输质量和速度的影响。

6.1.2 RIP 度量方法

RIP 路由协议使用跳数作为度量值来衡量到达目的网络的距离，路由器到与它直接相连的网络的跳数为 0，在每经过一台路由器后跳数加 1。为限制收敛时间，RIP 路由协议规定跳数的取值范围为 0～15 的整数，大于 15 的跳数被定义为无穷大，即目的网络或主机不可达。

路由器在从某一邻居路由器接收到路由更新报文时，会根据以下原则更新本路由器的 RIP 路由表。

（1）对于本路由表中已有的路由表项，当该路由表项的下一跳是其邻居路由器时，不论度量值增大还是减少，都更新该路由表项（在度量值相同时，只将其老化定时器清零。路由表中的每个路由表项都对应了一个老化定时器，当路由表项在 180s 内没有任何更新时，定时器就会超时，该路由项的度量值变为不可达）。

（2）当该路由表项的下一跳不是其邻居路由器时，如果度量值将减少，则更新该路由表项。

（3）对于本路由表中不存在的路由表项，如果度量值小于 16，则在路由表中增加该路由表项。当某路由表项的度量值变为不可达后，该路由会在 Response 报文中发布 4 次（120s），然后从路由表中清除。

如图 6.3 所示，路由器 R2 通过两个端口学习路由信息，每条路由信息都有相应的度量值，到达目的网络的最佳路由就是通过这些度量值计算出来的。

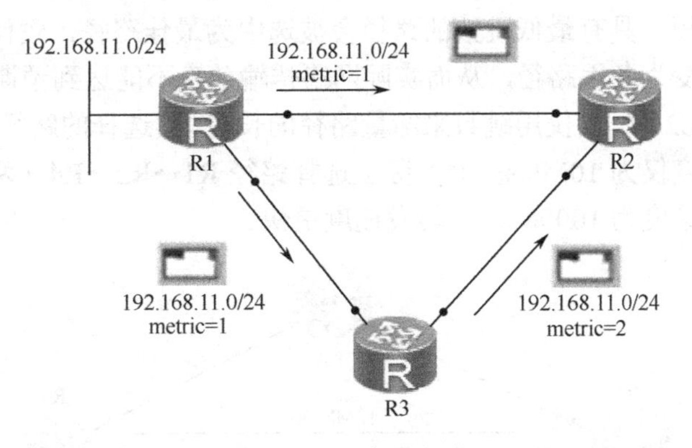

图 6.3　RIP 度量方法

6.1.3 RIP 更新过程

RIP 路由协议通过 UDP 端口（520 端口）定时广播报文来交换路由信息，与它相连的网络会广播自己的路由表，接收到广播的路由器会将收到的信息添加至自身的路由表中，即更新路由表，每台路由器都如此广播，最终网络上的所有路由器都会得到全部的路由信息。

当网络拓扑发生变化时，路由器首先更新自己的路由表，然后直到更新周期（默认值是 30s）结束时才向外发布路由更新报文，发送的更新报文内容是自己所有的路由信息，由于更新内容比较多，占有网络资源就比较多。

在正常情况下，每 30s 路由器就可以收到一次来自邻居路由器的更新信息，如果经过 180s，即 6 个更新周期，一个路由表项都没有得到更新，路由器就会认为它已经失效，并把状态修改为 down；如果经过 240s，即 8 个更新周期，该路由表项仍然没有得到更新和确认，这条路由信息就会按照规则被从路由表中删除。

周期更新定时器：用来激发 RIP 路由器路由表的更新，每个 RIP 节点只有一个更新定时器，设为 30s。每隔 30s 路由器会向其邻居广播自己的路由表信息。每个 RIP 路由器的定时器都独立于网络中的其他路由器，因此它们同时广播的可能性很小。

超时定时器：用来判定某条路由是否可用。每条路由都有一个超时定时器，设为 180s。当一条路由激活或更新时，该定时器会被初始化，如果在 180s 之内没有收到关于那条路由的更新信息，则将该路由置为失效。

清除定时器：用来判定是否清除一条路由。每条路由有一个清除定时器，设为 120s。当路由器认识到某条路由无效时，就初始化一个清除定时器，如果在 120s 内还没收到这条路由的更新信息，就从路由表中将该路由删除。

延迟定时器：为避免触发更新引起广播风暴而设置的一个随机的延迟定时器，延迟时间为 1～5s。

RIP 路由协议使用一些时钟来保证它所维护的路由的有效性与及时性，但是缺点在于它需要相对较长的时间，才能确认一条路由是否失效。RIP 至少需要 3min 的延迟，才能启动备份路由，这个时间对于大多数应用程序来说，都是“致命”的，系统会出现短暂的故障，并且用户可以明显感觉出来。

RIP 路由协议的另外一个问题是，它在选择路由时，不考虑链路的连接速度，仅用跳数来衡量路径的长短，具有最低跳数的路径会被选中为最佳路径，致使网络链路中可能是高传输链路的路径变为备用路径，从而实际网络传输效率不能达到预期，如图 6.4 所示。当主机 PC1 访问 PC2 时，仅仅用跳数来衡量路径的长短，其选择的路径为 R1→R4（一跳），此条线路的转发速度仅为 10Mb/s；而实际上选择路径 R1→R2→R4（两跳）路径更优，因为此条线路的转发速度为 1000Mb/s，转发速度更快。

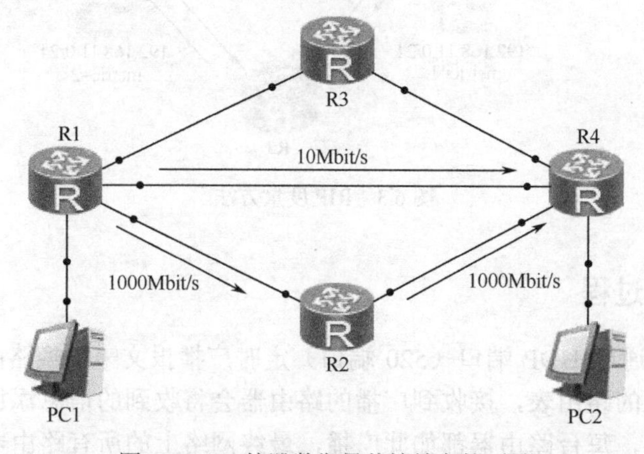

图 6.4　RIP 按跳数衡量传输效率的不足

6.2 RIP 路由环路

6.2.1 路由环路造成路由障碍

路由环路是路由器在学习 RIP 路由协议过程中产生的一种路由故障现象。在维护路由表信息时，如果在拓扑发生改变后，网络收敛缓慢产生了不协调或者矛盾的路由选择条目，就会产生路由环路的问题。在这种条件下，路由器对无法到达的网络路由不予理会，导致用户的数据包不停地在网络上循环发送，最终造成网络资源的严重浪费。也就是说，当网络中某条路由失效时，在这条路由失效的通知对外广播之前，RIP 路由的定时更新机制可能会导致网络形成路由环路，如图 6.5 所示。

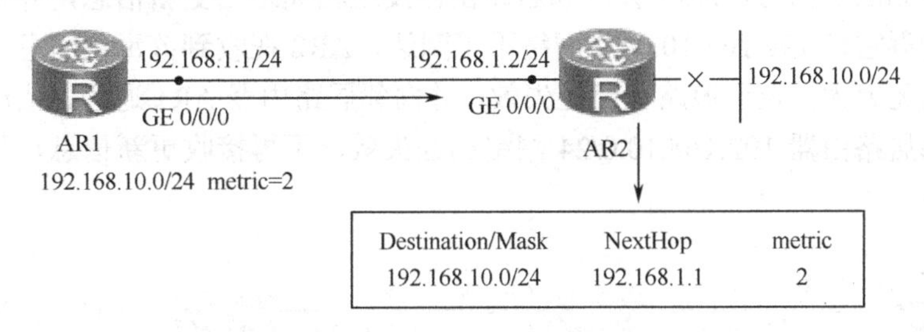

图 6.5 RIP 网络上路由环的形成

在 RIP 网络正常运行时，路由器 AR1 会通过路由器 AR2 学习到 192.168.10.0/24 网络的路由，度量值为 1。一旦路由器 AR2 的直连网络 192.168.10.0/24 产生故障，路由器 AR2 会立即检测到该故障，并认为该路由不可达。此时，路由器 AR1 还没有收到该路由不可达的信息，还继续向路由器 AR2 发送度量值为 2 的通往 192.168.10.0/24 的路由信息。路由器 AR2 会学习此路由信息，认为可以通过路由器 AR1 到达 192.168.10.0/24 网络。此后，路由器 AR2 发送的更新路由表，又会导致路由器 AR1 路由表的更新，路由器 AR1 会新增一条度量值为 3 的 192.168.10.0/24 网络路由表项，从而形成路由环路，这个过程会持续下去，直到度量值为 16。

6.2.2 RIP 防止路由环路机制

当网络发生故障时，RIP 网络就有可能产生路由环路，通过定义最大值、水平分割、路由中毒、毒化逆转、控制更新时间、触发更新等技术可以避免环路的产生。

（1）定义最大值。距离矢量路由算法可以通过 IP 头中的生存时间（TTL）进行自纠错，但路由环路问题可能会首先要求无穷计数。为了避免这个延时问题，距离矢量协议定义了一个最大值，这个数字是指最大的度量值（最大值为 16），比如跳数。也就是说，路由更新信息可以向不可到达的网络路由中的路由器发送 15 次，一旦达到最大值 16，就视为网络不可到达，存在故障，将不再接受来自该网络的任何路由更新信息。

（2）水平分割。水平分割是一种消除路由环路并加快网络收敛的方法。水平分割的规则就是不向原始路由更新信息来的方向再次发送路由更新信息（单向更新、单向反馈）。水平分割的原理是，路由器从某个端口学习到的路由信息，不会再从该端口发出去，如图 6.6

所示，也就是说，路由器 AR1 从 AR2 学习到的 192.168.10.0/24 网络的路由信息不会再从 AR1 的接收端口重新通告给 AR2，从而避免了路由环路的产生。

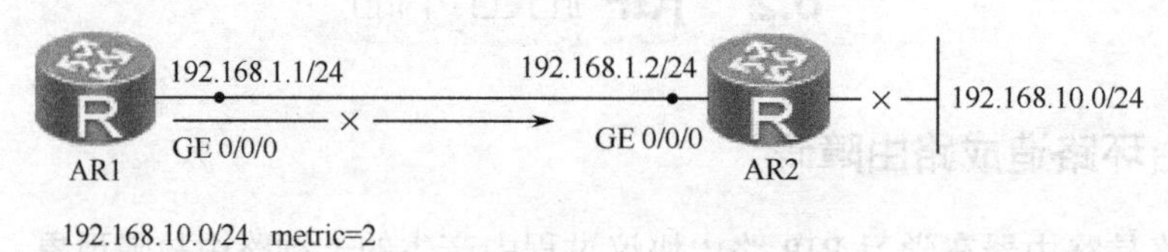

图 6.6 水平分割

（3）路由中毒（也称路由毒化）。定义最大值在一定程度上解决了路由环路问题，但并不彻底，可以看到，在达到最大值之前，路由环路还是存在的，而路由中毒可以彻底解决上述问题，其原理如图 6.7 所示，网络中有路由器 AR1、AR2 和 AR3，当 192.168.10.0/24 网络出现故障无法访问时，AR3 会向邻居路由器发送相关路由更新信息，并将其度量值标为无穷大，告诉它们 192.168.10.0/24 网络不可到达，AR2 在收到该毒化消息后将该链路路由表项标记为无穷大，表示该路径已经失效，并向邻居路由器 AR1 通告，依次毒化各个路由器，告诉邻居路由器 192.168.10.0/24 网络已经失效，不再接收更新信息，从而避免了路由环路的产生。

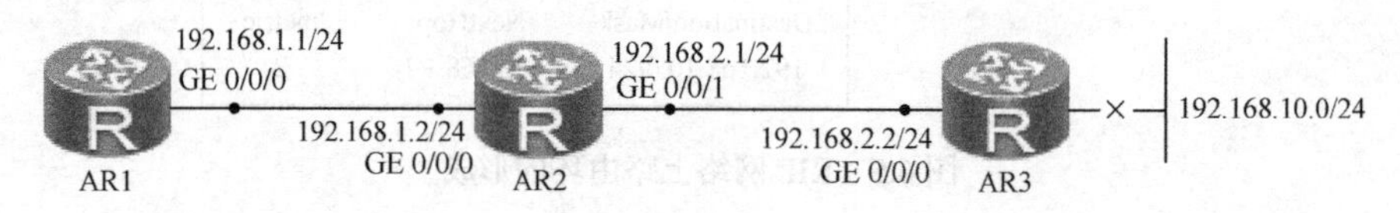

图 6.7 路由中毒

（4）毒化逆转（也称反向中毒）。结合上述案例，当路由器 AR2 获知到达 192.168.10.0/24 网络的度量值为无穷大时，就会发送一个叫作毒化逆转的更新信息给 AR3，说明 192.168.10.0/24 网络不可到达，这是超越水平分割的一个特例，可以保证所有的路由器都接收到了毒化的路由信息，从而避免了路由环路的产生。

（5）控制更新时间（抑制计时器）。抑制计时器告诉路由器把可能影响路由的任何改变暂时保持一段时间，并且抑制时间通常比更新信息发送到整个网络的时间要长。当路由器从邻居路由器处接收到以前能够访问的网络现在不能访问的更新后，就将该路由标记为不可访问，并启动一个抑制计时器；如果该路由器再次收到从邻居路由器发送来的更新信息，并且其中包含一个比原来路径具有更好度量值的路由，就将该路由标记为可以访问，并取消抑制计时器；如果该路由器在抑制计时器超时之前从不同邻居路由器收到的更新信息包含的度量值比以前的更差，则更新将被忽略，这样可以有更多的时间让更新信息传遍整个网络。

（6）触发更新。在默认情况下，一台 RIP 路由器每 30s 会发送一次路由表更新给邻居路由器。在正常情况下，路由器会定期将路由表发送给邻居路由器，而触发更新会立刻发送路由更新信息以响应某些变化。检测到网络故障的路由器会立即发送一个更新信息给邻居路由器，并依次产生触发更新通知它们的邻居路由器，使整个网络上的路由器在最短的时间内收到更新信息，从而快速了解整个网络的变化，如图 6.8 所示，当路由器 AR2 接收到 Metric 值为 16 时，产生触发更新，AR2 通告 AR1 网段 192.168.10.0/24 路由不可达。

但这样也是有问题存在的，比如可能包含更新信息的数据包会被某些网络中的链路丢失或损坏，其他路由器没能及时收到触发更新，因此就产生了结合抑制的触发更新。抑制规则要求一旦路由无效，在抑制时间内，到达同一目的地的有同样或更差度量值的路由就会被忽略，这样触发更新将有时间传遍整个网络，从而避免了已经损坏的路由重新插入已经收到触发更新的邻居路由器中，也就解决了路由环路的问题。

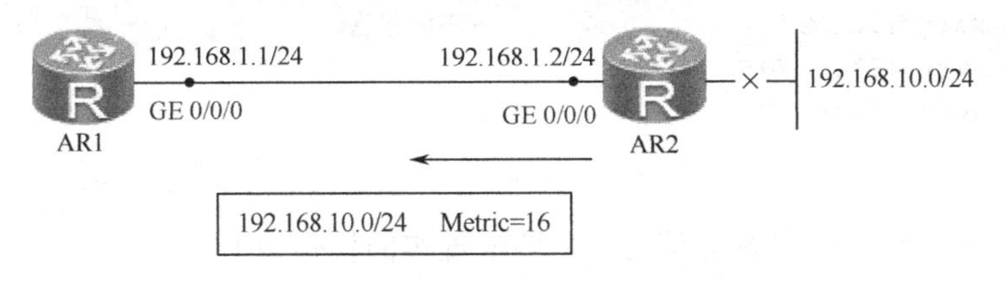

图 6.8 触发更新

6.3 配置 RIP 路由协议

（1）配置 RIP 路由协议，网络拓扑连接、相关端口与 IP 地址配置如图 6.9 所示。

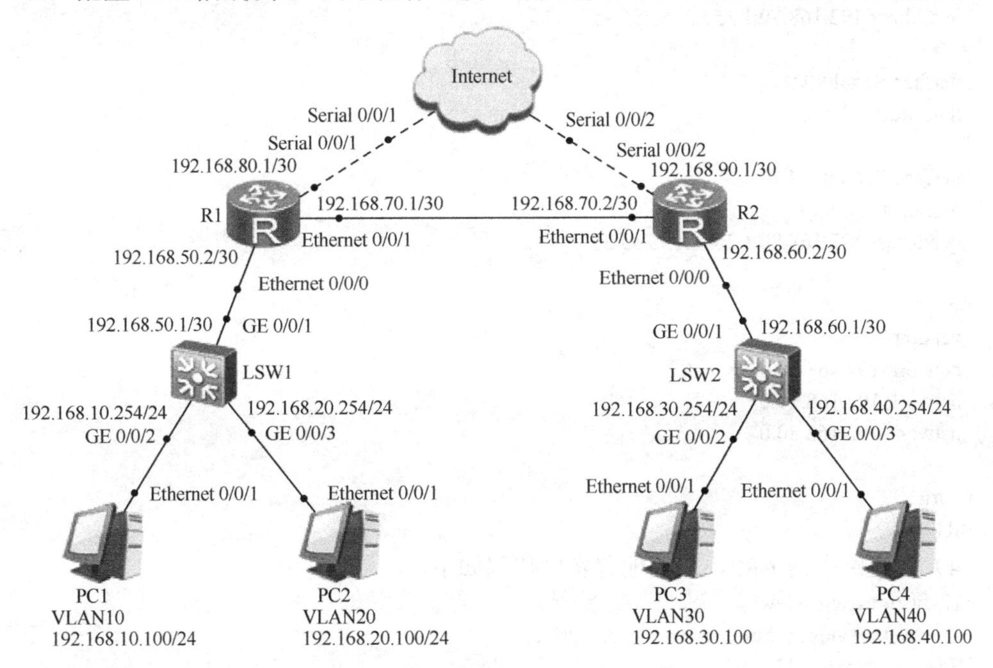

图 6.9 配置 RIP 路由协议

（2）配置路由器 AR1，相关配置实例代码如下。

```
<Huawei>system-view
Enter system view, return user view with Ctrl+Z.
[Huawei]sysname R1
[R1]interface Serial 0/0/1                          //配置端口 IP 地址
[R1-Serial0/0/1]ip address 192.168.80.1 30
[R1-Serial0/0/1]quit
[R1]interface Ethernet 0/0/0
[R1-Ethernet0/0/0]ip address 192.168.50.2 30
[R1-Ethernet0/0/0]quit
[R1]interface Ethernet 0/0/1
```

```
[R1-Ethernet0/0/1]ip address 192.168.70.1 30
[R1-Ethernet0/0/1]quit
[R1]rip                                        //配置 RIP 路由协议
[R1-rip-1]version 2                            //配置 V2 版本
[R1-rip-1]network 192.168.50.0                 //路由宣告
[R1-rip-1]network 192.168.70.0
[R1-rip-1]network 192.168.80.0
[R1-rip-1]quit
[R1]
```

（3）显示路由器 AR1 的配置信息，主要配置实例代码如下。

```
<R1>display current-configuration
#
sysname R1
#
interface Ethernet0/0/0
 ip address 192.168.50.2 255.255.255.252
#
interface Ethernet0/0/1
 ip address 192.168.70.1 255.255.255.252
#
interface Serial0/0/0
 link-protocol ppp
#
interface Serial0/0/1
 link-protocol ppp
 ip address 192.168.80.1 255.255.255.252
#
rip 1
 version 2
 network 192.168.50.0
 network 192.168.70.0
 network 192.168.80.0
#
return
<R1>
```

（4）配置路由器 AR2，相关配置实例代码如下。

```
<Huawei>system-view
Enter system view, return user view with Ctrl+Z.
[Huawei]sysname R2
[R2]interface Serial 0/0/1
[R2-Serial0/0/1]ip address 192.168.90.1 30
[R2-Serial0/0/1]quit
[R2]interface Ethernet 0/0/0
[R2-Ethernet0/0/0]ip address 192.168.60.2 30
[R2-Ethernet0/0/0]quit
[R2]interface Ethernet 0/0/1
[R2-Ethernet0/0/1]ip address 192.168.70.2 30
[R2-Ethernet0/0/1]quit
[R2]rip
[R2-rip-1]version 2
[R2-rip-1]network 192.168.60.0
```

```
[R2-rip-1]network 192.168.70.0
[R2-rip-1]network 192.168.90.0
[R2-rip-1]quit
[R2]
```

（5）显示路由器 AR2 的配置信息，主要配置实例代码如下。

```
<R2>display current-configuration
#
sysname R2
#
interface Ethernet0/0/0
 ip address 192.168.60.2 255.255.255.252
#
interface Ethernet0/0/1
 ip address 192.168.70.2 255.255.255.252
#
interface Serial0/0/0
 link-protocol ppp
#
interface Serial0/0/1
 link-protocol ppp
 ip address 192.168.90.1 255.255.255.252
#
rip 1
 version 2
 network 192.168.60.0
 network 192.168.70.0
 network 192.168.90.0
#
return
<R2>
```

（6）配置交换机 LSW1，相关配置实例代码如下。

```
<Huawei>system-view
Enter system view, return user view with Ctrl+Z.
[Huawei]sysname LSW1
[LSW1]vlan batch 10 20 30 40 50 60
[LSW1]interface Vlanif 10
[LSW1-Vlanif10]ip address 192.168.10.254 24
[LSW1-Vlanif10]quit
[LSW1]interface Vlanif 20
[LSW1-Vlanif20]ip address 192.168.20.254 24
[LSW1-Vlanif20]quit
[LSW1]interface Vlanif 50
[LSW1-Vlanif30]ip address 192.168.50.1 30
[LSW1-Vlanif30]quit
[LSW1]interface GigabitEthernet 0/0/1
[LSW1-GigabitEthernet0/0/1]port link-type trunk
[LSW1-GigabitEthernet0/0/1]port trunk allow-pass vlan all
[LSW1-GigabitEthernet0/0/1]port trunk pvid vlan 50
[LSW1-GigabitEthernet0/0/1]quit
[LSW1]interface GigabitEthernet 0/0/2
[LSW1-GigabitEthernet0/0/2]port link-type access
[LSW1-GigabitEthernet0/0/2]port default vlan 10
```

```
[LSW1]interface GigabitEthernet 0/0/3
[LSW1-GigabitEthernet0/0/3]port link-type access
[LSW1-GigabitEthernet0/0/3]port default vlan 20
[LSW1-GigabitEthernet0/0/3]quit
[LSW1]rip
[LSW1-rip-1]version 2
[LSW1-rip-1]network 192.168.10.0
[LSW1-rip-1]network 192.168.20.0
[LSW1-rip-1]network 192.168.50.0
[LSW1-rip-1]quit
[LSW1]
```

（7）显示交换机 LSW1 的配置信息，主要配置实例代码如下。

```
<LSW1>display current-configuration
#
sysname LSW1
#
vlan batch 10 20 30 40 50 60
#
interface Vlanif10
 ip address 192.168.10.254 255.255.255.0
#
interface Vlanif20
 ip address 192.168.20.254 255.255.255.0
#
interface Vlanif50
 ip address 192.168.50.1 255.255.255.252
#
interface GigabitEthernet0/0/1
 port link-type trunk
 port trunk pvid vlan 50
 port trunk allow-pass vlan 2 to 4094
#
interface GigabitEthernet0/0/2
 port link-type access
 port default vlan 10
#
interface GigabitEthernet0/0/3
 port link-type access
 port default vlan 20
#
rip 1
 version 2
 network 192.168.10.0
 network 192.168.20.0
 network 192.168.50.0
#
return
<LSW1>
```

（8）配置交换机 LSW2，相关配置实例代码如下。

```
<Huawei>system-view
Enter system view, return user view with Ctrl+Z.
[Huawei]sysname LSW2
```

```
[LSW2]vlan batch 10 20 30 40 50 60
[LSW2]interface Vlanif 30
[LSW2-Vlanif30]ip address 192.168.30.254 24
[LSW2-Vlanif30]quit
[LSW2]interface Vlanif 40
[LSW2-Vlanif40]ip address 192.168.40.254 24
[LSW2-Vlanif40]quit
[LSW2]interface Vlanif 60
[LSW2-Vlanif60]ip address 192.168.60.1 30
[LSW2-Vlanif60]quit
[LSW2]interface GigabitEthernet 0/0/1
[LSW2-GigabitEthernet0/0/1]port link-type trunk
[LSW2-GigabitEthernet0/0/1]port trunk allow-pass vlan all
[LSW2-GigabitEthernet0/0/1]port trunk pvid vlan 60
[LSW2-GigabitEthernet0/0/1]quit
[LSW2]interface GigabitEthernet 0/0/2
[LSW2-GigabitEthernet0/0/2]port link-type access
[LSW2-GigabitEthernet0/0/2]port default vlan 30
[LSW2]interface GigabitEthernet 0/0/3
[LSW2-GigabitEthernet0/0/3]port link-type access
[LSW2-GigabitEthernet0/0/3]port default vlan 40
[LSW2-GigabitEthernet0/0/3]quit
[LSW2]rip
[LSW2-rip-1]version 2
[LSW2-rip-1]network 192.168.30.0
[LSW2-rip-1]network 192.168.40.0
[LSW2-rip-1]network 192.168.60.0
[LSW2-rip-1]quit
[LSW2]
```

（9）显示交换机 LSW2 的配置信息，主要配置实例代码如下。

```
<LSW2>display current-configuration
#
sysname LSW2
#
vlan batch 10 20 30 40 50 60
#
interface Vlanif30
 ip address 192.168.30.254 255.255.255.0
#
interface Vlanif40
 ip address 192.168.40.254 255.255.255.0
#
interface Vlanif60
 ip address 192.168.60.1 255.255.255.252
#
interface GigabitEthernet0/0/1
 port link-type trunk
 port trunk pvid vlan 60
 port trunk allow-pass vlan 2 to 4094
#
interface GigabitEthernet0/0/2
 port link-type access
 port default vlan 30
```

```
#
interface GigabitEthernet0/0/3
 port link-type access
 port default vlan 40
#
rip 1
version 2
 network 192.168.30.0
 network 192.168.40.0
 network 192.168.60.0
#
user-interface con 0
user-interface vty 0 4
#
return
<LSW2>
```

（10）使用 display ip routing-table 命令查看路由器 AR1 路由表信息，如图 6.10 所示。

```
R1
<R1>display ip routing-table
Route Flags: R - relay, D - download to fib
------------------------------------------------------------------------------
Routing Tables: Public
         Destinations : 11       Routes : 11

Destination/Mask    Proto   Pre  Cost      Flags NextHop         Interface

      127.0.0.0/8   Direct  0    0           D   127.0.0.1       InLoopBack0
      127.0.0.1/32  Direct  0    0           D   127.0.0.1       InLoopBack0
   192.168.10.0/24  RIP     100  1           D   192.168.50.1    Ethernet0/0/0
   192.168.20.0/24  RIP     100  1           D   192.168.50.1    Ethernet0/0/0
   192.168.30.0/24  RIP     100  2           D   192.168.70.2    Ethernet0/0/1
   192.168.40.0/24  RIP     100  2           D   192.168.70.2    Ethernet0/0/1
   192.168.50.0/30  Direct  0    0           D   192.168.50.2    Ethernet0/0/0
   192.168.50.2/32  Direct  0    0           D   127.0.0.1       Ethernet0/0/0
   192.168.60.0/30  RIP     100  1           D   192.168.70.2    Ethernet0/0/1
   192.168.70.0/30  Direct  0    0           D   192.168.70.1    Ethernet0/0/1
   192.168.70.1/32  Direct  0    0           D   127.0.0.1       Ethernet0/0/1

<R1>
```

图 6.10 路由器 AR1 路由表信息

（11）使用 display ip routing-table 命令查看路由器 AR1 路由表信息，如图 6.11 所示。

```
R2
<R2>display ip routing-table
Route Flags: R - relay, D - download to fib
------------------------------------------------------------------------------
Routing Tables: Public
         Destinations : 11       Routes : 11

Destination/Mask    Proto   Pre  Cost      Flags NextHop         Interface

      127.0.0.0/8   Direct  0    0           D   127.0.0.1       InLoopBack0
      127.0.0.1/32  Direct  0    0           D   127.0.0.1       InLoopBack0
   192.168.10.0/24  RIP     100  2           D   192.168.70.1    Ethernet0/0/1
   192.168.20.0/24  RIP     100  2           D   192.168.70.1    Ethernet0/0/1
   192.168.30.0/24  RIP     100  1           D   192.168.60.1    Ethernet0/0/0
   192.168.40.0/24  RIP     100  1           D   192.168.60.1    Ethernet0/0/0
   192.168.50.0/30  RIP     100  1           D   192.168.70.1    Ethernet0/0/1
   192.168.60.0/30  Direct  0    0           D   192.168.60.2    Ethernet0/0/0
   192.168.60.2/32  Direct  0    0           D   127.0.0.1       Ethernet0/0/0
   192.168.70.0/30  Direct  0    0           D   192.168.70.2    Ethernet0/0/1
   192.168.70.2/32  Direct  0    0           D   127.0.0.1       Ethernet0/0/1

<R2>
```

图 6.11 路由器 AR2 路由表信息

（12）测试主机 PC1 的连通性，使 PC1 访问 PC3 和 PC4，测试结果如图 6.12 所示。

图 6.12　测试主机 PC1 的连通性

练　习　题

1．选择题

（1）在 RIP 网络中，允许最大的跳数为（　　）。

A．13　　B．14　　C．15　　D．16

（2）在华为设备中，定义 RIP 网络的默认管理距离为（　　）。

A．60　　B．100　　C．120　　D．150

（3）在 RIP 网络中，每台路由器都会周期性地向邻居路由器通告自己的整张路由表中的路由信息，默认周期为（　　）s。

A．30　　B．60　　C．120　　D．180

（4）在 RIP 网络中，为防止路由环，路由器不会把从邻居路由器学到的路由再发回去，被称为（　　）。

A．定义最大值　　B．水平分割　　C．控制更新时间　　D．触发更新

2．简答题

（1）简述 RIP 工作原理及局限性。

（2）简述 RIP 路由环路及其路由障碍。

（3）简述 RIP 防止路由环路机制。

项目七 OSPF路由协议

教学目标、知识点：

1．了解 OSPF 路由协议的基本概念。

2．理解 OSPF 路由协议的工作原理。

3．理解 DR 和 BDR 选举过程及 OSPF 区域划分。

4．掌握 OSPF 多区域动态路由配置方法。

7.1 OSPF 路由协议概述

开放式最短路径优先（Open Shortest Path First，OSPF）是目前被广泛使用的一种动态路由协议，它属于链路状态路由协议，具有路由变化收敛速度快、无路由环路、支持变长子网掩码（VLSM）和汇总、层次区域划分等优点。在网络中使用 OSPF 路由协议后，大部分路由将由 OSPF 路由协议自行计算和生成，无须网络管理员人工配置，当网络拓扑发生变化时，该协议可以自动计算、更正路由，极大地方便了网络管理。

RIP 是一种基于距离矢量算法的路由协议，存在着收敛慢、易产生路由环路、可扩展性差等问题，目前已经逐渐被 OSPF 路由协议所取代。

OSPF 路由协议中每台路由器负责发现、维护与邻居路由器的关系，并将已知的邻居列表和链路状态更新（Link State Update，LSU）报文描述，通过可靠的泛洪与自治系统（AS）内的其他路由器周期性交互，学习到整个 AS 的网络拓扑结构，并通过 AS 边界的路由器注入其他 AS 的路由信息，从而得到整个 Internet 的路由信息。每隔一个特定时间或当链路状态发生变化时，重新生成链路状态广播（Link State Advertisement，LSA）数据包，路由器通过泛洪机制将新 LSA 通告出去，以实现路由实时更新。

OSPF 是一个内部网关协议，用于在单一自治系统内决策路由，它是基本链路状态的路由协议，链路状态是指路由器端口或链路的参数。这些参数是端口的物理条件，包括端口是 up 还是 down、端口的 IP 地址、分配给端口的子网掩码、端口所连接的网络及路由器的网络连接的相关费用。OSPF 路由器会与其他路由器交换信息，但所交换的不是路由信息而是链路状态，OSPF 路由器不是告知其他路由器可以到达哪些网络及距离多少，而是告知其他路由器它的网络链路状态，这些端口所连接的网络及使用这些端口的费用。每台路由器都有其自身的链路状态，称为本地链路状态，这些本地链路状态在 OSPF 路由域内传播，直到所有的 OSPF 路由器都有完整而等同的链路状态数据库为止，一旦每台路由器都接收到所有的链路状态，每台路由器就可以构造一棵树，并以它自已为根，分支表示到 AS 中所有网络的最短的或费用最低的路由。

对于规模较大的网络，OSPF 通常会将网络划分成多个 OSPF 区域，并只要求路由器与同一区域内的路由器交换链路状态，而在区域边界路由器上交换区域内的汇总链路状态，这样可以减少传播的信息量，并且减轻最短路径计算强度。在区域划分时，必须要有一个骨干区域（区域 0），其他非 0 或非骨干区域与骨干区域必须要有物理或者逻辑连接。当有物理连接时，必须要有一台路由器，它的一个端口在骨干区，而另一个端口在非骨干区域。当非骨干区域不可能与骨干区域有物理连接时，必须定义一个逻辑或虚拟链路。虚拟链路由两个端点和一个传输区来定义，其中一个端点是路由器端口，是骨干区域的一部分，另一端点也是一个路由器端口，但在骨干区域与非骨干区域没有物理连接的另外一个非骨干区域中。传输区是介于骨干区域与非骨干区域之间的一个区域。

OSPF 协议号为 89，采用组播方式进行 OSPF 包交换，组播地址为 224.0.0.5（全部 OSPF 路由器）和 224.0.0.6（指定路由器）。

7.1.1 OSPF 路由协议的基本概念

1. OSPF 路由协议经常使用的术语

（1）路由器 ID（Router ID）：用于标识每台路由器的一个 32 位的值，通常将最高的 IP 地址分配给路由器 ID，如果在路由器上使用了回环端口，则路由器 ID 是回环端口的最高 IP 地址。

（2）端口（Interface）：用于连接网络设备的端口，如 RJ-45 端口、SC 光纤端口等。

（3）相邻路由器（Neighbor Router）：处于同一网段上并建立了邻接关系的路由器。

（4）广播网络（Broadcast NetWork）：支持广播的网络。Ethernet 是一个广播网络。

（5）非广播网络（NonBroadcast NetWork）：支持多于两个连接的路由器，但是没有广播能力的网络，如帧中继和 X.25 等网络。非广播网络又分为非广播多点访问网络（None-Broadcast Multi-Access，NBMA）和点到多点网络（Point To Multi-Points，P2MP）。

（6）指定路由器（Designated Router，DR）：在广播和 NBMA 网络中，DR 用于向公共网络传播链路状态信息。

（7）备份路由器（Backup Designated Router，BDR）：在 DR 发生故障时，替换 DR。

（8）区域边界路由器（Area Border Router，ABR）：连接多个 OSPF 区域的路由器。

（9）自治系统边界路由器（Autonomous System Border Router，ASBR）：一个 OSPF 路由器，它会连接到另一个 AS；或者在同一个 AS 的网络区域中，但运行不同于 OSPF 协议的 IGP 协议。

（10）链路状态广播（Link State Advertisement，LSA）：描述路由器的本地链路状态，通过该广播向整个 OSPF 区域扩散。

（11）链路状态数据库（Link State Database，LSDB）：收到 LSA 的路由器都可以根据 LSA 提供的信息建立自己的 LSDB，并在 LSDB 的基础上使用 SPF 算法进行运算，建立起到达每个网络的最短路径树。

（12）邻接（Adjacency）：邻接可以在点对点的两个路由器之间形成，也可以在广播或 NBMA 网络的 DR 和 BDR 之间形成，还可以在 BDR 和非指定路由器之间形成。OSPF 路由状态信息只能通过邻接被传送和接收。

（13）泛洪（Flooding）：在 OSPF 区域内，扩散某一链路状态，以分布和同步路由器之间的 LSDB。

（14）区域内路由（Intra-Area Routing）：在相同 OSPF 区域的网络之间的路由，这些路由仅依据从相同的 OSPF 区域内所接收的信息进行路由选择。

（15）区域间路由（Inter-Area Routing）：在两个不同的 OSPF 区域之间的路由，区域间的路径由三部分组成，包括从区域到源区域的 ABR 的区域内路径，从源 ABR 到目标 ABR 的骨干路径，以及从目标 ABR 到目标区域的路径。

（16）外部路由（External Routing）：从另一个 AS 或另一个路由协议得知的路由可以作为外部路由放到 OSPF 中。

（17）路由汇总（Route Summarization）：要通告的路由可能是一个区域的路由，也可能是另一个 AS 的路由，以及另一个路由协议得知的路由，所有这些路由可以由 OSPF 汇总成一个路由宣告。汇总仅可以在 ABR 或 ASBR 上发生。

（18）Stub 区域（Stub Area）：只有一个出口的区域，Stub 区域是一个末梢区域，它的一个特点就是区域内的路由器不能注入其他路由协议所产生的路由条目，所以也就不会生成相应的五类 LSA。

（19）NSSA 区域（NSSA Area）：NSSA 区域与 Stub 类似，也是一个末梢区域，只是它取消了不能注入其他路由条目的限制，也就是说，可以引入外部路由。

2. OSPF 路由协议特点

（1）无路由环路。OSPF 是一种基于链路状态的路由协议，它从设计上就保证了无路由环路。OSPF 路由协议支持区域的划分，区域内部的路由器使用 SPF 最短路径算法保证了区域内部无路由环路；OSPF 路由协议还利用区域间的连接规则保证了区域之间无路由环路。

（2）收敛速度快。OSPF 路由协议支持触发更新，能够快速检测并通告 AS 内的拓扑变化。

（3）扩展性好。OSPF 路由协议可以解决网络扩容带来的问题。当网络上的路由器越来越多，路由信息流量急剧增长时，OSPF 路由协议可以将每个 AS 划分为多个区域，并限制每个区域的范围。OSPF 这种分区域的特点，使得 OSPF 路由协议特别适合大中型网络。

（4）提供认证功能。OSPF 路由器之间的报文可以配置成必须经过认证才能进行交换。

（5）具有更高的优先级和可信度。在 RIP 路由协议中，路由的管理距离是 100；而 OSPF 路由协议具有更高的优先级和可信度，其管理距离为 10。

3. OSPF 路由协议的工作原理

邻居与邻接状态关系建立的过程如图 7.1 所示。

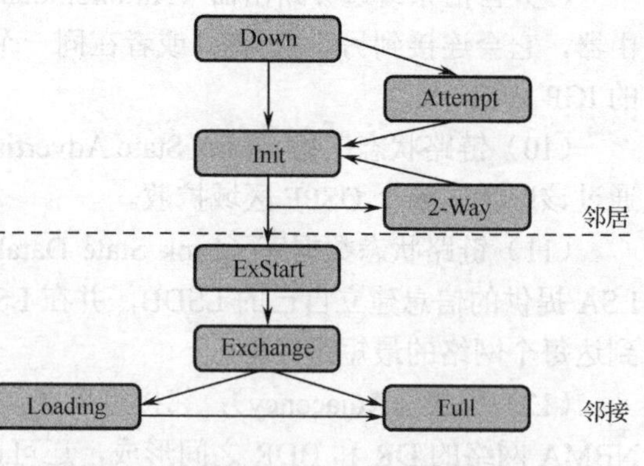

图 7.1 邻居与邻接状态关系建立的过程

（1）Down：这是邻居的初始状态，表示没有在邻居失效时间间隔内收到来自邻居路由器的 Hello 报文。

（2）Attempt：此状态只在 NBMA 网络

上存在，表示没有收到邻居的任何信息，但是已经周期性地向邻居发送报文，发送间隔为 HelloInterval。如果在 RouterDeadInterval 间隔内未收到邻居的 Hello 报文，则转为 Down 状态。

（3）Init：在此状态下，路由器已经从邻居收到了 Hello 报文，但是自己不在所收到的 Hello 报文的邻居列表中，尚未与邻居建立双向通信关系。

（4）2-Way：在此状态下，双向通信已经建立，但是没有与邻居建立邻接关系。这是建立邻接关系以前的最高级状态。

（5）ExStart：这是形成邻接关系的第一个步骤，邻居状态变成此状态以后，路由器开始向邻居发送数据库描述 DD（Database Description）报文。主从关系是在此状态下形成的，初始 DD 序列号也是在此状态下决定的。在此状态下发送的 DD 报文不包含链路状态描述。

（6）Exchange：在此状态下，路由器相互发送包含链路状态信息摘要的 DD 报文，描述本地 LSDB 的内容。

（7）Loading：相互发送链路状态请求（Link State Request，LSR）报文请求 LSA，发送链路状态更新（Link State Update，LSU）报文通告 LSA。

（8）Full：路由器的 LSDB 已经同步。

Router ID 是一个 32 位的值，它唯一标识了一个 AS 内的路由器，管理员可以为每台运行 OSPF 路由协议的路由器手动配置一个 Router ID。如果未手动配置 Router ID，则设备会按照以下规则自动选举 Router ID：如果设备存在多个逻辑端口地址，则路由器使用逻辑端口中最大的 IP 地址作为 Router ID；如果设备没有配置逻辑端口，则路由器使用物理端口的最大 IP 地址作为 Router ID。在为一台运行 OSPF 路由协议的路由器配置新的 Router ID 后，可以在路由器上通过重置 OSPF 进程来更新 Router ID。通常建议手动配置 Router ID，以防止 Router ID 因为端口地址的变化而发生改变。

运行 OSPF 路由协议的路由器之间需要交换链路状态信息和路由信息，在交换这些信息之前路由器之间首先需要建立邻接关系。

☑ 邻居（Neighbor）：在 OSPF 路由器启动后，便会通过 OSPF 端口向外发送 Hello 报文用于发现邻居。收到 Hello 报文的 OSPF 路由器会检查报文中所定义的一些参数，如果双方的参数一致，就会彼此形成邻居关系，在状态到达 2-way 后，即可称为建立了邻居关系。

☑ 邻接（Adjacency）：形成邻居关系的双方不一定都能形成邻接关系，这要根据网络类型而定。只有当双方成功交换 DD 报文，并同步 LSDB 后，才会形成真正意义上的邻接关系。

OSPF 路由协议要求每台运行 OSPF 路由协议的路由器都了解整个网络的链路状态信息，这样才能计算出到达目的地的最优路径。OSPF 路由协议的收敛过程由链路状态广播 LSA 泛洪开始，LSA 中包含了路由器已知的端口 IP 地址、掩码、开销和网络类型等信息。收到 LSA 的路由器都可以根据 LSA 提供的信息建立自己的 LSDB，并在 LSDB 的基础上使用 SPF 算法进行运算，建立起到达每个网络的最短路径树。最后，通过最短路径树得出到达目的网络的最优路由，并将其加入 IP 路由表中，如图 7.2 所示。

4. OSPF 路由协议开销

OSPF 路由协议基于端口带宽计算开销，计算公式为：端口开销=带宽参考值/带宽。带宽参考值可配置，默认为100Mb/s。因此，一个64Kb/s串口的开销为1562，一个E1端口（2.048 Mb/s）的开销为48。

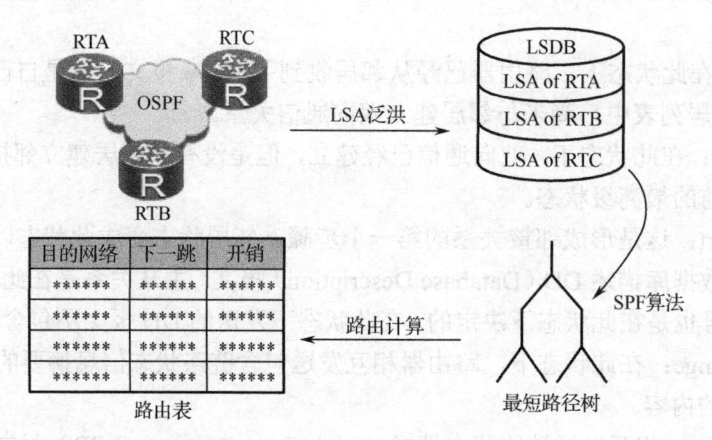

图7.2　OSPF路由协议工作原理

bandwidth-reference命令可以用来调整带宽参考值，从而可以改变端口开销，带宽参考值越大，开销越准确。在支持10Gb/s速率的情况下，推荐将带宽参考值提高到10000Mb/s来分别为10Gb/s、1Gb/s和100Mb/s的链路提供1、10和100的开销。注意，在配置带宽参考值时，需要在整个OSPF网络统一进行调整。

另外，还可以通过ospf cost命令来手动为一个端口调整开销，开销值范围是1～65535，默认值为1。

7.1.2　OSPF路由协议的报文类型

OSPF路由协议的报文信息是用来保证路由器之间互相传播各种信息的，OSPF路由协议共有五种报文类型，任意一种报文都需要加上OSPF的报文头，最后封装在IP协议中传送。一个OSPF报文的最大长度为1500字节，其结构如图7.3所示。

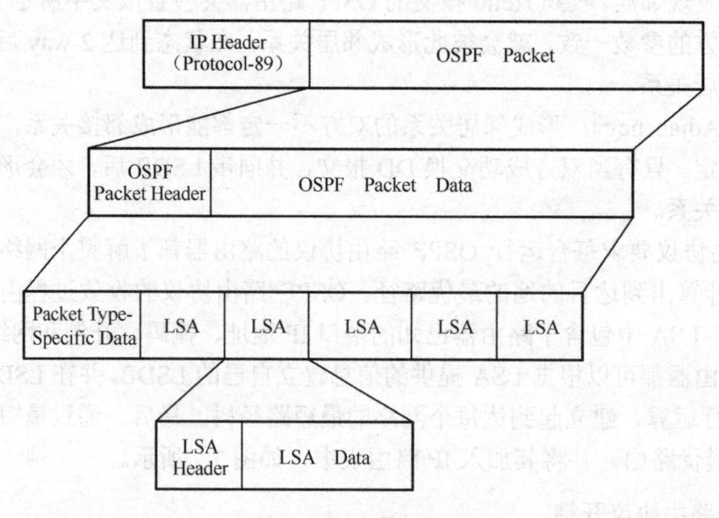

图7.3　OSPF报文头格式

OSPF 路由协议直接运行在 IP 协议之上，使用 IP 协议号 89。OSPF 路由协议报文类型及功能如表 7.1 所示。

表 7.1 五种类型的 OSPF 路由协议报文

报文类型	功能描述
Hello 报文	周期性发送，发现和维护 OSPF 邻居关系
数据库描述报文 DD	邻居间同步数据库内容
链路状态请求报文 LSR	向对方请求所需要的 LSA
链路状态更新报文 LSU	向对方通告 LSA
链路状态确认报文 LSACK	对收到的 LSU 报文信息进行确认

（1）Hello 报文：最常用的一种报文，用于发现、维护邻居关系，并在广播和 NBMA 类型的网络中选举指定路由器 DR 和备份指定路由器 BDR。

（2）DD 报文：在两台路由器进行 LSDB 数据库同步时，用 DD 报文来描述自己的 LSDB。DD 报文的内容包括 LSDB 中每条 LSA 的头部（LSA 的头部可以唯一标识一条 LSA）。LSA 头部只占一条 LSA 的整个数据量的小部分，这样就可以减少路由器之间的协议报文流量。

（3）LSR 报文：在两台路由器互相交换过 DD 报文之后，知道对端的路由器有哪些 LSA 是本地 LSDB 所缺少的，这时需要发送 LSR 报文向对方请求缺少的 LSA，LSR 报文只包含了所需要的 LSA 的摘要信息。

（4）LSU 报文：用来向对端路由器发送所需要的 LSA。

（5）链路状态确认（Link State Acknowledgment，LSACK）报文：用来对接收到的 LSU 报文进行确认。

7.1.3 OSPF 路由协议支持的网络类型

OSPF 路由协议定义了四种网络类型，分别是点到点网络、广播型网络、非广播多路访问网络和点到多点网络。

（1）点到点网络是指只把两台路由器直接相连的网络。一个运行 PPP 的 64Kb/s 串行线路就是一个点到点网络的案例，如图 7.4 所示。

（2）广播型网络是指支持两台以上的路由器，并且具有广播能力的网络。一个含有三台路由器的以太网就是一个广播型网络的案例，如图 7.5 所示。

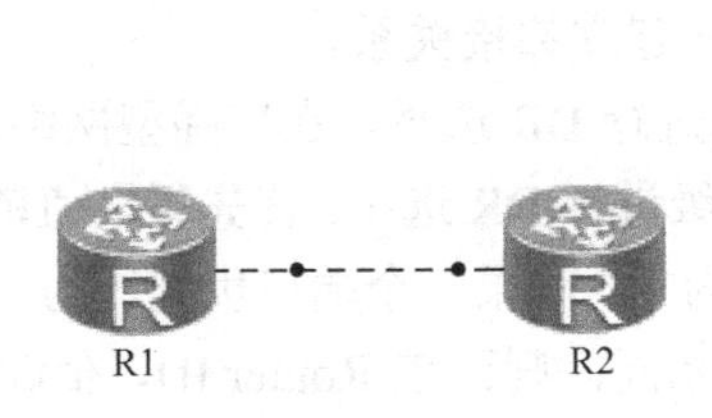

图 7.4 点到点网络

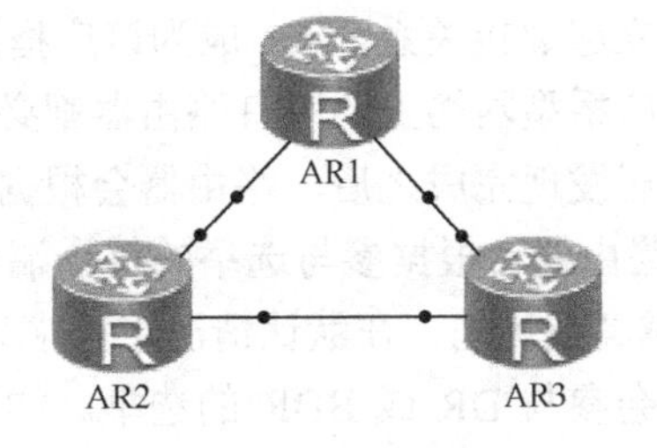

图 7.5 广播型网络

OSPF 路由协议可以在不支持广播的多路访问网络上运行，此类网络包括在 Hub-spoke 拓扑上运行的帧中继（FR）和异步传输模式（ATM）网络，这些网络的通信依赖于虚电路。OSPF 路由协议定义了两种支持多路访问的网络类型：非广播多路访问网络（NBMA）和点到多点网络（P2MP）。

（3）NBMA 网络：在 NBMA 网络上，OSPF 路由协议模拟在广播型网络上的操作，但是每台路由器的邻居需要手动配置，NBMA 方式要求网络中的路由器组成全连接，如图 7.6 所示。

（4）P2MP 网络：可以将整个网络看作一组点到点网络。对于不能组成全连接的网络应当使用点到多点方式，例如，只使用 PVC 的不完全连接的帧中继网络，如图 7.7 所示。

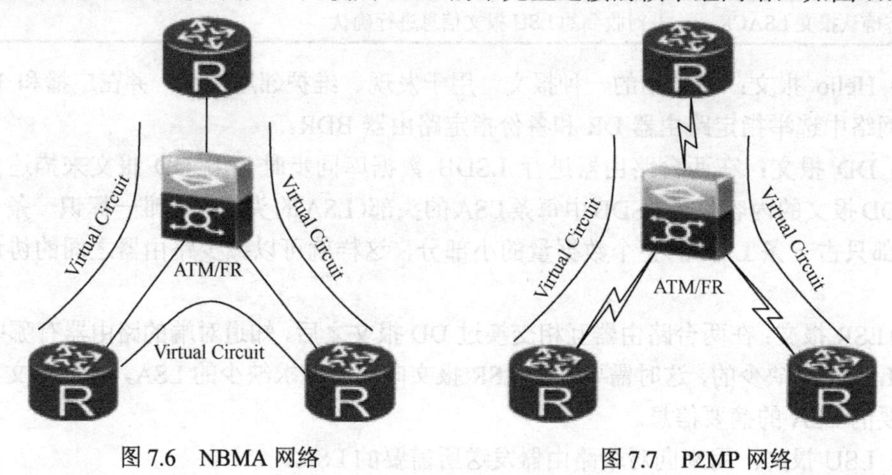

图 7.6　NBMA 网络　　　　图 7.7　P2MP 网络

7.1.4　DR 与 BDR 选举

每个含有至少两台路由器的广播型网络和 NBMA 网络都有一个 DR 和 BDR，DR 和 BDR 可以减少邻接关系的数量，从而减少链路状态信息及路由信息的交换次数，这样可以节省带宽，降低对路由器处理能力的压力。

一个既不是 DR 也不是 BDR 的路由器只与 DR 和 BDR 形成邻接关系，并交换链路状态信息及路由信息，这样就大大减少了大型广播型网络和 NBMA 网络的邻接关系数量。在没有 DR 的广播网络上，邻接关系的数量可以根据公式 $n(n-1)/2$ 计算出，n 代表参与 OSPF 的路由器端口的数量。

如图 7.8 所示，所有路由器之间有 10 个邻接关系。当指定了 DR 后，所有的路由器都与 DR 建立起邻接关系，DR 成为该广播网络上的中心点。BDR 在 DR 发生故障时接管业务，一个广播型网络上的所有路由器都必须同 BDR 建立邻接关系。

在邻居发现完成之后，路由器会根据网段类型进行 DR 选举。在广播型网络和 NBMA 网络上，路由器会根据参与选举的每个端口的优先级进行 DR 选举。优先级取值范围为 0～255，值越高越优先。在默认情况下，端口优先级为 1。如果一个端口优先级为 0，那么该端口将不会参与 DR 或 BDR 的选举。如果优先级相同，则比较 Router ID，值越大越优先被选举为 DR。为了给 DR 做备份，在每个广播型网络和 NBMA 网络上还要选举一个 BDR。BDR 也会与网络上的所有路由器建立邻接关系。为了维护网络上邻接关系的稳定性，如果网络中已经存在 DR 和 BDR，则新添加进该网络的路由器不会成为 DR 和 BDR，无论该路由器的 Router Priority 是否最大。如果当前 DR 发生故障，则当前 BDR 自动成为新的 DR，网络会重新选举 BDR；如果当前 BDR 发生故障，则 DR 不变，网络会重新选举 BDR。这种选举机制的目的是保持邻接关系的稳定，使拓扑结构的改变对邻接关系的影响尽量小。

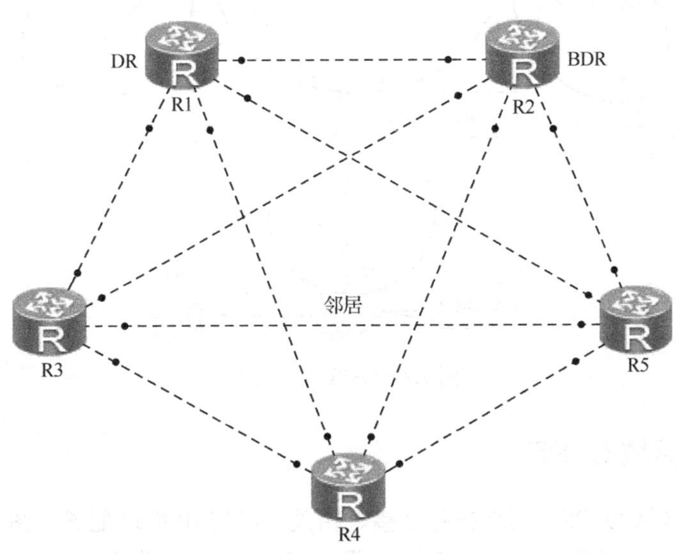

图 7.8　DR 与 BDR 选举

7.2　配置 OSPF 路由协议

7.2.1　OSPF 区域划分

OSPF 支持将一组网段组合在一起，这样的一个组合称为一个 OSPF 区域，划分 OSPF 区域可以缩小路由器的 LSDB 规模，减少网络流量。区域内的详细拓扑信息不会向其他区域发送，区域间传递的是抽象的路由信息，而不是详细的描述拓扑结构的链路状态信息。每个区域都有自己的 LSDB，不同区域的 LSDB 是不同的。路由器会为每个自己所连接到的区域维护一个单独的 LSDB。由于详细的链路状态信息不会被发布到区域以外，因此 LSDB 的规模被大大地缩小了。

如图 7.9 所示，Area0 为骨干区域，为了避免区域间路由环路，非骨干区域之间不允许直接相互发布路由信息，因此，每个区域都必须连接到骨干区域。

运行在区域之间的路由器叫作区域边界路由器 ABR，它包含所有相连区域的 LSDB。自治系统边界路由器 ASBR 是指和其他 AS 中的路由器交换路由信息的路由器，这种路由器会向整个 AS 通告 AS 外部路由信息。

在规模较小的企业网络中，可以把所有的路由器划分到同一个区域中，同一个 OSPF 区域中的路由器中的 LSDB 是完全一致的。可以手动配置 OSPF 区域号，为了便于将来进行网络扩展，建议将该区域号设置为 0，即骨干区域。

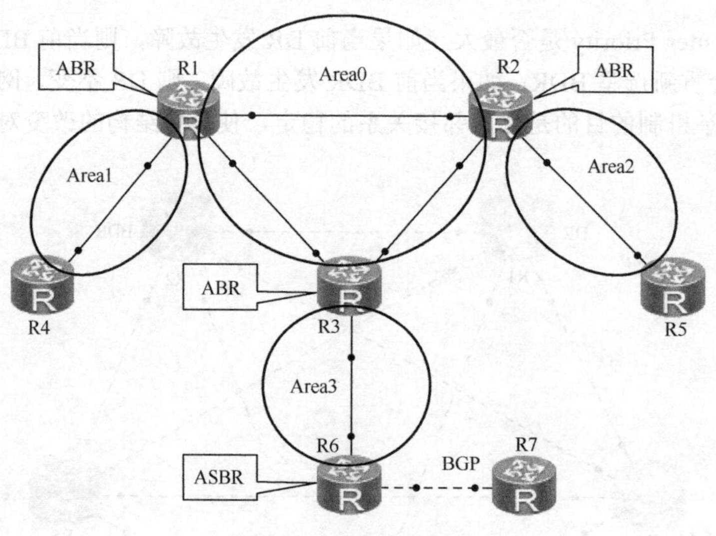

图 7.9 OSPF 区域划分

7.2.2 配置多区域 OSPF

（1）配置多区域 OSPF，网络拓扑连接、相关端口与 IP 地址配置如图 7.10 所示。配置路由器 AR1 和 AR2，使得 AR1 为 DR 路由器，AR2 为 BDR 路由器，并且 AR1 和 AR2 为骨干 Area0 区域，其他为非骨干区域。

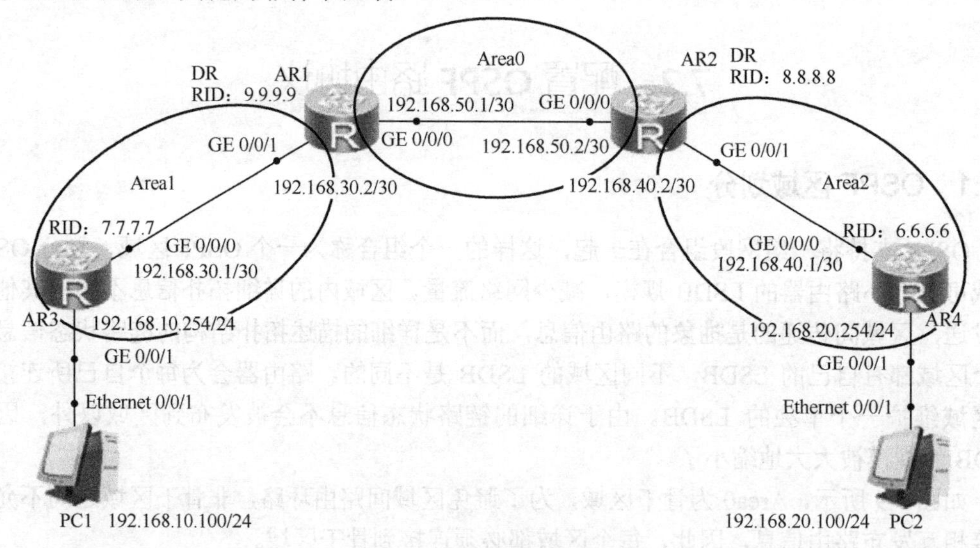

图 7.10 配置多区域 OSPF

（2）配置路由器 AR1，相关配置实例代码如下。

```
<Huawei>system-view
Enter system view, return user view with Ctrl+Z.
[Huawei]sysname AR1
[AR1]interface GigabitEthernet 0/0/0
[AR1-GigabitEthernet0/0/0]ip address 192.168.50.1 30
[AR1-GigabitEthernet0/0/0]quit
[AR1]interface GigabitEthernet 0/0/1
[AR1-GigabitEthernet0/0/1]ip address 192.168.30.2 30
```

```
[AR1-GigabitEthernet0/0/1]quit
[AR1]ospf router-id 9.9.9.9                              //配置 RID
[AR1-ospf-1]area 0                                       //配置骨干区域 Area0
[AR1-ospf-1-area-0.0.0.0]network 192.168.50.0 0.0.0.3    //宣告网段
[AR1-ospf-1-area-0.0.0.0]quit
[AR1-ospf-1]area 1                                       //配置非骨干区域 Area1
[AR1-ospf-1-area-0.0.0.1]network 192.168.30.0 0.0.0.3    //宣告网段
[AR1-ospf-1-area-0.0.0.1]quit
[AR1-ospf-1]quit
[AR1]
```

（3）显示路由器 AR1 的配置信息，主要配置实例代码如下。

```
<AR1>display current-configuration
#
sysname AR1
#
interface GigabitEthernet0/0/0
 ip address 192.168.50.1 255.255.255.252
#
interface GigabitEthernet0/0/1
 ip address 192.168.30.2 255.255.255.252
#
ospf 1 router-id 9.9.9.9
 area 0.0.0.0
  network 192.168.50.0 0.0.0.3
 area 0.0.0.1
  network 192.168.30.0 0.0.0.3
#
return
<AR1>
```

（4）配置路由器 AR2，相关配置实例代码如下。

```
<Huawei>system-view
Enter system view, return user view with Ctrl+Z.
[Huawei]sysname AR2
[AR2]interface GigabitEthernet 0/0/0
[AR2-GigabitEthernet0/0/0]ip address 192.168.50.2 30
[AR2-GigabitEthernet0/0/0]quit
[AR2]interface GigabitEthernet 0/0/1
[AR2-GigabitEthernet0/0/1]ip address 192.168.40.2 30
[AR2-GigabitEthernet0/0/1]quit
[AR2]ospf router-id 8.8.8.8
[AR2-ospf-1]area 0
[AR2-ospf-1-area-0.0.0.0]network 192.168.50.0 0.0.0.3
[AR2-ospf-1-area-0.0.0.0]quit
[AR2-ospf-1]area 2
[AR2-ospf-1-area-0.0.0.2]network 192.168.40.0 0.0.0.3
[AR2-ospf-1-area-0.0.0.2]quit
[AR2-ospf-1]quit
[AR2] [AR2]
```

（5）显示路由器 AR2 的配置信息，主要配置实例代码如下。

```
<AR2>display current-configuration
#
 sysname AR2
#
```

```
interface GigabitEthernet0/0/0
 ip address 192.168.50.2 255.255.255.252
#
interface GigabitEthernet0/0/1
 ip address 192.168.40.2 255.255.255.252
#
ospf 1 router-id 8.8.8.8
 area 0.0.0.0
  network 192.168.50.0 0.0.0.3
 area 0.0.0.2
  network 192.168.40.0 0.0.0.3
#
return
<AR2>
```

（6）配置路由器 AR3，相关配置实例代码如下。

```
<Huawei>system-view
[Huawei]sysname AR3
[AR3]interface GigabitEthernet 0/0/0
[AR3-GigabitEthernet0/0/0]ip address 192.168.30.1 30
[AR3-GigabitEthernet0/0/0]quit
[AR3]interface GigabitEthernet 0/0/1
[AR3-GigabitEthernet0/0/1]ip address 192.168.10.254 24
[AR3-GigabitEthernet0/0/1]quit
[AR3]ospf router-id 7.7.7.7
[AR3-ospf-1]area 1
[AR3-ospf-1-area-0.0.0.1]network 192.168.10.0 0.0.0.255
[AR3-ospf-1-area-0.0.0.1]network 192.168.30.0 0.0.0.3
[AR3-ospf-1-area-0.0.0.1]quit
[AR3-ospf-1]quit
[AR3]
```

（7）显示路由器 AR3 的配置信息，主要配置实例代码如下。

```
<AR3>display current-configuration
#
 sysname AR3
#
interface GigabitEthernet0/0/0
 ip address 192.168.30.1 255.255.255.252
#
interface GigabitEthernet0/0/1
 ip address 192.168.10.254 255.255.255.0
#
ospf 1 router-id 7.7.7.7
 area 0.0.0.1
  network 192.168.10.0 0.0.0.255
  network 192.168.30.0 0.0.0.3
#
return
<AR3>
```

（8）配置路由器 AR4，相关配置实例代码如下。

```
<Huawei>system-view
Enter system view, return user view with Ctrl+Z.
[Huawei]sysname AR4
[AR4]interface GigabitEthernet 0/0/0
```

```
[AR4-GigabitEthernet0/0/0]ip address 192.168.40.1 30
[AR4-GigabitEthernet0/0/0]quit
[AR4]interface GigabitEthernet 0/0/1
[AR4-GigabitEthernet0/0/1]ip address 192.168.20.254 24
[AR4-GigabitEthernet0/0/1]quit
[AR4]ospf router-id 6.6.6.6
[AR4-ospf-1]area 2
[AR4-ospf-1-area-0.0.0.2]network 192.168.20.0 0.0.0.255
[AR4-ospf-1-area-0.0.0.2]network 192.168.40.0 0.0.0.3
[AR4-ospf-1-area-0.0.0.2]quit
[AR4-ospf-1]quit
[AR4]
```

（9）显示路由器 AR4 的配置信息，主要配置实例代码如下。

```
<AR4>display current-configuration
#
 sysname AR4
#
interface GigabitEthernet0/0/0
 ip address 192.168.40.1 255.255.255.252
#
interface GigabitEthernet0/0/1
 ip address 192.168.20.254 255.255.255.0
#
ospf 1 router-id 6.6.6.6
 area 0.0.0.2
  network 192.168.20.0 0.0.0.255
  network 192.168.40.0 0.0.0.3
#
return
<AR4>
```

（10）使用 display ip routing-table 命令查看路由器 AR1 路由表信息，如图 7.11 所示。

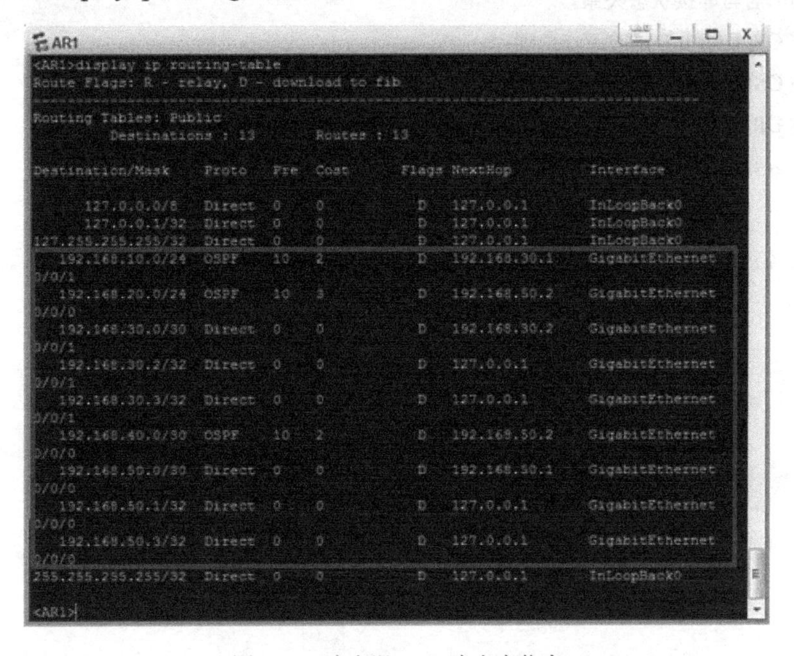

图 7.11 路由器 AR1 路由表信息

（11）测试主机 PC1 的连通性，如图 7.12 所示。

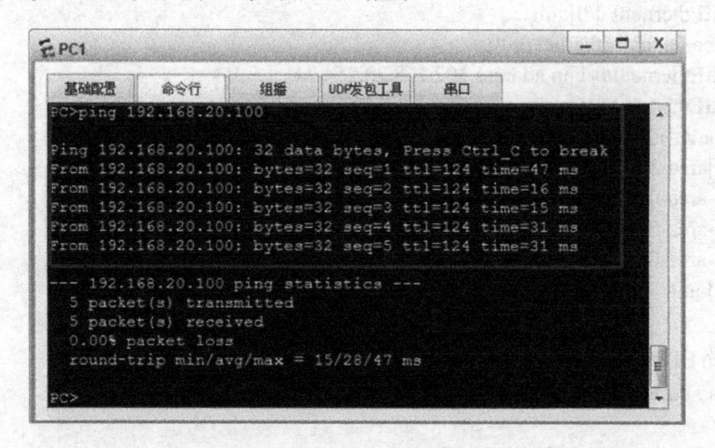

图 7.12　测试主机 PC1 的连通性

练　习　题

1．选择题

（1）网络中有 6 台路由器，最多可以形成的邻接关系的数量是（　　）。

A．13　　B．14　　C．15　　D．16

（2）OSPF 协议号为（　　）。

A．58　　B．59　　C．88　　D．89

2．简答题

（1）简述邻居与邻接状态关系。

（2）简述 OSPF 路由协议的工作原理。

（3）简述 OSPF 路由协议的报文类型。

（4）简述 DR 与 BDR 选举过程。

（5）为什么要进行 OSPF 区域划分？

项目八 网络设备安全访问与管理

教学目标、知识点：

1. 了解交换机端口安全功能。
2. 掌握交换机端口安全的配置方法。
3. 了解基本 ACL、高级 ACL 及基于时间 ACL 的特性。
4. 掌握基本 ACL、高级 ACL 及基于时间 ACL 的配置方法。

8.1 交换机安全端口

交换机的端口是连接网络终端设备的重要关口，加强交换机的端口安全是提高整个网络安全的关键。在默认情况下，交换机的所有端口都是完全开放的，不提供任何安全检查措施，允许所有的数据流通过，因此，为了保护网络内的用户安全，对交换机的端口增加安全访问功能，可以有效地保护网络安全。交换机安全端口技术是网络安全防范中常用的接入安全技术之一。

8.1.1 安全端口地址绑定

在网络中的不安全因素非常多，大部分网络攻击都采用欺骗源 IP 地址或源 MAC 地址的方法对网络核心设备进行连续数据包的攻击，从而消耗网络核心设备的资源。常见的方法有 MAC 地址攻击、ARP 攻击、DHCP 攻击等，这些针对交换机端口产生的攻击行为，可以启用交换机端口的安全功能来进行防范，可以采取如下措施。

1．交换机安全端口地址绑定

端口安全功能通过报文的源 MAC 地址，或者源 MAC 地址+源 IP 地址，或者仅源 IP 地址来限定报文是否可以进入交换机的端口，用户可以静态设置特定的 MAC 地址，进行静态 IP 地址+MAC 地址绑定或者仅 IP 地址绑定，或者动态学习限定个数的 MAC 地址来控制报文是否可以进入端口。使能端口安全功能的端口称为安全端口。只有源 MAC 地址为端口安全地址表中配置或者配置绑定的 IP 地址+MAC 地址，或者配置的仅 IP 绑定地址，或者学习到的 MAC 地址的报文才可以进入交换机通信，其他报文将被丢弃，如图 8.1 所示。

2．安全端口连接个数

交换机的端口安全功能还可以限制一个端口上连接安全地址的个数，如果一个端口被配置为安全端口，并且配置有最大连接数量，则当连接的安全地址的数量达到允许的最大连接数量时，或者该端口收到一个源地址不属于该端口的安全地址时，交换机就将产生一个安全违例通知，交换机将会按照事先定义的违例处理方式进行操作。

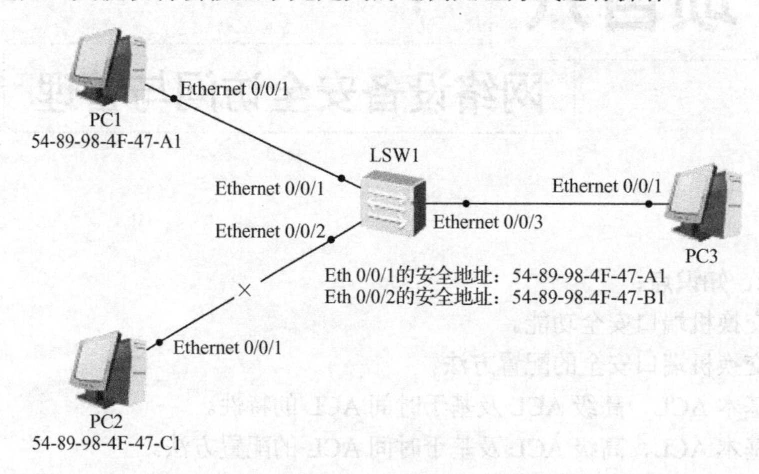

图 8.1　交换机安全端口地址绑定

安全端口设置最大连接数量是为了防止过多的用户接入网络，如果交换机上某个端口只配置了一个安全地址，则连接到这个端口的计算机将独享该端口的全部带宽。

3. 安全端口违例处理方式

当产生安全违例时，可以选择多种方式来处理违例。针对不同的网络安全需要，采用不同的安全违例处理模式，端口安全保护动作的含义如表 8.1 所示。

表 8.1　端口安全保护动作的含义

动　作	功 能 描 述
restrict	丢弃源 MAC 地址不存在的报文并发出告警。推荐使用 restrict 动作
protect	只丢弃源 MAC 地址不存在的报文，不发出告警
shutdown	端口状态被置为 error-down，并发出告警。 在默认情况下，端口关闭后不会自动恢复，只能由网络管理人员在端口视图下使用 restart 命令重启端口进行恢复。 如果用户希望被关闭的端口可以自动恢复，则可以在端口状态被置为 error-down 前通过在系统视图下执行 error-down auto-recovery cause auto-defend interval interval-value 命令使能端口状态自动恢复为 up，并设置端口自动恢复为 up 的延时时间，使被关闭的端口经过延时时间后能够自动恢复

配置端口安全存在以下限制：

☑ 一个安全端口必须是 Access 端口及连接终端设备端口，而不是 Trunk 端口；

☑ 一个安全端口不能是一个聚合端口（Eth-Trunk）。

8.1.2　配置交换机安全端口

在网络中，MAC 地址是设备中不变的物理地址，控制 MAC 地址接入就控制了交换机的端口接入，所以端口安全也是 MAC 地址安全。在交换机中，内容可寻址内存表（Content

Addressable Memory，CAM）表又叫 MAC 地址表，其中记录了与交换机相连的设备的 MAC 地址、端口号、所属 VLAN 等对应关系。

交换机 LSW1 连接主机 PC1、PC2 和 PC3，其端口连接状态如图 8.2 所示，PC1、PC2 和 PC3 的 IP 地址、MAC 地址如图 8.3 所示。

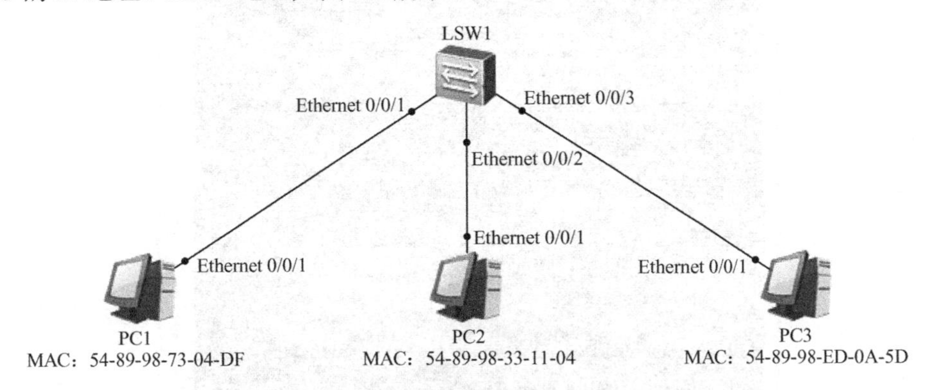

图 8.2　配置交换机安全端口

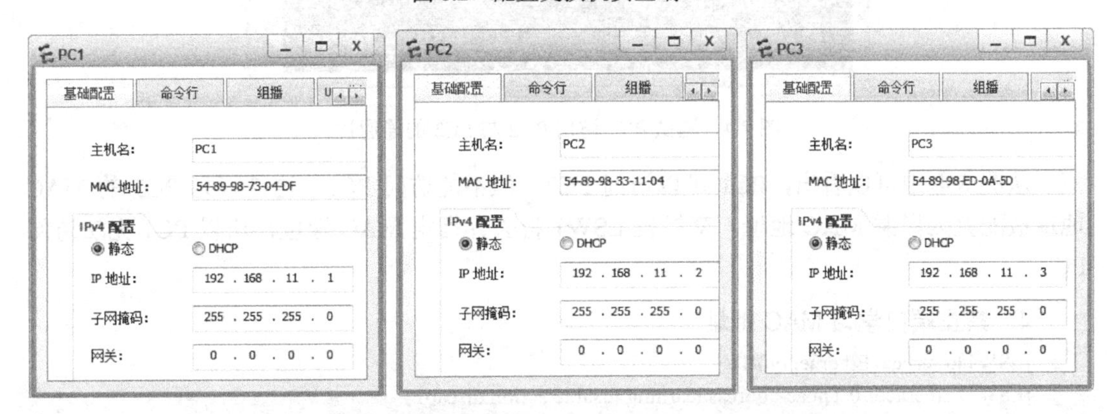

图 8.3　PC1、PC2 和 PC3 的 IP 地址、MAC 地址

1. MAC 地址表

（1）静态 MAC 地址表，手动绑定，优先级高于动态 MAC 地址表。

（2）动态 MAC 地址表，交换机在收到数据帧后会将源 MAC 地址学习到 MAC 地址表中。

（3）黑洞 MAC 地址表，手动绑定或自动学习，用于丢弃指定 MAC 地址。

2. 配置静态 MAC 地址表

```
[Huawei]sysname LSW1
[LSW1]mac-address static 5489-9873-04DF Ethernet 0/0/1 vlan 1
                        //将 MAC 地址绑定到端口 Ethernet 0/0/1，在 VLAN1 中有效
[LSW1]mac-address static 5489-9833-1104  Ethernet 0/0/2 vlan 1
                        //将 MAC 地址绑定到端口 Ethernet 0/0/2，在 VLAN1 中有效
```

3. 配置黑洞 MAC 地址表

```
[LSW1]mac-address blackhole 5489-98ED-0A5D vlan 1
                        //将 PC3 的 MAC 地址设置成为黑洞地址，在 VLAN1 中有效
```

测试 PC1 访问 PC2 与 PC3 的连通性，如图 8.4 所示。

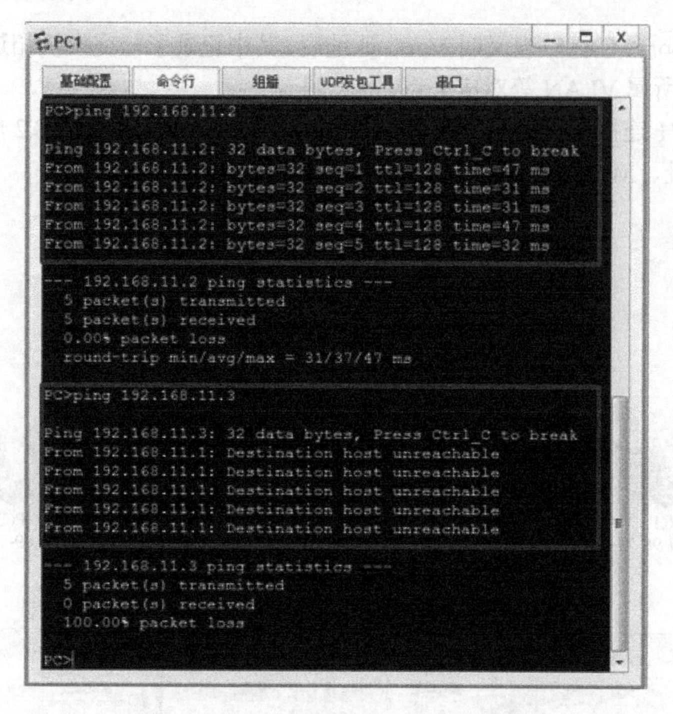

图 8.4　测试 PC1 访问 PC2 与 PC3 的连通性

从图 8.4 中可以看出，PC1 可以访问 PC2，但不能访问 PC3，这是因为 PC3 的 MAC 地址被配置为黑洞 MAC 地址，交换机 LSW1 将丢弃指定 MAC 地址，所以 PC1 无法访问 PC3。

4．禁止端口学习 MAC 地址

```
[LSW1]interface Ethernet 0/0/1
[LSW1-Ethernet0/0/1]mac-address learning disable action discard
                                        //禁止学习 MAC 地址，并将收到的所有帧丢弃
[LSW1-Ethernet0/0/1]mac-address learning disable action forward
   //禁止学习 MAC 地址，但是将收到的帧以泛洪方式转发（交换机对于未知目的 MAC 地址转发原理）
[LSW1-Ethernet0/0/1]quit
[LSW1]
```

测试 PC1 访问 PC2 的连通性，如图 8.5 所示。

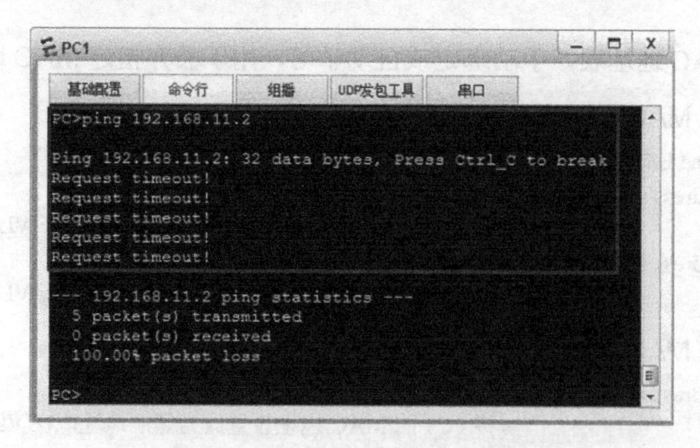

图 8.5　测试 PC1 访问 PC2 的连通性

5. 配置端口安全动态 MAC 地址

```
[LSW1]interface Ethernet 0/0/2
[LSW1-Ethernet0/0/2]mac-limit maximum 5 alarm enable
//交换机限制 MAC 地址学习数量为 5 个，并在超出数量时发出告警，超过的 MAC 数量将无法被端口学习到，但是可以通过泛洪方式转发（交换机对于未知目的 MAC 地址转发原理）
[LSW1]interface Ethernet 0/0/4
[LSW1-Ethernet0/0/4]port-security enable      //打开端口安全功能
[LSW1-Ethernet0/0/4]port-security max-mac-num 1
                                              //限制安全 MAC 地址最大数量为 1 个，默认为 1
[LSW1-Ethernet0/0/4]port-security protect-action ?
  protect     Discard packets
  restrict   Discard packets and warning
  shutdown    Shutdown
[LSW1-Ethernet0/0/4]port-security aging-time 300
                                              //配置安全 MAC 地址的老化时间为 300s，默认不老化
```

6. 配置端口安全贴粘 MAC 地址

此功能与端口动态安全 MAC 地址一致，唯一不同的是：粘贴 MAC 地址不会老化，并且交换机重启后依然存在，动态安全 MAC 地址只能动态学习，而安全粘贴 MAC 地址可以动态学习也可以手动配置。相关配置实例代码如下。

```
[LSW1]undo mac-address static
[LSW1]interface Ethernet 0/0/1
[LSW1-Ethernet0/0/1]undo mac-address learning disable
[LSW1-Ethernet0/0/1]port-security enable
[LSW1-Ethernet0/0/1]port-security mac-address sticky
[LSW1-Ethernet0/0/1]port-security mac-address sticky 5489-9873-04DF vlan 1
[LSW1-Ethernet0/0/1]port-security protect-action restrict
[LSW1-Ethernet0/0/1]quit
```

7. 查看 MAC 地址状态

使用命令 display mac-address 查看 MAC 地址状态，如图 8.6 所示。

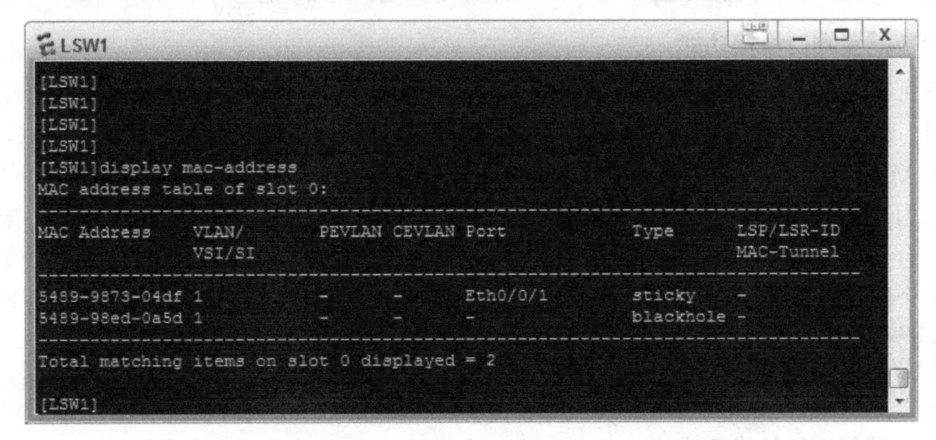

图 8.6　查看 MAC 地址状态

8. 配置 MAC 地址防漂移功能

MAC 地址漂移是指在一个端口学习到的 MAC 地址在同一个 VLAN 中的其他端口上也能被学习到，这样后学习到的 MAC 地址信息就会覆盖先学习到的 MAC 地址信息（出端口

频繁变动），这种情况多数在出现环路时发生，所以这个功能也可以用来排查和解决环路问题。

MAC地址防漂移功能的原理是，在端口上配置优先级，优先级高的端口学习到的MAC地址不会在优先级低的其他端口上被学习到；如果优先级相同，那么可以配置不允许相同优先级的端口学习到同一个MAC地址。相关配置实例代码如下。

```
[LSW1]mac-address flapping detection                    //全局开启 MAC 漂移检测
[LSW1]interface Ethernet 0/0/1
[LSW1-Ethernet0/0/1]mac-learning priority 3             //配置 Ethernet 0/0/1 的端口优先级为 3，默认为 0
[LSW1-Ethernet0/0/1]mac-address flapping trigger error-down
                                                        //端口在发生 MAC 地址漂移后关闭
[LSW1-Ethernet0/0/1]quit
[LSW1]interface Ethernet 0/0/2
[LSW1-Ethernet0/0/2]mac-address flapping trigger error-down
   //在配置完成后，当 Ethernet 0/0/1 的 MAC 漂移到 Ethernet 0/0/2 后，Ethernet 0/0/2 端口将被关闭
[LSW1]error-down auto-recovery cause mac-address-flapping interval 300
   //配置端口状态自动恢复为 up 的时间是 300s
```

查看MAC地址漂移记录的命令为display mac-address flapping record。

9．配置丢弃全0的MAC地址报文功能

在网络中，一些主机或者设备在发生故障时，会发送源MAC地址和目的MAC地址全为0的帧，可以为交换机配置丢弃这些错误报文的功能。相关配置实例代码如下。

```
[LSW1]drop illegal-mac enable                               //打开丢弃全 0 的 MAC 地址功能
[LSW1]snmp-agent trap enable feature-name lldptrap          //开启 SNMP 的 lldptrap 告警功能
[LSW1]drop illegal-mac alarm
            //打开收到全 0 报文告警功能，前提是必须开启 SNMP 的 lldptrap 告警功能
```

10．配置MAC地址刷新ARP功能

配置MAC信息更新后（如用户更换接入端口）自动刷新ARP表项的功能。相关配置实例代码如下。

```
[LSW1] mac-address update arp                      //自动刷新 ARP 表项功能
```

11．配置端口桥接功能

在正常情况下，交换机在收到源MAC地址和目的MAC地址的出端口为同一个端口的报文时，就认为该报文为非法报文，将其丢弃，但是在有些情况下数据帧的源MAC地址和目的MAC地址又确实是同一个出端口，为了让交换机能够不丢弃这些特殊情况下的帧，需要启用交换的端口桥功能，比如交换机下挂了不具备二层转发能力的HUB设备，或者下挂了一台启用了多个虚拟机的服务器，这样在这些下挂设备下面的主机通信都通过交换机的同一个端口收发，所以这些帧是正常的帧，不能将其丢弃。相关配置实例代码如下。

```
[LSW1]interface Ethernet 0/0/24
[LSW1-Ethernet0/0/24] port bridge enable             //为端口开启桥功能
[LSW1-Ethernet0/0/24] quit
```

12．配置端口转发模式

```
[LSW1]interface Ethernet 0/0/1
[LSW1-Ethernet0/0/1]undo negotiation auto            //取消自动协商模式
[LSW1-Ethernet0/0/1]duplex full                      //设置为全双工模式
[LSW1-Ethernet0/0/1]speed 100                        //转发速率为 100Mb/s
```

13．恢复端口默认配置与自动恢复命令

```
[LSW1] clear configuration interface Ethernet 0/0/1        //恢复端口默认配置命令
[LSW1] error-down auto-recovery cause bpdu-protection interval 300
//在运行 STP 协议的网络中边缘端口使能 BPDU 保护功能后，配置端口状态自动恢复为 up 的时间是300s
```

8.2 访问控制列表

8.2.1 ACL 概述

访问控制列表（Access Control List，ACL）是由一条或多条规则组成的集合。所谓规则，是指描述报文匹配条件的判断语句，这些条件可以是关于报文的源地址、目的地址、端口号等。ACL 本质上是一种报文过滤器，规则是过滤器的滤芯，网络设备基于这些规则进行报文匹配，可以过滤出特定的报文，并根据应用 ACL 的业务模块的处理策略来允许或阻止该报文通过。

ACL 是一种基于包过滤的访问控制技术，它可以根据设定的条件对端口上的数据包进行过滤，允许其通过或丢弃。ACL 被广泛地应用于路由器和三层交换机，借助于 ACL 可以有效地控制用户对网络的访问，告诉路由器哪些数据可以接收，哪些数据是需要被拒绝并丢弃的，从而最大限度地保障网络安全。

ACL 的定义是基于协议的，它适用于所有的路由协议，如 IP、IPX 等。它会在路由器上读取数据包中的信息，如源地址、目的地址、使用的协议、源端口、目的端口等，并根据预先定义好的规则对包进行过滤，从而达到对网络访问的精确、灵活控制。

ACL 由一系列包过滤规则组成，每条规则明确定义了对指定类型的数据进行的操作（允许、拒绝等），ACL 可关联作用于三层端口、VLAN，并且具有方向性。当网络设备收到一个需要进行 ACL 处理的数据分组时，会按照 ACL 的列表项自上而下进行顺序处理。一旦找到匹配项，就不再处理列表中的后续语句，如果列表中没有匹配项，则此分组将会被丢弃。

ACL 可以应用于诸多业务模块，其中最基本的 ACL 应用，就是在简化流策略/流策略中应用 ACL，使网络设备能够基于全局、VLAN 或端口下发 ACL，实现对转发报文的过滤。此外，ACL 还可以应用在 Telnet、FTP、路由等模块。

1．匹配过程

路由器端口的访问控制取决于其应用的 ACL。数据在进（出）网络前，路由器会根据 ACL 对其进行匹配，若匹配成功则对数据进行过滤或转发；若匹配失败则丢弃数据。

ACL 实质上是一系列带有自上而下逻辑顺序的判断语句。当数据到达路由器端口时，ACL 首先将数据与第一条语句进行比较，如果条件符合，则直接进入控制策略，后面的语句会被忽略不再检查；如果与第一条语句条件不符合，则将数据交给第二条语句进行比较，如果条件符合，则直接进入控制策略，如果条件不符合，则继续交给下一条语句……以此类推，如果数据到达最后一条语句仍然不匹配，即所有判断语句条件都不符合，则拒绝并丢弃该数据，如图 8.7 所示。

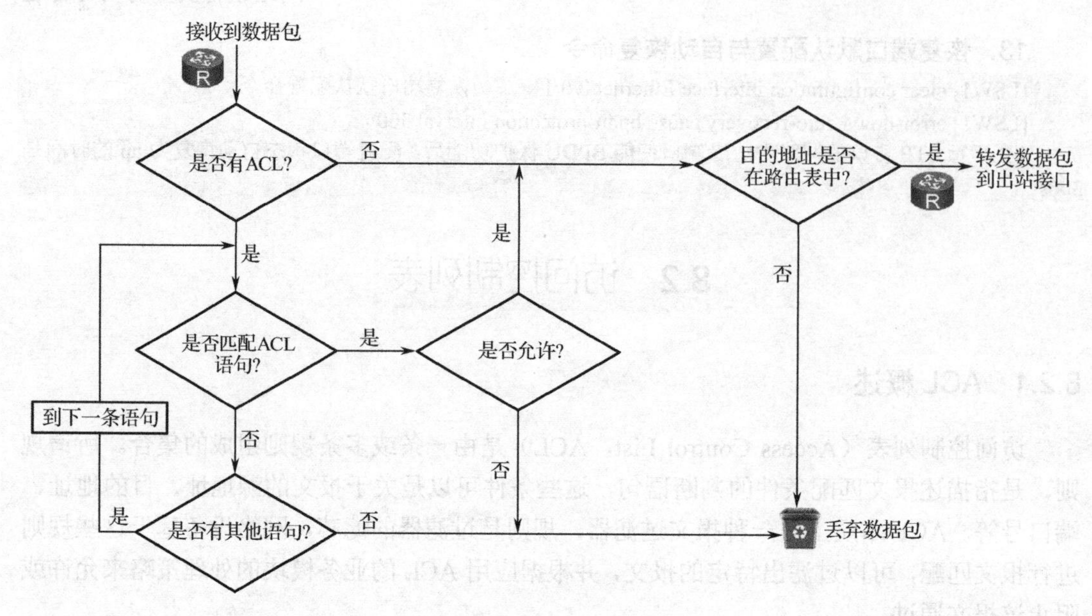

图 8.7 ACL 工作流程

2. ACL 的作用

ACL 的主要作用如下：

☑ 允许、拒绝特定的数据流通过网络设备，实现防止攻击、访问控制、节省带宽等目的；

☑ 对特定的数据流、报文、路由条目等进行匹配和标识，以用于其他目的路由过滤，如 QoS、Route-map 等。

3. ACL 分类

（1）按照 ACL 规则功能的不同可以将 ACL 划分为基本 ACL、高级 ACL、二层 ACL、用户自定义 ACL 和用户 ACL 这 5 种类型，如表 8.2 所示。每种类型的 ACL 对应的编号范围是不同的，如 ACL 2000 属于基本 ACL，ACL 3998 属于高级 ACL。高级 ACL 可以定义比基本 ACL 更准确、更丰富、更灵活的规则，所以高级 ACL 的功能更加强大。

表 8.2 ACL 类型

ACL 类型	规则定义描述	编 号 范 围
基本 ACL	仅使用报文的源 IP 地址、分片标记和时间段信息来定义规则	2000～2999
高级 ACL	既可使用报文的源 IP 地址，也可使用目的地址、IP 优先级、DSCP、IP 协议类型、ICMP 类型、TCP 源端口/目的端口号、UDP 源端口/目的端口号等来定义规则	3000～3999
二层 ACL	可根据报文的以太网帧头信息来定义规则，如源 MAC 地址、目的 MAC 地址、以太帧协议类型等	4000～4999
用户自定义 ACL	可根据报文偏移位置和偏移量来定义规则	5000～5999
用户 ACL	既可使用 IPv4 报文的源 IP 地址或源 UCL（User Control List）组，也可使用目的地址或目的 UCL 组、IP 协议类型、ICMP 类型、TCP 源端口/目的端口号、UDP 源端口/目的端口号等来定义规则	6000～9999

（2）按照 ACL 标识方法可以将 ACL 划分为以下两类。

① 数字型 ACL：传统的 ACL 标识方法。在创建 ACL 时，指定一个唯一的数字标识该 ACL。

② 命名型 ACL：通过名称代替编号来标识 ACL。

用户在创建 ACL 时可以为其指定编号，不同的编号对应不同类型的 ACL。同时，为了便于记忆和识别，用户还可以创建命名型 ACL，即在创建 ACL 时为其设置名称。命名型 ACL，也可以是“名称+数字”的形式，即在定义命名型 ACL 时，同时指定 ACL 编号。如果不指定编号，系统就会自动为其分配一个数字型 ACL 的编号。

4．应用规则

我们称 ACL 规则为 rule，称其中的 deny | permit 为 ACL 动作，表示拒绝/允许。

每条规则都拥有自己的规则编号，如 5、10、200，这些编号可以自行配置，也可以由系统自动分配，那么系统是怎样自动分配规则编号的呢？

系统默认情况下，ACL 规则 rule 的编号以 5 开头，以 5 的倍数递增，即 5、10、15、20 等，但也可以自行定义 ACL 规则 rule 的编号，如 6、7、11、13 等。

ACL 规则的编号范围是 0～4294967294，所有规则均按照规则编号从小到大进行排序，所以，rule 5 排在首位，而规则编号最大的 rule 4294967294 排在末位。系统按照规则编号从小到大将规则依次与报文匹配，一旦匹配上一条规则就会停止匹配。

除了包含 ACL 动作和规则编号，ACL 规则中还定义了源地址、生效时间段等字段。这些字段被称为匹配选项，是 ACL 规则的重要组成部分。其实，ACL 提供了极其丰富的匹配选项。用户可以选择二层以太网帧头信息（如源 MAC 地址、目的 MAC 地址、以太帧协议类型）作为匹配选项，也可以选择三层报文信息（如源地址、目的地址、协议类型）作为匹配选项，还可以选择四层报文信息（如 TCP/UDP 端口号）等作为匹配选项。

（1）3P 原则。在路由器上应用 ACL 时，可以为每种协议（Per Protocol）、每个方向（Per Direction）和每个端口（Per Interface）配置一个 ACL，一般称为 3P 原则。

① 一个 ACL 只能基于一种协议，因此每种协议都需要配置单独的 ACL。

② 经过路由器端口的数据有进（In）和出（Out）两个方向，因此在端口上配置 ACL 也有进（In）和出（Out）两个方向。每个端口可以配置进方向的 ACL，也可以配置出方向的 ACL，或者两者都配置，但是一个 ACL 只能控制一个方向。

③ 一个 ACL 只能控制一个端口上的数据流量，无法同时控制多个端口上的数据流量。

（2）语句顺序决定了对数据的控制顺序。ACL 的语句是一种自上而下的逻辑排列关系，在数据匹配过程中，会依次对语句进行比较，一旦匹配成功，就按照当前的语句控制策略处理，不再与之后的语句进行比较。因此，只有正确的语句顺序才能得到所需的控制效果。

（3）至少有一条允许（Permit）语句。所有 ACL 的最后一条语句都是隐式拒绝语句，表示当所有语句都无法匹配时，将拒绝数据通过并自动丢弃数据，以防数据意外进入网络。因此，在写“拒绝（deny）”的 ACL 时，一定要至少有一条允许（Permit）语句，否则配置 ACL 的端口将拒绝任何数据通过，影响正常的网络通信。

（4）最有限制性的语句放在 ACL 的靠前位置，可以先过滤掉很多不符合条件的数据，节省后面语句的比较时间，从而提高路由器的工作效率。

5. ACL 匹配顺序

一条 ACL 可以由多条 deny | permit 语句组成，每条语句描述一条规则，这些规则可能存在重复或矛盾的地方。例如，在一条 ACL 中先后配置以下两条规则。

```
rule deny ip destination 10.1.0.0   0.0.255.255
//表示拒绝目的 IP 地址为 10.1.0.0/16 网段地址的报文通过
rule permit ip destination 10.1.1.0   0.0.0.255
//表示允许目的 IP 地址为 10.1.1.0/24 网段地址的报文通过，该网段地址范围小于 10.1.0.0/16 网段地址范围
```

其中，permit 规则与 deny 规则是相互矛盾的。对于目的 IP 地址为 10.1.1.1 的报文，如果系统先将 deny 规则与其匹配，则该报文会被拒绝通过；相反，如果系统先将 permit 规则与其匹配，则该报文会得到允许通过。因此，对于规则之间存在重复或矛盾的情形而言，报文的匹配结果与 ACL 的匹配顺序是息息相关的。

设备支持两种 ACL 匹配顺序：配置顺序（config 模式）和自动排序（auto 模式）。默认的 ACL 匹配顺序是 config 模式。

（1）配置顺序，即系统按照 ACL 规则编号从小到大的顺序进行报文匹配，规则编号越小越容易被匹配。

如果配置规则时指定了规则编号，则规则编号越小，规则插入位置越靠前，该规则越先被匹配；如果配置规则时未指定规则编号，则由系统自动为其分配一个编号，该编号是一个大于当前 ACL 内最大规则编号且是步长整数倍的最小整数，因此该规则会被最后匹配。

（2）自动排序，即系统使用“深度优先”的原则，将规则按照精确度从高到低进行排序，并按照精确度从高到低的顺序进行报文匹配。规则中定义的匹配项限制越严格，规则的精确度就越高，即优先级越高，系统越先匹配。各类 ACL 的“深度优先”匹配原则如表 8.3 所示。

表 8.3 “深度优先”匹配原则

ACL 类型	匹 配 原 则
基本 ACL&ACL6	（1）先看规则中是否带 VPN 实例，带 VPN 实例的规则优先。 （2）再比较源 IP 地址范围，源 IP 地址范围小（IP 地址通配符掩码中“0”位的数量多）的规则优先。 （3）如果源 IP 地址范围相同，则规则编号小的优先
高级 ACL&ACL6	（1）先看规则中是否带 VPN 实例，带 VPN 实例的规则优先。 （2）再比较协议范围，指定了 IP 协议承载的协议类型的规则优先。 （3）如果协议范围相同，则比较源 IP 地址范围，源 IP 地址范围小（IP 地址通配符掩码中 0 位的数量多）的规则优先。 （4）如果协议范围、源 IP 地址范围相同，则比较目的 IP 地址范围，目的 IP 地址范围小（IP 地址通配符掩码中 0 位的数量多）的规则优先。 （5）如果协议范围、源 IP 地址范围、目的 IP 地址范围相同，则比较四层端口号（TCP/UDP 端口号）范围，四层端口号范围小的规则优先。 （6）如果上述范围都相同，则规则编号小的优先

续 表

ACL 类型	匹 配 原 则
二层 ACL	（1）先比较二层协议类型通配符掩码，通配符掩码大（协议类型通配符掩码中 1 位的数量多）的规则优先。 （2）如果二层协议类型通配符掩码相同，则比较源 MAC 地址范围，源 MAC 地址范围小（MAC 地址通配符掩码中 1 位的数量多）的规则优先。 （3）如果源 MAC 地址范围相同，则比较目的 MAC 地址范围，目的 MAC 地址范围小（MAC 地址通配符掩码中 1 位的数量多）的规则优先。 （4）如果源 MAC 地址范围、目的 MAC 地址范围相同，则规则编号小的优先
用户自定义 ACL	用户自定义 ACL 规则的匹配顺序只支持配置顺序，即规则编号按从小到大的顺序进行匹配
用户 ACL	（1）先比较协议范围，指定了 IP 协议承载的协议类型的规则优先。 （2）如果协议范围相同，则比较源 IP 地址范围。如果规则的源 IP 地址均为 IP 网段，则源 IP 地址范围小（IP 地址通配符掩码中 0 位的数量多）的规则优先，否则，源 IP 地址为 IP 网段的规则优先于源 IP 地址为 UCL 组的规则。 （3）如果协议范围、源 IP 地址范围相同，则比较目的 IP 地址范围。如果规则的目的 IP 地址均为 IP 网段，则目的 IP 地址范围小（IP 地址通配符掩码中 0 位的数量多）的规则优先，否则，目的 IP 地址为 IP 网段的规则优先于目的 IP 地址为 UCL 组的规则。 （4）如果协议范围、源 IP 地址范围、目的 IP 地址范围相同，则比较四层端口号（TCP/UDP 端口号）范围，四层端口号范围小的规则优先。 （5）如果上述范围都相同，则规则编号小的优先

在自动排序的 ACL 中配置规则时，不允许自行指定规则编号。系统能自动识别出该规则在这条 ACL 中对应的优先级，并为其分配一个适当的规则编号。

例如，在 auto 模式的高级 ACL 3001 中，先后配置以下两条规则。

```
rule deny ip destination 10.1.0.0    0.0.255.255
 //表示拒绝目的 IP 地址为 10.1.0.0/16 网段地址的报文通过
rule permit ip destination 10.1.1.0    0.0.0.255
 //表示允许目的 IP 地址为 10.1.1.0/24 网段地址的报文通过，该网段地址范围小于 10.1.0.0/16 网段范围
```

两条规则均没有带 VPN 实例，并且协议范围、源 IP 地址范围相同，所以根据表 8.3 中高级 ACL 的“深度优先”匹配原则，接下来需要进一步比较规则的目的 IP 地址范围。由于 permit 规则指定的目的地址范围小于 deny 规则，所以 permit 规则的精确度更高，系统为其分配的规则编号更小。在配置完上述两条规则后，ACL 3001 的规则排序如下。

```
#
acl number 3001 match-order auto
rule 5 permit ip destination 10.1.1.0 0.0.0.255
rule 10 deny ip destination 10.1.0.0 0.0.255.255
#
```

此时，如果再插入一条新的规则 rule deny ip destination 10.1.1.1 0（目的 IP 地址范围是主机地址，优先级高于以上两条规则），则系统将按照规则的优先级关系，重新为各规则分配编号。在插入新规则后，ACL 3001 新的规则排序如下。

```
#
acl number 3001 match-order auto
rule 5 deny ip destination 10.1.1.1 0
rule 10 permit ip destination 10.1.1.0 0.0.0.255
rule 15 deny ip destination 10.1.0.0 0.0.255.255
#
```

相比 config 模式的 ACL，auto 模式的 ACL 的规则排序更为复杂，并且 auto 模式的 ACL 有其独特的应用场景。例如，在网络部署初始阶段，为了保证网络安全性，管理员定义了较大的 ACL 匹配范围，用于丢弃不可信网段范围的所有 IP 报文。随着时间的推移，在实际应用中需要允许这个大范围中某些特征的报文通过。此时，如果管理员采用的是 auto 模式，则只需要定义新的 ACL 规则，无须再考虑如何对这些规则进行排序以避免报文被误丢弃。

6．步长

步长，是指系统在自动为 ACL 规则分配编号时，每个相邻规则编号之间的差值，也就是说，系统是根据步长值自动为 ACL 规则分配编号的。

ACL 2000 的步长就是 5，系统按照 5、10、15……这样的规律为 ACL 规则分配编号。如果将步长调整为 2，那么规则编号会自动从步长值开始重新排列，变成 2、4、6……

ACL 的默认步长值是 5。使用 display acl acl-number 命令可以查看 ACL 规则、步长等配置信息。使用 step 命令可以修改 ACL 步长值。

实际上，设置步长的目的，是为了方便大家在 ACL 规则之间插入新的规则。如果每条 ACL 规则之间的间隔不是 5，而是 1（rule 1、rule 2、rule 3……），这时再想插入新的规则，该怎么办呢？只能先删除已有的规则，然后配置新的规则，最后将之前删除的规则重新配置回来。但是这样做付出的代价比较大。所以，在设置 ACL 步长时为规则之间留下一定的空间，后续再想插入新的规则时就会非常轻松。

8.2.2 基本 ACL

基本 ACL 的重要特征包括：一是通过 2000～2999 的编号来区别不同的 ACL；二是通过检查 IP 数据包中的源地址信息，对匹配成功的数据包采取允许或拒绝的操作。

基本 ACL 通过检查收到的 IP 数据包中的源 IP 地址信息来控制网络中数据包的流向。在实施 ACL 的过程中，如果要允许或拒绝来自某一特定 IP 地址的网络数据包，则可以使用基本 ACL 来实现，基本 ACL 只能过滤 IP 数据包头中的源 IP 地址，如图 8.8 所示。

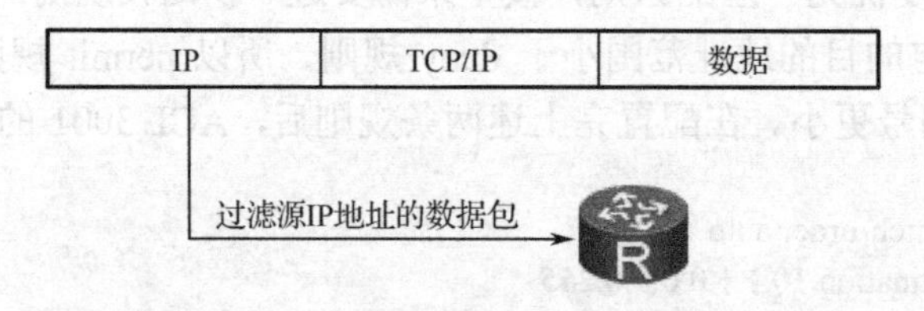

图 8.8 基本 ACL

1．ACL 的常用配置原则

在配置 ACL 规则时，可以遵循以下原则。

（1）如果配置的 ACL 规则存在包含关系，那么应注意严格条件的规则编号需要排序靠前，宽松条件的规则编号需要排序靠后，避免报文因命中宽松条件的规则而停止向下继续匹配，从而使其无法命中严格条件的规则。

（2）根据各业务模块 ACL 默认动作的不同，ACL 的配置原则也不同。例如，在默认动作为 permit 的业务模块中，如果只希望“deny 少部分报文”，则只需配置具体 IP 地址的

deny 规则，结尾无须添加任意 IP 地址的 permit 规则；而默认动作为 deny 的业务模块与其相反。详细的 ACL 常用配置原则，如表 8.4 所示。

表 8.4　ACL 的常用配置原则

ACL 默认动作	permit 所有报文	deny 所有报文	permit 少部分报文，deny 大部分报文	deny 少部分报文，permit 大部分报文
permit	无须应用 ACL	配置 rule deny	需先配置 rule permit ×××，再配置 rule deny ××××或 rule deny 说明：以上原则适用于报文过滤的情形。当 ACL 应用于流策略中进行流量监管或者流量统计时，如果仅希望对指定的报文进行限速或统计，则只需配置 rule permit×××	只需配置 rule deny ×××，无须再配置 rule permit××××或 rule permit 说明：如果配置 rule permit 并在流策略中应用 ACL，并且将该流策略的流行为 behavior 配置为 deny，则设备会拒绝所有报文通过，导致全部业务中断
deny	路由和组播模块：需配置 rule permit 其他模块：无须应用 ACL	路由和组播模块：无须应用 ACL 其他模块：需配置 rule deny	只需配置 rule permit ×××，无须再配置 rule deny××××或 rule deny	需先配置 rule deny ×××，再配置 rule permit ××××或 rule permit

知识点：

以下 rule 的表达方式仅是示意形式，实际配置方法可参考各类 ACL 规则的命令行格式。

rule permit×××/rule permit××××：表示允许指定的报文通过，×××/××××表示指定报文的标识，可以是源 IP 地址、源 MAC 地址、生效时间段等。××××表示的范围与××××表示的范围是包含关系，例如×××是某一个 IP 地址，××××可以是该 IP 地址所在的网段地址或 any（表示任意 IP 地址）；再如×××是周六的某一个时间段，××××可以是周末全天时间或一周七天的全部时间。

rule deny×××/rule deny××××：表示拒绝指定的报文通过。

rule permit：表示允许所有报文通过。

rule deny：表示拒绝所有报文通过。

2．实例应用

【实例 1】在流策略中应用 ACL，使设备对 192.168.11.0/24 网段的报文进行过滤，拒绝 192.168.11.1 和 192.168.11.2 主机地址的报文通过，允许 192.168.11.0/24 网段的其他地址的报文通过。

流策略的 ACL 默认动作为 permit，该例属于“deny 少部分报文，permit 大部分报文”的情况，所以只需要配置 rule deny×××。相关配置实例代码如下。

```
#
acl number 2001
 rule 5 deny source 192.168.11.1 0
 rule 10 deny source 192.168.11.2 0
#
```

【实例 2】在流策略中应用 ACL，使设备对 192.168.11.0/24 网段的报文进行过滤，允许

192.168.11.1 和 192.168.11.2 主机地址的报文通过，拒绝 192.168.11.0/24 网段的其他地址的报文通过。

流策略的 ACL 默认动作为 permit，该例属于“permit 少部分报文，deny 大部分报文”的情况，所以需要先配置 rule permit×××，再配置 rule deny××××。相关配置实例代码如下。

```
#
acl number 2001
 rule 5 permit source 192.168.11.1 0
 rule 10 permit source 192.168.11.2 0
 rule 15 deny source 192.168.11.0 0.0.0.255
#
```

【实例 3】在 Telnet 中应用 ACL，仅允许管理员主机（IP 地址为 192.168.11.100）Telnet 登录设备，不允许其他用户 Telnet 登录设备。

Telnet 的 ACL 默认动作为 deny，该例属于“permit 少部分报文，deny 大部分报文”的情况，所以只需要配置 rule permit×××。相关配置实例代码如下。

```
#
acl number 2001
 rule 5 permit source 192. 168. 11. 100 0
#
```

【实例 4】在 Telnet 中应用 ACL，不允许两台主机（IP 地址为 192.168.11.10 和 192.168.11.11）Telnet 登录设备，允许其他用户 Telnet 登录。

Telnet 的 ACL 默认动作为 deny，该例属于“deny 少部分报文，permit 大部分报文”的情况，所以需要先配置 rule deny×××，再配置 rule permit。相关配置实例代码如下。

```
#
acl number 2001
 rule 5 deny source 192.168.11.10 0
 rule 10 deny source 192.168.11.11 0
 rule 15 permit
#
```

【实例 5】在 FTP 中应用 ACL，不允许用户（IP 地址为 192.168.11.100）在周六的 00:00～8:00 访问 FTP 服务器，允许用户在其他任意时间访问 FTP 服务器。

FTP 的 ACL 默认动作为 deny，该例属于“deny 少部分报文，permit 大部分报文”的情况，所以需要先配置 rule deny×××，再配置 rule permit××××。相关配置实例代码如下。

```
#
time-range time-down 00:00 to 08:00 Sat
time-range time-up 00:00 to 23:59 daily
#
acl number 2001
 rule 5 deny source 192.168.11.100 0 time-range time-down
 rule 10 permit source 192.168.11.100 0 time-range time-up
#
```

3．应用规则

在网络设备上配置好 ACL 规则后，还需要把配置好的规则应用在相应的端口上，只有在这个端口激活后，规则才能起作用。

配置 ACL 需要三个步骤，如下所述。

（1）定义好 ACL 规则。

（2）指定 ACL 所应用的端口。

（3）定义 ACL 作用于端口上的方向。

将 ACL 规则应用到某一端口上的命令如下。

```
[AR1]interface GigabitEthernet 0/0/0
[AR1-GigabitEthernet0/0/0]traffic-filter ?
  inbound     Apply ACL to the inbound direction of the interface
  outbound    Apply ACL to the outbound direction of the interface
[AR1-GigabitEthernet0/0/0]traffic-filter inbound acl 2001
[AR1-GigabitEthernet0/0/0]quit
[AR1]
```

上述命令中的参数 inbound 和 outbound 表示控制端口不同方向的数据包，当数据经端口流入设备时，就是入口方向（inbound）；当数据经端口流出设备时，就是出口方向（outbound）。

4．配置基本 ACL

（1）配置基本 ACL，网络拓扑连接、相关端口与 IP 地址配置如图 8.9 所示。配置网段（192.168.10.0）中的主机，只允许主机（192.168.10.100 和 192.168.10.200）访问 Web 服务器，不允许其他地址访问；配置网段（192.168.20.0）中的主机，只允许在上班时间（周一至周五 8:00:00~18:00:00）访问 Web 服务器，不允许在其他时间访问。

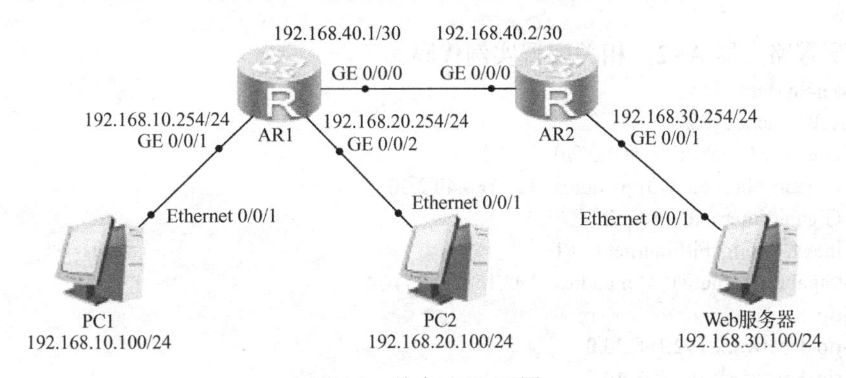

图 8.9　基本 ACL 配置

（2）配置路由器 AR1，相关配置实例代码如下。

```
<Huawei>system-view
Enter system view, return user view with Ctrl+Z.
[Huawei]sysname AR1
[AR1]interface GigabitEthernet 0/0/0
[AR1-GigabitEthernet0/0/0]ip address 192.168.40.1 30
[AR1-GigabitEthernet0/0/0]quit
[AR1]interface GigabitEthernet 0/0/1
[AR1-GigabitEthernet0/0/1]ip address 192.168.10.254 24
[AR1-GigabitEthernet0/0/1]quit
[AR1]interface GigabitEthernet 0/0/2
[AR1-GigabitEthernet0/0/2]ip address 192.168.20.254 24
[AR1]rip
[AR1-rip-1]network 192.168.10.0
```

```
[AR1-rip-1]network 192.168.20.0
[AR1-rip-1]network 192.168.40.0
[AR1-rip-1]quit
[AR1]
```

（3）显示路由器 AR1 的配置信息，主要配置实例代码如下。

```
<AR1>display current-configuration
#
 sysname AR1
#
interface GigabitEthernet0/0/0
 ip address 192.168.40.1 255.255.255.252
#
interface GigabitEthernet0/0/1
 ip address 192.168.10.254 255.255.255.0
#
interface GigabitEthernet0/0/2
 ip address 192.168.20.254 255.255.255.0
#
rip 1
 network 192.168.10.0
 network 192.168.20.0
 network 192.168.40.0
#
return
<AR1>
```

（4）配置路由器 AR2，相关配置实例代码如下。

```
<Huawei>system-view
[Huawei]sysname AR2
[AR2]interface GigabitEthernet 0/0/0
[AR2-GigabitEthernet0/0/0]ip address 192.168.40.2 30
[AR2-GigabitEthernet0/0/0]quit
[AR2]interface GigabitEthernet 0/0/1
[AR2-GigabitEthernet0/0/1]ip address 192.168.30.254 24
[AR2]rip
[AR2-rip-1]network 192.168.30.0
[AR2-rip-1]network 192.168.40.0
[AR2-rip-1]quit
[AR2]time-range workup-1 8:00 to 18:00 working-day
[AR2]time-range workup-1 from 00:00 2019/01/01 to 23:59 2019/12/31
[AR2]acl number 2001
[AR2-acl-basic-2001]rule 5 permit source 192.168.10.100 0
[AR2-acl-basic-2001]rule 10 permit source 192.168.10.200 0
[AR2-acl-basic-2001]rule 15 deny source 192.168.10.0 0.0.0.255
[AR2-acl-basic-2001]rule 20 permit source 192.168.20.0 0.0.0.255 time-range workup-1
[AR2-acl-basic-2001]quit
[AR2]interface GigabitEthernet 0/0/0
[AR2-GigabitEthernet0/0/0]traffic-filter inbound acl 2001
[AR2-GigabitEthernet0/0/0]quit
[AR2]
```

（5）显示路由器 AR2 的配置信息，主要配置实例代码如下。

```
<AR2>display current-configuration
```

```
#
 sysname AR2
#
 time-range workup-1 08:00 to 18:00 working-day
 time-range workup-1 from 00:00 2019/1/1 to 23:59 2019/12/31
#
acl number 2001
 rule 5 permit source 192.168.10.100 0
 rule 10 permit source 192.168.10.200 0
 rule 15 deny source 192.168.10.0 0.0.0.255
 rule 20 permit source 192.168.20.0 0.0.0.255 time-range workup-1
#
interface GigabitEthernet0/0/0
 ip address 192.168.40.2 255.255.255.252
#
interface GigabitEthernet0/0/1
 ip address 192.168.30.254 255.255.255.0
 raffic-filter inbound acl 2001
#
rip 1
 network 192.168.30.0
 network 192.168.40.0
#
return
<AR2>
```

（6）测试主机 PC1 的连通性，当 PC1 的 IP 地址为 192.168.10.100 时，可以看到 PC1 可以访问 Web 服务器；当 PC1 的 IP 地址为 192.168.10.10 时，可以看到 PC1 无法访问 Web 服务器，如图 8.10 所示。

图 8.10　测试主机 PC1 的连通性

（7）测试主机 PC2 的连通性，当 PC2 的 IP 地址为 192.168.20.100 时，工作时间为周一至周五时，可以看到 PC2 可以访问 Web 服务器，如图 8.11 所示。

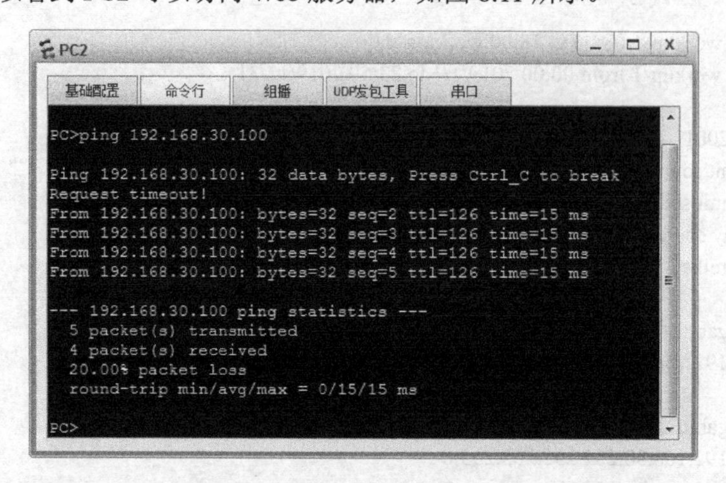

图 8.11 测试主机 PC2 的连通性

8.2.3 高级 ACL

高级 ACL 的重要特征包括：一是通过 3000～3999 的编号来区别不同的 ACL；二是不仅检查 IP 数据包中的源地址信息，还检查数据包中的目的 IP 地址信息、源端口、目的端口、网络连接和 IP 优先级等数据包特征信息，对匹配成功的数据包采取允许或拒绝的操作。

高级 ACL 通过检查收到的 IP 数据包特征信息来控制网络中数据包的流向，并且对匹配成功的数据包采取允许或拒绝操作，如图 8.12 所示。高级 ACL 根据源 IP 地址、目的 IP 地址、IP 协议类型、TCP 源/目的端口号、UDP 源/目的端口号、分片信息和生效时间段等信息来定义规则，并对 IPv4 报文进行过滤。

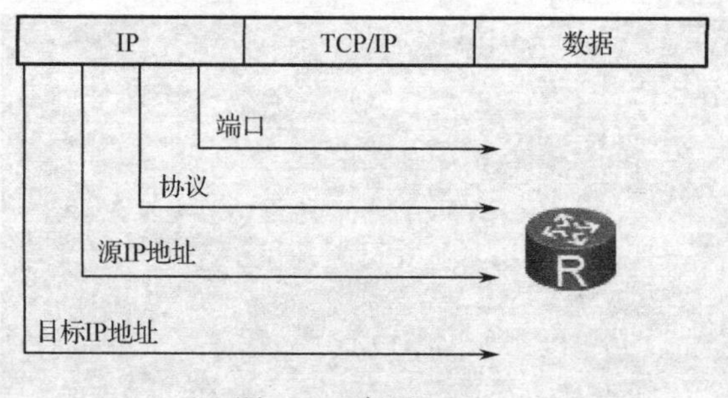

图 8.12 高级 ACL

高级 ACL 提供了比基本 ACL 更准确、丰富、灵活的规则定义方法。例如，当希望同时根据源 IP 地址和目的 IP 地址对报文进行过滤时，需要配置高级 ACL。

1. 高级 ACL 的常用匹配项

设备支持的 ACL 匹配项种类非常丰富，其中较常用的匹配项包括以下几种。

1）源/目的 IP 地址及其通配符掩码

源 IP 地址及其通配符掩码格式：source { source-address source-wildcard | any }

目的 IP 地址及其通配符掩码格式：destination { destination-address destination-wildcard | any }

基本 ACL 支持根据源 IP 地址过滤报文；高级 ACL 不仅支持根据源 IP 地址过滤报文，还支持根据目的 IP 地址过滤报文。

在将源/目的 IP 地址定义为规则匹配项时，需要在源/目的 IP 地址字段后面同时指定通配符掩码，用来与源/目的 IP 地址字段共同确定一个地址范围。

IP 地址通配符掩码与 IP 地址的反向子网掩码类似，也是一个 32 比特位的数字字符串，用于指示 IP 地址中的哪些位将被检查。在各比特位中，0 表示“检查相应的位”，1 表示“不检查相应的位”，概括为一句话就是“检查 0，忽略 1”。但与 IP 地址子网掩码不同的是，子网掩码中的 0 和 1 要求必须连续，而通配符掩码中的 0 和 1 可以不连续。

通配符掩码可以为 0，相当于 0.0.0.0，表示源/目的地址为主机地址；也可以为 255.255.255.255，表示任意 IP 地址，相当于指定 any 参数。

以一个 IP 地址通配符掩码为例，当希望来自 192.168.1.0/24 网段的所有 IP 报文都能够通过时，可以配置如下规则：rule 5 permit ip source 192.168.1.0 0.0.0.255。该规则中的通配符掩码为 0.0.0.255，表示只需要检查 IP 地址的前三组二进制八位数对应的比特位。因此，如果报文源 IP 地址的前 24 个比特位与参照地址的前 24 个比特位（192.168.1）相同，即报文的源 IP 地址为 192.168.1.0/24 网段的地址，则允许该报文通过。

2）TCP/UDP 端口号

源端口号格式：source-port { eq port | gt port | lt port | range port-start port-end }

目的端口号格式：destination-port { eq port | gt port | lt port | range port-start port-end }

在高级 ACL 中，当协议类型指定为 TCP 或 UDP 时，设备支持基于 TCP/UDP 的源/目的端口号过滤报文。其中，TCP/UDP 端口号的比较符含义如下所述。

☑ eq port：指定等于源/目的端口。
☑ gt port：指定大于源/目的端口。
☑ lt port：指定小于源/目的端口。
☑ range port-start port-end：指定源/目的端口的范围，port-start 是端口范围的起始，port-end 是端口范围的结束。

TCP/UDP 端口号可以使用数字表示，也可以使用字符串（助记符）表示。例如，rule deny tcp destination-port eq 80，可以用 rule deny tcp destination-port eq www 替代。常见 UDP 端口号及对应的协议，如表 8.5 所示；常见 TCP 端口号及对应的协议，如表 8.6 所示。

表 8.5　常见 UDP 端口号及对应的协议

端 口 号	协 议	功 能 描 述
7	echo	Echo 服务
9	discard	用于连接测试的空服务
37	time	时间协议
42	nameserver	主机名服务
53	dns	域名服务
69	tftp	小文件传输协议
137	netbios-ns	NETBIOS 名称服务
138	netbios-dgm	NETBIOS 数据报服务
139	netbios-ssn	NETBIOS 会话服务

续 表

端口号	协议	功能描述
161	snmp	简单网络管理协议
434	mobilip-ag	移动 IP 代理
435	mobilip-mn	移动 IP 管理
513	who	登录的用户列表
517	talk	远程对话服务器和客户端
520	rip	RIP 路由协议

表 8.6　常见 TCP 端口号及对应的协议

端口号	协议	功能描述
7	echo	Echo 服务
9	discard	用于连接测试的空服务
20	ftp-data	FTP 数据端口
21	ftp	文件传输协议（FTP）端口
23	telnet	Telnet 服务
25	smtp	简单邮件传输协议
37	time	时间协议
43	whois	目录服务
53	dns	域名服务
80	http	用于万维网（WWW）服务的超文本传输协议（HTTP），用于网页浏览
109	pop2	邮件协议-版本 2
110	pop3	邮件协议-版本 3
179	bgp	边界网关协议
513	login	远程登录
514	cmd	远程命令，不必登录的远程 Shell（RSHELL）和远程复制（RCP）
517	talk	远程对话服务和客户
543	klogin	Kerberos 版本 5（v5）远程登录
544	kshell	Kerberos 版本 5（v5）远程 Shell

3）IP 承载的协议类型

格式：protocol-number | icmp | tcp | udp | gre | igmp | ip | ipinip | ospf

高级 ACL 支持基于协议类型过滤报文，常用的协议类型包括 ICMP（协议号 1）、TCP（协议号 6）、UDP（协议号 17）、GRE（协议号 47）、IGMP（协议号 2）、IP（指任何 IP 层协议）、IPinIP（协议号 4）、OSPF（协议号 89）。协议号的取值范围为 1～255。

例如，当设备某个端口下的用户存在大量的攻击者时，如果希望禁止这个端口下的所有用户接入网络，则可以通过指定协议类型为 IP 协议来屏蔽这些用户的 IP 报文来达到目的，配置为 rule deny ip，表示拒绝 IP 报文通过。

4）基于时间的 ACL

ACL 定义了丰富的匹配项，可以满足大部分的报文过滤需求，但需求是不断变化发展的，新的需求总是不断出现。例如，某公司要求，在上班时间只允许员工浏览与工作相关的几个网站，下班或周末时间才可以访问其他互联网网站；再如，在每天 20:00～22:00 的网络流量高峰期，为防止 P2P、下载类业务占用大量带宽对其他数据业务的正常使用造成影响，需要对 P2P、下载类业务的带宽进行限制。

基于时间的 ACL 过滤就是用来解决上述问题的。管理员可以根据网络访问行为的要求和网络的拥塞情况，配置一个或多个 ACL 生效时间段，然后在 ACL 规则中引用该时间段，从而在不同的时间段设置不同的策略，达到网络优化的目的。

在 ACL 规则中引用的生效时间段存在两种模式。

（1）第一种模式为周期时间段：以星期为参数来定义时间范围，表示规则以一周为周期（如每周一的 8:00～12:00）循环生效。

格式：time-range time-name start-time to end-time { days } <1-7>

☑ time-name：时间段名称，以英文字母开头的字符串。

☑ start-time to end-time：开始时间和结束时间，格式为[小时:分钟] to [小时:分钟]。

☑ days：有多种表达方式。

- Mon、Tue、Wed、Thu、Fri、Sat、Sun 中的一个或者几个的组合；也可以用数字表达，0 表示周日，1 表示周一，……，6 表示周六。
- working-day：从周一到周五，五天。
- daily：包括一周七天。
- off-day：包括周六和周日，两天。

（2）第二种模式为绝对时间段：从某年某月某日的某一时间开始，到某年某月某日的某一时间结束，表示规则在这段时间范围内生效。

格式：time-range time-name from time1 date1 [to time2 date2]

☑ time-name：时间段名称，以英文字母开头的字符串。

☑ time1/time2：格式为[小时:分钟]。

☑ date1/date2：格式为[YYYY/MM/DD]，表示年/月/日。

可以使用同一名称（time-name）配置内容不同的多条时间段，配置的各周期时间段之间及各绝对时间段之间的交集将成为最终生效的时间范围。

例如，在 ACL 3001 中引用了时间段 workup-1，workup-1 包含三个生效时间段，相关配置实例代码如下。

```
#
time-range workup-1 8:00 to 18:00 working-day
time-range workup-1 14:00 to 18:00 off-day
time-range workup-1 from 00:00 2019/01/01 to 23:59 2019/12/31
#
acl number 3001
rule 5 permit ip source 192.168.11.0 0.0.0.255 time-range workup-1
#
```

第一个时间段，表示在周一到周五的 8:00～18:00 生效，这是一个周期时间段。

第二个时间段，表示在周六和周日下午 14:00～18:00 生效，这是一个周期时间段。

第三个时间段，表示从 2019 年 1 月 1 日 00:00 起到 2019 年 12 月 31 日 23:59 生效，这是一个绝对时间段。

时间段 workup-1 最终描述的时间范围为 2019 年的周一到周五的 8:00～18:00，以及周六和周日下午 14:00～18:00。

2．实例应用

【实例 1】配置基于 ICMP 协议类型、源 IP 地址（主机地址）和目的 IP 地址（网段地址）过滤报文的规则。

在 ACL 3001 中配置规则，允许源 IP 地址是 192.168.11.1，主机地址和目的 IP 地址是 192.168.20.0/24 网段地址的 ICMP 报文通过。相关配置实例代码如下。

```
<HUAWEI> system-view
[HUAWEI] acl 3001
[HUAWEI-acl-adv-3001] rule permit icmp source 192.168.1.11 0 destination 192.168.20.0 0.0.0.255
```

【实例 2】配置基于 TCP 协议类型、TCP 目的端口号、源 IP 地址（主机地址）和目的 IP 地址（网段地址）过滤报文的规则。

在名称为 deny-telnet 的高级 ACL 中配置规则，拒绝 IP 地址是 192.168.11.1 的主机与 192.168.20.0/24 网段的主机建立 Telnet 连接。相关配置实例代码如下。

```
<HUAWEI> system-view
[HUAWEI] acl name deny-telnet
[HUAWEI-acl-adv-deny-telnet] rule deny tcp destination-port eq telnet source 192.168.11.1 0 destination 192.168.20.0 0.0.0.255
```

【实例 3】配置基于 TCP 协议类型、TCP 目的端口号、源 IP 地址（主机地址）和目的 IP 地址（网段地址）过滤报文的规则。

在名称为 no-web 的高级 ACL 中配置规则，禁止 IP 地址为 192.168.11.1 和 192.168.11.2 的两台主机访问 Web 网页（HTTP 协议用于网页浏览，对应 TCP 端口号是 80），并配置 ACL 描述信息为 Web-access-restrictions。相关配置实例代码如下。

```
<HUAWEI> system-view
[HUAWEI] acl name no-web
[HUAWEI-acl-adv-no-web] description Web-access-restrictions
[HUAWEI-acl-adv-no-web] rule deny tcp destination-port eq 80 source 192.168.11.1 0
[HUAWEI-acl-adv-no-web] rule deny tcp destination-port eq 80 source 192.168.11.2 0
```

3．配置高级 ACL

（1）配置高级 ACL，网络拓扑连接、相关端口与 IP 地址配置如图 8.13 所示。配置网段（192.168.10.0）中的主机，只允许 PC1（192.168.10.100）访问 Web 服务器（HTTP 协议用于网页浏览，对应 TCP 端口号是 80），其他人不可以访问。

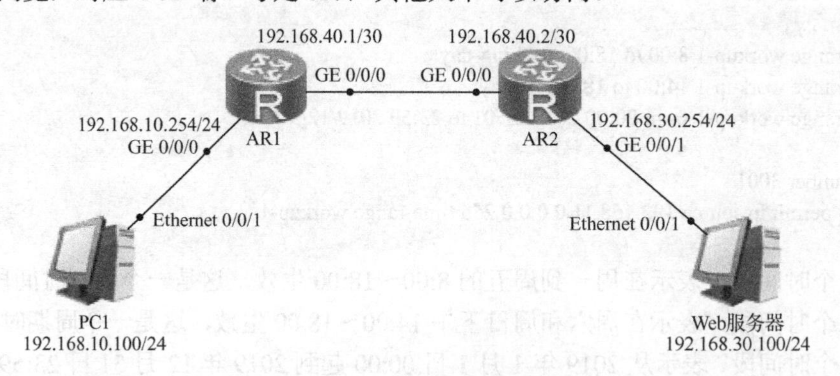

图 8.13　配置高级 ACL

（2）配置路由器 AR1，相关配置实例代码如下。

```
<Huawei>system-view
[Huawei]sysname AR1
[AR1]interface GigabitEthernet 0/0/0
[AR1-GigabitEthernet0/0/0]ip address 192.168.40.1 30
[AR1-GigabitEthernet0/0/0]quit
[AR1]interface GigabitEthernet 0/0/1
[AR1-GigabitEthernet0/0/1]ip address 192.168.10.254 24
[AR1-GigabitEthernet0/0/1]quit
[AR1]rip
[AR1-rip-1]network 192.168.10.0
[AR1-rip-1]network 192.168.40.0
[AR1-rip-1]quit
[AR1]
```

（3）显示路由器 AR1 的配置信息，主要配置实例代码如下。

```
<AR1>display current-configuration
#
 sysname AR1
#
interface GigabitEthernet0/0/0
 ip address 192.168.40.1 255.255.255.252
#
interface GigabitEthernet0/0/1
 ip address 192.168.10.254 255.255.255.0
#
rip 1
 network 192.168.10.0
network 192.168.40.0
#
return
<AR1>
```

（4）配置路由器 AR2，相关配置实例代码如下。

```
<Huawei>system-view
[Huawei]sysname AR2
[AR2]interface GigabitEthernet 0/0/0
[AR2-GigabitEthernet0/0/0]ip address 192.168.40.2 30
[AR2-GigabitEthernet0/0/0]quit
[AR2]interface GigabitEthernet 0/0/1
[AR2-GigabitEthernet0/0/1]ip address 192.168.30.254 24
[AR2]rip
[AR2-rip-1]network 192.168.30.0
[AR2-rip-1]network 192.168.40.0
[AR2-rip-1]quit
[AR2-acl-adv-3001]rule 5 permit tcp source 192.168.10.100 0 source-port eq 80
                destination 192.168.30.100 0 destination-port eq 80
[AR2-acl-adv-3001]rule 10 deny tcp source 192.168.10.0 0.0.0.255 source-port eq 80
                destination 192.168.30.100 0 destination-port eq 80
[AR2-acl-adv-3001]quit
[AR2]interface GigabitEthernet 0/0/0
[AR2-GigabitEthernet0/0/0]traffic-filter inbound acl 3001
[AR2-GigabitEthernet0/0/0]quit
[AR2]
```

（5）显示路由器 AR2 的配置信息，主要配置实例代码如下。

```
<AR2>display current-configuration
#
#
 sysname AR2
#
acl number 3001
 rule 5 permit tcp source 192.168.10.100 0 source-port eq www destination 192.168.30.100 0
destination-port eq www
 rule 10 deny tcp source 192.168.10.0 0.0.0.255 source-port eq www destination 192.168.30.100 0
destination-port eq www
#
interface GigabitEthernet0/0/0
 ip address 192.168.40.2 255.255.255.252
 traffic-filter inbound acl 3001
#
interface GigabitEthernet0/0/1
 ip address 192.168.30.254 255.255.255.0
#
rip 1
 network 192.168.30.0
 network 192.168.40.0
#
return
<AR2>
```

练 习 题

1．选择题

（1）基本 ACL 编号范围为（　　）。

A．2000～2999　　B．3000～3999　　C．4000～4999　　D．5000～5999

（2）高级 ACL 编号范围为（　　）。

A．2000～2999　　B．3000～3999　　C．4000～4999　　D．5000～5999

2．简答题

（1）如何进行交换机端口安全配置？

（2）简述配置 ACL 的步骤。

（3）简述 ACL 匹配顺序及配置步长的作用。

项目九

NAT 技术

教学目标、知识点：

1．了解 NAT 技术基本概念。

2．掌握 NAT 技术实现方式。

3．掌握静态 NAT 技术、动态 NAT 技术和端口多路复用 PAT 技术配置方法。

9.1 NAT 技术概述

随着网络技术的发展，以及接入 Internet 的计算机数量不断增长，Internet 中 IP 地址越来越少，IP 地址资源就显得“捉襟见肘”。事实上，除中国教育和科研计算机网（CERNET）以外，一般用户几乎申请不到整段的 C 类 IP 地址。在其他 ISP 那里，即使是拥有成百上千台计算机的大型局域网用户，当他们申请 IP 地址时，所分配的地址可能也不过只有几个或十几个 IP 地址。显然，这些 IP 地址根本无法满足网络用户的需求，于是就产生了 NAT 技术。NAT 技术在一定程度上解决了此问题，使得私网 IP 地址可以访问外网。虽然 NAT 技术可以借助某些代理服务器来实现，但考虑到运算成本和网络性能，很多时候都是在路由器上实现的。

9.1.1 NAT 简介

1．NAT 概述

NAT（Network Address Translation，网络地址转换）是在 1994 年提出的。简单来说，NAT 就是把内部私有 IP 地址翻译成合法有效的网络公有 IP 地址的技术，如图 9.1 所示。在专用网内部的一些主机本来已经分配到了本地 IP 地址（仅在本专用网内使用的专用地址），但现在又想和 Internet 上的主机通信（并不需要加密）时，可以使用 NAT 方法，这种方法需要在专用网连接到 Internet 的路由器上安装 NAT 软件。装有 NAT 软件的路由器叫作 NAT 路由器，它至少有一个有效的外部全球 IP 地址。这样，所有使用本地地址的主机在和外界通信时，都要在 NAT 路由器上将其本地地址转换成全球 IP 地址，才能连接 Internet。

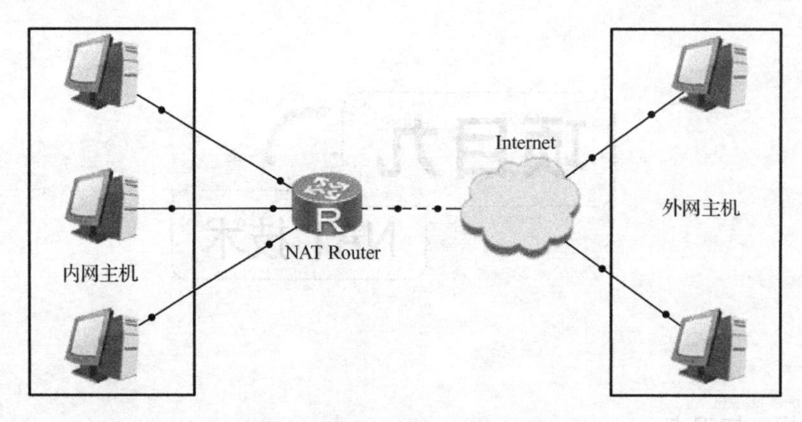

图 9.1 通过 NAT 技术接入外网

NAT 技术不仅能解决 IP 地址不足的问题，而且还能够有效地避免来自网络外部的攻击，隐藏并保护网络内部的计算机。

（1）作用：通过将内部网络的私有 IP 地址翻译成全球唯一的公网 IP 地址，使内部网络可以连接到 Internet 等外部网络上。

（2）优点：节省公共合法 IP 地址、处理地址重叠、增强灵活性、增强安全性。

（3）缺点：延迟增大；增加了配置和维护的复杂性；不支持某些应用，可以通过静态 NAT 映射来避免。

要真正了解 NAT 就必须先了解 IP 地址的使用情况，私有 IP 地址是指内部网络或主机的 IP 地址，公有 IP 地址是指在 Internet 上全球唯一的 IP 地址。RFC 1918 为私有网络预留出了三个 IP 地址块。

A 类：10.0.0.0～10.255.255.255。

B 类：172.16.0.0～172.31.255.255。

C 类：192.168.0.0～192.168.255.255。

上述三个范围内的地址不会在 Internet 上被分配，因此不必向 ISP 或注册中心申请就可以在公司或企业内部自由使用。

2．NAT 术语

内部本地地址（Inside Local Address）：指一个内部网络中的设备在内部网络的 IP 地址，即分配给内部网络中主机的 IP 地址，这种地址通常来自 RFC1918 指定的私有地址空间，即内部主机的实际地址。

内部全局地址（Inside Global Address）：指一个内部网络中的设备在外部网络的 IP 地址，即内部全局 IP 地址，对外代表一个或多个内部 IP 地址，这种地址通常来自全局唯一的地址空间，通常是 ISP 提供的，即内部主机经 NAT 转换后去往外部的地址。

外部本地地址（Outside Local Address）：指一个外部网络中的设备在内部网络的 IP 地址，即在内部网络中看到的外部主机 IP 地址，这种地址通常来自 RFC1918 定义的私有地址空间，即外部主机由 NAT 设备转换后的地址。

外部全局地址（Outside Global Address）：指一个外部网络中的设备在外部网络的 IP 地址，即外部网络中的主机 IP 地址，这种地址通常来自全局可路由的地址空间，即外部主机的真实地址，如图 9.2 所示。

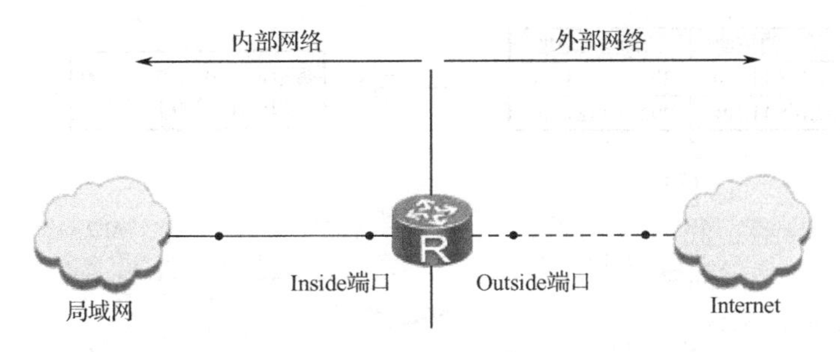

图 9.2　内部网络与外部网络

9.1.2　NAT 技术实现方式

1．静态转换（Static NAT）

静态转换是指在将内部网络的私有 IP 地址转换为公有 IP 地址时，IP 地址对是一对一的，是一成不变的，某个私有 IP 地址只能转换为某个公有 IP 地址。借助于静态转换，可以实现外部网络对内部网络中某些特定设备（如服务器）的访问。

2．动态转换（Dynamic NAT）

动态转换是指将内部网络的私有 IP 地址转换为公用 IP 地址时，IP 地址是不确定的，是随机的，所有被授权访问 Internet 的私有 IP 地址可随机转换为任何指定的合法 IP 地址。也就是说，只要指定了哪些内部地址可以进行转换，以及用哪些合法地址作为外部地址，就可以进行动态转换。动态转换可以使用多个合法外部地址集，当 ISP 提供的合法 IP 地址略少于网络内部的计算机数量时，可以采用动态转换的方式。

3．端口多路复用（Port Address Translation，PAT）

端口多路复用是指改变外出数据包的源端口并进行端口转换，即端口地址转换采用端口多路复用方式。内部网络的所有主机均可共享一个合法外部 IP 地址以实现对 Internet 的访问，并最大限度地节约 IP 地址资源，隐藏网络内部的所有主机，有效避免来自 Internet 的攻击。因此，目前网络中应用最多的就是端口多路复用方式。

9.2　配置 NAT

9.2.1　静态 NAT

1．静态 NAT 工作过程

静态 NAT 的转换条目需要预先手动配置，建立内部本地地址和内部全局地址的一对一永久对应关系，即将一个内部本地地址和一个内部全局地址进行绑定。借助于静态转换，可以实现外部网络对内部网络中某些特定设备（如 Web 服务器、FTP 服务器等）的访问，隐藏内部服务器地址信息，提高网络安全性。

当内部网络主机 PC1 访问外部网络主机 PC3 的资源时，内部网络主机进行静态 NAT 转换访问的过程如图 9.3 所示。

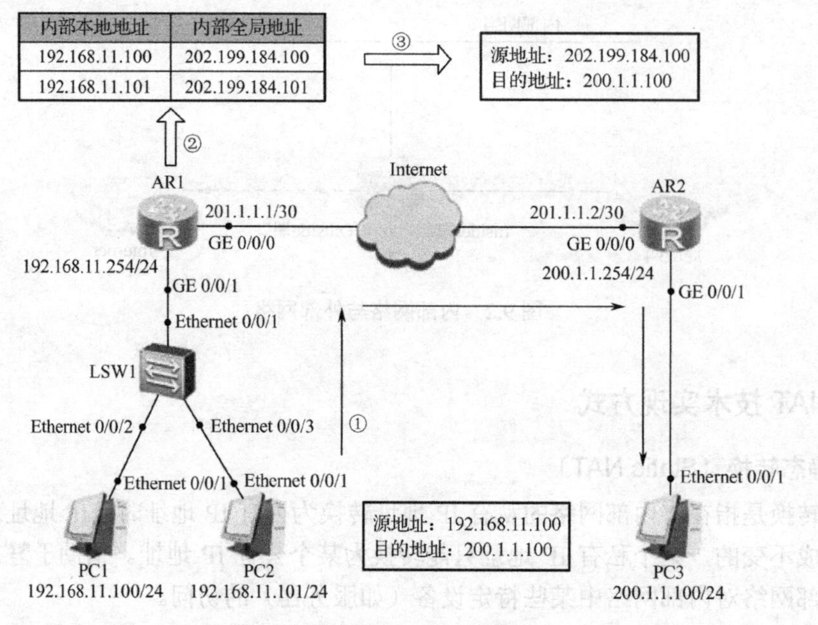

图 9.3 静态 NAT 转换访问过程

（1）主机 PC1 使用私有 IP 地址 192.168.11.100 为源地址向主机 PC3 发送报文，路由器 AR1 在接收到主机 PC1 的报文时，会检查 NAT 转换表，若该地址配置了静态 NAT 映射，就进入下一步地址转换过程；若该地址没有配置静态 NAT 映射，则转换不成功。

（2）当路由器 AR1 配置了静态 NAT 映射时，会把源地址（192.168.11.100）转换成对应的转换地址（202.199.184.100），在转换后，数据包的源地址变为 202.199.184.100，然后转发该数据包。

（3）当主机 PC3（200.1.1.100）接收数据包后，将向目的地址 202.199.184.100 发送响应报文，如图 9.4 所示。

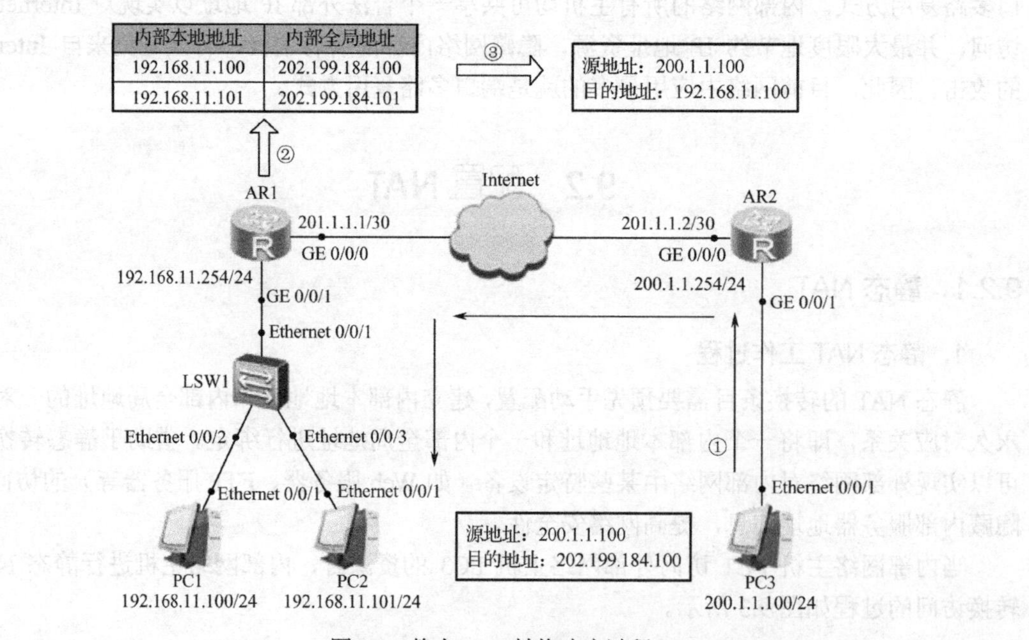

图 9.4 静态 NAT 转换响应过程

(4)当路由器 AR1 接收到内部全局地址的数据包时，将以内部全局地址 202.199.184.100 为关键字查找 NAT 转换表，将数据包的目的地址转换成 192.168.11.100，同时转发给主机 PC1。

(5) 主机 PC1 接收到响应报文，并继续保持会话，直至会话结束。

2. 配置静态 NAT

(1) 配置静态 NAT，网络拓扑连接、相关端口与 IP 地址配置如图 9.5 所示。

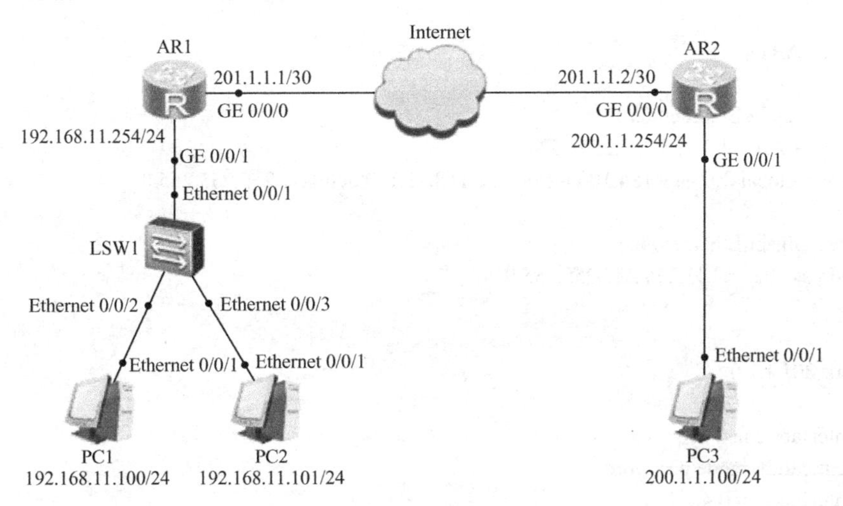

图 9.5　配置静态 NAT

(2) 配置主机 PC1 和 PC3 的 IP 地址，如图 9.6 所示。

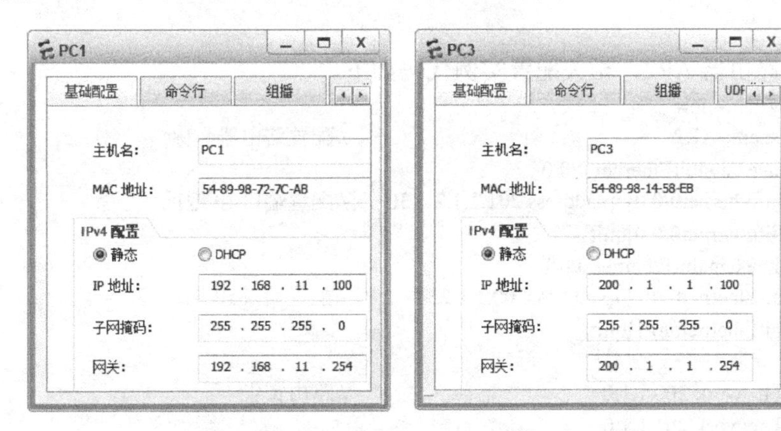

图 9.6　配置主机 PC1 和主机 PC3 的 IP 地址

(3) 配置路由器 AR1，相关配置实例代码如下。

```
<Huawei>system-view
[Huawei]sysname AR1                                    //配置路由器名称
[AR1]interface GigabitEthernet 0/0/0
[AR1-GigabitEthernet0/0/0] ip address 201.1.1.1   30       //配置端口 IP 地址
[AR1-GigabitEthernet0/0/0] nat static global 202.199.184.100 inside 192.168.11.100
                                    //配置内部全局 IP 地址与内部本地 IP 地址映射关系
[AR1-GigabitEthernet0/0/0]quit
[AR1]interface GigabitEthernet 0/0/1
```

```
[AR1-GigabitEthernet0/0/1] ip address 192.168.11.254 24        //配置端口 IP 地址
[AR1-GigabitEthernet0/0/1]quit
[AR1]rip
[AR1-rip-1] network 201.1.1.0                                  //路由宣告
[AR1-rip-1]quit
[AR1]
```

（4）显示路由器 AR1 的配置信息，主要配置实例代码如下。

```
<AR1>display current-configuration
#
 sysname AR1
#
interface GigabitEthernet0/0/0
 ip address 201.1.1.1 255.255.255.252
 nat static global 202.199.184.100 inside 192.168.11.100 netmask 255.255.255.0
#
interface GigabitEthernet0/0/1
 ip address 192.168.11.254 255.255.255.0
#
rip 1
network 201.1.1.0
#
user-interface con 0
 authentication-mode password
user-interface vty 0 4
user-interface vty 16 20
#
return
<AR1>
```

（5）配置路由器 AR2，相关配置实例代码如下。

```
<Huawei>system-view
[Huawei]sysname AR2                                  //配置路由器名称
[AR2]interface GigabitEthernet 0/0/0
[AR2-GigabitEthernet0/0/0] ip address 201.1.1.2   30      //配置端口 IP 地址
[AR2-GigabitEthernet0/0/0]quit
[AR2]interface GigabitEthernet 0/0/1
[AR2-GigabitEthernet0/0/1] ip address200.1.1.254   24  //配置端口 IP 地址
[AR2-GigabitEthernet0/0/1]quit
[AR2]rip
[AR2-rip-1] network 200.1.1.0                        //路由宣告
[AR2-rip-1] network 201.1.1.0
[AR2-rip-1]quit
[AR2] ip route-static 202.199.184.0 255.255.255.0 201.1.1.1
        //配置静态路由，到达 NAT 转换后的内部全局地址为 202.199.184. 0 网段的路由
[AR2]
```

（6）显示路由器 AR2 的配置信息，主要配置实例代码如下。

```
<AR2>display current-configuration
#
 sysname AR2
#
interface GigabitEthernet0/0/0
 ip address 201.1.1.2 255.255.255.252
```

```
#
interface GigabitEthernet0/0/1
 ip address 200.1.1.254 255.255.255.0
#
rip 1
 network 200.1.1.0
 network 201.1.1.0
#
ip route-static 202.199.184.0 255.255.255.0 201.1.1.1
#
user-interface con 0
 authentication-mode password
user-interface vty 0 4
user-interface vty 16 20
#
return
<AR>
```

（7）验证主机 PC1 的连通性，如图 9.7 所示。

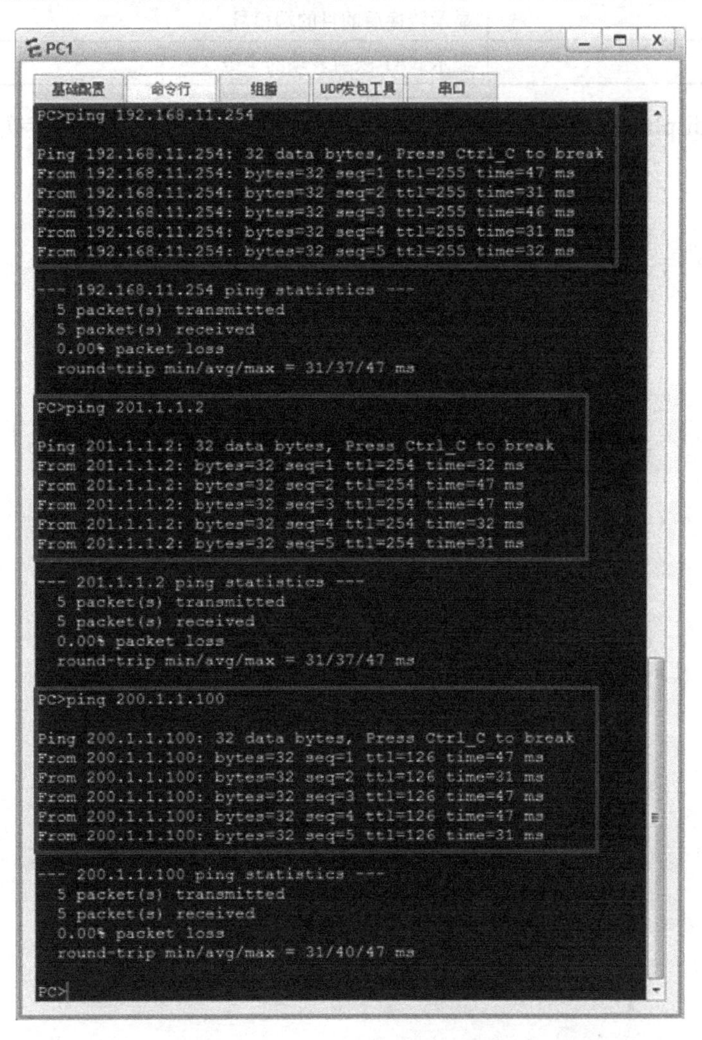

图 9.7　验证主机 PC1 的连通性

（8）在主机 PC1 持续访问 PC3 时，使用命令 display nat session all verbose 查看路由器 AR1 的 NAT 转换信息。NAT 转换信息所显示的各字段含义如表 9.1 所示。

表 9.1　NAT 转换信息所显示的各字段含义

字　段	功 能 描 述
NAT Session Table Information	显示 NAT 映射表项的信息
Protocol	显示协议类型
SrcAddr Vpn	显示转换前源地址、服务端口号和 Vpn 实例名称
DestAddr Vpn	显示转换前目的地址、服务端口号和 Vpn 实例名称
Time To Live	显示生存周期
NAT-Info	显示 NAT 信息
New SrcAddr	显示转换后的源地址
New SrcPort	显示转换后的源端口号
New DestAddr	显示转换后的目的地址
New DestPort	显示转换后的目的端口号
Total	显示 NAT 映射表项的个数

使用命令 display nat session all verbose 查看路由器 AR1 的 NAT 转换信息，如图 9.8 所示。

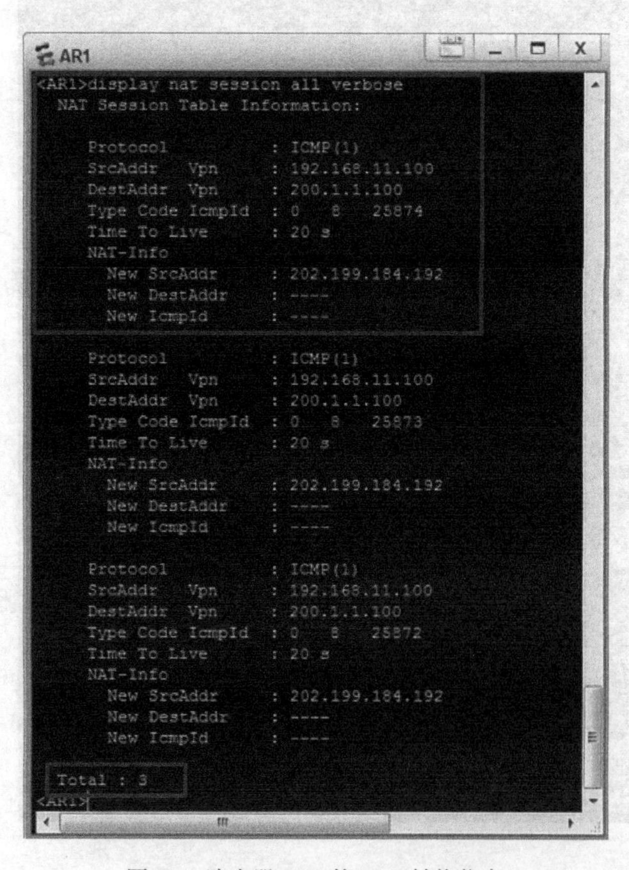

图 9.8　路由器 AR1 的 NAT 转换信息

（9）使用命令 display nat static 查看路由器 AR1 的静态 NAT 转换地址信息，如图 9.9 所示。

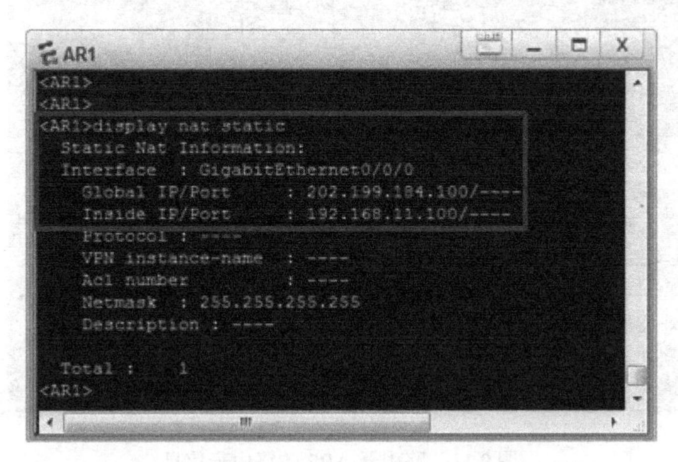

图 9.9　路由器 AR1 的静态 NAT 转换地址信息

（10）使用命令 display ip routing-table 显示路由器 AR1 的路由表信息，如图 9.10 所示，可以看到两条直接路由，即 192.168.11.0 网段与 201.1.1.0 网段，一条 RIP 学习路由，即 200.1.1.0 网段，而 202.199.184.0 网段作为回环地址段使用。

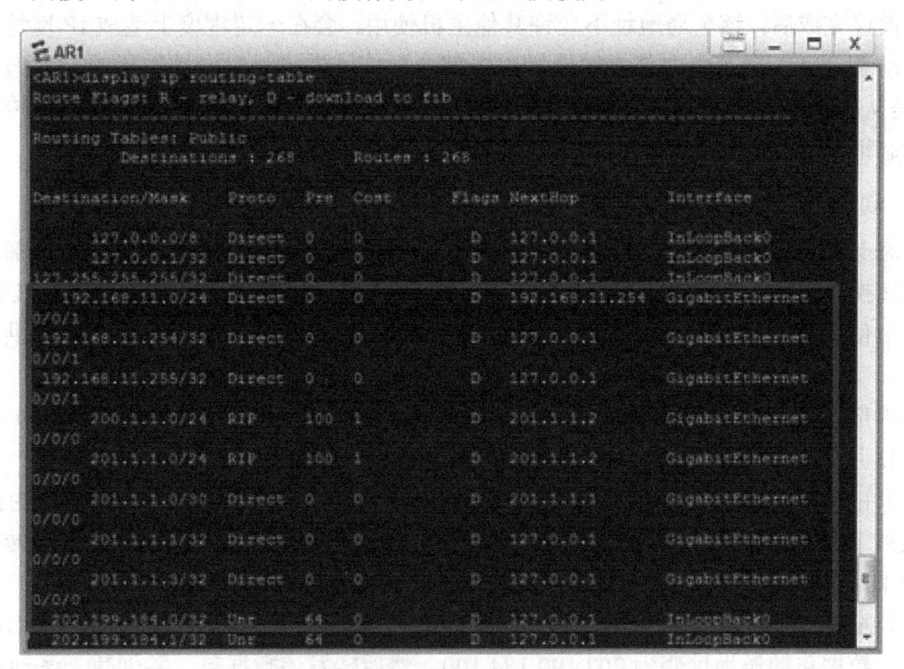

图 9.10　路由器 AR1 的路由表信息

（11）使用命令 display ip routing-table 显示路由器 AR2 的路由表信息，如图 9.11 所示，可以看到两条直接路由，即 200.1.1.0 网段和 201.1.1.0 网段，一条静态路由，即 202.199.184.0 网段。从路由器 AR2 中可以看出直连在路由器 AR1 的网段地址（192.168.11.0）并没有学习到，这是因为在路由器 AR1 上并没有宣告网段地址为 192.168.11.0，所以没有学习到，在路由器 AR1 上进行了静态 NAT 配置，所以主机 PC1 可以访问 PC3。

```
AR2
[AR2]display ip routing-table
Route Flags: R - relay, D - download to fib
------------------------------------------------------------------------------
Routing Tables: Public
         Destinations : 11       Routes : 11

Destination/Mask    Proto   Pre  Cost      Flags NextHop         Interface

      127.0.0.0/8   Direct  0    0           D   127.0.0.1       InLoopBack0
      127.0.0.1/32  Direct  0    0           D   127.0.0.1       InLoopBack0
127.255.255.255/32  Direct  0    0           D   127.0.0.1       InLoopBack0
      200.1.1.0/24  Direct  0    0           D   200.1.1.254     GigabitEthernet
0/0/1
    200.1.1.254/32  Direct  0    0           D   127.0.0.1       GigabitEthernet
0/0/1
    200.1.1.255/32  Direct  0    0           D   127.0.0.1       GigabitEthernet
0/0/1
      201.1.1.0/30  Direct  0    0           D   201.1.1.2       GigabitEthernet
0/0/0
      201.1.1.2/32  Direct  0    0           D   127.0.0.1       GigabitEthernet
0/0/0
      201.1.1.3/32  Direct  0    0           D   127.0.0.1       GigabitEthernet
0/0/0
   202.199.184.0/24  Static  60   0          RD   201.1.1.1       GigabitEthernet
0/0/0
255.255.255.255/32  Direct  0    0           D   127.0.0.1       InLoopBack0

[AR2]
```

图 9.11　路由器 AR2 的路由表信息

9.2.2　动态 NAT

静态 NAT 是在路由器上手动配置内部本地地址与内部全局地址进行一对一地转换映射，在设置完成后，该全局地址不允许其他主机使用，会在一定程度上造成 IP 地址资源的浪费。动态 NAT 也是将内部本地地址与内部全局地址进行一对一地转换映射，但是动态 NAT 是从内部全局地址池中动态选择一个未被使用的地址对内部本地地址进行转换映射的，动态地址转换条目是动态创建的，无须预先手动进行创建。

1. 动态 NAT 工作过程

动态 NAT 会在路由器中建立一个地址池，放置可用的内部全局地址，当有内部本地地址需要转换时，就查询地址池，取出内部全局地址建立地址映射关系，实现动态 NAT 地址转换。当使用完成后，释放该映射关系，将这个内部全局地址返回地址池中，以供其他用户使用。

当内部主机 PC1 访问外网主机 PC3 的资源时，内部主机动态 NAT 的工作过程如图 9.12 和图 9.13 所示。

（1）主机 PC1 使用私有 IP 地址 192.168.10.100 为源地址向 PC3 发送报文，路由器 AR1 在接收到 PC1 的报文时，会检查 NAT 地址池，发现需要将该报文的源地址进行转换，就从 AR1 的地址池中选择一个未被使用的全局地址 202.199.184.100 用于转换。

（2）AR1 将内部本地地址 192.168.10.100 替换成对应的转换地址 202.199.184.100，在转换后，数据包的源地址变为 202.199.184.100，然后转发该数据包，并创建一条动态 NAT 表项。

（3）当 PC3 收到报文后，使用 200.1.1.100 作为源地址，并使用内部全局地址 202.199.184.100 作为目的地址来进行应答，如图 9.13 所示。

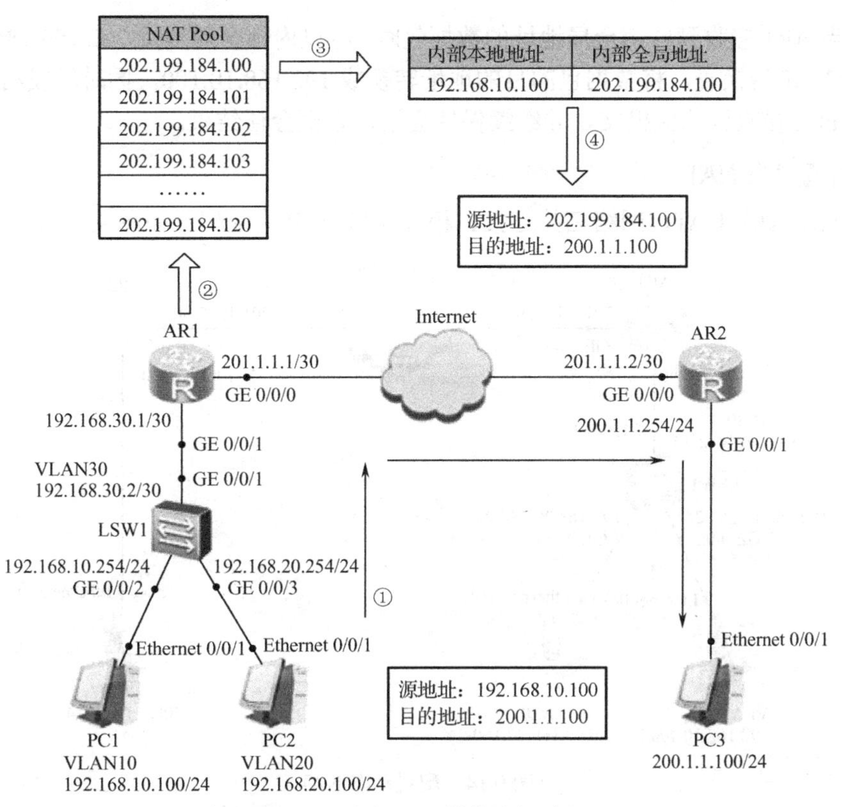

图 9.12　动态 NAT 转换访问过程

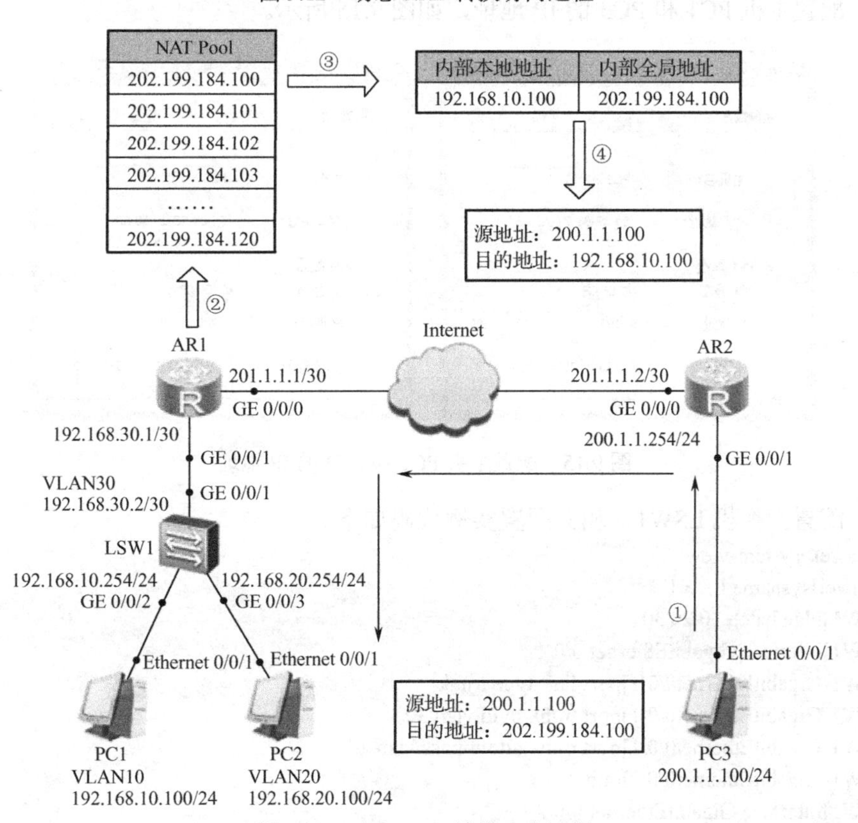

图 9.13　动态 NAT 转换响应过程

（4）当 AR1 接收到内部全局地址的数据包时，将以内部全局地址 202.199.184.100 为关键字查找 NAT 转换表，将数据包的目的地址转换成 192.168.10.100，同时转发给 PC1。

（5）PC1 接收到响应报文，并继续保持会话，直至会话结束。

2. 配置动态 NAT

（1）配置动态 NAT，网络拓扑连接、相关端口与 IP 地址配置如图 9.14 所示。

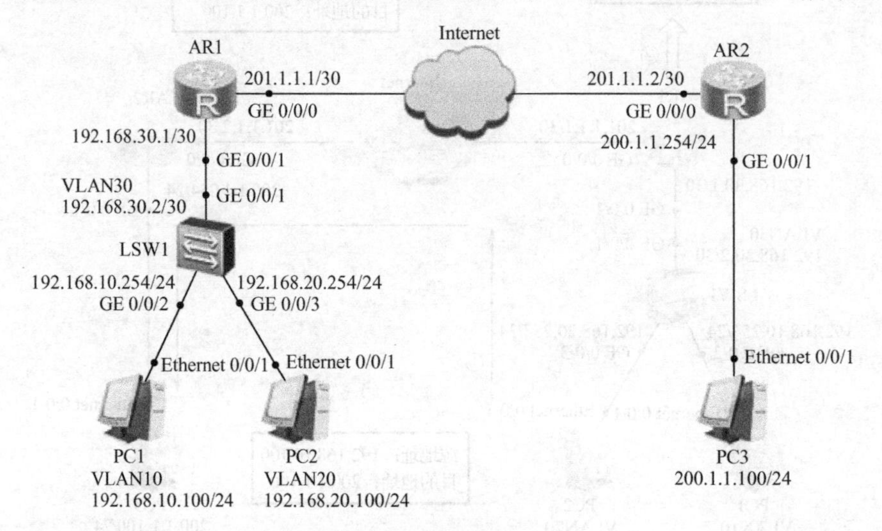

图 9.14 配置动态 NAT

（2）配置主机 PC1 和 PC3 的 IP 地址，如图 9.15 所示。

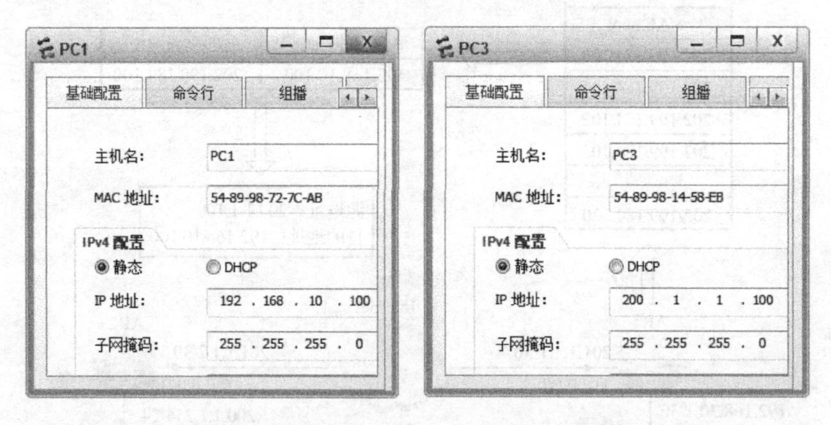

图 9.15 配置主机 PC1 和 PC3 的 IP 地址

（3）配置交换机 LSW1，相关配置实例代码如下。

```
<Huawei>system-view
[Huawei]sysname LSW1
[LSW1]vlan batch 10 20 30
[LSW1]interface GigabitEthernet 0/0/1
[LSW1-GigabitEthernet0/0/1]port link-type trunk
[LSW1-GigabitEthernet0/0/1]port trunk pvid vlan 30
[LSW1-GigabitEthernet0/0/1]port trunk allow-pass vlan all
[LSW1-GigabitEthernet0/0/1]quit
[LSW1]interface GigabitEthernet 0/0/2
```

```
[LSW1-GigabitEthernet0/0/2]port link-type access
[LSW1-GigabitEthernet0/0/2]port default vlan 10
[LSW1-GigabitEthernet0/0/2]quit
[LSW1]interface GigabitEthernet 0/0/3
[LSW1-GigabitEthernet0/0/3]port link-type access
[LSW1-GigabitEthernet0/0/3]port default vlan 20
[LSW1-GigabitEthernet0/0/3]quit
[LSW1]interface Vlanif 10
[LSW1-Vlanif10]ip address 192.168.10.254 24
[LSW1-Vlanif10]quit
[LSW1]interface Vlanif 20
[LSW1-Vlanif20]ip address 192.168.20.254 24
[LSW1-Vlanif20]quit
[LSW1]interface Vlanif 30
[LSW1-Vlanif30]ip address 192.168.30.2 30
[LSW1-Vlanif30]quit
[LSW1]rip
[LSW1-rip-1]network 192.168.10.0
[LSW1-rip-1]network 192.168.20.0
[LSW1-rip-1]network 192.168.30.0
[LSW1-rip-1]quit
[LSW1]
```

（4）显示交换机LSW1的配置信息，主要配置实例代码如下。

```
<LSW1>display current-configuration
#
sysname LSW1
#
vlan batch 10 20 30
#
interface Vlanif10
 ip address 192.168.10.254 255.255.255.0
#
interface Vlanif20
 ip address 192.168.20.254 255.255.255.0
#
interface Vlanif30
 ip address 192.168.30.2 255.255.255.252
#
interface MEth0/0/1
#
interface GigabitEthernet0/0/1
 port link-type trunk
 port trunk pvid vlan 30
 port trunk allow-pass vlan 2 to 4094
#
interface GigabitEthernet0/0/2
 port link-type access
 port default vlan 10
#
interface GigabitEthernet0/0/3
 port link-type access
```

```
 port default vlan 20
#
rip 1
 network 192.168.10.0
 network 192.168.20.0
 network 192.168.30.0
#
return
<LSW1>
```

（5）配置路由器 AR1，相关配置实例代码如下。

```
<Huawei>system-view
Enter system view, return user view with Ctrl+Z.
[Huawei]sysname AR1
[AR1]interface GigabitEthernet 0/0/0
[AR1-GigabitEthernet0/0/0]ip address 201.1.1.1 30
[AR1-GigabitEthernet0/0/0]quit
[AR1]interface GigabitEthernet 0/0/1
[AR1-GigabitEthernet0/0/1]ip address 192.168.30.1 30
[AR1-GigabitEthernet0/0/1]quit
[AR1]rip
[AR1-rip-1]network 192.168.30.0
[AR1-rip-1]network 201.1.1.0
[AR1-rip-1]quit
[AR1]nat address-group 1 202.199.184.100 202.199.184.200            //为 VLAN10 分配全局地址
[AR1]nat address-group 2 202.199.184.201 202.199.184.240            //为 VLAN20 分配全局地址
[AR1]acl number 3001                                                //定义扩展访问列表 3001
[AR1-acl-adv-3001]rule 1 permit ip source 192.168.10.0 0.0.0.255    //允许 VLAN10 数据通过
[AR1-acl-adv-3001]quit
[AR1]acl number 3002                                                //定义扩展访问列表 3002
[AR1-acl-adv-3002]rule 2 permit ip source 192.168.20.0 0.0.0.255    //允许 VLAN20 数据通过
[AR1-acl-adv-3002]quit
[AR1]interface GigabitEthernet 0/0/0
[AR1-GigabitEthernet0/0/0]nat outbound 3001 address-group 1 no-pat  //动态 NAT 映射 VLAN10
[AR1-GigabitEthernet0/0/0]nat outbound 3002 address-group 2 no-pat  //动态 NAT 映射 VLAN20
[AR1-GigabitEthernet0/0/0]quit
[AR1]
```

（6）显示路由器 AR1 的配置信息，主要配置实例代码如下。

```
 <AR1>display current-configuration
#
 sysname AR1
#
acl number 3001
 rule 1 permit ip source 192.168.10.0 0.0.0.255
acl number 3002
 rule 2 permit ip source 192.168.20.0 0.0.0.255
#
 nat address-group 1 202.199.184.100 202.199.184.200
 nat address-group 2 202.199.184.201 202.199.184.240
#
interface GigabitEthernet0/0/0
 ip address 201.1.1.1 255.255.255.252
```

```
 nat outbound 3001 address-group 1 no-pat
 nat outbound 3002 address-group 2 no-pat
#
interface GigabitEthernet0/0/1
 ip address 192.168.30.1 255.255.255.252
#
rip 1
 network 192.168.30.0
 network 201.1.1.0
#
user-interface vty 0 4
#
return
<AR1>
```

（7）配置路由器 AR2，相关配置实例代码如下。

```
<Huawei>system-view
[Huawei]sysname AR2                                          //配置路由器名称
[AR2]interface GigabitEthernet 0/0/0
[AR2-GigabitEthernet0/0/0] ip address 201.1.1.2   30         //配置端口 IP 地址
[AR2-GigabitEthernet0/0/0]quit
[AR2]interface GigabitEthernet 0/0/1
[AR2-GigabitEthernet0/0/1] ip address200.1.1.254   24        //配置端口 IP 地址
[AR2-GigabitEthernet0/0/1]quit
[AR2]rip
[AR2-rip-1] network 200.1.1.0                                //路由宣告
[AR2-rip-1] network 201.1.1.0
[AR2-rip-1]quit
[AR2] ip route-static 202.199.184.0 255.255.255.0 201.1.1.1
                    //配置静态路由，到达 NAT 转换后的内部全局地址：202.199.184.0 网段的路由
[AR2]
```

（8）显示路由器 AR2 的配置信息，主要配置实例代码如下。

```
<AR2>display current-configuration
#
 sysname AR2
#
interface GigabitEthernet0/0/0
 ip address 201.1.1.2 255.255.255.252
#
interface GigabitEthernet0/0/1
 ip address 200.1.1.254 255.255.255.0
#
rip 1
 network 200.1.1.0
 network 201.1.1.0
#
ip route-static 202.199.184.0 255.255.255.0 201.1.1.1
#
user-interface con 0
 authentication-mode password
user-interface vty 0 4
#
```

```
return
<AR>
```

（9）验证主机 PC1 的连通性，如图 9.16 所示。

图 9.16　验证主机 PC1 的连通性

（10）在主机 PC1 持续访问 PC3 时，使用命令 display nat session all verbose 查看路由器 AR1 的 NAT 转换信息，如图 9.17 所示。

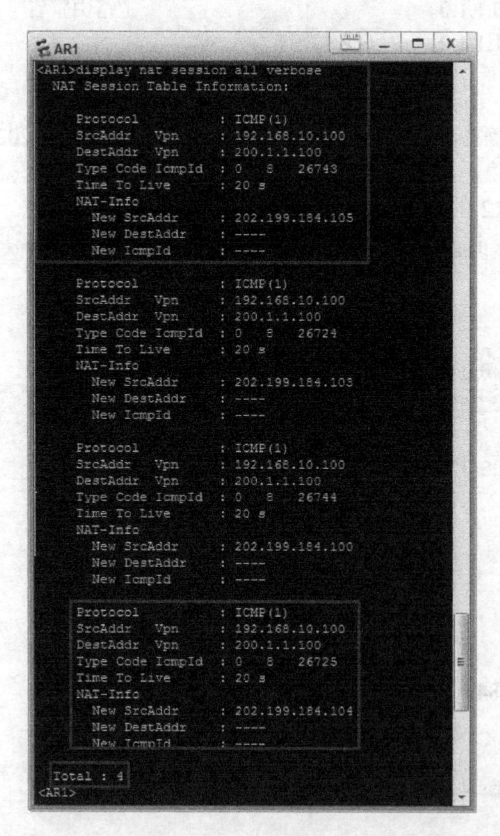

图 9.17　主机 PC1 访问 PC3 时路由器 AR1 的 NAT 转换信息

可以看出 VLAN10 中的主机被动态 NAT 转换成 202.199.184.100～202.199.184.200 网段的地址，并显示 NAT 映射表项的个数为 4。

（11）在主机 PC2 持续访问 PC3 时，使用命令 display nat session all verbose 查看路由器 AR1 的 NAT 转换信息，如图 9.18 所示。

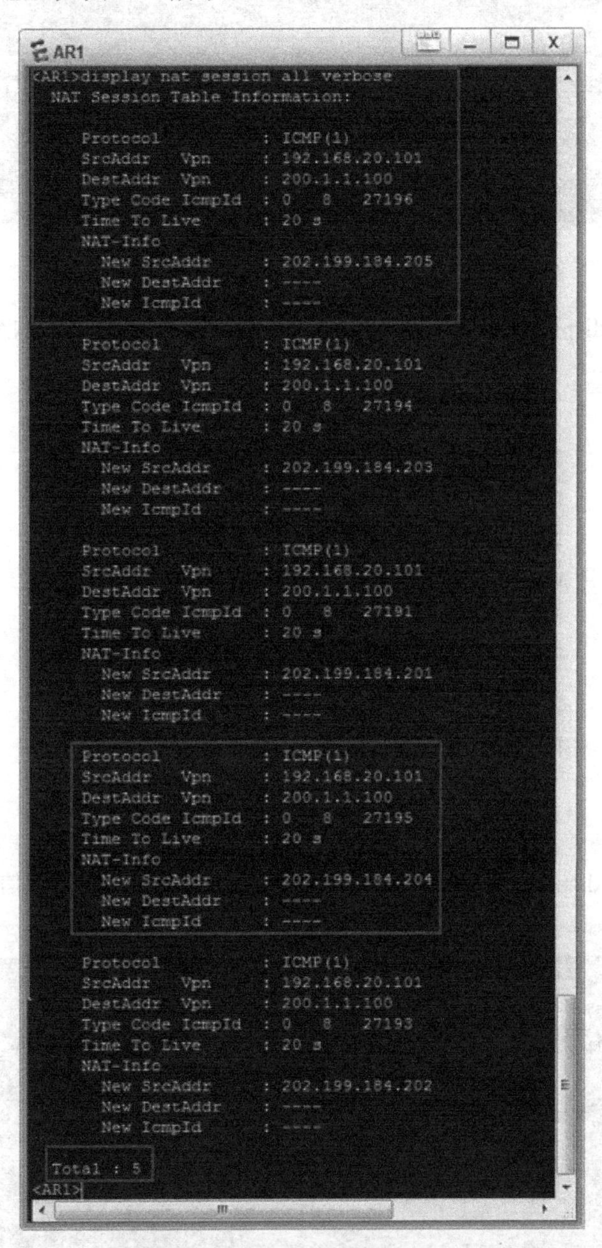

图 9.18　主机 PC2 访问 PC3 时路由器 AR1 的 NAT 转换信息

可以看出 VLAN10 中的主机被动态 NAT 转换成 202.199.184.201～202.199.184.240 网段的地址，并显示 NAT 映射表项的个数为 5。

（12）使用命令 display nat outbound 查看路由器 AR1 的动态 NAT 转换地址信息类型，如图 9.19 所示。

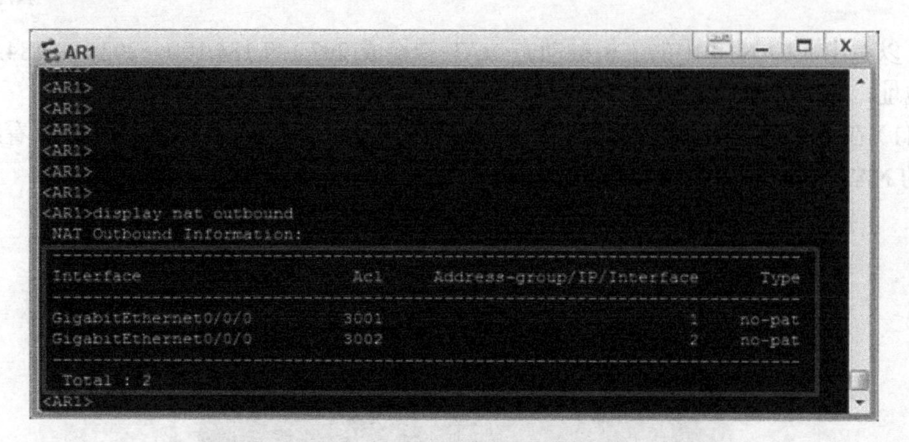

图 9.19　路由器 AR1 的动态 NAT 转换地址信息类型

（13）使用命令 display nat address-group 查看路由器 AR1 的动态 NAT 转换地址组信息，如图 9.20 所示。

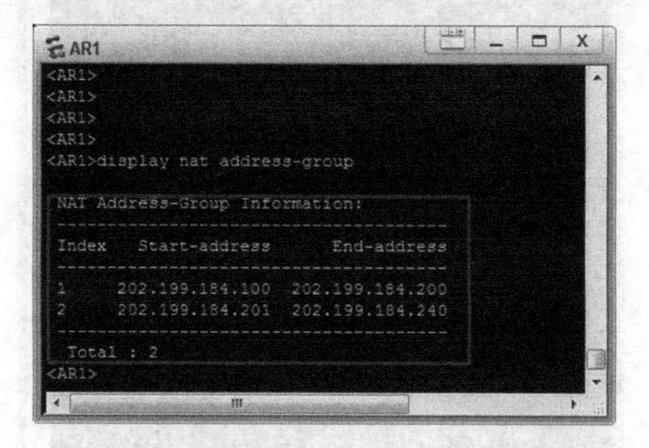

图 9.20　路由器 AR1 的动态 NAT 转换地址组信息

（14）使用命令 display ip routing-table 查看交换机 LSW1 的路由表信息，如图 9.21 所示。

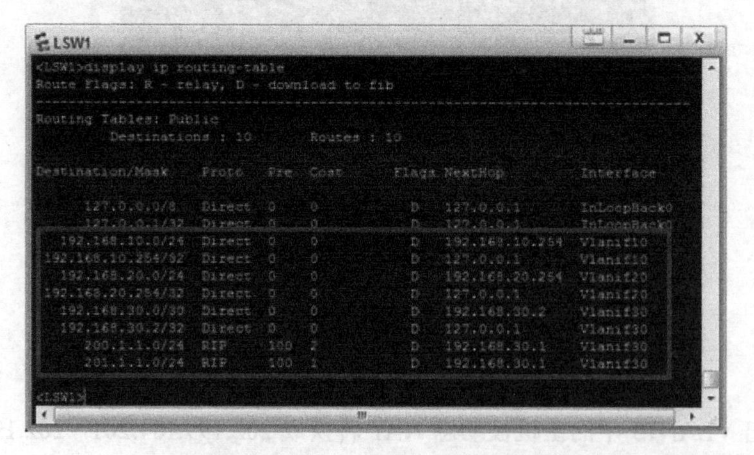

图 9.21　交换机 LSW1 的路由表信息

（15）使用命令 display ip routing-table 查看路由器 AR1 的路由表信息，如图 9.22 所示。

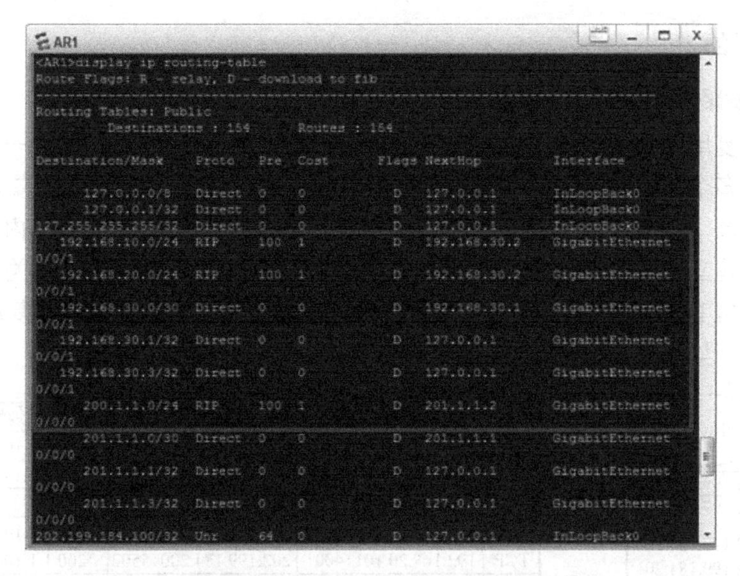

图 9.22 路由器 AR1 的路由表信息

（16）使用命令 display ip routing-table 查看路由器 AR2 的路由表信息，如图 9.23 所示。

```
AR2
<AR2>display ip routing-table
Route Flags: R - relay, D - download to fib
------------------------------------------------------------------------------
Routing Tables: Public
         Destinations : 14       Routes : 14

Destination/Mask    Proto   Pre  Cost      Flags NextHop         Interface

      127.0.0.0/8   Direct  0    0           D   127.0.0.1       InLoopBack0
      127.0.0.1/32  Direct  0    0           D   127.0.0.1       InLoopBack0
127.255.255.255/32  Direct  0    0           D   127.0.0.1       InLoopBack0
   192.168.10.0/24  RIP     100  2           D   201.1.1.1       GigabitEthernet
0/0/0
   192.168.20.0/24  RIP     100  2           D   201.1.1.1       GigabitEthernet
0/0/0
   192.168.30.0/24  RIP     100  1           D   201.1.1.1       GigabitEthernet
0/0/0
     200.1.1.0/24   Direct  0    0           D   200.1.1.254     GigabitEthernet
0/0/1
   200.1.1.254/32   Direct  0    0           D   127.0.0.1       GigabitEthernet
0/0/1
   200.1.1.255/32   Direct  0    0           D   127.0.0.1       GigabitEthernet
0/0/1
     201.1.1.0/30   Direct  0    0           D   201.1.1.2       GigabitEthernet
0/0/0
     201.1.1.2/32   Direct  0    0           D   127.0.0.1       GigabitEthernet
0/0/0
     201.1.1.3/32   Direct  0    0           D   127.0.0.1       GigabitEthernet
0/0/0
  202.199.184.0/24  Static  60   0          RD   201.1.1.1       GigabitEthernet
0/0/0
255.255.255.255/32  Direct  0    0           D   127.0.0.1       InLoopBack0

<AR2>
```

图 9.23 路由器 AR2 的路由表信息

9.2.3 端口多路复用 PAT

静态 NAT 与动态 NAT 技术实现了内网访问外网的目的。动态 NAT 虽然解决了内部全局地址灵活使用的问题，但是并没有从根本上解决 IP 地址不足的问题，那么如何实现多个主机使用一个公有 IP 地址访问外网的目的呢？端口多路复用 PAT 技术可以解决这个问题。

端口多路复用 PAT 是动态 NAT 的一种实现形式，端口多路复用 PAT 利用不同的端口号将多个内部私有 IP 地址转换为一个外部 IP 地址，实现了多台主机访问外网而且只用一个 IP 地址的目的。

1. 端口多路复用 PAT 工作过程

端口多路复用 PAT 和动态 NAT 的区别在于端口多路复用 PAT 只需要一个内部全局地址就可以映射多个内部本地地址，并通过端口号来区分不同的主机。与动态 NAT 一样，其地址池中也存放了很多的内部全局地址，在转换时会从地址池中获取一个内部全局地址，并在转换表中建立内部本地地址及端口号与内部全局地址及端口号的映射关系。

当内部主机 PC1 访问外网主机 PC3 的资源时，内部主机使用端口多路复用 PAT 技术的工作过程如下，如图 9.24 和图 9.25 所示。

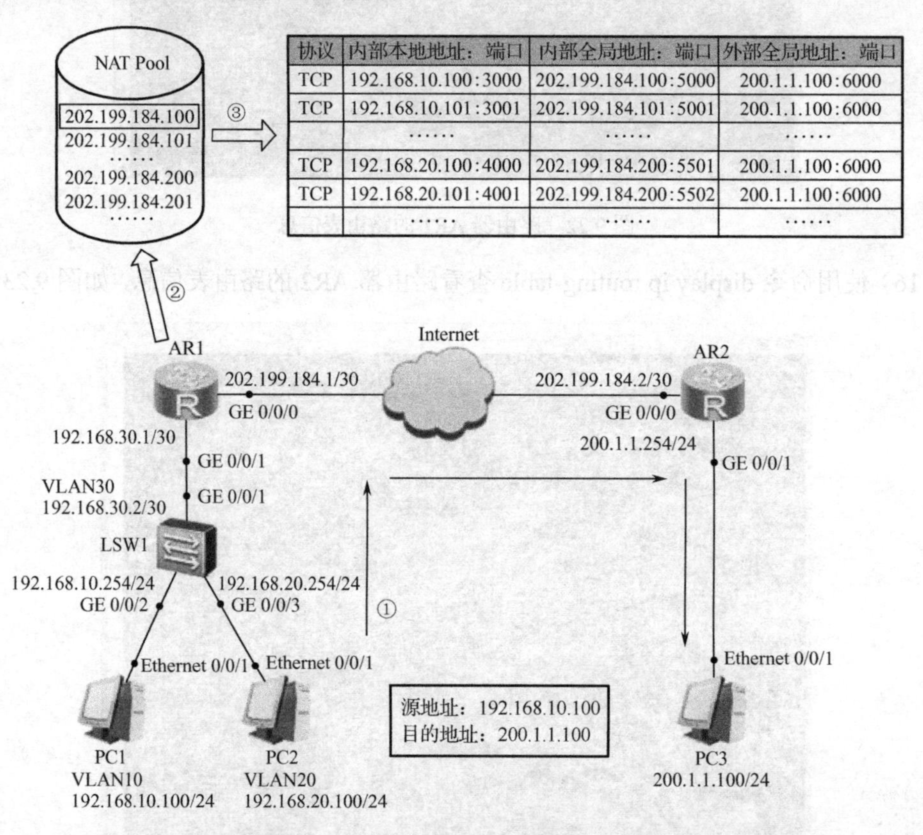

协议	内部本地地址：端口	内部全局地址：端口	外部全局地址：端口
TCP	192.168.10.100:3000	202.199.184.100:5000	200.1.1.100:6000
TCP	192.168.10.101:3001	202.199.184.101:5001	200.1.1.100:6000
	……	……	……
TCP	192.168.20.100:4000	202.199.184.200:5501	200.1.1.100:6000
TCP	192.168.20.101:4001	202.199.184.200:5502	200.1.1.100:6000
	……	……	……

图 9.24　端口多路复用 PAT 转换访问过程

（1）PC1 使用私有 IP 地址 192.168.10.100 为源地址，端口号为 3000，向 PC3 发送报文，路由器 AR1 在接收到 PC1 的报文时，会检查 NAT 地址池，发现需要将该报文的源地址进行转换，就从 AR1 的地址池中选择一个未被使用的全局地址 202.199.184.100、端口号 5000，用于转换。

（2）AR1 将内部本地地址 192.168.10.100:3000 替换成对应的转换地址 202.199.184.100:5000，在转换后，数据包的源地址变为 202.199.184.100:5000，然后转发该数据包，并创建一条动态 NAT 表项。

（3）当 PC3 收到报文后，使用 200.1.1.100:6000 作为源地址，并使用内部全局地址 202.199.184.100:5000 作为目的地址来进行应答，如图 9.25 所示。

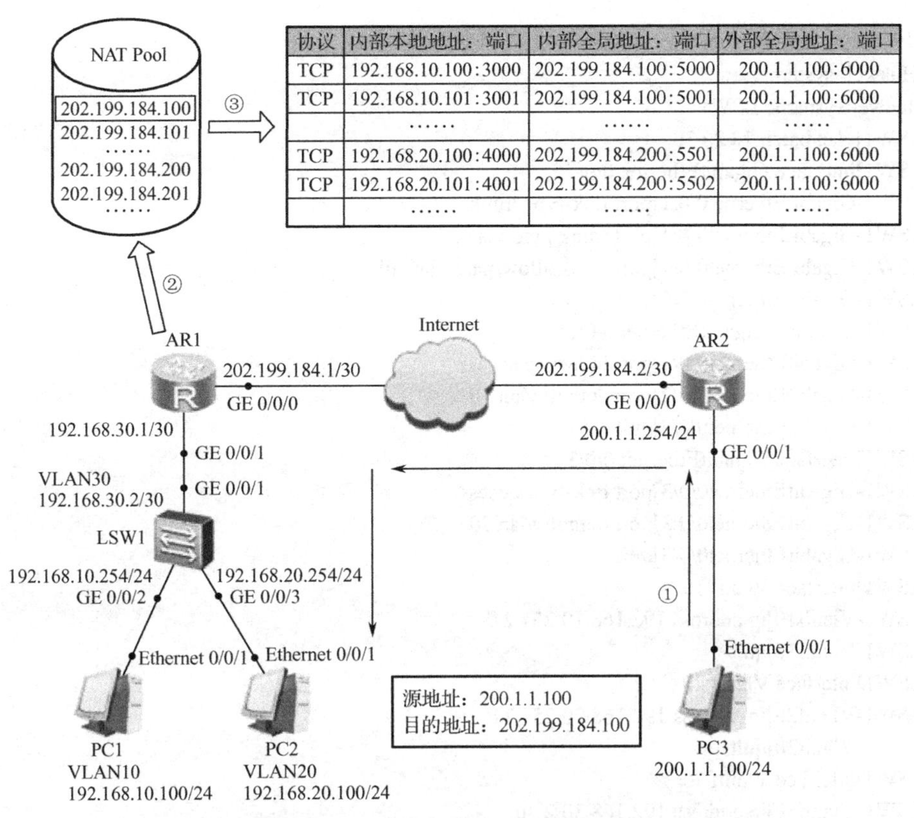

图 9.25　端口多路复用 PAT 转换响应过程

（4）当 AR1 接收到内部全局地址的数据包时，将以内部全局地址 202.199.184.100:5000 为关键字查找 NAT 转换表，将数据包的目的地址转换成 192.168.10.100:3000，同时转发给 PC1。

（5）PC1 接收到响应报文，并继续保持会话，直至会话结束。

2. 配置端口多路复用 PAT

（1）配置端口多路复用 PAT，网络拓扑连接、相关端口与 IP 地址配置如图 9.26 所示。

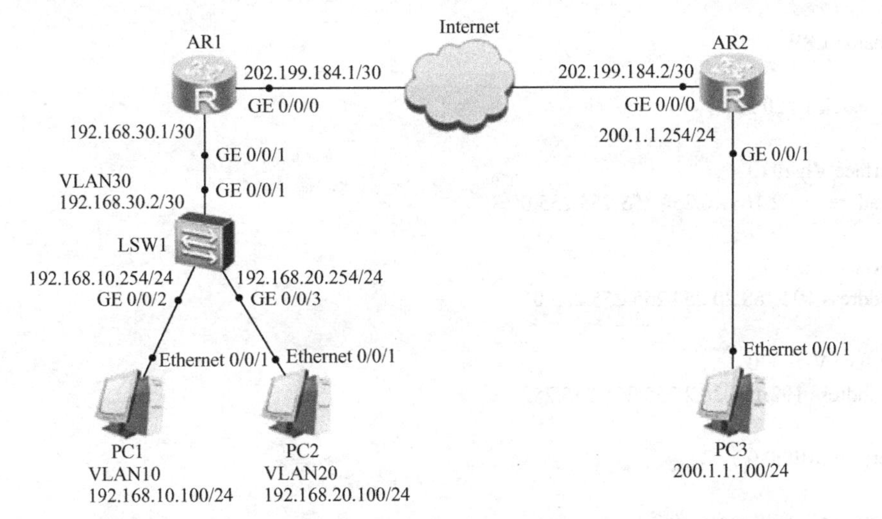

图 9.26　配置端口多路复用 PAT

（2）配置交换机 LSW1，相关配置实例代码如下。

```
<Huawei>system-view
[Huawei]sysname LSW1
[LSW1]vlan batch 10 20 30
[LSW1]interface GigabitEthernet 0/0/1
[LSW1-GigabitEthernet0/0/1]port link-type trunk
[LSW1-GigabitEthernet0/0/1]port trunk pvid vlan 30
[LSW1-GigabitEthernet0/0/1]port trunk allow-pass vlan all
[LSW1-GigabitEthernet0/0/1]quit
[LSW1]interface GigabitEthernet 0/0/2
[LSW1-GigabitEthernet0/0/2]port link-type access
[LSW1-GigabitEthernet0/0/2]port default vlan 10
[LSW1-GigabitEthernet0/0/2]quit
[LSW1]interface GigabitEthernet 0/0/3
[LSW1-GigabitEthernet0/0/3]port link-type access
[LSW1-GigabitEthernet0/0/3]port default vlan 20
[LSW1-GigabitEthernet0/0/3]quit
[LSW1]interface Vlanif 10
[LSW1-Vlanif10]ip address 192.168.10.254 24
[LSW1-Vlanif10]quit
[LSW1]interface Vlanif 20
[LSW1-Vlanif20]ip address 192.168.20.254 24
[LSW1-Vlanif20]quit
[LSW1]interface Vlanif 30
[LSW1-Vlanif30]ip address 192.168.30.2 30
[LSW1-Vlanif30]quit
[LSW1]rip
[LSW1-rip-1]network 192.168.10.0
[LSW1-rip-1]network 192.168.20.0
[LSW1-rip-1]network 192.168.30.0
[LSW1-rip-1]quit
[LSW1]
```

（3）显示交换机 LSW1 的配置信息，主要配置实例代码如下。

```
<LSW1>display current-configuration
#
sysname LSW1
#
vlan batch 10 20 30
#
interface Vlanif10
 ip address 192.168.10.254 255.255.255.0
#
interface Vlanif20
ip address 192.168.20.254 255.255.255.0
#
interface Vlanif30
 ip address 192.168.30.2 255.255.255.252
#
interface MEth0/0/1
#
interface GigabitEthernet0/0/1
```

```
 port link-type trunk
 port trunk pvid vlan 30
 port trunk allow-pass vlan 2 to 4094
#
interface GigabitEthernet0/0/2
 port link-type access
 port default vlan 10
#
interface GigabitEthernet0/0/3
 port link-type access
 port default vlan 20
#
rip 1
 network 192.168.10.0
 network 192.168.20.0
 network 192.168.30.0
#
return
<LSW1>
```

（4）配置路由器 AR1，相关配置实例代码如下。

```
<Huawei>system-view
Enter system view, return user view with Ctrl+Z.
[Huawei]sysname AR1
[AR1]interface GigabitEthernet 0/0/0
[AR1-GigabitEthernet0/0/0]ip address 202.199.184.1 30
[AR1-GigabitEthernet0/0/0]quit
[AR1]interface GigabitEthernet 0/0/1
[AR1-GigabitEthernet0/0/1]ip address 192.168.30.1 30
[AR1-GigabitEthernet0/0/1]quit
[AR1]rip
[AR1-rip-1]network 192.168.30.0
[AR1-rip-1]network 202.199.184.0
[AR1-rip-1]quit
[AR1]nat address-group 1 202.199.184.100 202.199.184.105          //为 VLAN10 分配全局地址
[AR1]nat address-group 2 202.199.184.200 202.199.184.205          //为 VLAN20 分配全局地址
[AR1]acl number 3001                                              //定义扩展访问列表 3001
[AR1-acl-adv-3001]rule 1 permit ip source 192.168.10.0 0.0.0.255  //允许 VLAN10 数据通过
[AR1-acl-adv-3001]quit
[AR1]acl number 3002                                              //定义扩展访问列表 3002
[AR1-acl-adv-3002]rule 2 permit ip source 192.168.20.0 0.0.0.255  //允许 VLAN20 数据通过
[AR1-acl-adv-3002]quit
[AR1]interface GigabitEthernet 0/0/0
[AR1-GigabitEthernet0/0/0]nat outbound 3001 address-group 1       //端口多路复用 PAT 映射 VLAN10
[AR1-GigabitEthernet0/0/0]nat outbound 3002 address-group 2       //端口多路复用 PAT 映射 VLAN20
[AR1-GigabitEthernet0/0/0]quit
[AR1]
```

（5）显示路由器 AR1 的配置信息，主要配置实例代码如下。

```
<AR1>display current-configuration
#
 sysname AR1
#
```

```
acl number 3001
 rule 1 permit ip source 192.168.10.0 0.0.0.255
acl number 3002
 rule 2 permit ip source 192.168.20.0 0.0.0.255
#
 nat address-group 1 202.199.184.100 202.199.184.105
 nat address-group 2 202.199.184.200 202.199.184.205
#
interface GigabitEthernet0/0/0
 ip address 201.1.1.1 255.255.255.252
 nat outbound 3001 address-group 1
 nat outbound 3002 address-group 2
#
interface GigabitEthernet0/0/1
 ip address 192.168.30.1 255.255.255.252
#
interface GigabitEthernet0/0/2
#
rip 1
 network 192.168.30.0
 network 202.199.184.0
#
user-interface con 0
 authentication-mode password
user-interface vty 0 4
user-interface vty 16 20
#
wlan ac
#
return
<AR1>
```

（6）配置路由器 AR2，相关配置实例代码如下。

```
<Huawei>system-view
Enter system view, return user view with Ctrl+Z.
[Huawei]sysname AR2                                          //配置路由器名字
[AR2]interface GigabitEthernet 0/0/0
[AR2-GigabitEthernet0/0/0] ip address202.199.184.2   30       //配置端口 IP 地址
[AR2-GigabitEthernet0/0/0]quit
[AR2]interface GigabitEthernet 0/0/1
[AR2-GigabitEthernet0/0/1] ip address200.1.1.254   24         //配置端口 IP 地址
[AR2-GigabitEthernet0/0/1]quit
[AR2]rip
[AR2-rip-1] network 200.1.1.0                                //路由宣告
[AR2-rip-1] network 202.199.184.0
[AR2-rip-1]quit
[AR2] ip route-static 202.199.184.0 255.255.255.0 202.199.184.1
        //配置静态路由，到达 NAT 转换后的内部全局地址：202.199.184.0 网段的路由
[AR2]
```

（7）显示路由器 AR2 的配置信息，主要配置实例代码如下。

```
<AR2>display current-configuration
#
```

```
 sysname AR2
#
interface GigabitEthernet0/0/0
 ip address 202.199.184.2 255.255.255.252
#
interface GigabitEthernet0/0/1
 ip address 200.1.1.254 255.255.255.0
#
interface GigabitEthernet0/0/2
#
interface NULL0
#
rip 1
 network 200.1.1.0
 network 202.199.184.0
#
ip route-static 202.199.184.0 255.255.255.0 202.199.184.1
#
user-interface con 0
 authentication-mode password
user-interface vty 0 4
user-interface vty 16 20
#
return
<AR2>
```

（8）验证主机 PC1 的连通性，如图 9.27 所示。

图 9.27　验证主机 PC1 的连通性

（9）在主机 PC1 持续访问 PC3 时，使用命令 display nat session all verbose 查看路由器 AR1 端口多路复用 PAT 映射信息，如图 9.28 所示。

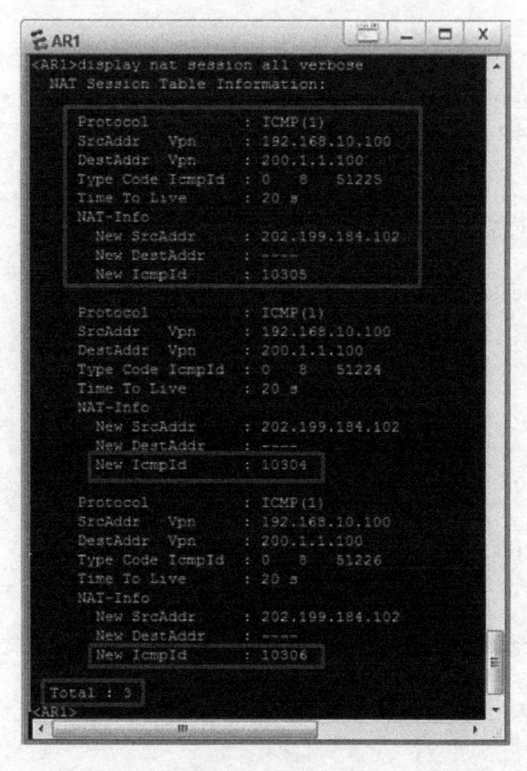

图 9.28 主机 PC1 访问 PC3 时路由器 AR1 端口多路复用 PAT 映射信息

可以看出 VLAN10 中的主机被动态 NAT 转换成 202.199.184.100～202.199.184.105 网段的地址 202.199.184.102，New IcmpId 端口号为 10304、10305、10306，显示 NAT 映射表项的个数为 3。注：NAT Session 中使用 ICMP 的 IDENTIFY ID 作为端口识别，所以 ICMP 本身没有端口，但是 NAT 转换的会话中是有端口信息的。

（10）在主机 PC2 持续访问 PC3 时，使用命令 display nat session all verbose 查看路由器 AR1 端口多路复用 PAT 映射信息，如图 9.29 所示。

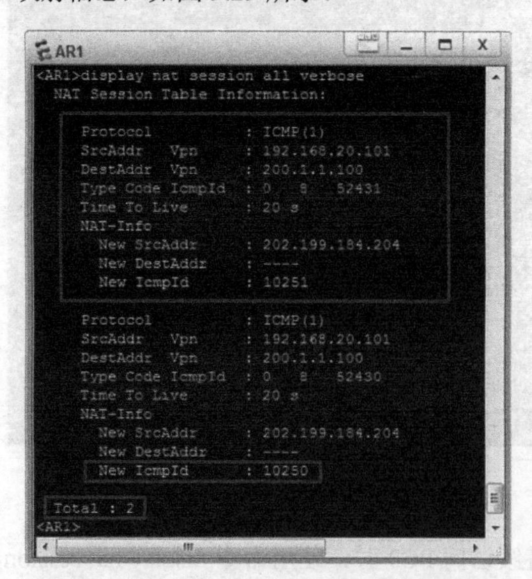

图 9.29 主机 PC2 访问 PC3 时路由器 AR1 端口多路复用 PAT 映射信息

可以看出 VLAN10 中的主机被动态 NAT 转换成 202.199.184.200～202.199.184.205 网段的地址 202.199.184.104，New IcmpId 端口号为 10250、10251，显示 NAT 映射表项的个数为 2。

（11）使用命令 display nat outbound 查看路由器 AR1 的动态 NAT 转换地址信息类型，如图 9.30 所示。

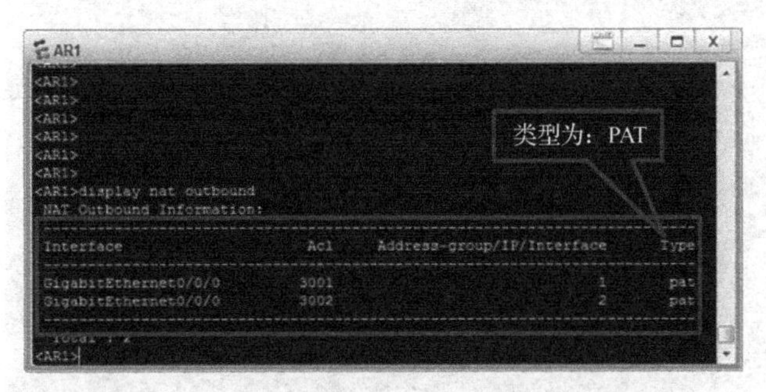

图 9.30　路由器 AR1 的动态 NAT 转换地址信息类型

（12）使用命令 display nat address-group 查看路由器 AR1 的动态 NAT 转换地址组信息，如图 9.31 所示。

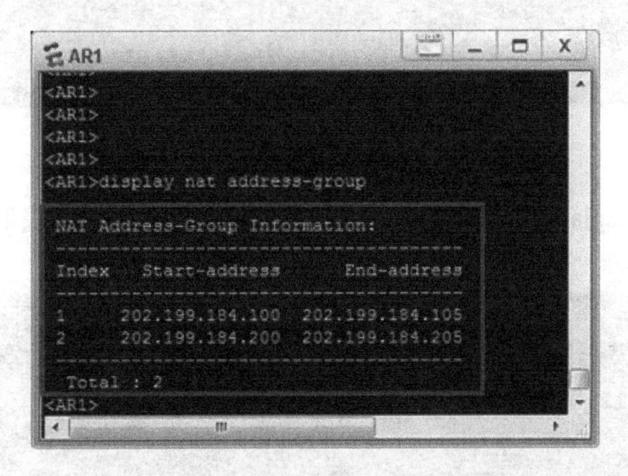

图 9.31　路由器 AR1 的动态 NAT 转换地址组信息

（13）使用命令 display ip routing-table 查看交换机 LSW1 的路由表信息，如图 9.32 所示。

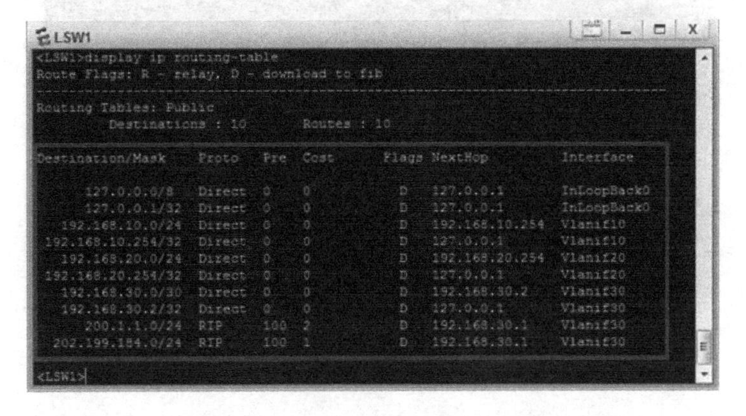

图 9.32　交换机 LSW1 的路由表信息

（14）使用命令 display ip routing-table 查看路由器 AR1 的路由表信息，如图 9.33 所示。

```
AR1
<AR1>display ip routing-table
Route Flags: R - relay, D - download to fib
------------------------------------------------------------------------------
Routing Tables: Public
         Destinations : 25       Routes : 25

Destination/Mask    Proto   Pre  Cost      Flags NextHop         Interface

      127.0.0.0/8   Direct  0    0           D   127.0.0.1       InLoopBack0
      127.0.0.1/32  Direct  0    0           D   127.0.0.1       InLoopBack0
127.255.255.255/32  Direct  0    0           D   127.0.0.1       InLoopBack0
   192.168.10.0/24  RIP     100  1           D   192.168.30.2    GigabitEthernet
0/0/1
   192.168.20.0/24  RIP     100  1           D   192.168.30.2    GigabitEthernet
0/0/1
   192.168.30.0/30  Direct  0    0           D   192.168.30.1    GigabitEthernet
0/0/1
   192.168.30.1/32  Direct  0    0           D   127.0.0.1       GigabitEthernet
0/0/1
   192.168.30.3/32  Direct  0    0           D   127.0.0.1       GigabitEthernet
0/0/1
      200.1.1.0/24  RIP     100  1           D   202.199.184.2   GigabitEthernet
0/0/0
  202.199.184.0/30  Direct  0    0           D   202.199.184.1   GigabitEthernet
0/0/0
  202.199.184.1/32  Direct  0    0           D   127.0.0.1       GigabitEthernet
0/0/0
  202.199.184.3/32  Direct  0    0           D   127.0.0.1       GigabitEthernet
0/0/0
202.199.184.100/32  Unr     64   0           D   127.0.0.1       InLoopBack0
202.199.184.101/32  Unr     64   0           D   127.0.0.1       InLoopBack0
202.199.184.102/32  Unr     64   0           D   127.0.0.1       InLoopBack0
202.199.184.103/32  Unr     64   0           D   127.0.0.1       InLoopBack0
202.199.184.104/32  Unr     64   0           D   127.0.0.1       InLoopBack0
202.199.184.105/32  Unr     64   0           D   127.0.0.1       InLoopBack0
202.199.184.200/32  Unr     64   0           D   127.0.0.1       InLoopBack0
202.199.184.201/32  Unr     64   0           D   127.0.0.1       InLoopBack0
202.199.184.202/32  Unr     64   0           D   127.0.0.1       InLoopBack0
202.199.184.203/32  Unr     64   0           D   127.0.0.1       InLoopBack0
202.199.184.204/32  Unr     64   0           D   127.0.0.1       InLoopBack0
202.199.184.205/32  Unr     64   0           D   127.0.0.1       InLoopBack0
255.255.255.255/32  Direct  0    0           D   127.0.0.1       InLoopBack0

<AR1>
```

图 9.33　路由器 AR1 的路由表信息

（15）使用命令 display ip routing-table 查看路由器 AR2 的路由表信息，如图 9.34 所示。

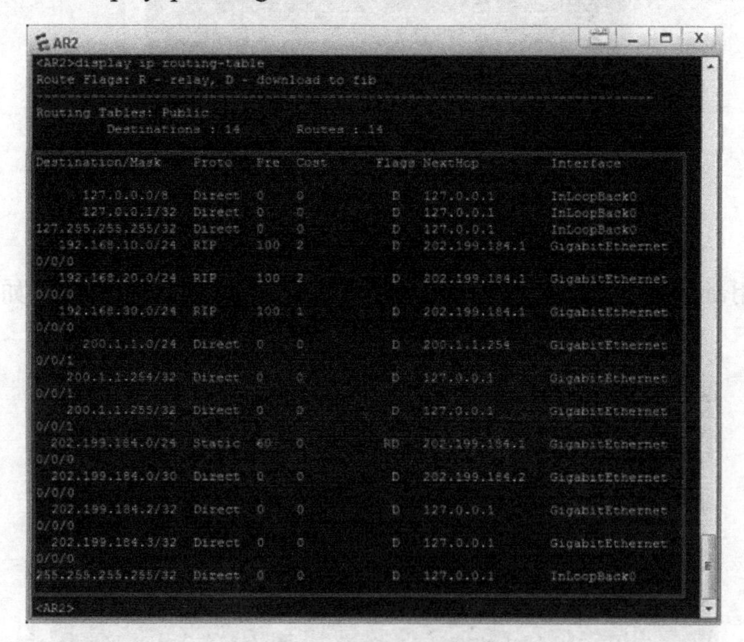

```
AR2
<AR2>display ip routing-table
Route Flags: R - relay, D - download to fib
------------------------------------------------------------------------------
Routing Tables: Public
         Destinations : 14       Routes : 14

Destination/Mask    Proto   Pre  Cost      Flags NextHop         Interface

      127.0.0.0/8   Direct  0    0           D   127.0.0.1       InLoopBack0
      127.0.0.1/32  Direct  0    0           D   127.0.0.1       InLoopBack0
127.255.255.255/32  Direct  0    0           D   127.0.0.1       InLoopBack0
   192.168.10.0/24  RIP     100  2           D   202.199.184.1   GigabitEthernet
0/0/0
   192.168.20.0/24  RIP     100  2           D   202.199.184.1   GigabitEthernet
0/0/0
   192.168.30.0/24  RIP     100  1           D   202.199.184.1   GigabitEthernet
0/0/0
      200.1.1.0/24  Direct  0    0           D   200.1.1.254     GigabitEthernet
0/0/1
    200.1.1.254/32  Direct  0    0           D   127.0.0.1       GigabitEthernet
0/0/1
    200.1.1.255/32  Direct  0    0           D   127.0.0.1       GigabitEthernet
0/0/1
  202.199.184.0/24  Static  60   0          RD   202.199.184.1   GigabitEthernet
0/0/0
  202.199.184.0/30  Direct  0    0           D   202.199.184.2   GigabitEthernet
0/0/0
  202.199.184.2/32  Direct  0    0           D   127.0.0.1       GigabitEthernet
0/0/0
  202.199.184.3/32  Direct  0    0           D   127.0.0.1       GigabitEthernet
0/0/0
255.255.255.255/32  Direct  0    0           D   127.0.0.1       InLoopBack0

<AR2>
```

图 9.34　路由器 AR2 的路由表信息

练 习 题

1. 选择题

（1）某企业要维护自己公共的 Web 服务器，需要隐藏 Web 服务器地址信息，应该将该 Web 服务器配置成（　　）类型的 NAT。

A. 静态　　B. 动态　　C. PAT　　D. 无须配置 NAT

（2）将内部地址的多台主机映射成一个 IP 地址的是（　　）类型 NAT。

A. 静态　　B. 动态　　C. PAT　　D. 无须配置 NAT

2. 简答题

（1）简述静态 NAT 和动态 NAT 的工作原理。

（2）简述静态 NAT 和动态 NAT 的应用环境。

（3）简述 PAT 的工作原理及配置过程。

教学目标、知识点：

1. 了解广域网的基本概念、特点、类型，以及常见的广域网接入技术。
2. 掌握广域网数据链路层协议。
3. 掌握广域网的配置方法。

10.1 广域网技术基础

10.1.1 广域网概述

1. 广域网简介

广域网（Wide Area Network，WAN）是一种把分布于局域网络的更广区域（如一个城市、一个国家甚至全世界）的计算机设备连接起来的网络，通常是由邮电事业部门经营和管理的、超越部门和局域的、向公众提供服务的远程公用信息通信网，有时也称为远程网。

广域网的通信子网主要使用分组交换技术，可以利用公用分组交换网、卫星通信网和无线分组交换网将分布在不同地区的局域网或计算机系统互连起来，达到资源共享的目的。广域网是一种跨地区的数据通信网络，使用电信运营商提供的设备作为信息传输平台。对照 OSI 参考模型，广域网技术主要位于底层的三个层次，分别是物理层、数据链路层和网络层。

广域网分为通信子网与资源子网两部分，主要由一些节点交换机和连接这些交换机的链路组成，节点交换机可以实现分组存储转发的功能。广域网的链路一般分为传输主干和末端用户线路，根据末端用户线路和广域网类型的不同，有多种接入广域网的技术，并可以提供各种端口标准。

2. 广域网的特点

广域网主要提供面向通信的服务，支持用户使用计算机进行远距离的信息交换，覆盖范围广，通信距离远，需要考虑的因素多，如媒介的成本、线路的冗余、媒介带宽的利用和差错处理等，通常由电信部门或公司负责组建、管理和维护，并向全社会提供面向通信的有偿服务，以及流量统计和计费等服务。

与覆盖范围较小的局域网相比，广域网的特点在于：广域网覆盖范围广，可达数千千米甚至全球；广域网没有固定的拓扑结构；广域网通常使用高速光纤作为传输介质；局域网可以作为广域网的终端用户与广域网连接；广域网主干带宽大，但提供给单个终端用户的带宽小；广域网的数据传输距离远，往往要经过多个广域网设备转发，延时较长；广域网管理、维护困难。

3．广域网的类型

广域网可以分为公共传输网络、专用传输网络和无线传输网络。

（1）公共传输网络：一般是由政府电信部门组建、管理和控制的，网络内的传输和交换装置可以提供（或租用）给任何部门和单位使用。

公共传输网络大体可以分为两类：

① 电路交换网络，主要包括公共交换电话网（PSTN）和综合业务数字网（ISDN）。

② 分组交换网络，主要包括 X.25 分组交换网、帧中继和交换式多兆位数据服务（SMDS）。

（2）专用传输网络：是由一个组织或团体自己建立、使用、控制和维护的私有通信网络。一个专用网络起码要拥有自己的通信和交换设备，可以建立自己的线路服务，也可以向公用网络或其他专用网络进行租用。

专用传输网络主要是数字数据网（DDN）。DDN 可以在两个端点之间建立一条永久的、专用的数字通道。它的特点是在租用该专用线路期间，用户可以独占该线路的带宽。

（3）无线传输网络：主要是移动无线网，典型的有 GSM 和 GPRS 等。

以我国为例，广域网包括以下几种类型的通信网。

- ☑ 公用电话网。用电话网传输数据，用户终端从连接到切断，要占用一条线路，所以又称电路交换方式，其收费按照用户占用线路的时间来决定。在数据网普及以前，电路交换方式是主要的数据传输手段。
- ☑ 公用分组交换数据网。分组交换数据网将信息分“组”，按规定路径由发送者将分组的信息传送给接收者，数据分组的工作可在发送终端进行，也可在交换机进行。每组信息都含有信息目的“地址”。分组交换网可对信息的不同部分采取不同的路径传输，以便有效地使用通信网络，在接收点上，必须对各类数据组进行分类、监测和重新组装。
- ☑ 数字数据网。它是利用光纤（或数字微波和卫星）数字电路和数字交叉连接设备组成的数字数据业务网，主要为用户提供永久、半永久型出租业务。数字数据网可根据需要定时租用或定时专用，一条专线既可以通话与发传真，也可以传送数据，并且传输质量高。

10.1.2 常见的广域网接入技术

1．点对点链路

点对点链路提供的是一条预先建立的，从客户端经过运营商网络到达远端目标网络的广域网通信路径。一条点对点链路就是一条租用的专线，可以在数据收发双方之间建立起永久性的固定连接。网络运营商负责点对点链路的维护和管理。点对点链路可以提供两种数据传送方式。一种是数据报传送方式，该方式主要是将数据分割成一个个小的数据帧进行传送，其中每个数据帧都带有自己的地址信息，都需要进行地址校验；另一种是数据流传送方式，该方式与数据报传送方式不同，它使用数据流取代一个个的数据帧作为数据发送单位，整个数据流具有一个地址信息，只需要进行一次地址验证即可。

2. 电路交换

电路交换是广域网所使用的一种交换方式，可以通过运营商网络为每次会话过程建立、维持和终止一条专用的物理电路，也可以提供数据报和数据流两种传送方式。电路交换在电信运营商的网络中被广泛使用，其操作过程与普通的电话拨叫过程非常相似。综合业务数字网（ISDN）就是一种采用电路交换技术的广域网技术。

3. 包交换

包交换是一种广域网上经常使用的交换技术。基于包交换技术，网络设备可以共享一条点对点链路并通过运营商网络在设备之间进行数据包的传递。包交换主要采用统计复用技术在多台设备之间实现电路共享。ATM、帧中继、SMDS 和 X.25 等都是采用包交换技术的广域网技术。

4. 虚拟电路

虚拟电路是一种逻辑电路，可以在两台网络设备之间实现可靠通信。虚拟电路有两种不同形式，分别是交换虚拟电路（SVC）和永久性虚拟电路（PVC）。

SVC 是一种按照需求动态建立的虚拟电路，当数据传送结束时，电路会被自动终止。SVC 上的通信过程包括三个阶段，即电路创建、数据传输和电路终止：电路创建阶段主要是在双方通信设备之间建立起虚拟电路，数据传输阶段通过虚拟电路在设备之间传送数据，电路终止阶段则是撤销在通信设备之间已经建立起来的虚拟电路。SVC 主要适用于非经常性的数据传送网络，这是因为在电路创建和终止阶段，SVC 需要占用更多的网络带宽。不过相对于永久性虚拟电路来说，SVC 的成本较低。

PVC 是一种永久性建立的虚拟电路，只具有数据传输一种模式。PVC 可以应用于数据传输频繁的网络环境，这是因为 PVC 不需要为创建或终止电路而使用额外的带宽，所以对带宽的利用率更高。不过永久性虚拟电路的成本较高。

报文在数据链路层进行数据传输时，网络设备必须用第二层的帧格式进行数据封装，广域网第二层接入技术主要有 HDLC、PPP、LAPB、Frame Relay、SDLC、SMDS 等，不同的协议使用的帧格式也不相同，常用的 WAN 二层封装类型如图 10.1 所示。

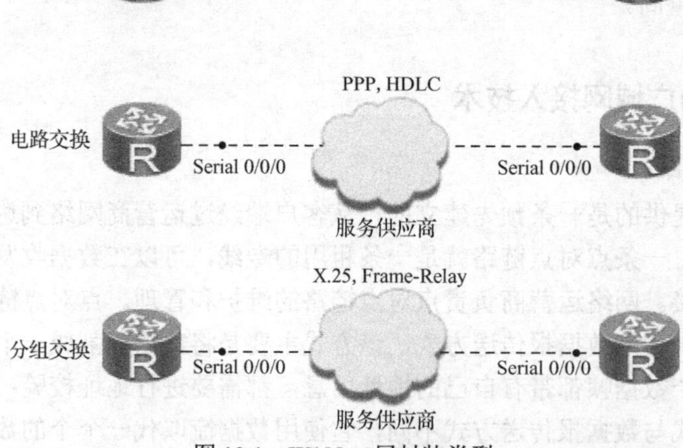

图 10.1　WAN 二层封装类型

10.1.3 广域网数据链路层协议

串行链路普遍应用于广域网中，其中定义了两种数据传输方式：异步传输和同步传输。

异步传输是以字节为单位来传输数据的，并且需要采用额外的起始位和停止位来标记每个字节的开始和结束。起始位为二进制值 0，停止位为二进制值 1。在这种传输方式下，起始位和停止位占据所发送数据的相当大的比例，每字节的发送都需要额外的开销。

同步传输是以帧为单位来传输数据的，在通信时需要使用时钟来同步本端和对端的设备。DCE 即数据通信设备，它提供了一个用于同步 DCE 设备和 DTE 设备之间数据传输的时钟信号。DTE 即数据终端设备，它通常使用 DCE 产生的时钟信号。

1. 点对点协议

点对点协议（Point to Point Protocol，PPP）为在点对点连接上传输多协议数据包提供了一个标准方法，PPP 协议的最初设计是为两个对等节点之间的 IP 流量传输提供一种封装协议。PPP 协议是面向字符类型的协议，是为在同等单元之间传输数据包的简单链路设计的链路层协议。这种链路层协议提供全双工操作，并按照顺序传递数据包，设计目的主要是通过拨号或专线方式建立点对点连接发送数据，使其成为各种主机、网桥和路由器之间简单连接的一种共通的解决方案。

（1）PPP 协议的组件。PPP 协议包含两个组件：链路控制协议（LCP）和网络层控制协议（NCP）。

为了能适应多种多样的链路类型，PPP 协议定义了 LCP 协议。LCP 协议可以自动检测链路环境，如是否存在环路；协商链路参数，如最大数据包长度、使用何种认证协议等。与其他数据链路层协议相比，PPP 协议的一个重要特点是可以提供认证功能，链路两端可以协商使用何种认证协议来实施认证过程，只有认证成功之后才会建立连接。

PPP 协议定义了一组 NCP 协议，每个 NCP 协议都对应了一种网络层协议，用于协商网络层地址等参数，例如 IPCP 协议用于协商控制 IP 协议，IPXCP 协议用于协商控制 IPX 协议等。

（2）PPP 帧格式。PPP 协议采用了与 HDLC 协议类似的帧格式，如图 10.2 所示。

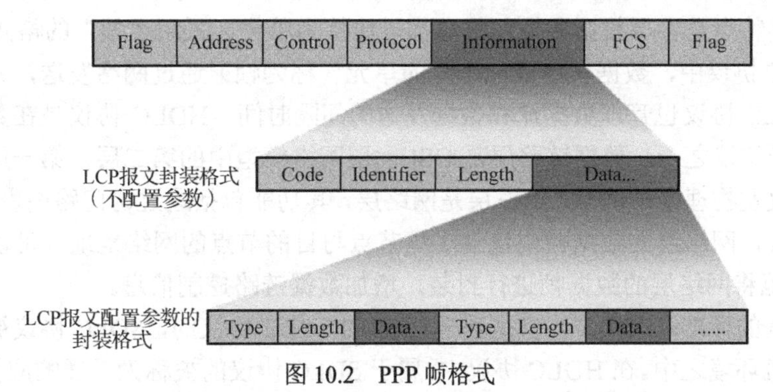

图 10.2 PPP 帧格式

① Flag 域标识一个物理帧的起始和结束，该字节为二进制序列 01111110（0X7E）。

② PPP 帧的地址（Address）域跟 HDLC 帧的地址域有差异，PPP 帧的地址域字节固

定为 11111111 （0XFF），是一个广播地址。

③ PPP 数据帧的控制（Control）域默认为 00000011(0X03)，表明为无序号帧。

④ 协议（Protocol）字段用来说明 PPP 所封装的协议报文类型，典型的字段值有：0XC021 代表 LCP 报文，0XC023 代表 PAP 报文，0XC223 代表 CHAP 报文。

⑤ 帧校验序列（FCS）是个 16 位的校验和，用于检查 PPP 帧的完整性。

⑥ 信息（Information）字段包含协议字段中指定协议的数据包。数据字段的默认最大长度（不包括协议字段）称为最大接收单元（Maximum Receive Unit，MRU），MRU 的默认值为 1500 字节。

如果协议字段被设为 0XC021，则说明通信双方正通过 LCP 报文进行 PPP 链路的协商和建立。

☑ Code 字段，主要是用来标识 LCP 数据报文的类型。典型的报文类型有：配置信息报文（Configure Packets: 0x01）、配置成功信息报文（Configure-Ack: 0X02）和终止请求报文(Terminate-Request：0X05)。

☑ Identifier 域为 1 字节，用来匹配请求和响应。

☑ Length 域的值就是该 LCP 报文的总字节数据。

☑ Data 字段承载各种 TLV（Type/Length/Value）参数，用于协商配置选项，包括最大接收单元、认证协议等。

（3）PPP 协议具有的功能如下：

☑ PPP 协议具有动态分配 IP 地址的能力，允许在连接时协商 IP 地址；

☑ PPP 协议支持多种网络协议，如 TCP/IP、NetBEUI、NWLINK 等；

☑ PPP 协议具有错误检测能力，但不具备纠错能力，所以 PPP 协议是不可靠传输协议；

☑ 无重传的机制，网络开销小，速度快；

☑ PPP 协议具有身份验证功能；

☑ PPP 协议可以用于多种类型的物理介质，包括串口线、电话线、移动电话和光纤（如 SDH），也可用于 Internet 接入；

2. 高级数据链路控制协议

高级数据链路控制（High-level Data Link Control，HDLC）协议是一组用于在网络节点间传送数据的协议，是由国际标准化组织（ISO）颁布的一种高可靠性、高效率的数据链路控制规程，其特点是各项数据和控制信息都以比特为单位，采用“帧”的格式传输。

在 HDLC 协议中，数据被组成一个个的单元（称为帧）通过网络发送，并由接收方确认收到。HDLC 协议也管理数据流和数据发送的间隔时间。HDLC 协议是在数据链路层中被广泛应用的协议之一。数据链路层是 OSI 七层网络模型中的第二层，第一层是物理层，负责产生与收发物理电子信号，第三层是网络层，其功能包括通过访问路由表来确定路由。在传送数据时，网络层的数据帧中包含了源节点与目的节点的网络地址，可以在第二层通过 HDLC 规范将网络层的数据帧进行封装，增加数据链路控制信息。

作为 ISO 的标准，HDLC 协议是基于 IBM 的 SDLC 协议的，SDLC 协议被广泛应用于 IBM 的大型机环境之中。在 HDLC 协议中，属于 SDLC 协议的被称为普通响应模式(NRM)。在普通响应模式中，基站（通常是大型机）通过专线在多路或多点网络中发送数据给本地或远程的二级站。这种网络并不是我们平时所说的那种，它是一个非公众的封闭网络，网络通信采取半双工的方式。

1）高级数据链路控制的特点

（1）透明传输。高级数据链路控制对任意比特组合的数据均能透明传输。“透明”是一个很重要的术语，它表示某一个实际存在的事物看起来好像不存在一样。“透明传输”表示经实际电路传送后的数据信息没有发生变化，因此对于所传送的数据信息来说，由于这个电路并没有对其产生什么影响，可以说数据信息“看不见”这个电路，或者说这个电路对该数据信息来说是透明的。这样任意组合的数据信息都可以在这个电路上传送。

（2）可靠性高。在高级数据链路控制规程中，所有帧均采用 CRC 校验，差错控制的范围是除了 F 标志字段的整个帧；而基本型传输控制规程中不包括前缀和部分控制字符。另外高级数据链路控制对 I 帧进行编号传输，有效地防止了帧的重收和漏收。

（3）传输效率高。全双工通信，面向比特的通信规则，同步数据控制协议，在高级数据链路控制中，额外的开销比特少，允许高效的差错控制和流量控制。

（4）适应性强。协议不依赖于任何一种字符编码集，高级数据链路控制规程能适应各种比特类型的工作站和链路。

（5）结构灵活。在高级数据链路控制中，传输控制功能和处理功能分离，层次清楚，应用非常灵活。

2）HDLC 帧格式

完整的 HDLC 帧由标志字段（F）、地址字段（A）、控制字段（C）、信息字段（I）、帧校验序列字段（FCS）等组成。

（1）标志字段为 01111110，用来标志帧的开始与结束，也可以作为帧与帧之间的填充字符。

（2）地址字段携带的是地址信息。

（3）控制字段用于构成各种命令及响应，以便对链路进行监视与控制。发送方利用控制字段来通知接收方执行约定的操作；相反，接收方用该字段作为对命令的响应，报告已经完成的操作或状态的变化。

（4）信息字段可以包含任意长度的二进制数，其上限由 FCS 字段或通信节点的缓存容量来决定，目前用得较多的是 1000～2000bit，而下限可以是 0，即无信息字段。监控帧中不能有信息字段。

（5）帧检验序列字段可以使用 16 位的 CRC 对两个标志字段之间的内容进行校验。

HDLC 帧的控制类型有三种，如图 10.3 所示。

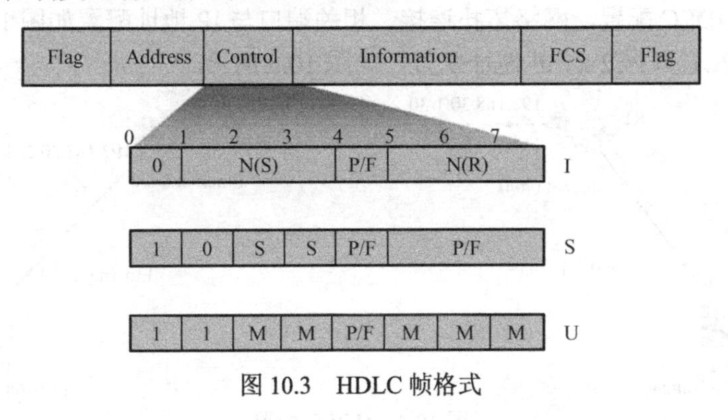

图 10.3　HDLC 帧格式

① 信息帧（I 帧）用于传送有效信息或数据，通常称为 I 帧。

② 监控帧（S 帧）用于差错控制和流量控制，通常称为 S 帧。S 帧的标志是控制字段的前两个比特位为 10。S 帧不带信息字段，只有 6 字节，即 48 位。

③ 无编号帧（U 帧）用于提供对链路的建立、拆除及多种控制功能，通常称为 U 帧。

3. 帧中继

帧中继（Frame Relay）是于 1992 年兴起的一种公用数据网通信协议，1994 年开始获得迅速发展。帧中继是一种有效的数据传输技术，它可以在一对一或者一对多的应用中快速而低廉地传输数字信息。它既可用于语音、数据通信，也可用于局域网，还可用于广域网的通信。每个帧中继用户将得到一个接到帧中继节点的专线。对于终端用户来说，帧中继网络会通过一条经常改变且对用户不可见的信道来处理和其他用户间的数据传输。

主要特点：用户信息以帧为单位进行传送，网络在传送过程中对帧结构、传送差错等情况进行检查，对出错帧直接予以丢弃，同时，通过对帧中地址段 DLCI 的识别，实现用户信息的统计复用。

帧中继是一种数据包交换通信网络，一般用在 OSI 参考模型中的数据链路层。永久虚拟电路（PVC）是用在物理网络交换式虚拟电路（SVCs）上构成端到端逻辑链接的，类似于在公共电话交换网中的电路交换，也是帧中继描述中的一部分，只是现在已经很少在实际中使用。另外，帧中继最初是为紧凑格式版的 X.25 协议而设计的。

数据链路连接标识符 DLCI 是用来标识各端点的一个具有局部意义的数值。多个 PVC 可以连接到同一个物理终端上，PVC 一般会指定承诺信息速率 CIR 和额外信息率 EIR。

帧中继正逐渐被 ATM、IP 等协议（包括 IP 虚拟专用网）替代。

10.2 广域网配置

10.2.1 HDLC 配置

用户只需要在串行端口视图下运行 link-protocol hdlc 命令就可以使能端口的 HDLC 协议。华为设备上的串行端口默认运行的是 PPP 协议，用户必须在串行链路两端的端口上配置相同的链路协议，双方才能通信。

（1）进行 HDLC 配置，网络拓扑连接、相关端口与 IP 地址配置如图 10.4 所示。

（2）主机 PC1 和 PC2 的 IP 地址配置，如图 10.5 所示。

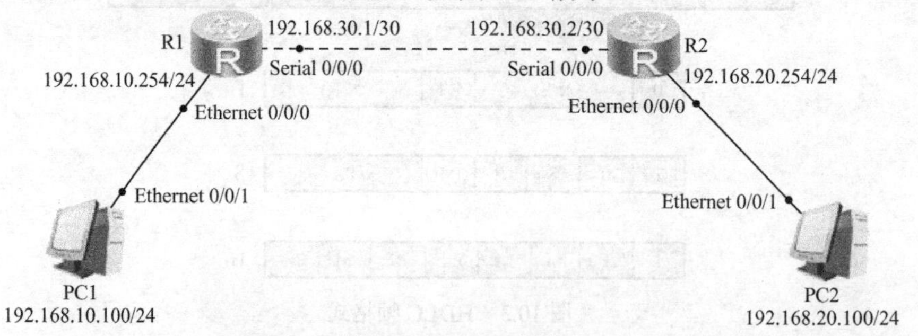

图 10.4 HDLC 配置

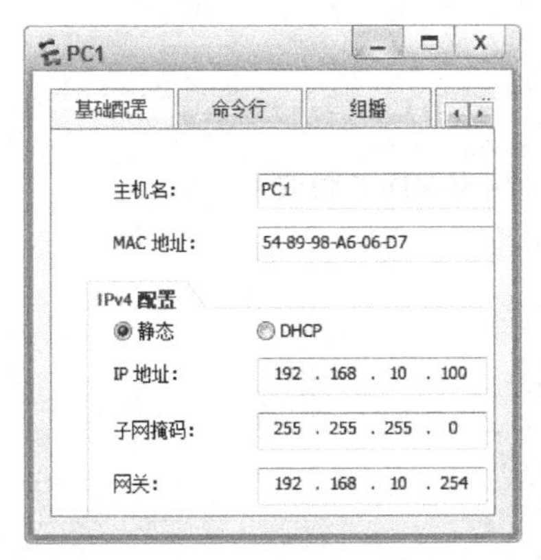

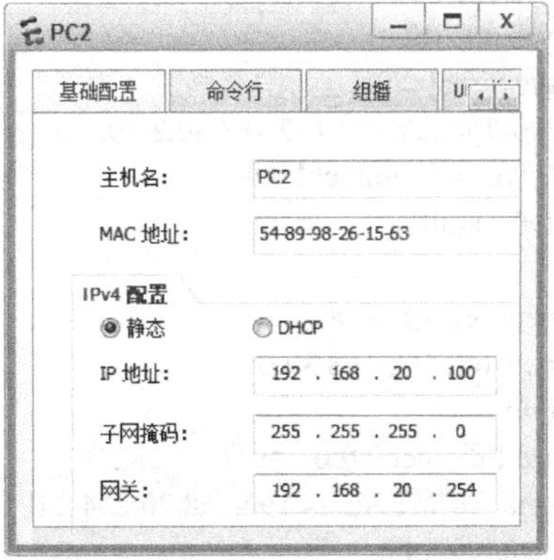

图 10.5　主机 PC1 和 PC2 的 IP 地址配置

（3）配置路由器 R1，相关配置实例代码如下。

```
<Huawei>system-view
[Huawei]sysname R1
[R1]interface Serial 0/0/0
[R1-Serial0/0/0]ip address 192.168.30.1 30
[R1-Serial0/0/0]link-protocol hdlc                //封装 HDLC 协议
[R1-Serial0/0/0]quit
[R1]rip
[R1-rip-1]network 192.168.10.0
[R1-rip-1]network 192.168.30.0
[R1-rip-1]quit
[R1]interface Ethernet 0/0/0
[R1-Ethernet0/0/0]ip address 192.168.10.254 24
[R1-Ethernet0/0/0] quit
[R1]
```

（4）显示路由器 R1 的配置信息，主要配置实例代码如下。

```
<R1>display current-configuration
#
sysname R1
#
interface Ethernet0/0/0
 ip address 192.168.10.254 255.255.255.0
#
interface Serial0/0/0
 link-protocol hdlc
 ip address 192.168.30.1 255.255.255.252
#
interface Serial0/0/1
 link-protocol ppp                              //默认为 PPP 协议
#
rip 1
 network 192.168.10.0
 network 192.168.30.0
#
return
<R1>
```

（5）配置路由器 R2，相关配置实例代码如下。

```
<Huawei>system-view
[Huawei]sysname R2
[R2]interface Serial 0/0/0
[R2-Serial0/0/0]ip address 192.168.30.2 30
[R2-Serial0/0/0]link-protocol hdlc                    //封装 HDLC 协议
[R2-Serial0/0/0]quit
[R2]rip
[R2-rip-1]network 192.168.20.0
[R2-rip-1]network 192.168.30.0
[R2-rip-1]quit
[R2]interface Ethernet 0/0/0
[R2-Ethernet0/0/0]ip address 192.168.20.254 24
[R2-Ethernet0/0/0] quit
[R2]
```

（6）显示路由器 R2 的配置信息，主要配置实例代码如下。

```
<R2>display current-configuration
#
sysname R2
#
interface Ethernet0/0/0
 ip address 192.168.20.254 255.255.255.0
#
interface Serial0/0/0
 link-protocol hdlc                                   //封装 HDLC 协议
 ip address 192.168.30.2 255.255.255.252
#
interface Serial0/0/1
 link-protocol ppp                                    //默认为 PPP 协议
#
rip 1
 network 192.168.20.0
 network 192.168.30.0
#
return
<R2>
```

（7）使用 display ip interface brief 命令显示路由器 R1 的端口 IP 信息，如图 10.6 所示。

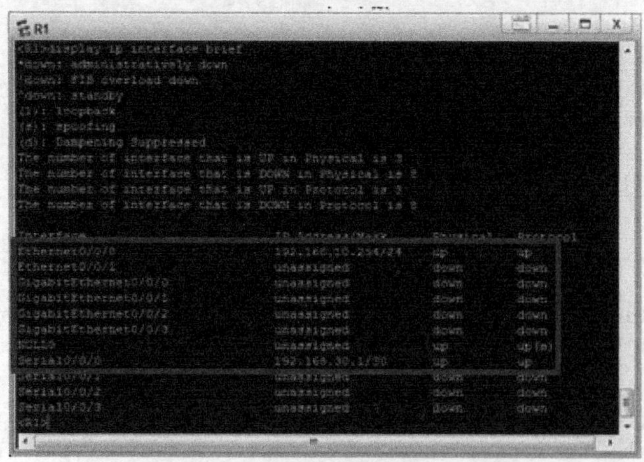

图 10.6　路由器 R1 的端口 IP 信息

（8）测试主机 PC1 的连通性，如图 10.7 所示。

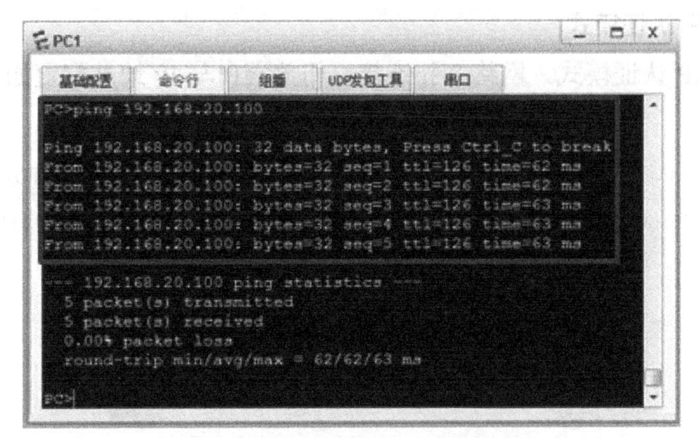

图 10.7　测试主机 PC1 的连通性

10.2.2　PPP 配置

在建立 PPP 链路之前，必须先在串行端口上配置链路层协议。华为系列路由器默认在串行端口上使能 PPP 协议。如果端口运行的不是 PPP 协议，则需要运行 link-protocol ppp 命令来使能数据链路层的 PPP 协议。

PPP 有两种认证模式：一种是 PAP 认证模式，另一种是 CHAP 认证模式。

（1）PAP 认证的工作原理较为简单。PAP 认证协议为两次握手认证协议，密码以明文方式在链路上发送。在 LCP 协商完成后，认证方要求被认证方使用 PAP 进行认证，而被认证方会将配置的用户名和密码信息使用 Authenticate-Request 报文以明文的方式发送给认证方。

认证方在收到被认证方发送的用户名和密码信息之后，会根据本地配置的用户名和密码数据库检查用户名和密码信息是否匹配，如果匹配，则返回 Authenticate-Ack 报文，表示认证成功；否则返回 Authenticate-Nak 报文，表示认证失败。

（2）CHAP 认证过程需要三次报文的交互。为了匹配请求报文和回应报文，报文中含有 Identifier 字段，一次认证过程所使用的报文均使用相同的 Identifier 信息。

① 在 LCP 协商完成后，认证方会发送一个 Challenge 报文给被认证方，报文中含有 Identifier 信息和一个随机产生的 Challenge 字符串，此 Identifier 信息即为后续报文所使用的 Identifier 信息。

② 被认证方在收到此 Challenge 报文之后，会进行一次加密运算，运算公式为 MD5{ Identifier＋密码＋Challenge }，意思是将 Identifier、密码和 Challenge 这三个部分连成一个字符串，然后对此字符串进行 MD5 运算，得到一个长度为 16 字节的摘要信息，将此摘要信息和端口上配置的 CHAP 用户名一起封装在 Response 报文中发回认证方。

③ 认证方在接收到被认证方发送的 Response 报文之后，会按照其中的用户名在本地查找相应的密码信息，并在得到密码信息之后，进行一次加密运算，运算方式和被认证方的加密运算方式相同，然后将加密运算得到的摘要信息和 Response 报文中封装的摘要信息进行比较，如果二者相同，则认证成功，否则认证失败。

在使用 CHAP 认证方式时，被认证方的密码是被加密后才进行传输的，这样就极大地提高了安全性。

1．配置 PAP 认证模式

（1）配置 PAP 认证模式，网络拓扑连接、相关端口与 IP 地址配置如图 10.8 所示。

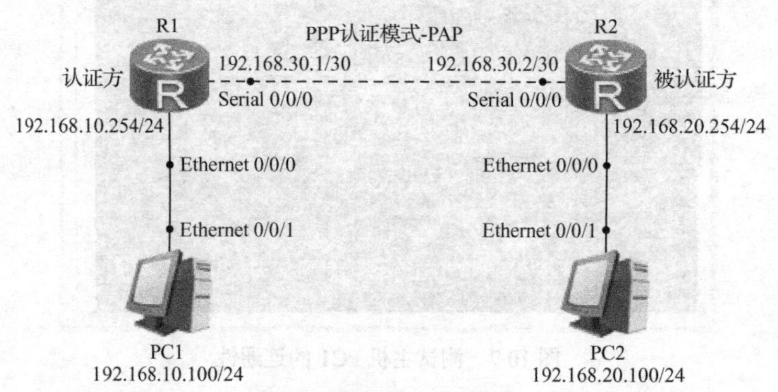

图 10.8 配置 PAP 认证模式

（2）配置路由器 R1，相关配置实例代码如下。

```
<Huawei>system-view
[Huawei]sysname R1
[R1]interface Ethernet 0/0/0
[R1-Ethernet0/0/0]ip address 192.168.10.254 24
[R1-Ethernet0/0/0]quit
[R1]interface Serial 0/0/0
[R1-Serial0/0/0]ip address 192.168.30.1 30
[R1-Serial0/0/0]link-protocol ppp                          //封装 PPP 协议
[R1-Serial0/0/0]ppp authentication-mode pap                //开启 PAP 认证模式
[R1-Serial0/0/0]quit
[R1]aaa                                                    //配置 AAA 认证模式
[R1-aaa]local-user admin123 password cipher a123456789
//配置本地用户：admin123，密码：a123456789
[R1-aaa]local-user admin123 service-type ppp               //服务类型为 PPP
[R1-aaa]quit
[R1]rip
[R1-rip-1]network 192.168.10.0
[R1-rip-1]network 192.168.30.0
[R1-rip-1]quit
[R1]
```

（3）显示路由器 R1 的配置信息，主要配置实例代码如下。

```
<R1>display current-configuration
#
sysname R1
#
aaa
 local-user admin123 password cipher KawW*$Z&S0\C@,X^WP`A[9g#
 local-user admin123 service-type ppp
#
interface Ethernet0/0/0
 ip address 192.168.10.254 255.255.255.0
#
interface Ethernet0/0/1
```

```
#
interface Serial0/0/0
 link-protocol ppp
 ppp authentication-mode pap
 ip address 192.168.30.1 255.255.255.252
#
rip 1
 network 192.168.10.0
 network 192.168.30.0
#
return
<R1>
```

（4）配置路由器 R2，相关配置实例代码如下。

```
<Huawei>system-view
[Huawei]sysname R2
[R2]interface Ethernet 0/0/0
[R2-Ethernet0/0/0]ip address 192.168.20.254 24
[R2-Ethernet0/0/0]quit
[R2]interface Serial 0/0/0
[R2-Serial0/0/0]ip address 192.168.30.2 30
[R2-Serial0/0/0]link-protocol ppp
[R2-Serial0/0/0]ppp pap local-user admin123 password cipher a123456879
[R2-Serial0/0/0]quit
[R2]rip
[R2-rip-1]network 192.168.10.0
[R2-rip-1]network 192.168.30.0
[R2-rip-1]quit
[R2]
```

（5）显示路由器 R2 的配置信息，主要配置实例代码如下。

```
<R2>display current-configuration
#
sysname R2
#
interface Ethernet0/0/0
 ip address 192.168.20.254 255.255.255.0
#
interface Serial0/0/0
 link-protocol ppp
 ppp pap local-user admin123 password cipher AFC15AF!$-a1:#7;`#AE8Q!!
 ip address 192.168.30.2 255.255.255.252
#
interface Serial0/0/1
 link-protocol ppp
#
interface Serial0/0/2
 link-protocol ppp
#
rip 1
 network 192.168.20.0
 network 192.168.30.0
#
```

```
user-interface con 0
user-interface vty 0 4
user-interface vty 16 20
#
return
<R2>
```

2. 配置 CHAP 认证模式

(1) 配置 CHAP 认证模式，网络拓扑连接、相关端口与 IP 地址配置如图 10.9 所示。

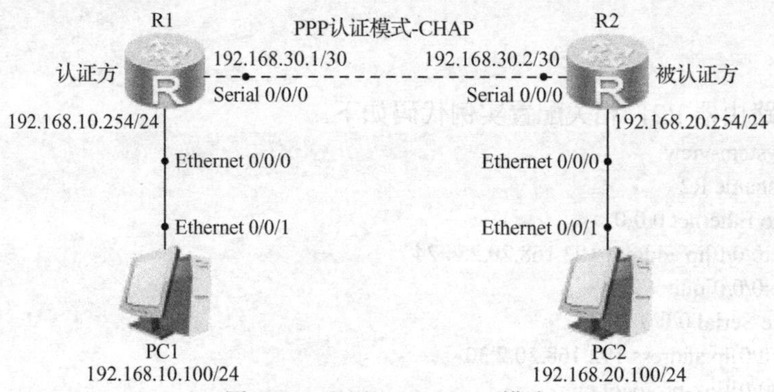

图 10.9　配置 CHAP 认证模式

(2) 配置路由器 R1，相关配置实例代码如下。

```
<Huawei>system-view
[Huawei]sysname R1
[R1]interface Ethernet 0/0/0
[R1-Ethernet0/0/0]ip address 192.168.10.254 24
[R1-Ethernet0/0/0]quit
[R1]interface Serial 0/0/0
[R1-Serial0/0/0]ip address 192.168.30.1 30
[R1-Serial0/0/0]link-protocol ppp                        //封装 PPP 协议
[R1-Serial0/0/0]ppp authentication-mode chap             //开启 CHAP 认证模式
[R1-Serial0/0/0]quit
[R1]aaa                                                  //配置 AAA 认证模式
[R1-aaa]local-user admin123 password cipher a123456789
//配置本地用户：admin123，密码：a123456789
[R1-aaa]local-user admin123 service-type ppp             //服务类型为 PPP
[R1-aaa]quit
[R1]rip
[R1-rip-1]network 192.168.10.0
[R1-rip-1]network 192.168.30.0
[R1-rip-1]quit
[R1]
```

(3) 显示路由器 R1 的配置信息，主要配置实例代码如下。

```
<R1>display current-configuration
#
sysname R1
#
aaa
local-user admin123 password cipher KawW*$Z&S0\C@,X^WP`A[9g#
```

```
 local-user admin123 service-type ppp
#
interface Ethernet0/0/0
 ip address 192.168.10.254 255.255.255.0
#
interface Serial0/0/0
 link-protocol ppp
 ppp authentication-mode chap
 ip address 192.168.30.1 255.255.255.252
#
rip 1
 network 192.168.10.0
 network 192.168.30.0
#
return
<R1>
```

（4）配置路由器 R2，相关配置实例代码如下。

```
<Huawei>system-view
[Huawei]sysname R2
[R2]interface Ethernet 0/0/0
[R2-Ethernet0/0/0]ip address 192.168.20.254 24
[R2-Ethernet0/0/0]quit
[R2]interface Serial 0/0/0
[R2-Serial0/0/0]ip address 192.168.30.2 30
[R2-Serial0/0/0]link-protocol ppp
[R2-Serial0/0/0]ppp chap user admin123
                                //配置被认证方 CHAP 用户名:admin123
[R2-Serial0/0/0]ppp chap password   cipher a123546789
                                //配置被认证方 CHAP 密码:a1234567897
[R2-Serial0/0/0]quit
[R2]rip
[R2-rip-1]network 192.168.10.0
[R2-rip-1]network 192.168.30.0
[R2-rip-1]quit
[R2]
```

（5）显示路由器 R2 的配置信息，主要配置实例代码如下。

```
<R2>display   current-configuration
#
sysname R2
#
interface Ethernet0/0/0
 ip address 192.168.20.254 255.255.255.0
#
interface Serial0/0/0
 link-protocol ppp
 ppp chap user admin123
 ppp chap password cipher %GHF20[S<6"30M7YYP^Q4!!!
```

```
 ip address 192.168.30.2 255.255.255.252
#
interface Serial0/0/1
 link-protocol ppp
#
interface Serial0/0/2
 link-protocol ppp
#
interface Serial0/0/3
 link-protocol ppp
#
rip 1
 network 192.168.20.0
 network 192.168.30.0
#
return
<R2>
```

练 习 题

1. 选择题

（1）下列不属于 HDLC 类型的帧的是（　　）。

A. 信息帧（I 帧）　　B. 监控帧（S 帧）

C. 无编号帧（U 帧）　　D. 管理帧（M 帧）

（2）PAP 认证方式需要交互（　　）次报文。

A. 1　　B. 2　　C. 3　　D. 4

（3）CHAP 认证方式需要交互（　　）次报文。

A. 1　　B. 2　　C. 3　　D. 4

2. 简答题

（1）简述广域网的类型及其分类。

（2）简述常见的广域网接入技术。

（3）简述 PAP 认证模式的工作方式。

（4）简述 CHAP 认证模式的工作方式。

项目十一 IPv6 技术

教学目标、知识点：

1．了解 IPv6 基本概念、IPv6 报头结构与格式，以及 IPv6 地址类型。

2．理解 IPv6 配置协议及 IPv6 路由协议。

3．掌握 IPv6 的 RIPng 配置方法、OSPFv3 配置方法、DHCPv6 配置方法。

11.1 IPv6 概述

在 Internet 发展初期，IPv4 以其协议简单、易于实现、互操作性好等优势而得到快速发展。然而，随着 Internet 的迅猛发展，IPv4 地址不足等设计缺陷也日益明显。IPv4 理论上能够提供的地址数量大约是 43 亿，但是由于地址分配机制等原因，实际可使用的数量远远达不到 43 亿。针对这一问题，先后出现过几种解决方案，比如 CIDR 和 NAT。但是 CIDR 和 NAT 都有各自的弊端和不能解决的问题，在这样的情况下，IPv6 的应用和推广便显得越来越迫切。

另外，网络的安全性、服务质量（Quality of Service，QoS）、简便配置等要求也表明需要一个新的协议来根本解决目前 IPv4 面临的问题。IPv6 的使用，不仅能解决网络地址资源数量的问题，而且能解决多种接入设备连入 Internet 的障碍问题，使得配置更加简单、方便。IPv6 采用了全新的报文格式，提高了报文处理的效率，同时也提高了网络的安全性，能更好地支持 QoS。

IPv6（Internet Protocol Version 6）是由互联网工程任务组（IETF）设计的，用于替代 IPv4 的下一代互联网络 IP 协议，其地址数量号称可以为全世界的每粒沙子分配一个地址。IPv6 是网络层协议的第二代标准协议，也是 IPv4（Internet Protocol Version 4）的升级版本。IPv6 与 IPv4 的显著区别是，IPv4 地址采用 32bit 标识，而 IPv6 地址采用 128bit 标识。128bit 的 IPv6 地址可以划分更多的地址层级、拥有更广阔的地址分配空间，并且支持地址自动配置。IPv4 与 IPv6 的地址空间如表 11.1 所示。

表 11.1　IPv4 与 IPv6 的地址空间

版　本	长　度	地 址 空 间
IPv4	32 bit	4,294,967,296
IPv6	128 bit	340,282,366,920,938,463,463,374,607,431,768,211,456

11.1.1 IPv6 报头结构与格式

1. IPv6 报头结构

IPv6 报文的整体结构分为 IPv6 报头、扩展报头和上层协议数据三部分。IPv6 报头是必选报文头部，长度固定为 40 字节，包含该报文的基本信息；扩展报头是可选报头，可能存在 0 个、1 个或多个，IPv6 协议可以通过扩展报头实现各种丰富的功能；上层协议数据是该 IPv6 报文携带的上层数据，可能是 ICMPv6 报文、TCP 报文、UDP 报文或其他报文。IPv6 报头结构如图 11.1 所示。

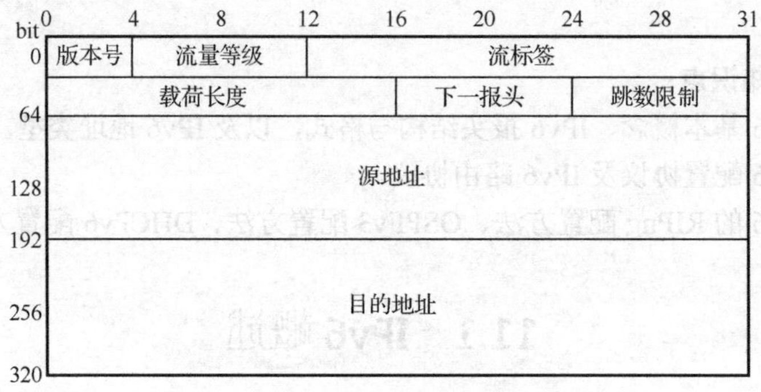

图 11.1 IPv6 报头结构

与 IPv4 相比，IPv6 报头去除了 IHL、Identifier、Flags、Fragment Offset、HeaderChecksum、Options、Padding 域，增加了流标签域，因此 IPv6 报头的处理较 IPv4 大大简化，提高了处理效率。另外，IPv6 为了更好地支持各种选项处理，提出了扩展报头的概念。IPv6 报头字段功能如表 11.2 所示。

表 11.2 IPv6 报头字段功能

字　段	功　能
版本号	长度为 4bit，表示协议版本，值为 6
流量等级	长度为 8bit，表示 IPv6 数据报文的类或优先级，主要用于 QoS
流标签	长度为 20bit，用于区分实时流量，标识同一个流里面的报文
载荷长度	长度为 16bit，表明该 IPv6 报头后部包含的字节数，包含扩展报头
下一报头	长度为 8bit，用来指明报头后接的报文头部的类型，若存在扩展报头，则表示第一个扩展报头的类型，否则表示其上层协议的类型。它是 IPv6 各种功能的核心实现方法
跳数限制	长度为 8bit，该字段类似于 IPv4 中的 TTL，每次转发跳数减 1，该字段达到 0 时报头将会被丢弃
源地址	长度为 128bit，标识该报文的来源地址
目的地址	长度为 128bit，标识该报文的目的地址

扩展报头：IPv6 报文中不再有“选项”字段，而是通过“下一报头”字段配合 IPv6 扩展报头来实现选项的功能。在使用扩展报头时，会在 IPv6 报文下一报头字段表明首个扩展报头的类型，再根据该类型对扩展报头进行读取与处理。每个扩展报头同样包含下一报头字段，若接下来有其他扩展报头，则在该字段中继续标明接下来的扩展报头的类型，从而达到连续添加多个扩展报头的目的。在最后一个扩展报头的下一报头字段中，会标明该报文上层协议的类型，从而读取上层协议数据，扩展头部报文，如图 11.2 所示。

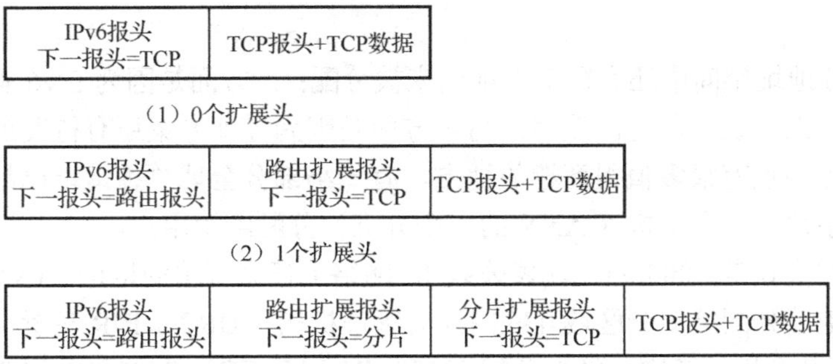

IPv6报头 下一报头=TCP	TCP报头+TCP数据

（1）0个扩展头

IPv6报头 下一报头=路由报头	路由扩展报头 下一报头=TCP	TCP报头+TCP数据

（2）1个扩展头

IPv6报头 下一报头=路由报头	路由扩展报头 下一报头=分片	分片扩展报头 下一报头=TCP	TCP报头+TCP数据

（3）多个扩展头

图 11.2　扩展头部报文示例图

2. IPv6 地址格式

IPv6 地址长度为 128bit，用于标识一个或一组端口。IPv6 地址通常写作 xxxx:xxxx:xxxx:xxxx:xxxx:xxxx:xxxx:xxxx，其中 xxxx 是 4 个十六进制数，等同于 16 个二进制数；8 组 xxxx 共同组成了一个 128bit 的 IPv6 地址。一个 IPv6 地址由 IPv6 地址前缀和端口 ID 组成，IPv6 地址前缀用来标识 IPv6 网络，端口 ID 用来标识端口。

IPv6 的地址长度是 IPv4 地址长度的 4 倍，所以 IPv4 的点分十进制格式不再适用于 IPv6。IPv6 一般采用十六进制表示，有三种表示方法。

1）冒分十六进制表示法

格式为 x:x:x:x:x:x:x:x，其中每个 x 表示地址中的 16bit，以十六进制数表示，例如 ABCD:EF01:2345:6789:ABCD:EF01:2345:6789，在这种表示法中，每个 x 的前导 0 是可以省略的，例如：

2001:0DB8:0000:0023:0008:0800:200C:417A 可以写作 2001:DB8:0:23:8:800:200C:417A。

2）0 位压缩表示法

在某些情况下，一个 IPv6 地址中间可能包含很长的一段 0，可以把连续的一段 0 压缩为“::”。但为保证地址解析的唯一性，地址中的“::”只能出现一次，例如：

FF01:0:0:0:0:0:0:1101 可以写作 FF01::1101；

0:0:0:0:0:0:0:1 可以写作::1；

0:0:0:0:0:0:0:0 可以写作::。

3）内嵌 IPv4 地址表示法

为了实现 IPv4 与 IPv6 互通，IPv4 地址可以嵌入 IPv6 地址中，此时地址常表示为 x:x:x:x:x:x:d.d.d.d，前 96bit 采用冒分十六进制表示，而最后 32bit 地址则使用 IPv4 的点分十进制表示，例如“::192.168.11.1”与“::FFFF:192.168.11.1”就是两个典型的例子。注意在前 96bit 中，0 位压缩表示法依旧适用。

11.1.2　IPv6 地址类型

IPv6 协议主要定义了三种地址类型：单播地址（Unicast Address）、组播地址（Multicast Address）和任播地址（Anycast Address）。与原来的 IPv4 地址类型相比，新增了“任播地址”类型，取消了 IPv4 地址类型中的广播地址，这是因为在 IPv6 中的广播功能是通过组播来完成的。

目前，IPv6 地址空间中还有很多地址尚未被分配：一方面是因为 IPv6 有着巨大的地址空间，足够在未来很长一段时间使用；另一方面是因为寻址方案还有待发展，同时关于地址类型的适用范围也有很多值得商榷的地方，有一小部分全球单播地址已经由 IANA（互联网名称与数字地址分配机构 ICANN 的一个分支）分配给了用户。

单播地址的格式是 2000::/3，代表公共 IP 网络上任意可用的地址。IANA 负责将该段地址范围内的地址分配给多个区域互联网注册管理机构（RIR）。RIR 负责全球五个区域的地址分配。以下几个地址范围已经被分配：2400::/12（APNIC）、2600::/12（ARIN）、2800::/12（LACNIC）、2A00::/12（RIPE NCC）和 2C00::/12（AfriNIC）。它们使用单一地址前缀标识特定区域中的所有地址。2000::/3 地址范围中还为文档示例预留了地址空间，例如 2001:0DB8::/32。

链路本地地址的前缀是 FE80::/10。链路本地地址只能在连接到同一本地链路的节点之间使用。在自动地址分配、邻居发现和链路上没有路由器的情况下，可以使用链路本地地址。以链路本地地址为源地址或目的地址的 IPv6 报文不会被路由器转发到其他链路。

组播地址的前缀是 FF00::/8。组播地址范围内的大部分地址都是为特定组播组保留的。与 IPv4 一样，IPv6 组播地址还支持路由协议。IPv6 中没有广播地址，组播地址替代广播地址可以确保报文只发送给特定的组播组，而不是 IPv6 网络中的任意终端。

IPv6 还包括一些特殊地址，比如未指定地址“::/128”。如果没有给一个端口分配 IP 地址，则该端口的地址为“::/128”。需要注意的是，不能将未指定地址跟默认 IP 地址“::/0”相混淆。默认 IP 地址“::/0”跟 IPv4 中的默认地址 0.0.0.0/0 类似。IPv4 中的环回地址 127.0.0.1 在 IPv6 中被定义为保留地址“::1/128”。

IPv6 地址类型是由地址前缀部分来确定的，主要的地址类型与地址前缀的对应关系如表 11.3 所示。

表 11.3 IPv6 地址类型与地址前缀的对应关系

地 址 类 型	IPv6 前缀标识
未指定地址	::/128
环回地址	::1/128
链路本地地址	FE80::/10
唯一本地地址	FC00::/7（包括 FD00::/8 和不常用的 FC00::/8）
站点本地地址（已弃用，被唯一本地地址代替）	FEC0::/10
全球单播地址	2000::/3
组播地址	FF00::/8
任播地址	从单播地址空间中进行分配，使用单播地址的格式

1. 单播地址

IPv6 单播地址与 IPv4 单播地址一样，都只标识了一个端口，发送到单播地址的数据报文将被传送给此地址所标识的一个端口。为了适应负载平衡系统，RFC3513 允许多个端口使用同一个地址，但只能单个端口出现在网络中（注：允许端口使用同一设备上的其他端口的 IP 地址）。单播地址包括四种类型：全局单播地址、本地单播地址、兼容性地址和特殊地址。

（1）全球单播地址，等同于 IPv4 中的公网地址，可以在 IPv6 Internet 上进行全局路由和访问。这种地址类型允许路由前缀的聚合，从而限制了全球路由表项的数量。全球单播地址（如 2000::/3）带有固定的地址前缀，即前三位为固定值 001，其地址结构是一个三层结构，依次为全球路由前缀、子网标识和端口标识。全球路由前缀由 RIR 和互联网服务供应商（ISP）组成，RIR 为 ISP 分配 IP 地址前缀。子网标识定义了网络的管理子网。

（2）本地单播地址。链路本地地址和唯一本地地址都属于本地单播地址，在 IPv6 中，本地单播地址就是指本地网络使用的单播地址，也就是 IPv4 地址中局域网的专用地址。每个端口上至少要有一个链路本地单播地址，另外还可分配任何类型（单播、任播和组播）或范围的 IPv6 地址。

① 链路本地地址（FE80::/10）：仅用于单个链路（链路层不能跨 VLAN），不能在不同子网中路由，节点使用链路本地地址与同一个链路上的相邻节点进行通信。例如，在没有路由器的单链路 IPv6 网络上，主机使用链路本地地址与该链路上的其他主机进行通信。链路本地单播地址的前缀为 FE80::/10，表示地址最高 10 位值为 1111111010，前缀后面紧跟的 64 位是端口标识，这 64 位已足够主机端口使用，因而链路本地单播地址的剩余 54 位为 0。

② 唯一本地地址（FC00::/7）：唯一本地地址是本地全局的，它应用于本地通信，但不通过 Internet 路由，将其范围限制为组织的边界。

③ 站点本地地址（FEC0::/10）：在新标准中已被唯一本地地址代替。

（3）兼容性地址：在 IPv6 的转换机制中还包括了一种通过 IPv4 路由端口以隧道方式动态传递 IPv6 数据包的技术。这样的 IPv6 节点会被分配一个在低位 32 位中带有全球 IPv4 单播地址的 IPv6 全局单播地址。另外，还有一种嵌入 IPv4 的 IPv6 地址，用于局域网内部，这类地址可以把 IPv4 节点当作 IPv6 节点。此外，还有一种称为“6to4”的 IPv6 地址，用于在两个通过 Internet 同时运行 IPv4 和 IPv6 的节点之间进行通信。

（4）特殊地址：包括未指定地址和环回地址。未指定地址（0:0:0:0:0:0:0:0 或::）仅用于表示某个地址不存在，等价于 IPv4 未指定地址 0.0.0.0。未指定地址通常被用作尝试验证暂定地址唯一性数据包的源地址，并且永远不会指派给某个端口或被用作目标地址。环回地址（0:0:0:0:0:0:0:1 或::1）用于标识环回端口，允许节点将数据包发送给自己，等价于 IPv4 环回地址 127.0.0.1。发送到环回地址的数据包永远不会发送给某个链接，也永远不会通过 IPv6 路由器转发。

2. 组播地址

IPv6 组播地址可以识别多个端口，对应于一组端口的地址（这些端口通常分属不同的节点），类似于 IPv4 中的组播地址。使用适当的组播路由拓扑，可以将向组播地址发送的数据包发送给该地址识别的所有端口，如表 11.4 所示。任意位置的 IPv6 节点可以侦听任意 IPv6 组播地址上的组播通信，并且可以同时侦听多个组播地址，也可以随时加入或离开组播组。

表 11.4　IPv6 组播地址

地 址 范 围	描　述
FF02::1	链路本地范围所有节点
FF02::2	链路本地范围所有路由器

IPv6 地址很容易区分组播地址，因为它总是以 FF（1111 1111）开始的，其组播地址结构如图 11.3 所示。一个 IPv6 组播地址是由前缀、标志（Flag）字段、作用域（Scope）字段及组播组 ID（Group ID）四个部分组成。

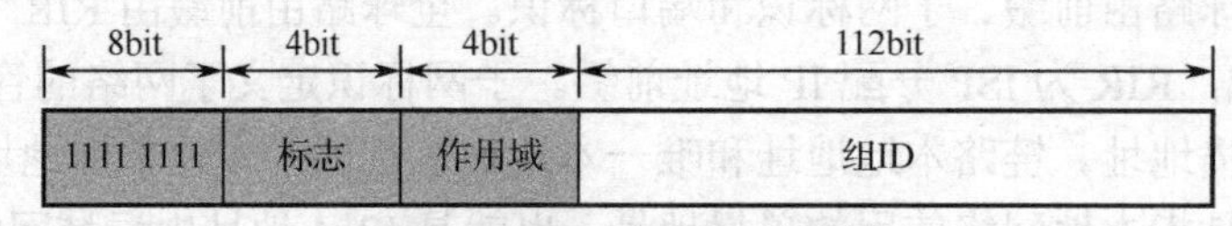

图 11.3　IPv6 组播地址结构

（1）前缀：IPv6 组播地址的前缀是 FF00::/8（1111 1111）。

（2）标志字段（Flag）：长度为 4bit，目前只使用了最后一个比特位（前三位必须置 0），当最后一个比特位值为 0 时，表示当前的组播地址是由 IANA 所分配的一个永久分配地址；当该值为 1 时，表示当前的组播地址是一个临时组播地址（非永久分配地址）。

（3）作用域字段（Scope）：长度为 4bit，用来限制组播数据流在网络中发送的范围。

（4）组播组 ID（Group ID）：长度为 112bit，用以标识组播组。目前，RFC2373 并没有将所有的 112 位都定义成组标识，而是建议仅使用该 112 位的最低 32 位作为组播组 ID，将剩余的 80 位都置 0，这样，每个组播组 ID 都可以映射到一个唯一的以太网组播 MAC 地址。

3．任播地址

任播地址标识一组网络端口（通常属于不同的节点），目标地址是任播地址的数据包将发送给其中路由意义上最近的一个网络端口。与组播地址不同的是，发送到任播地址的数据包会被发送到由该地址标识的其中一个端口，即该地址识别的最近端口，最近端口定义的根据是路由距离最近；而组播地址用于一对多通信，发送到多个端口。一个任播地址不能用作 IPv6 数据包的源地址，也不能分配给 IPv6 主机，仅可以分配给 IPv6 路由器。

任播过程涉及一个任播报文发起方和一个或多个响应方。任播报文的发起方通常为请求某一服务（DNS 查找）的主机或请求返还特定数据（如 HTTP 网页信息）的主机。任播地址与单播地址在格式上无任何差异，唯一的区别是一台设备可以给多台具有相同地址的设备发送报文。在企业网络中运用任播地址有很多优势，如业务冗余，用户可以通过多台使用相同地址的服务器获取同一个服务（如 HTTP），这些服务器都是任播报文的响应方。如果不采用任播地址通信；则当其中一台服务器发生故障时，用户需要获取另一台服务器的地址才能重新建立通信，如果采用的是任播地址，则当一台服务器发生故障时，任播报文的发起方能够自动与使用相同地址的另一台服务器通信，从而实现业务冗余。

使用多服务器接入还能够提高工作效率，例如，用户（任播地址的发起方）在浏览公司网页时，可以与相同的单播地址建立一条连接，连接的对端是具有相同任播地址的多个服务器。用户可以从不同的镜像服务器分别下载 HTML 文件和图片，其效率远远高于使用单播地址进行下载。

11.2　IPv6 地址自动配置协议

IPv6 使用两种地址自动配置协议，分别为无状态地址自动配置协议（SLAAC）和 IPv6

动态主机配置协议（DHCPv6）。SLAAC 不需要服务器对地址进行管理，由主机直接根据网络中的路由器通告信息与本机 MAC 地址结合计算出本机 IPv6 地址，实现地址自动配置；DHCPv6 由 DHCPv6 服务器管理地址池，由用户主机从服务器请求并获取 IPv6 地址及其他信息，达到地址自动配置的目的。

（1）无状态地址自动配置。无状态地址自动配置的核心是不需要额外的服务器管理地址状态，主机可自行计算地址并进行地址自动配置，包括以下四个基本步骤。

① 链路本地地址配置，主机计算本地地址。

② 重复地址检测，确定当前地址是唯一的。

③ 全局前缀获取，主机计算全局地址。

④ 前缀重新编址，主机改变全局地址。

（2）IPv6 动态主机配置协议。IPv6 动态主机配置协议是由 IPv4 场景下的 DHCP 发展而来的。客户端通过向 DHCP 服务器发出申请来获取本机 IP 地址并进行自动配置，DHCP 服务器负责管理并维护地址池，以及地址与客户端的映射信息。

DHCPv6 在 DHCP 的基础上，进行了一定的改进与扩充，其中包含三种角色：

☑ DHCPv6 客户端，用于动态获取 IPv6 地址、IPv6 前缀或其他网络配置参数；

☑ DHCPv6 服务器，负责为 DHCPv6 客户端分配 IPv6 地址、IPv6 前缀和其他配置参数；

☑ DHCPv6 中继，它是一个转发设备。在通常情况下，DHCPv6 客户端可以通过本地链路范围内组播地址与 DHCPv6 服务器进行通信。若服务器和客户端不在同一链路范围内，则需要 DHCPv6 中继进行转发。DHCPv6 中继的存在使得不必在每个链路范围内都部署 DHCPv6 服务器，节省了成本，还便于集中管理。

11.3 IPv6 路由协议

IPv4 初期对 IP 地址规划的不合理，使得网络变得非常复杂，路由表条目繁多。尽管通过划分子网及路由聚集在一定程度上缓解了这个问题，但问题依旧存在。因此 IPv6 设计之初就把地址从用户拥有改成运营商拥有，并在此基础上改变了路由策略，加之 IPv6 地址长度发生了变化，因此路由协议也发生了相应的改变。

与 IPv4 相同，IPv6 路由协议同样分成内部网关协议（IGP）与外部网关协议（EGP），其中 IGP 包括由 RIP 变化而来的 RIPng，由 OSPF 变化而来的 OSPFv3，以及由 IS-IS 协议变化而来的 IS-ISv6。EGP 则主要包括由 BGP 变化而来的 BGP4+。

（1）RIPng。RIPng 是下一代 RIP 协议，是对原来的 RIPv2 的扩展。大多数 RIP 协议的概念都可以用于 RIPng。为了在 IPv6 网络中应用，RIPng 对原有的 RIP 协议进行了修改。

☑ UDP 端口号：使用 UDP 的 521 端口发送和接收路由信息。

☑ 组播地址：使用 FF02::9 作为链路本地范围内的 RIPng 路由器组播地址。

☑ 路由前缀：使用 128 位的 IPv6 地址作为路由前缀。

☑ 下一跳地址：使用 128 位的 IPv6 地址作为下一跳地址。

（2）OSPFv3。RFC2740 定义了 OSPFv3 用于支持 IPv6。OSPFv3 与 OSPFv2 的主要区别如下所述。

☑ 修改了LSA的种类和格式，使其支持发布IPv6路由信息。

☑ 修改了部分协议流程，主要的修改包括用Router-ID来标识邻居，使用链路本地地址来发现邻居等，使得网络拓扑本身独立于网络协议，以便于将来进行扩展。

☑ 进一步理顺了拓扑与路由的关系。OSPFv3在LSA中将拓扑与路由信息分离，在一、二类LSA中不再携带路由信息，而只是单纯的拓扑描述信息，另外增加了八、九类LSA，结合原有的三、五、七类LSA来发布路由前缀信息。

☑ 提高了协议适应性。通过引入LSA扩散范围的概念进一步明确了对未知LSA的处理流程，使得协议可以在不识别LSA的情况下根据需要做出恰当处理，提高了协议的可扩展性。

（3）BGP4+。传统的BGP4只能管理IPv4的路由信息，对于使用其他网络层协议（如IPv6等）的应用，在跨自治系统传播时会受到一定的限制。为了提供对多种网络层协议的支持，IETF发布的RFC2858文档对BGP4进行了多协议扩展，形成了BGP4+。

为了实现对 IPv6 协议的支持，BGP4+必须将 IPv6 网络层协议的信息反映到 NLRI（Network Layer Reachable Information）及下一跳（NextHop）属性中。为此，在BGP4+中引入了下面两个NLRI属性。

☑ MP_REACH_NLRI：多协议可到达NLRI，用于发布可到达路由及下一跳信息。

☑ MP_UNREACH_NLRI：多协议不可达NLRI，用于撤销不可达路由。

BGP4+中的NextHop属性用IPv6地址来表示，可以是IPv6全球单播地址或者下一跳的链路本地地址。BGP4原有的消息机制和路由机制没有改变。

（4）ICMPv6协议。ICMPv6协议用于报告IPv6节点在数据包处理过程中出现的错误消息，并实现简单的网络诊断功能。ICMPv6新增加的邻居发现功能代替了ARP协议的功能，所以在IPv6体系结构中已经没有ARP协议了。除了支持IPv6地址格式，ICMPv6还为支持IPv6中的路由优化、IP组播、移动IP等增加了一些新的报文类型。

与IPv4相比，IPv6具有以下几个优势。

☑ IPv6具有更大的地址空间。IPv4中规定IP地址长度为32bit，最大地址个数为2^{32}；而IPv6中IP地址的长度为128bit，即最大地址个数为2^{128}，与32位地址空间相比，其地址空间增加了$2^{128}-2^{32}$个。

☑ IPv6 使用更小的路由表。IPv6 的地址分配从一开始就遵循聚类的原则，这使得路由器能在路由表中用一条记录表示一片子网，大大减小了路由器中路由表的长度，提高了路由器转发数据包的速度。

☑ IPv6增强了组播支持和对流的控制，这使得网络上的多媒体应用有了长足发展的机会，为QoS控制提供了良好的网络平台。

☑ IPv6 加入了对自动配置的支持。这是对 DHCP 协议的改进和扩展，使得网络（尤其是局域网）的管理更加方便和快捷。

☑ IPv6 具有更高的安全性。在使用 IPv6 网络的过程中，用户可以对网络层的数据进行加密并对 IP 报文进行校验，在 IPv6 中的加密与鉴别选项可以保证分组的保密性与完整性，极大地增强了网络的安全性。

☑ IPv6允许扩充。在新的技术或应用需要时，IPv6允许协议进行扩充。

☑ IPv6 具有更好的头部格式。IPv6 使用新的头部格式，其选项与基本头部分开，如果有需要，可将选项插入基本头部与上层数据之间，这样可以简化和加速路由选择过程，因为大多数的选项不需要由路由来选择。

☑ IPv6 具有新的选项。IPv6 有一些新的选项，可以用来实现附加功能。

11.4 配置 IPv6

为了通过 IPv6 网络进行通信，各端口必须获取有效的 IPv6 地址，以下三种方式可以用来配置 IPv6 地址的端口 ID：网络管理员手动配置、通过系统软件生成；采用扩展唯一标识符（EUI-64）格式生成。

就实用性而言，EUI-64 格式是 IPv6 生成端口 ID 的常用方式，如图 11.4 所示，IEEE EUI-64 标准采用端口的 MAC 地址生成 IPv6 端口 ID。MAC 地址只有 48 位，而端口 ID 却要求 64 位。MAC 地址的前 24 位代表厂商 ID，后 24 位代表制造商分配的唯一扩展标识。MAC 地址的第 7 位是一个 U/L 位，其值为 1 时表示 MAC 地址全局唯一，其值为 0 时表示 MAC 地址本地唯一。在 MAC 地址向 EUI-64 格式的转换过程中，在 MAC 地址的前 24 位和后 24 位之间插入了 16 位的 FFFE，并将 U/L 位的值从 0 变成了 1，这样就生成了一个 64 位的端口 ID，并且端口 ID 的值全局唯一。端口 ID 和端口前缀一起组成端口地址。

48位以太网MAC地址

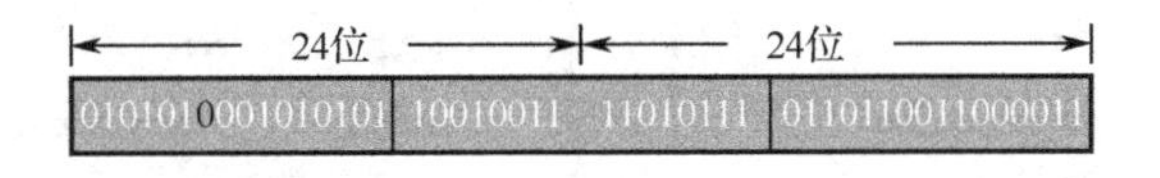

EUI-64生成的端口ID

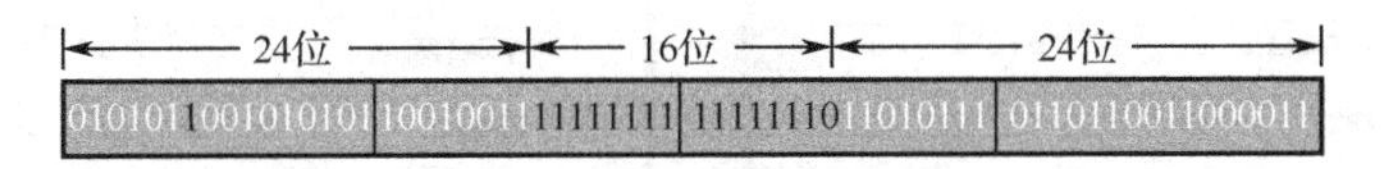

●将FFFE插入MAC地址的前24位与后24位之间，并将第7位的0改为1即可生成端口ID。

图 11.4　EUI-64 规范

11.4.1　RIPng 配置

RIPng 是为 IPv6 网络设计的下一代距离矢量路由协议。与早期的 IPv4 版本的 RIP 类似，RIPng 同样遵循距离矢量原则。RIPng 保留了 RIP 的多个主要特性，比如，RIPng 规定每跳的开销度量值为 1，最大跳数为 15，但 RIPng 通过 UDP 的 521 端口发送和接收路由信息。

RIPng 与 RIP 的主要区别在于，RIPng 使用了 IPv6 组播地址 FF02::9 作为目的地址来传送路由更新报文，而 RIPv2 使用的是组播地址 224.0.0.9。IPv4 路由协议一般采用公网地址或私网地址作为路由条目的下一跳地址，而 IPv6 路由协议通常采用链路本地地址作为路由条目的下一跳地址。

（1）配置 RIPng，网络拓扑连接、相关端口与 IP 地址配置如图 11.5 所示。路由器 AR1 和 AR2 的 loopback1 端口使用的是全球单播地址。AR1 和 AR2 的物理端口在使用 RIPng 传送路由信息时，路由条目的下一跳地址只能是链路本地地址。例如，AR1 收到的路由条目的下一跳地址为 2005::2/64，AR1 就会认为目的地址为 2004::1/64 的网络地址可达。

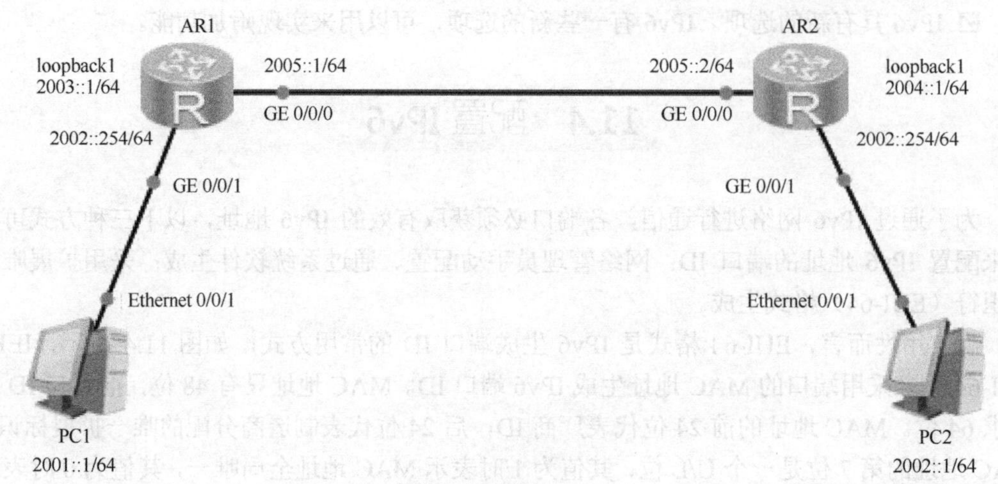

图 11.5 配置 RIPng

（2）配置主机 PC1 和 PC2 的 IPv6 地址，如图 11.6 所示。

图 11.6 配置主机 PC1 和 PC2 的 IPv6 地址

（3）配置路由器 AR1，相关配置实例代码如下。

```
<Huawei>system-view
Enter system view, return user view with Ctrl+Z.
[Huawei]sysname AR1
[AR1]ipv6                                                //使能 IPv6 功能，不开启无法连通
[AR1]interface GigabitEthernet 0/0/1
[AR1-GigabitEthernet0/0/1]ipv6    enable
[AR1-GigabitEthernet0/0/1]ipv6 address 2001::254 64      //配置 IPv6 地址
[AR1-GigabitEthernet0/0/1]ripng 1 enable                 //配置 RIPng 路由协议
[AR1-GigabitEthernet0/0/1]quit
[AR1]interface GigabitEthernet 0/0/0
[AR1-GigabitEthernet0/0/0]ipv6 enable
```

```
[AR1-GigabitEthernet0/0/0]ipv6 address 2005::1 64
[AR1-GigabitEthernet0/0/1]quit
[AR1]interface LoopBack1
[AR1-LoopBack1]ipv6 address 2003::1 64
[AR1-LoopBack1]ripng 1 enable
[AR1-LoopBack1]quit
[AR1]
```

ipv6 enable 命令用来在路由器端口上使能 IPv6，使得端口能够接收和转发 IPv6 报文。端口的 IPv6 功能默认是去使能的。

ipv6 address auto link-local 命令用来为端口配置自动生成的链路本地地址。

ripng process-id enable 命令用来使能一个端口的 RIPng 路由协议。进程 ID 可以是 1～65535 的任意值。在默认情况下，端口上未使能 RIPng 路由协议。

（4）配置路由器 AR2，相关配置实例代码如下。

```
<Huawei>system-view
Enter system view, return user view with Ctrl+Z.
[Huawei]sysname AR2
[AR2]ipv6
[AR2]interface GigabitEthernet 0/0/1
[AR2-GigabitEthernet0/0/1]ipv6    enable
[AR2-GigabitEthernet0/0/1]ipv6 address 2002::254 64
[AR2-GigabitEthernet0/0/1]ripng 1 enable
[AR2-GigabitEthernet0/0/1]quit
[AR2]interface GigabitEthernet 0/0/0
[AR2-GigabitEthernet0/0/0]ipv6 enable
[AR2-GigabitEthernet0/0/0]ipv6 address 2005::2 64
[AR2-GigabitEthernet0/0/1]quit
[AR2]interface LoopBack1
[AR2-LoopBack1]ipv6 address 2004::1 64
[AR2-LoopBack1]ripng 1 enable
[AR2-LoopBack1]quit
[AR2]
```

（5）显示路由器 AR1 的配置信息，主要配置实例代码如下。

```
<AR1>display current-configuration
#
 sysname AR1
#
ipv6
#
interface GigabitEthernet0/0/0
ipv6 enable
 ipv6 address 2005::1/64
 ripng 1 enable
#
interface GigabitEthernet0/0/1
 ipv6 enable
 ipv6 address 2001::254/64
 ripng 1 enable
#
interface LoopBack1
```

```
 ipv6 enable
 ipv6 address 2003::1/64
 ripng 1 enable
#
ripng 1
#
return
<AR1>
```

（6）显示路由器 AR2 的配置信息，主要配置实例代码如下。

```
<AR2>display current-configuration
#
 sysname AR2
#
ipv6
#
interface GigabitEthernet0/0/0
 ipv6 enable
 ipv6 address 2005::2/64
 ripng 1 enable
#
interface GigabitEthernet0/0/1
 ipv6 enable
 ipv6 address 2002::254/64
 ripng 1 enable
#
interface LoopBack1
 ipv6 enable
 ipv6 address 2004::1/64
  ripng 1 enable
#
ripng 1
#
return
<AR2>
```

（7）显示路由器 AR1 的 RIPng 路由信息，如图 11.7 所示。

```
AR1
<AR1>display ripng
Public vpn-instance
    RIPng process : 1
       Preference      : 100
       Checkzero       : Enabled
       Default-cost    : 0
       Maximum number of balanced paths : 8
       Update time     : 30 sec      Age time     : 180 sec
       Garbage-collect time : 120 sec
       Number of periodic updates sent : 127
       Number of trigger updates sent  : 3
       Number of routes in database    : 5
       Number of interfaces enabled    : 3
       Total number of routes : 2
       Total number of routes in ADV DB is : 5

  Total count for 1 process :
       Number of routes in database : 5
       Number of interfaces enabled : 3
       Number of routes sendable in a periodic update : 15
       Number of routes sent in last periodic update : 8
<AR1>
```

图 11.7　路由器 AR1 的 RIPng 路由信息

执行 display ripng 命令，可以查看 RIPng 进程实例及该实例的相关参数和统计信息。从显示信息中可以看出，RIPng 的协议优先级是 100；路由信息的更新周期是 30s；Number of routes in database 字段显示为 5，表明 RIPng 数据库中路由的条数为 5；Total number of routes in ADV DB is 字段显示为 5，表明 RIPng 正常工作并发送了 5 条路由更新信息。

（8）主机 PC1 验证相关测试结果，如图 11.8 所示。

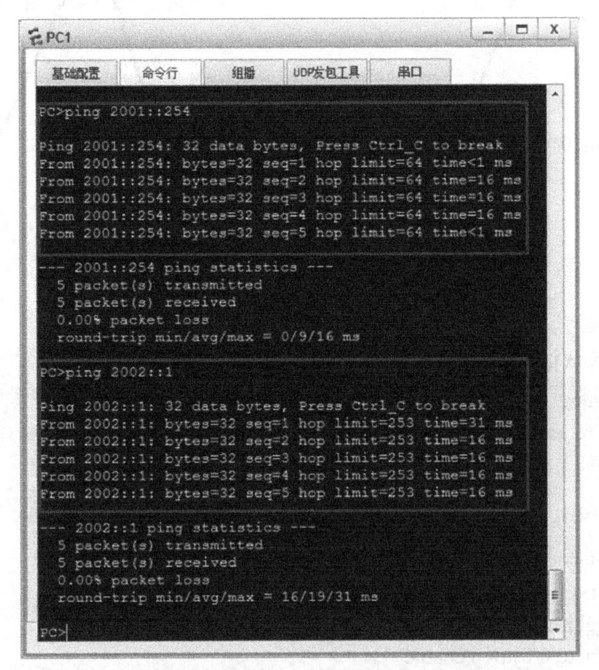

图 11.8　主机 PC1 验证相关测试结果

11.4.2　OSPFv3 配置

OSPFv3 是运行在 IPv6 网络的 OSPF 协议。运行 OSPFv3 的路由器使用物理端口的链路本地单播地址为源地址来发送 OSPF 报文。相同链路上的路由器会学习与之相连的其他路由器的链路本地地址，并在报文转发的过程中将这些地址当成下一跳信息使用。OSPFv3 在点到点网络中与 OSPFv2 相似，IPv6 中使用组播地址 FF02::5 来表示 All Routers，而 OSPFv2 中使用的是组播地址 224.0.0.5。需要注意的是，OSPFv3 和 OSPFv2 版本互不兼容。

在 OSPFv3 中，Router ID 也是用于标识路由器的。与 OSPFv2 的 Router ID 不同，OSPFv3 的 Router ID 必须手动配置，如果没有手动配置 Router ID，OSPFv3 将无法正常运行。OSPFv3 在广播型网络和 NBMA 网络中选举 DR 和 BDR 的过程与 OSPFv2 相似。IPv6 使用组播地址 FF02::6 表示 All Routers，而 OSPFv2 中使用的是组播地址 224.0.0.6。

OSPFv3 是基于链路而不是网段的。在配置 OSPFv3 时，不需要考虑路由器的端口是否配置在同一网段，只要路由器的端口连接在同一链路上，就可以不配置 IPv6 全局地址而直接建立联系。这一变化影响了 OSPFv3 协议报文的接收、Hello 报文的内容及网络 LSA 的内容。

OSPFv3 直接使用 IPv6 的扩展头部（AH 和 ESP）来实现认证及安全处理功能，不再需要 OSPFv3 自己来完成认证。

（1）配置 OSPFv3，网络拓扑连接、相关端口与 IP 地址配置如图 11.9 所示。

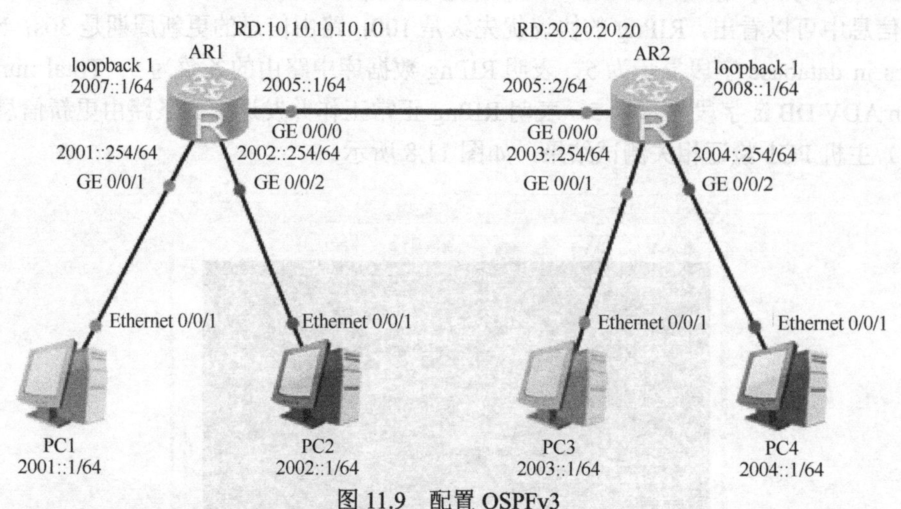

图 11.9　配置 OSPFv3

（2）配置路由器 AR1，相关配置实例代码如下。

```
<Huawei>system-view
Enter system view, return user view with Ctrl+Z.
[Huawei]sysname AR1
[AR1]ipv6
[AR1]ospfv3
[AR1-ospfv3-1]router-id 10.10.10.10
[AR1-ospfv3-1]quit
[AR1]interface GigabitEthernet 0/0/0
[AR1-GigabitEthernet0/0/0]ipv6 enable
[AR1-GigabitEthernet0/0/0]ipv6 address 2005::1 64
[AR1-GigabitEthernet0/0/0]ospfv3 1 area 0
[AR1-GigabitEthernet0/0/0]quit
[AR1]interface GigabitEthernet 0/0/1
[AR1-GigabitEthernet0/0/1]ipv6 enable
[AR1-GigabitEthernet0/0/1]ipv6 address 2001::254 64
[AR1-GigabitEthernet0/0/1]ospfv3 1 area 0
[AR1-GigabitEthernet0/0/1]quit
[AR1]interface GigabitEthernet 0/0/2
[AR1-GigabitEthernet0/0/2]ipv6 enable
[AR1-GigabitEthernet0/0/2]ipv6 address 2002::254 64
[AR1-GigabitEthernet0/0/2]ospfv3 1 area 0
[AR1]interface loopback 1
[AR1-LoopBack1]ipv6 enable
[AR1-LoopBack1]ipv6 address 2007::1 64
[AR1-LoopBack1]ospfv3 1 area 0
[AR1-LoopBack1]quit
[AR1]
```

（3）配置路由器 AR2，相关配置实例代码如下。

```
<Huawei>system-view
Enter system view, return user view with Ctrl+Z.
[Huawei]sysname AR2
[AR2]ipv6
[AR2]ospfv3
```

```
[AR2-ospfv3-1]router-id 20.20.20.20
[AR2-ospfv3-1]quit
[AR2]interface GigabitEthernet 0/0/0
[AR2-GigabitEthernet0/0/0]ipv6 enable
[AR2-GigabitEthernet0/0/0]ipv6 address 2005::2 64
[AR2-GigabitEthernet0/0/0]ospfv3 1 area 0
[AR2-GigabitEthernet0/0/0]quit
[AR2]interface GigabitEthernet 0/0/1
[AR2-GigabitEthernet0/0/1]ipv6 enable
[AR2-GigabitEthernet0/0/1]ipv6 address 2003::254 64
[AR2-GigabitEthernet0/0/1]ospfv3 1 area 0
[AR2-GigabitEthernet0/0/1]quit
[AR2]interface GigabitEthernet 0/0/2
[AR2-GigabitEthernet0/0/2]ipv6 enable
[AR2-GigabitEthernet0/0/2]ipv6 address 2004::254 64
[AR2-GigabitEthernet0/0/2]ospfv3 1 area 0
[AR2]interface loopback 1
[AR2-LoopBack1]ipv6 enable
[AR2-LoopBack1]ipv6 address 2008::1 64
[AR2-LoopBack1]ospfv3 1 area 0
[AR2-LoopBack1]quit
[AR2]
```

（4）显示路由器 AR1 的配置信息，主要配置实例代码如下。

```
<AR1>display current-configuration
#
 sysname AR1
#
ipv6
ospfv3 1
 router-id 10.10.10.10
#
interface GigabitEthernet0/0/0
 ipv6 enable
 ipv6 address 2005::1/64
 ospfv3 1 area 0.0.0.0
#
interface GigabitEthernet0/0/1
 ipv6 enable
 ipv6 address 2001::254/64
 ospfv3 1 area 0.0.0.0
#
interface GigabitEthernet0/0/2
 ipv6 enable
 ipv6 address 2002::254/64
 ospfv3 1 area 0.0.0.0
#
interface LoopBack1
 ipv6 enable
 ipv6 address 2007::1/64
 ospfv3 1 area 0.0.0.0
```

```
#
return
<AR1>
```

（5）显示路由器 AR2 的配置信息，主要配置实例代码如下。

```
<AR2>display current-configuration
#
 sysname AR2
#
ipv6
#
ospfv3 1
 router-id 20.20.20.20
#
interface GigabitEthernet0/0/0
 ipv6 enable
 ipv6 address 2005::2/64
 ospfv3 1 area 0.0.0.0
#
interface GigabitEthernet0/0/1
 ipv6 enable
 ipv6 address 2003::254/64
 ospfv3 1 area 0.0.0.0
#
interface GigabitEthernet0/0/2
 ipv6 enable
 ipv6 address 2004::254/64
 ospfv3 1 area 0.0.0.0
#
interface LoopBack1
 ipv6 enable
 ipv6 address 2008::1/64
 ospfv3 1 area 0.0.0.0
#
user-interface con 0
 authentication-mode password
user-interface vty 0 4
user-interface vty 16 20
#
wlan ac
#
return
<AR2>
```

（6）显示路由器 AR1 的 OSPFv3 路由信息，如图 11.10 所示。

在邻居路由器上完成 OSPFv3 配置后，执行 display ospfv3 命令可以验证 OSPFv3 配置及相关参数。从显示信息中可以看到，正在运行的 OSPFv3 进程为 1，RouterID 为 10.10.10.10，Number of FULL neighbors 值为 1。

（7）主机 PC1 验证相关测试结果，如图 11.11 所示。

```
AR1
<AR1>display ospfv3
 Routing Process "OSPFv3 (1)" with ID 10.10.10.10
 Route Tag: 0
 Multi-VPN-Instance is not enabled
 SPF Intelligent Timer[millisecs] Max: 10000, Start: 500, Hold: 2000
 LSA Intelligent Timer[millisecs] Max: 5000, Start: 500, Hold: 1000
 LSA Arrival interval 1000 millisecs
 Default ASE parameters: Metric: 1 Tag: 1 Type: 2
 Number of AS-External LSA 0. AS-External LSA's Checksum Sum 0x0000
 Number of AS-Scoped Unknown LSA 0. AS-Scoped Unknown LSA's Checksum Sum 0x0000
 Number of FULL neighbors 1
 Number of Exchange and Loading neighbors 0
 Number of LSA originated 6
 Number of LSA received 8
 SPF Count          : 0
 Non Refresh LSA    : 0
 Non Full Nbr Count : 0
 Number of areas in this router is 1

<AR1>
```

图 11.10　路由器 AR1 的 OSPFv3 路由信息

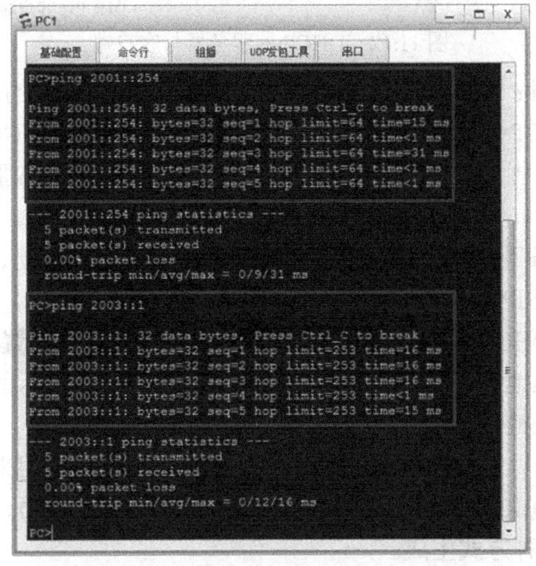

图 11.11　主机 PC1 验证相关测试结果

11.4.3　DHCPv6 配置

主机在运行 IPv6 时，可以使用无状态地址自动配置方案或使用 DHCPv6 协议来获取 IPv6 地址。在主机使用无状态地址自动配置方案来获取 IPv6 地址时，路由器并不记录主机的 IPv6 地址信息，可管理性差；另外，IPv6 主机无法获取 DNS 服务器地址等网络配置信息，在可用性上也存在一定的缺陷。DHCPv6 属于有状态地址自动配置协议，在有状态地址配置过程中，DHCPv6 服务器为主机分配一个完整的 IPv6 地址，并提供 DNS 服务器地址等其他配置信息。此外，DHCPv6 服务器还可以对已经分配的 IPv6 地址和客户端进行集中管理。

DHCPv6 服务器与客户端使用 UDP 协议来交互 DHCPv6 报文，客户端使用的 UDP 端口号是 546，服务器使用的 UDP 端口号是 547，如图 11.12 所示。

在 DHCPv6 基本协议架构中，主要包括以下三种角色。

（1）DHCPv6 客户端：通过与 DHCPv6 服务器进行交互，获取 IPv6 地址/前缀和网络配置信息，完成自身的地址配置功能。

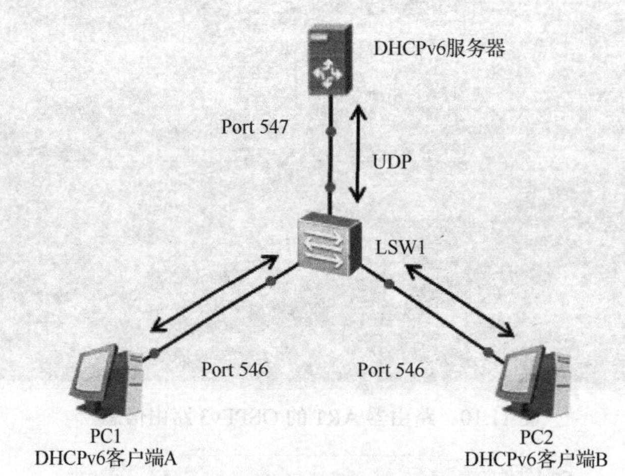

图 11.12 DHCPv6 服务器与客户端

（2）DHCPv6 中继：负责转发来自客户端方向或服务器方向的 DHCPv6 报文，协助 DHCPv6 客户端和 DHCPv6 服务器完成地址配置功能。只有当 DHCPv6 客户端和 DHCPv6 服务器不在同一链路范围内时，或者在 DHCPv6 客户端和 DHCPv6 服务器无法单播交互的情况下，才需要 DHCPv6 中继的参与。

（3）DHCPv6 服务器：负责处理来自客户端或中继的地址分配、地址续租、地址释放等请求，为客户端分配 IPv6 地址/前缀和其他网络配置信息。

客户端通过发送 DHCPv6 请求报文来获取 IPv6 地址等网络配置参数，使用的源地址为客户端端口的链路本地地址，目的地址为 FF02::1:2。FF02::1:2 表示的是所有 DHCPv6 服务器和中继，这个地址是链路范围的。

DHCP 设备唯一标识符 DUID（DHCPv6 Unique Identifier）用来标识一台 DHCPv6 服务器或客户端。每台 DHCPv6 服务器或客户端有且只有一个 DUID。

DUID 采用以下两种方式生成。

☑ 基于链路层地址（LL）：采用链路层地址方式来生成 DUID。

☑ 基于链路层地址与时间组合（LLT）：采用链路层地址和时间组合方式来生成 DUID。

DHCPv6 分配地址时又可以分为以下两种情况。

（1）DHCPv6 有状态自动分配：DHCPv6 服务器为客户端分配 IPv6 地址和其他网络配置参数（如 DNS、NIS、SNTP 服务器地址等），如图 11.13 所示。

DHCPv6 四步交互地址分配过程如下所述。

① DHCPv6 客户端发送 Solicit 报文，请求 DHCPv6 服务器为其分配 IPv6 地址和网络配置参数。

② DHCPv6 服务器回复 Advertise 报文，该报文中携带了为客户端分配的 IPv6 地址和其他网络配置参数。

③ DHCPv6 客户端如果接收到了多个服务器回复的 Advertise 报文，则会根据 Advertise 报文中的服务器优先级等参数来选择优先级最高的一台服务器，并向所有服务器发送 Request 组播报文。

④ 被选定的 DHCPv6 服务器回复 Reply 报文，确认将 IPv6 地址和网络配置参数分配

给客户端。

（2）DHCPv6 无状态自动分配：主机的 IPv6 地址仍然通过路由通告方式自动生成，DHCPv6 服务器只分配除 IPv6 地址以外的配置参数（如 DNS、NIS、SNTP 服务器等），如图 11.14 所示。

DHCPv6 无状态工作过程如下所述。

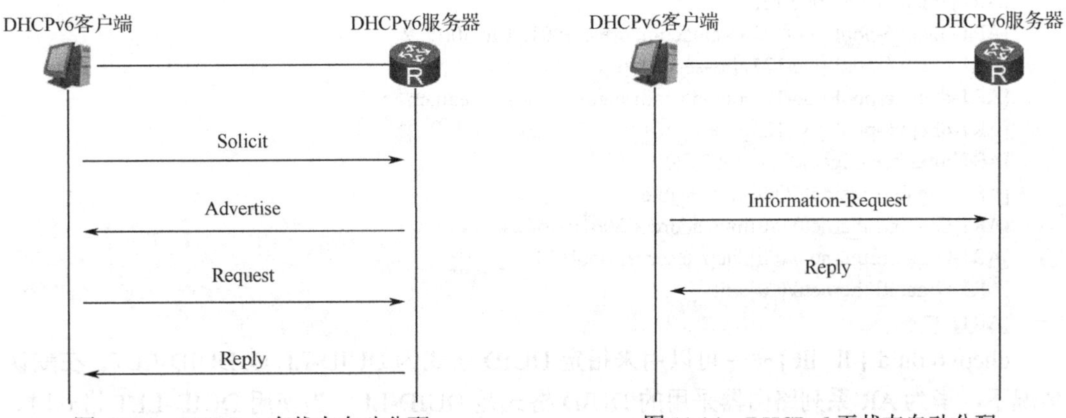

图 11.13　DHCPv6 有状态自动分配　　图 11.14　DHCPv6 无状态自动分配

① DHCPv6 客户端以组播方式向 DHCPv6 服务器发送 Information-Request 报文，该报文携带 Option Request 选项，用来指定 DHCPv6 客户端需要从 DHCPv6 服务器获取的配置参数。

② DHCPv6 服务器在收到 Information-Request 报文后，会为 DHCPv6 客户端分配网络配置参数，并单播发送 Reply 报文，将网络配置参数返回给 DHCPv6 客户端。

③ DHCPv6 客户端根据收到的 Reply 报文中提供的参数完成 DHCPv6 客户端无状态配置。

DHCPv6 客户端在向 DHCPv6 服务器发送请求报文之前，会发送 RS 报文，在同一链路范围的路由器在接收到此报文后会回复 RA 报文。在 RA 报文中包含管理地址配置标记（M）和有状态配置标记（O）。当 M 取值为 1 时，启用 DHCPv6 有状态地址配置，即 DHCPv6 客户端需要从 DHCPv6 服务器获取 IPv6 地址；当 M 取值为 0 时，启用 IPv6 无状态地址自动分配方案。当 O 取值为 1 时，客户端需要通过有状态的 DHCPv6 来获取其他网络配置参数，如 DNS、NIS、SNTP 服务器地址等；当 O 取值为 0 时，启用 IPv6 无状态地址自动分配方案。

配置 DHCPv6，网络拓扑连接、相关端口与 IP 地址配置，如图 11.15 所示。

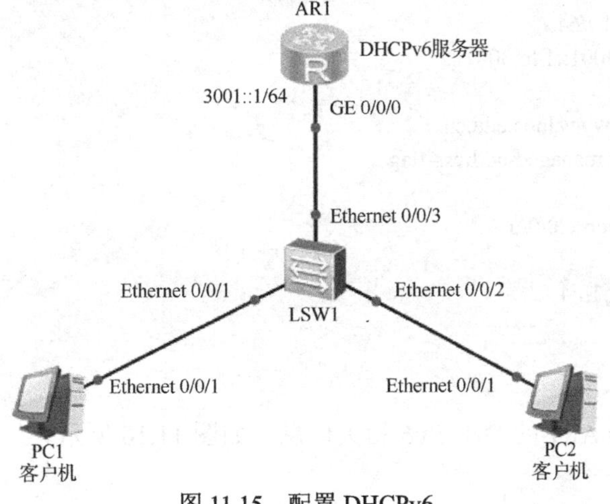

图 11.15　配置 DHCPv6

（1）配置路由器 AR1，相关配置实例代码如下。

```
<Huawei>system-view
[Huawei]sysname AR1
[AR1]dhcpv6 duid ll
[AR1]ipv6
[AR1]dhcp enable                //开启 DHCP 服务器
[AR1] dhcpv6 pool pool123
[AR1-dhcpv6-pool-pool123]excluded-address 3001::1 to 3001::2
[AR1-dhcpv6-pool-pool123]dns-server 3001::2
[AR1-dhcpv6-pool-pool123]dns-domain-name www.lncc.edu.cn
[AR1-dhcpv6-pool-pool123]quit
[AR1]interface GigabitEthernet 0/0/0
[AR1-GigabitEthernet0/0/0]ipv6 enable
[AR1-GigabitEthernet0/0/0]ipv6 address 3001::1 64
[AR1-GigabitEthernet0/0/0]dhcpv6 server pool123
[AR1-GigabitEthernet0/0/0]quit
[AR1]
```

dhcpv6 duid { ll | llt }命令可以用来指定 DUID 格式为 DUID-LL 或 DUID-LLT。在默认情况下，华为 AR 系列路由器采用的 DUID 格式是 DUID-LL。当使用 DUID-LLT 格式时，时间戳值引用的是从执行 dhcpv6 duid llt 命令的时间点开始计算的时间。

display dhcpv6 duid 命令可以用来验证当前使用的 DUID 格式及 DUID 值。

（2）显示路由器 AR1 的配置信息，主要配置实例代码如下。

```
[AR1]display current-configuration
#
 sysname AR1
#
dhcp enable
#
 clock timezone China-Standard-Time minus 08:00:00
#
drop illegal-mac alarm
#
ipv6
#
dhcpv6 pool pool123
 address prefix 3001::/64
 excluded-address 3001::1 to 3001::2
dns-server 3001::2
 dns-domain-name www.lncc.edu.cn
 ipv6 nd autoconfig managed-address-flag
#
interface GigabitEthernet0/0/0
 ipv6 enable
 ipv6 address 3001::1/64
#
return
[AR1]
```

（3）显示路由器 AR1 的 DHCPv6 相关信息，如图 11.16 所示。

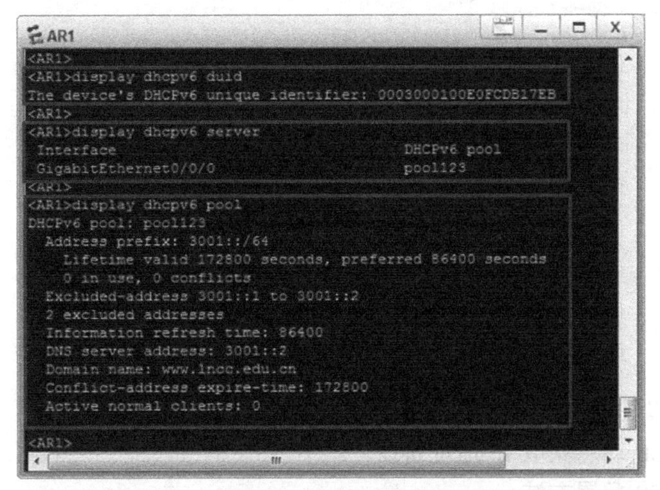

图 11.16　路由器 AR1 的 DHCPv6 相关信息

练　习　题

1. 选择题

（1）IPv6 地址空间大小为（　　）位。

A．32　　B．64　　C．128　　D．256

（2）对于 IPv6 地址 3001:0000:0000:0001:0000:0000:0010:0010 而言，0 位压缩表示正确的是（　　）。

A．3001::1::1:1　　B．3001::1:0:0:1:1

C．3001::1: 0: 0:10:10　　D．3001::1: 0: 0:1:1

（3）下列不属于 IPv6 地址类型的是（　　）。

A．单播地址　　B．组播地址　　C．任播地址　　D．广播地址

（4）下列属于 IPv6 组播地址的是（　　）。

A．FF02::1　　B．::/128　　C．2001::/64　　D．3000::/64

（5）下一代 RIP 协议 RIPng，使用（　　）端口发送和接收路由信息。

A．TCP:521　　B．UDP:521　　C．TCP:512　　D．UDP:512

（6）DHCPv6 服务器与客户端之间使用 UDP 协议来交互 DHCPv6 报文，客户端使用的 UDP 端口号是（　　）。

A．545　　B．546　　C．547　　D．548

（7）DHCPv6 服务器与客户端使用 UDP 协议来交互 DHCPv6 报文，服务器使用的 UDP 端口号是（　　）。

A．545　　B．546　　C．547　　D．548

2. 简答题

（1）简述 IPv6 地址类型。

（2）配置 IPv6 地址的端口 ID，简述 EUI-64 格式是怎样规范生成 IPv6 端口 ID 的。

（3）在 DHCPv6 基本协议架构中，主要包括哪几种角色？

（4）简述 DHCPv6 分配地址时可分为几种类型。

项目十二 无线局域网技术

教学目标、知识点：

1. 了解 DHCP 动态获取 IP 地址协议。
2. 掌握 DHCP 配置方法。
3. 了解 WLAN 及其特点。
4. 掌握 WLAN 配置方法。

12.1 DHCP 动态获取 IP 地址协议

12.1.1 DHCP 概述

DHCP（Dynamic Host Configuration Protocol，动态主机配置协议）是一个应用层协议。当我们将客户端主机 IP 地址设置为动态获取方式时，DHCP 服务器就会根据 DHCP 协议给客户机分配 IP 地址，使得客户机能够利用这个 IP 地址上网。

1. DHCP 工作原理

DHCP 使用 UDP 传输协议，从 DHCP 客户机到达 DHCP 服务器的报文使用的目的端口号为 67，从 DHCP 服务器到达 DHCP 客户机使用的源端口号为 68，其工作过程如下：首先客户机以广播的形式发送一个 DHCP 的 DISCOVER 报文，用来发现 DHCP 服务器；DHCP 服务器在收到客户机发来的 DISCOVER 报文之后，就单播一个 DHCP OFFER 报文来回复客户机，OFFER 报文包含 IP 地址和租约信息；客户机在收到服务器发送的 OFFER 报文之后，会以广播的形式向 DHCP 服务器发送 REQUEST 报文，用来请求服务器将该 IP 地址分配给它，之所以要以广播的形式发送是为了通知其他 DHCP 服务器，它已经接收这个 DHCP 服务器的信息了，已不再接收其他 DHCP 服务器的信息；服务器在接收到 REQUEST 报文后，以单播的形式发送 ACK 报文给客户机，如图 12.1 所示。

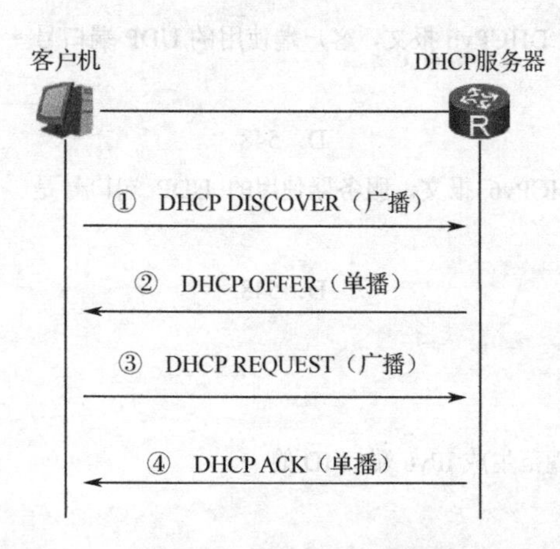

图 12.1 DHCP 工作原理

DHCP 租期更新：当客户机的租约期剩余 50%时，客户机会向 DHCP 服务器单播一个 REQUEST 报文，请求续约，服务器在接收到 REQUEST 报文后，会单播一个 ACK 报文表示延长租约期。

DHCP 重绑定：当客户机的租约期剩余 50%且原先的 DHCP 服务器并没有同意客户机续约 IP 地址时，那么当客户机的租约期只剩余 12.5%时，客户机会向网络中的其他 DHCP 服务器发送 REQUEST 报文，请求续约，如果其他服务器有关于客户机当前的 IP 地址信息，则会单播一个 ACK 报文回复客户机以续约，否则会回复一个 NAK 报文。此时，客户机会申请重新绑定 IP 地址。

DHCP IP 地址的释放：当客户机直到租约期满都还未收到服务器回复时，就会停止使用该 IP 地址。当客户机租约期未满却不想使用服务器提供的 IP 地址时，就会发送一个 RELEASE 报文，告知服务器相关的租约信息，释放该 IP 地址。

2. DHCP 报文字段类型

（1）DHCP DISCOVER：DHCP 客户机在请求地址时，并不知道 DHCP 服务器的位置，因此 DHCP 客户机会在本地网络内以广播的方式发送请求报文，这个报文称为 DISCOVER 报文，目的是发现网络中的 DHCP 服务器。所有收到 DISCOVER 报文的 DHCP 服务器都会发送回应报文，使得 DHCP 客户机知道网络中存在的 DHCP 服务器的位置。

（2）DHCP OFFER：DHCP 服务器在收到 DISCOVER 报文后，就会在所配置的地址池中查找一个合适的 IP 地址，加上相应的租约期限和其他配置信息（网关、DNS 服务器等），构造一个 OFFER 报文，然后将该报文发送给用户，告知用户本服务器可以为其提供 IP 地址（只是告诉客户机可以提供，是预分配，还需要客户端通过 ARP 检测该 IP 是否重复）。

（3）DHCP REQUEST：DHCP 客户机会收到很多 OFFER 报文，所以必须在这些 OFFER 报文中选择一个。通常客户机会选择第一个回应 OFFER 报文的服务器作为自己的目标服务器，并回应一个广播 REQUEST 报文，通告选择的服务器。DHCP 客户机在成功获取 IP 地址后，会在租约期剩余 50%时，向 DHCP 服务器发送单播 REQUEST 报文续延租期。如果没有收到 DHCP ACK 报文，则在租约期剩余 12.5%时，发送广播 REQUEST 报文续延租期。

（4）DHCP ACK：DHCP 服务器在收到 REQUEST 报文后，会根据 REQUEST 报文中携带的用户 MAC 地址来查找有没有相应的续约记录，如果有则发送 ACK 报文作为回应，通知客户机可以使用分配的 IP 地址。

（5）DHCP NAK：如果 DHCP 服务器在收到 REQUEST 报文后，没有发现相应的租约记录或者由于某些原因无法正常分配 IP 地址，则发送 ACK 报文作为回应，通知客户端无法分配合适的 IP 地址。

（6）DHCP RELEASE：当客户机不再需要使用分配的 IP 地址时，就会向 DHCP 服务器发送 RELEASE 报文，告知服务器客户机不再需要分配 IP 地址，DHCP 服务器会释放被绑定的 IP 地址。

DHCP 的报文字段含义如表 12.1 所示。

表 12.1　DHCP 的报文字段含义

报文类型	描　述
DHCP DISCOVER	客户机用来寻找 DHCP 服务器
DHCP OFFER	DHCP 服务器服用来响应 DHCP DISCOVER 报文，此报文携带了各种配置信息
DHCP REQUEST	客户机请求配置确认，或者续延租期
DHCP ACK	服务器对 REQUEST 报文的确认响应

续 表

报 文 类 型	描 述
DHCP NAK	服务器对 REQUEST 报文的拒绝响应
DHCP RELEASE	客户机要释放地址时用来通知服务器

12.1.2 DHCP 配置

DHCP 服务器的地址池有两种配置方法：一种是全局地址池，另一种是端口地址池。在交换机 LSW1 上配置 DHCP 服务器，使其为 VLAN10 和 VLAN20 主机分配 IP 地址，使用全局地址池；在 LSW4 上配置 DHCP 服务器，使其为 VLAN30 和 VLAN40 主机分配 IP 地址，使用端口地址池。相关端口与 IP 地址对应关系如图 12.2 所示。

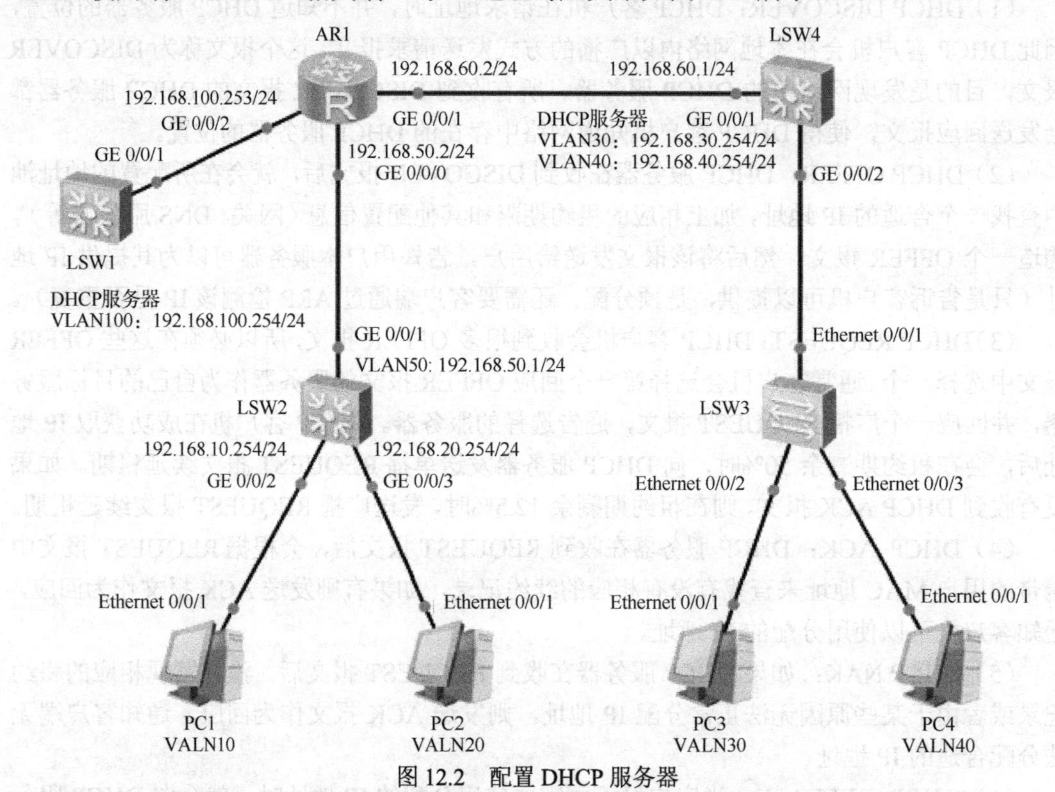

图 12.2 配置 DHCP 服务器

（1）配置主机 PC1 和 PC3 的 IP 地址，如图 12.3 所示。

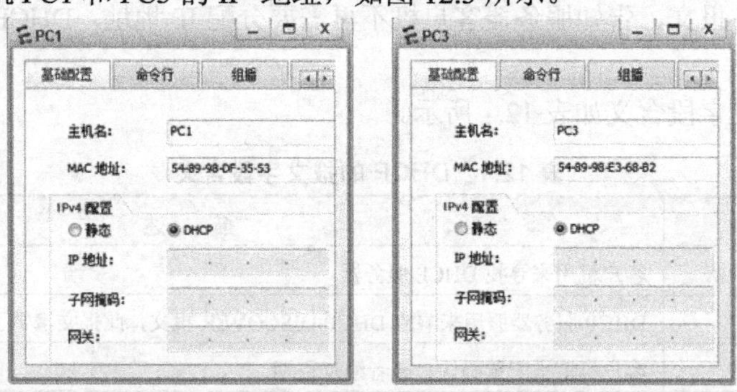

图 12.3 配置主机 PC1 和 PC3 的 IP 地址

（2）配置路由器 AR1，相关配置实例代码如下。

```
<Huawei> system-view
Enter system view, return user view with Ctrl+Z.
[Huawei]sysname AR1
[AR1]dhcp enable                                                          //开启 DHCP 使能模式
[AR1]interface GigabitEthernet 0/0/0
[AR1-GigabitEthernet0/0/0]ip address 192.168.50.2 24
[AR1-GigabitEthernet0/0/0]dhcp select relay                               //DHCP 代理服务器
[AR1-GigabitEthernet0/0/0]dhcp relay server-ip 192.168.100.254            //DHCP 服务器地址
[AR1-GigabitEthernet0/0/0]quit
[AR1]interface GigabitEthernet 0/0/1
[AR1-GigabitEthernet0/0/1]ip address 192.168.60.2 24
[AR1-GigabitEthernet0/0/1]quit
[AR1]interface GigabitEthernet 0/0/2
[AR1-GigabitEthernet0/0/2]ip address 192.168.100.253 24
[AR1-GigabitEthernet0/0/2]quit
[AR1]rip
[AR1-rip-1]version 2
[AR1-rip-1]network 192.168.50.0
[AR1-rip-1]network 192.168.60.0
[AR1-rip-1]network 192.168.100.0
[AR1-rip-1]quit
[AR1]
```

（3）显示路由器 AR1 的配置信息，主要配置实例代码如下。

```
<AR1>display current-configuration
#
 sysname AR1
#
dhcp enable
#
interface GigabitEthernet0/0/0
 ip address 192.168.50.2 255.255.255.0
 dhcp select relay
 dhcp relay server-ip 192.168.100.254
#
interface GigabitEthernet0/0/1
 ip address 192.168.60.2 255.255.255.0
#
interface GigabitEthernet0/0/2
 ip address 192.168.100.253 255.255.255.0
#
rip 1
 version 2
 network 192.168.50.0
 network 192.168.60.0
 network 192.168.100.0
#
return
<AR1>
```

（4）配置交换机 LSW1，相关配置实例代码如下。

```
<Huawei> system-view
[Huawei]sysname LSW1
[LSW1]vlan batch 10 20 30 40 50 60 100
[LSW1]dhcp enable
[LSW1]ip pool vlan10                                                   //设置地址池
[LSW1-ip-pool-vlan10]gateway-list 192.168.10.254                       //网关地址
[LSW1-ip-pool-vlan10]network 192.168.10.0 mask 255.255.255.0           //宣告分配网段
[LSW1-ip-pool-vlan10]excluded-ip-address 192.168.10.250 192.168.10.253 //不分配的地址
[LSW1-ip-pool-vlan10]dns-list 8.8.8.8                                  //设置 DNS 服务器
[LSW1-ip-pool-vlan10]lease day 3                                       //租约 3 天
[LSW1-ip-pool-vlan10]quit
[LSW1]interface Vlanif 20
[LSW1-Vlanif20]gateway-list 192.168.20.254
[LSW1-Vlanif20]network 192.168.20.0 mask 255.255.255.0
[LSW1-Vlanif20]excluded-ip-address 192.168.20.250 192.168.20.253
[LSW1-Vlanif20]dns-list 8.8.8.8
[LSW1-Vlanif20]lease day 3
[LSW1-Vlanif20]quit
[LSW1]interface GigabitEthernet 0/0/1
[LSW1-GigabitEthernet0/0/1]port link-type access
[LSW1-GigabitEthernet0/0/1]port default vlan 100
[LSW1]interface Vlanif 100                                 //配置 DHCP 服务器管理 VLAN
[LSW1-Vlanif100]ip address 192.168.100.254 255.255.255.0   //配置 IP 地址
[LSW1-Vlanif100]dhcp select global                         //选择 DHCP 全局模式
[LSW1-Vlanif100]quit
[LSW1]ip route-static 0.0.0.0 0.0.0.0 192.168.100.253      //配置默认路由
<LSW1>save
```

（5）显示交换机 LSW1 的配置信息，主要配置实例代码如下。

```
<LSW1>display current-configuration
#
sysname LSW1
#
vlan batch 10 20 30 40 50 60 100
#
dhcp enable
#
ip pool vlan10
 gateway-list 192.168.10.254
 network 192.168.10.0 mask 255.255.255.0
 excluded-ip-address 192.168.10.250 192.168.10.253
 dns-list 8.8.8.8
 lease day 3 hour 0 minute 0
#
ip pool vlan20
 gateway-list 192.168.20.254
 network 192.168.20.0 mask 255.255.255.0
 excluded-ip-address 192.168.20.250 192.168.20.253
 dns-list 8.8.8.8
 lease day 3 hour 0 minute 0
#
interface Vlanif100
```

```
 ip address 192.168.100.254 255.255.255.0
 dhcp select global
#
interface GigabitEthernet0/0/1
 port link-type access
 port default vlan 100
#
ip route-static 0.0.0.0 0.0.0.0 192.168.100.253
#
return
<LSW1>
```

（6）配置交换机 LSW2，相关配置实例代码如下。

```
<Huawei>system-view
Enter system view, return user view with Ctrl+Z.
[Huawei]sysname LSW2
[LSW2]vlan batch 10 20 30 40 50 60 100
[LSW2]port-group 1
[LSW2-port-group-1]group-member GigabitEthernet 0/0/2 GigabitEthernet 0/0/3
[LSW2-port-group-1]port link-type access
[LSW2-port-group-1]quit
[LSW2]dhcp enable
[LSW2]interface GigabitEthernet 0/0/1
[LSW2-GigabitEthernet0/0/1]port link-type access
[LSW2-GigabitEthernet0/0/1]port default vlan 50
[LSW2]interface GigabitEthernet 0/0/2
[LSW2-GigabitEthernet0/0/2]port default vlan 10
[LSW2-GigabitEthernet0/0/2]quit
[LSW2]interface GigabitEthernet 0/0/3
[LSW2-GigabitEthernet0/0/3]port default vlan 20
[LSW2]interface Vlanif 10
[LSW2-Vlanif10]ip address 192.168.10.254 24
[LSW2-Vlanif10]dhcp select relay
[LSW2-Vlanif10]dhcp relay server-ip 192.168.100.254
[LSW2-Vlanif10]quit
[LSW2]interface Vlanif 20
[LSW2-Vlanif20]ip address 192.168.20.254 24
[LSW2-Vlanif20]dhcp select relay
[LSW2-Vlanif20]dhcp relay server-ip 192.168.100.254
[LSW2-Vlanif20]quit
[LSW2]interface Vlanif 50
[LSW2-Vlanif50]ip address 192.168.50.1 24
[LSW2-Vlanif50]quit
[LSW2]rip
[LSW2-rip-1]version 2
[LSW2-rip-1]network 192.168.10.0
[LSW2-rip-1]network 192.168.20.0
[LSW2-rip-1]network 192.168.50.0
[LSW2-rip-1]quit
<LSW2>save
```

（7）显示交换机 LSW2 的配置信息，主要配置实例代码如下。

```
<LSW2>display current-configuration
#
sysname LSW2
#
vlan batch 10 20 30 40 50 60 100
#
dhcp enable
#
interface Vlanif10
 ip address 192.168.10.254 255.255.255.0
 dhcp select relay
 dhcp relay server-ip 192.168.100.254
#
interface Vlanif20
 ip address 192.168.20.254 255.255.255.0
 dhcp select relay
 dhcp relay server-ip 192.168.100.254
#
interface Vlanif50
ip address 192.168.50.1 255.255.255.0
#
interface GigabitEthernet0/0/1
 port link-type access
 port default vlan 50
#
interface GigabitEthernet0/0/2
 port link-type access
 port default vlan 10
#
interface GigabitEthernet0/0/3
 port link-type access
 port default vlan 20
#
rip 1
 version 2
 network 192.168.10.0
 network 192.168.20.0
 network 192.168.50.0
#
port-group 1
 group-member GigabitEthernet0/0/2
 group-member GigabitEthernet0/0/3
#
return
<LSW2>
```

（8）配置交换机 LSW3，相关配置实例代码如下。

```
<Huawei>system-view
[Huawei]sys LSW3
[LSW3]vlan batch 10 20 30 40 50 60 100
[LSW3]port-group 1
[LSW3-port-group-1]group-member GigabitEthernet 0/0/2 GigabitEthernet 0/0/3
```

```
[LSW3-port-group-1]port link-type access
[LSW3-port-group-1]quit
[LSW3]dhcp enable
[LSW3]interface GigabitEthernet 0/0/1
[LSW3-GigabitEthernet0/0/1]port link-type trunk
[LSW3-GigabitEthernet0/0/1]port trunk allow-pass vlan all
[LSW3]interface GigabitEthernet 0/0/2
[LSW3-GigabitEthernet0/0/2]port default vlan 30
[LSW3-GigabitEthernet0/0/2]quit
[LSW3]interface GigabitEthernet 0/0/3
[LSW3-GigabitEthernet0/0/3]port default vlan 40
[LSW3-GigabitEthernet0/0/3]quit
[LSW3]quit
```

（9）显示交换机 LSW3 的配置信息，主要相关配置实例代码如下。

```
<LSW3>display current-configuration
#
sysname LSW3
#
vlan batch 10 20 30 40 50 60 100
#
interface Ethernet0/0/1
 port link-type trunk
 port trunk allow-pass vlan 2 to 4094
#
interface Ethernet0/0/2
 port link-type access
 port default vlan 30
#
interface Ethernet0/0/3
 port link-type access
 port default vlan 40
#
port-group 1
 group-member Ethernet0/0/2
 group-member Ethernet0/0/3
#
return
<LSW3>
```

（10）配置交换机 LSW4，相关配置实例代码如下。

```
<Huawei>system-view
[Huawei]sysname LSW4
[LSW4]vlan   batch 10 20 30 40 50 60 100
[LSW4]dhcp enable
[LSW4]interface Vlanif 30                    //端口地址池，在端口模式下分配 IP 地址
[LSW4-Vlanif30]ip address 192.168.30.254 255.255.255.0
[LSW4-Vlanif30]dhcp select interface
[LSW4-Vlanif30]dhcp server excluded-ip-address 192.168.30.250 192.168.30.253
[LSW4-Vlanif30]dhcp server dns-list 8.8.8.8
[LSW4-Vlanif30]quit
[LSW4]interface Vlanif 40                    //端口地址池，在端口模式下分配 IP 地址
[LSW4-Vlanif40]ip address 192.168.40.254 255.255.255.0
```

```
[LSW4-Vlanif40]dhcp select interface
[LSW4-Vlanif40]dhcp server excluded-ip-address 192.168.40.250 192.168.40.253
[LSW4-Vlanif40]dhcp server dns-list 8.8.8.8
[LSW4-Vlanif40]quit
[LSW4]interface GigabitEthernet 0/0/1
[LSW4-GigabitEthernet0/0/1]port link-type access
[LSW4-GigabitEthernet0/0/1]port default vlan 60
[LSW4-GigabitEthernet0/0/1]quit
[LSW4]interface GigabitEthernet 0/0/2
[LSW4-GigabitEthernet0/0/2]port link-type trunk
[LSW4-GigabitEthernet0/0/2]port trunk allow-pass vlan all
[LSW4-GigabitEthernet0/0/2]quit
[LSW4]interface Vlanif 60
[LSW4-Vlanif60]ip address 192.168.60.1 255.255.255.0
[LSW4-Vlanif60]quit
[LSW4]rip
[LSW4-rip-1]version 2
[LSW4-rip-1]network 192.168.30.0
[LSW4-rip-1]network 192.168.40.0
[LSW4-rip-1]network 192.168.60.0
[LSW4-rip-1]quit
[LSW4]
<LSW4>save
```

（11）显示交换机 LSW4 的配置信息，主要配置实例代码如下。

```
<LSW4>display current-configuration
#
sysname LSW4
#
vlan batch 10 20 30 40 50 60 100
#
dhcp enable
#
interface Vlanif30
 ip address 192.168.30.254 255.255.255.0
 dhcp select interface
 dhcp server excluded-ip-address 192.168.30.250 192.168.30.253
 dhcp server dns-list 8.8.8.8
#
interface Vlanif40
 ip address 192.168.40.254 255.255.255.0
 dhcp select interface
 dhcp server excluded-ip-address 192.168.40.250 192.168.40.253
 dhcp server dns-list 8.8.8.8
#
interface Vlanif60
 ip address 192.168.60.1 255.255.255.0
#
interface GigabitEthernet0/0/1
 port link-type access
 port default vlan 60
#
```

```
interface GigabitEthernet0/0/2
 port link-type trunk
 port trunk allow-pass vlan 2 to 4094
#
rip 1
 version 2
 network 192.168.30.0
 network 192.168.40.0
 network 192.168.60.0
#
user-interface con 0
user-interface vty 0 4
#
return
<LSW4>
```

（12）显示交换机 LSW1 地址池的配置信息，可以看到主机 PC1 分配的 IP 地址为 192.168.10.249，主机 PC2 分配的 IP 地址为 192.168.20.249，如图 12.4 所示。

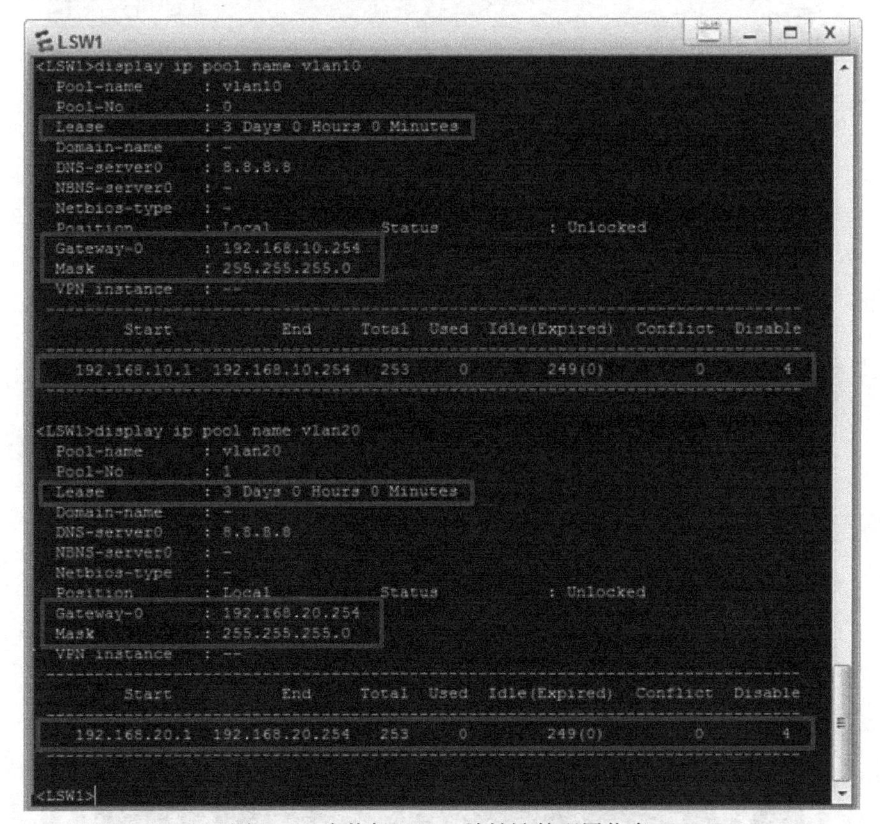

图 12.4 交换机 LSW1 地址池的配置信息

（13）显示交换机 LSW4 地址池的配置信息，如图 12.5 所示。

（14）使用 ipconfig 命令查看主机 PC1 的 IP 地址配置信息，如图 12.6 所示。

（15）使用 ipconfig 命令查看主机 PC3 的 IP 地址配置信息，如图 12.7 所示。

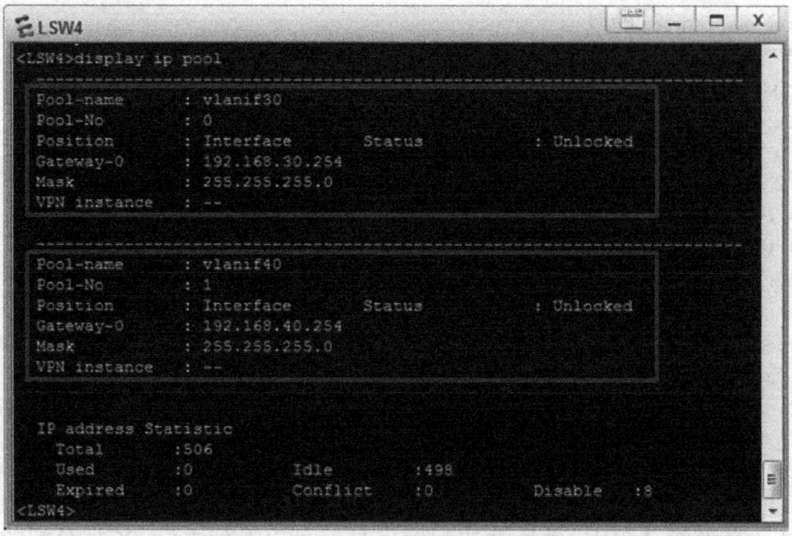

LSW4
<LSW4>display ip pool
Pool-name : vlanif30
Pool-No : 0
Position : Interface Status : Unlocked
Gateway-0 : 192.168.30.254
Mask : 255.255.255.0
VPN instance : --
Pool-name : vlanif40
Pool-No : 1
Position : Interface Status : Unlocked
Gateway-0 : 192.168.40.254
Mask : 255.255.255.0
VPN instance : --
IP address Statistic
Total :506
Used :0 Idle :498
Expired :0 Conflict :0 Disable :8
<LSW4>

图 12.5　交换机 LSW4 地址池的配置信息

PC1
基础配置
命令行
组播
UDP发包工具
串口
PC>ipconfig
Link local IPv6 address...........: fe80::5689:98ff:fedf:3553
IPv6 address......................: :: / 128
IPv6 gateway......................: ::
IPv4 address......................: 192.168.10.249
Subnet mask.......................: 255.255.255.0
Gateway...........................: 192.168.10.254
Physical address..................: 54-89-98-DF-35-53
DNS server........................: 8.8.8.8
PC>

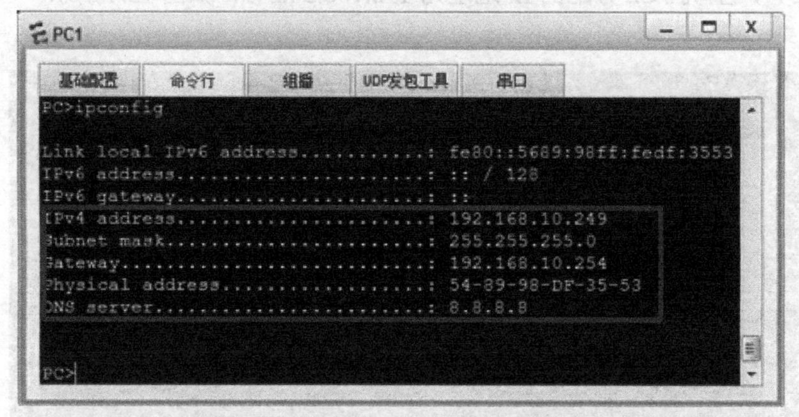

图 12.6　主机 PC1 的 IP 地址配置信息

PC3
基础配置
命令行
组播
UDP发包工具
串口
PC>ipconfig
Link local IPv6 address...........: fe80::5689:98ff:fee3:68b2
IPv6 address......................: :: / 128
IPv6 gateway......................: ::
IPv4 address......................: 192.168.30.249
Subnet mask.......................: 255.255.255.0
Gateway...........................: 192.168.30.254
Physical address..................: 54-89-98-E3-68-B2
DNS server........................: 8.8.8.8
PC>

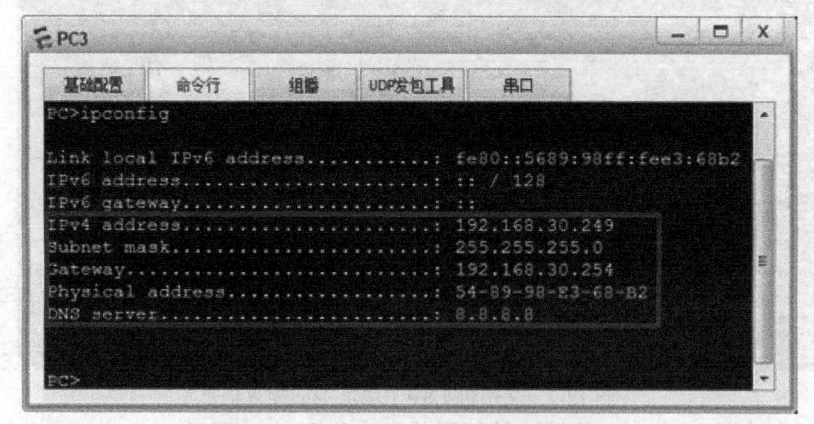

图 12.7　主机 PC3 的 IP 地址配置信息

（16）查看主机 PC1 访问主机 PC3 的验证结果，如图 12.8 所示。

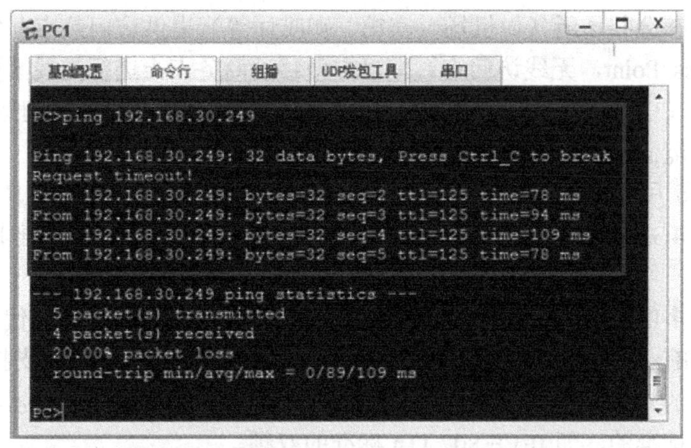

图 12.8　主机 PC1 访问主机 PC3 的验证结果

12.2　WLAN 技术概述

12.2.1　WLAN 简介

无线局域网（Wireless Local Area Network，WLAN）指应用无线通信技术将计算机设备连接起来，构成可以互相通信和实现资源共享的网络体系。WLAN 的本质特点是不再使用通信电缆将计算机与网络连接起来，而是通过无线的方式将它们连接起来，从而使网络的构建和终端的移动更加灵活。WLAN 是相当便利的数据传输系统，是利用射频（Radio Frequency，RF）技术，使用电磁波，取代旧式双绞铜线所构成的局域网络，在空中进行通信连接，使得 WLAN 能利用简单的存取架构让用户通过它达到“信息随身化、便利走天下”的理想境界。

在 WLAN 出现之前，人们要想通过网络进行联络和通信，必须先用物理线缆——铜绞线组建一个电子运行的通路。为了提高效率和速度，后来又发明了光纤。当网络发展到一定规模后，人们又发现，这种有线网络无论组建、拆装还是在原有基础上进行重新布局和改建，都非常困难，并且成本和代价也非常高，于是 WLAN 的组网方式应运而生。

1997 年 6 月，第一个 WLAN 标准 IEEE802.11 正式颁布并实施，为 WLAN 技术提供了统一标准，但当时的传输速率只有 1～2Mb/s。随后，IEEE 委员会又开始制定新的 WLAN 标准，并分别命名为 IEEE802.11a 和 IEEE802.11b。IEEE802.11b 标准于 1999 年 9 月正式颁布，其传输速率为 11Mb/s，工作在 2.4GHz 频段。而经过改进的 IEEE802.11a 标准于 2001 年年底才正式颁布，该标准工作在 5GHz 频段，它的传输速率可达到 54Mb/s，几乎是 IEEE802.11b 标准的 5 倍。尽管如此，WLAN 的应用也并未真正开始，因为整个 WLAN 的应用环境并不成熟。

WLAN 的真正发展是从 2003 年 3 月由 Intel 第一次推出带有 WLAN 无线网卡芯片模块的迅驰处理器开始的。尽管当时的无线网络环境还非常不成熟，但是由于 Intel 的捆绑销售，加上迅驰芯片的高性能、低功耗等非常明显的优点，使得许多无线网络服务商看到了商机，同时 11Mb/s 的传输速率在一般的小型局域网中也可以进行一些日常应用，于是各国的无线网络服务商开始在公共场所（如机场、宾馆、咖啡厅等）提供访问热点，实际上就是布置一些 AP（Access Point，无线访问点），以方便移动商务人士进行无线上网。经过较长时间的发展，基于 IEEE802.11b 标准的无线网络产品和应用已相当成熟，但毕竟 11Mb/s 的传输速率还远远不能满足实际网络应用的需求。

在 2003 年 6 月，经过两年多的开发和多次改进，一种可以兼容原来的 IEEE802.11b 标准（工作在 2.4GHz 频段），并且可以提供 54Mb/s 传输速率的新标准 IEEE802. 11g 正式发布了。

目前使用最多的是 IEEE 802.11n（第四代）和 IEEE 802.11ac（第五代）标准，它们既可以工作在 2.4GHz 频段，也可以工作在 5GHz 频段。但严格来说，只有支持 IEEE 802.11ac 标准的才是真正的“5G 网络”，目前支持 2.4GHz 和 5GHz 双频的路由器其实很多都是只支持第四代无线标准的，即 IEEE 802.11n 标准的双频。

4G 网络的下行极限速率为 150Mb/s，理论值传输速率可达 600Mb/s；5G 网络的下行极限速率为 1Gb/s，理论值传输速率可达 10Gb/s。

1．WLAN 的优势

（1）灵活性和可移动性。在有线网络中，网络设备的安放位置会受到网络位置的限制，而 WLAN 在无线信号覆盖区域内的任何一个位置都可以接入网络。WLAN 的另一个优点在于其可移动性，连接到 WLAN 的用户可以移动且能同时与网络保持连接。

（2）安装便捷。WLAN 可以免去或最大限度地减少网络布线的工作量，一般只要安装一个或多个接入点设备，就可以建立覆盖整个区域的局域网络。

（3）易于进行网络规划和调整。对于有线网络来说，办公地点或网络拓扑的改变通常意味着重新建网，重新建网是一个昂贵、费时、浪费和复杂的过程，而 WLAN 可以避免或减少以上情况的发生。

（4）故障定位容易。有线网络一旦出现物理故障，尤其是由于线路连接不良而造成的网络中断，往往很难查明，而且检修线路需要付出很大的代价。无线网络则很容易定位故障，只需更换故障设备即可恢复网络连接。

（5）易于扩展。WLAN 有多种配置方式，可以很快地从只有几个用户的小型局域网扩展到上千用户的大型网络，并且能够提供节点间“漫游”等有线网络无法实现的功能。由于 WLAN 有以上诸多优点，因此其发展十分迅速。

2．WLAN 的不足

WLAN 在给网络用户带来便捷和实用的同时，也存在一些缺陷，WLAN 的不足之处体现在以下几个方面。

（1）性能。无线局域网是依靠无线电波进行传输的，这些电波通过无线发射装置进行发射，而建筑物、车辆、树木和其他障碍物都可能阻碍电磁波的传输，从而影响网络的性能。

（2）速率。无线信道的传输速率与有线信道相比要低得多，WLAN 的最大传输速率为 1Gbit/s，只适用于个人终端和小规模网络。

（3）安全性。本质上无线电波不要求建立物理的连接通道，无线信号是发散的，所以从理论上讲，其他用户很容易监听到无线电波广播范围内的任何信号，会造成通信信息泄露。

12.2.2 WLAN 配置

1. WLAN 配置基本思路

无线 AP（Access Point，无线访问节点、会话点或存取桥接器）是一个覆盖范围很广的名称，它不仅是单纯性无线接入点，同样是无线路由器（含无线网关、无线网桥）等设备的统称。无线 AP 主要提供无线工作站对有线局域网和有线局域网对无线工作站的访问，在访问接入点覆盖范围内的无线工作站可以通过它进行通信，是无线网络的核心。无线 AP 是移动计算机用户进入有线网络的接入点，主要用于宽带家庭、大楼内部及园区内部，典型覆盖距离为几十米至上百米，目前主要技术标准为 IEEE 802.11 系列。

- ☑ AC 控制器（Access Controller）：无线局域网接入控制设备，负责把来自不同 AP 的数据进行汇聚并接入 Internet，管理无线 AP 接入点，同时完成无线 AP 设备的配置管理、无线用户的认证、管理及宽带访问、安全等控制功能，以及无线用户权限的控制。
- ☑ PoE 交换机：无线 AP 接入点的上联网络设备，为无线 AP 接入点提供数据交换和电源供应。如果 AC 控制器自带 PoE 端口，则在只需单台 AC 控制器的情况下，PoE 交换机可以省略。
- ☑ RADIUS 服务器（Remote Authentication Dial In User Service）：远程用户拨入认证系统，此设备用于无线用户身份的验证和权限分配，会作为插件安装在 SPES 服务器。
- ☑ 集中管理平台：管理无线网络设备 AP 和 AC，主要用途为实时监控、告警和数据分析。

由于影响无线网络部署的因素较多，包括技术影响，如环境信号干扰、有线网络质量状况等，还包括非技术影响，如当地法律遵从、物业政策等，因此在满足以下所有条件的前提条件下，才可以部署无线网络：当地法律不限制对 2.4G 和 5GHz 频段的使用，网络覆盖地点的当地物业允许进行 WLAN 无线网络建设。配置 WLAN 思路导图如图 12.9 所示。

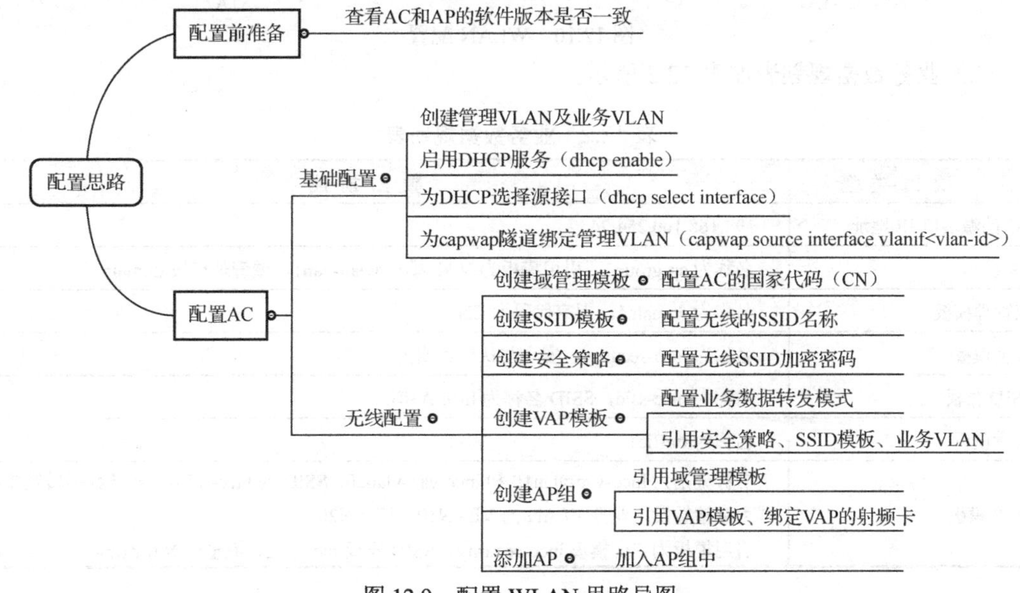

图 12.9　配置 WLAN 思路导图

在配置前要先查看 AC 和 AP 的软件版本是否一致，对于 AP 可以进行独立配置，也可以使用 AC 控制器进行配置下发。终端的 IP 地址分配，通常使用 AC 控制器进行 DHCP 分配，也可以使用三层交换机来进行分配。配置 AC 控制器，需要进行创建域管理模板、创建 SSID 模板、创建安全策略、创建 VAP 模板、创建 AP 组、添加 AP 等相关操作。

2. WLAN 配置

（1）进行 WLAN 配置，网络拓扑连接、相关端口与 IP 地址配置如图 12.10 所示。管理主机 PC1 及无线终端设备 Cellphone 和 STA 设备，需要由 AC 控制器进行 DHCP 地址分配。

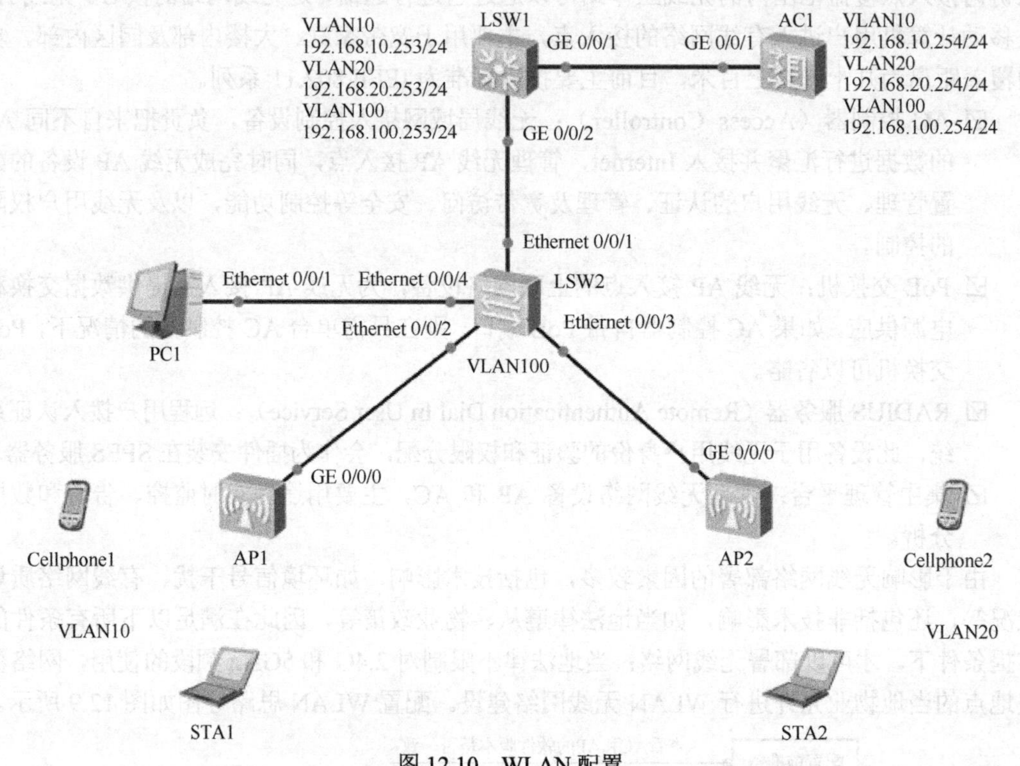

图 12.10　WLAN 配置

（2）业务数据规划表如表 12.2 所示。

表 12.2　业务数据规划表

项 目 类 型	数 据 描 述
AC 的源端口 IP 地址	192.168.100.254/24
AP 组	名称为 ap-group1，引用模板为 VAP 模板 wlan-vap1、域管理模板 domain
域管理模板	名称为 domain1，国家代码为 CN
安全模板	名称为 lncc-security，安全与认证策略为 OPEN
SSID 模板	名称为 lncc-ssid，SSID 名称为 lncc-A301
流量模板	名称为 traffic1
VAP 模板	名称分别为 lncc-vap-vlan10 和 lncc-vap-vlan20，SSID 为 lncc-A301，业务数据转发模式为直接转发，业务 VLAN 为 VLAN10、VLAN20； 引用模板为安全模板 lncc-security、SSID 模板 lncc-ssid、流量模板 traffic1

续 表

项 目 类 型	数 据 描 述
DHCP 服务器	AC1 作为 DHCP 服务器，为 AP、STA、Cellphone 和 PC 分配地址
AP 的网关及 IP 地址池范围	VLANIF100：192.168.100.254/24 192.168.100.1~192.168.100.249/24
无线用户的网关及IP地址池范围	VLANIF10：192.168.10.254/24，192.168.10.1～192.168.10.249/24 VLANIF20：192.168.10.254/24，192.168.20.1～192.168.20.249/24
AP1	射频 0：信道 1、功率等级 10 射频 1：信道 153、功率等级 10
AP2	射频 0：信道 6、功率等级 10 射频 1：信道 157、功率等级 10

（3）配置控制器 AC1，相关配置实例代码如下。

```
<AC6605>system-view
[AC6605]sysname AC1
[AC1]vlan batch 10 20 100
[AC1]dhcp enable
[AC1]interface Vlanif 100
[AC1-Vlanif100]ip address 192.168.100.254 24
[AC1-Vlanif100]dhcp select interface
[AC1-Vlanif100]dhcp server excluded-ip-address 192.168.100.250 192.168.100.253
[AC1-Vlanif100]quit
[AC1]interface Vlanif 10
[AC1-Vlanif10]ip address 192.168.10.254 24
[AC1-Vlanif10]dhcp select interface
[AC1-Vlanif10]dhcp server excluded-ip-address 192.168.10.250 192.168.10.253
[AC1-Vlanif10]quit
[AC1]interface Vlanif 20
[AC1-Vlanif20]ip address 192.168.20.254 24
[AC1-Vlanif20]dhcp select interface
[AC1-Vlanif20]dhcp server excluded-ip-address 192.168.20.250 192.168.20.253
[AC1-Vlanif20]quit
[AC1]interface GigabitEthernet 0/0/1
[AC1-GigabitEthernet0/0/1]port link-type trunk
[AC1-GigabitEthernet0/0/1]port trunk allow-pass vlan all
[AC1-GigabitEthernet0/0/1]quit
[AC1]capwap source interface Vlanif 100
[AC1]wlan                                                   //进入无线配置视图
[AC1-wlan-view]regulatory-domain-profile name domain1       //创建域管理模板，名称为 domain1
[AC1-wlan-regulate-domain-domain1]country-code CN           //配置国家代码 CN
[AC1-wlan-regulate-domain-domain1]quit
[AC1-wlan-view]ap-group name ap-group1                      //创建 AP 组，名称为 ap-group1
[AC1-wlan-ap-group-ap-group1]regulatory-domain-profile domain1  //绑定域模板
Warning: Modifying the country code will clear channel, power and antenna gain c
onfigurations of the radio and reset the AP. Continue？ [Y/N]:y
[AC1-wlan-ap-group-ap-group1]quit
[AC1-wlan-view]quit
[AC1]wlan
[AC1-wlan-view]ap-id 1 ap-mac 00e0-fc0c-46d0                //添加 AP1，关联 AP1 的 MAC 地址
[AC1-wlan-ap-1]ap-name AP1
```

```
[AC1-wlan-ap-1]ap-group ap-group1                          //添加到 ap-group1 组中
[AC1-wlan-ap-1]quit
[AC1-wlan-view]ap-id 2 ap-mac 00e0-fca4-5af0               //添加 AP2，关联 AP2 的 MAC 地址
[AC1-wlan-ap-2]ap-name AP2
[AC1-wlan-ap-2]ap-group ap-group1                          //添加到 ap-group1 组中
[AC1-wlan-ap-2]quit
[AC1-wlan-view]ssid-profile name lncc-ssid                 //创建 SSID 模板，名称为 lncc-ssid
[AC1-wlan-ssid-prof-lncc-ssid]ssid lncc-A301               //配置 SSID 名称为 lncc-A301
[AC1-wlan-ssid-prof-lncc-ssid]quit
[AC1-wlan-view]security-profile name lncc-security         //创建安全策略，名称为 lncc-security
[AC1-wlan-sec-prof-lncc-security]security wpa-wpa2 psk pass-phrase a123456789 aes
                                                                //SSID 密码为 a123456789
[AC1-wlan-sec-prof-lncc-security]quit
[AC1-wlan-view]traffic-profile name traffic1                    //创建流量模板
[AC1-wlan-traffic-prof-traffic1]user-isolate l2                 //二层用户隔离
[AC1-wlan-view]quit
[AC1-wlan-view]vap-profile name lncc-vap-vlan10                 //创建 VAP 模板
[AC1-wlan-vap-prof-lncc-vap-vlan10]forward-mode direct-forward  //配置业务数据转发模式
[AC1-wlan-vap-prof-lncc-vap-vlan10]ssid-profile lncc-ssid       //绑定 SSID 模板
[AC1-wlan-vap-prof-lncc-vap-vlan10]service-vlan vlan-id 10      //绑定业务 VLAN
[AC1-wlan-vap-prof-lncc-vap-vlan10]traffic-profile traffic1     //绑定流量模板
[AC1-wlan-vap-prof-lncc-vap-vlan10]quit
[AC1-wlan-view]vap-profile name lncc-vap-vlan20                 //创建 VAP 模板
[AC1-wlan-vap-prof-lncc-vap-vlan20]forward-mode direct-forward  //配置业务数据转发模式
[AC1-wlan-vap-prof-lncc-vap-vlan20]ssid-profile lncc-ssid       //绑定 SSID 模板
[AC1-wlan-vap-prof-lncc-vap-vlan20]service-vlan vlan-id 20      //绑定业务 VLAN
[AC1-wlan-vap-prof-lncc-vap-vlan20]traffic-profile traffic1     //绑定流量模板
[AC1-wlan-vap-prof-lncc-vap-vlan20]quit
[AC1-wlan-view]ap-group name ap-group1
[AC1-wlan-ap-group-ap-group1]regulatory-domain-profile domain1 //绑定域管理模板
[AC1-wlan-ap-group-ap-group1]vap-profile lncc-vap-vlan10  wlan 1  radio 0
                                                                //绑定 VAP 模板到射频卡 0 上
[AC1-wlan-ap-group-ap-group1]vap-profile lncc-vap-vlan10  wlan 1  radio 1
                                                                //绑定 VAP 模板到射频卡 1 上
[AC1-wlan-ap-group-ap-group1]vap-profile lncc-vap-vlan20  wlan 2  radio 0
                                                                //绑定 VAP 模板到射频卡 0 上
[AC1-wlan-ap-group-ap-group1]vap-profile lncc-vap-vlan20  wlan 2  radio 1
                                                                //绑定 VAP 模板到射频卡 1 上
[AC1-wlan-ap-group-ap-group1]quit
[AC1-wlan-view]quit
[AC1]wlan
[AC1-wlan-view]ap-id 1                                          //配置 AP1
[AC1-wlan-ap-1]radio 0                              //配置 AP1，射频 0：信道 1、功率等级 10
[AC1-wlan-radio-1/0]channel 20mhz 1
Warning: This action may cause service interruption. Continue? [Y/N]y
[AC1-wlan-radio-1/0]eirp 10
[AC1-wlan-radio-1/0]quit
[AC1-wlan-ap-1]radio 1                              //配置 AP1，射频 1：信道 153、功率等级 10
[AC1-wlan-radio-1/1]channel 20mhz 153
Warning: This action may cause service interruption. Continue? [Y/N]y
[AC1-wlan-radio-1/1]eirp 10
[AC1-wlan-radio-1/1]quit
```

```
[AC1-wlan-ap-1]quit
[AC1-wlan-view]ap-id 2                                //配置 AP2
[AC1-wlan-ap-2]radio 0                                //配置 AP2，射频 0：信道 6、功率等级 10
[AC1-wlan-radio-2/0]channel 20mhz 6
Warning: This action may cause service interruption. Continue？[Y/N]y
[AC1-wlan-radio-2/0]eirp 10
[AC1-wlan-radio-2/0]quit
[AC1-wlan-ap-2]radio 1                                //配置 AP2，射频 1：信道 157、功率等级 10
[AC1-wlan-radio-2/1]channel 20mhz 157
Warning: This action may cause service interruption. Continue？[Y/N]y
[AC1-wlan-radio-2/1]eirp 10
[AC1-wlan-radio-2/1]quit
[AC1-wlan-ap-2]quit
[AC1-wlan-view]quit
[AC1]
<AC1>save
```

（4）显示控制器 AC1 的配置信息，主要配置实例代码如下。

```
<AC1>display current-configuration
#
 sysname AC1
#
vlan batch 10 20 100
#
dhcp enable
#
interface Vlanif10
 ip address 192.168.10.254 255.255.255.0
 dhcp select interface
 dhcp server excluded-ip-address 192.168.10.250 192.168.10.253
#
interface Vlanif20
 ip address 192.168.20.254 255.255.255.0
 dhcp select interface
 dhcp server excluded-ip-address 192.168.20.250 192.168.20.253
#
interface Vlanif100
 ip address 192.168.100.254 255.255.255.0
 dhcp select interface
 dhcp server excluded-ip-address 192.168.100.250 192.168.100.253
#
interface GigabitEthernet0/0/1
 port link-type trunk
 port trunk allow-pass vlan 2 to 4094
#
capwap source interface vlanif100
#
wlan
traffic-profile name traffic1
  user-isolate l2
security-profile name lncc-security
  security wpa-wpa2
```

```
psk pass-phrase %^%#!ZT`Qk1^oKs%k.*aohtB&lAfPfmby;<OZ0EroXfH
%^%# aes
 ssid-profile name default
 ssid-profile name lncc-ssid
  ssid lncc-A301
 vap-profile name default
 vap-profile name lncc-vap
 vap-profile name lncc-vap-vlan10
  service-vlan vlan-id 10
  ssid-profile lncc-ssid
  traffic-profile traffic1
 vap-profile name lncc-vap-vlan20
  service-vlan vlan-id 20
  ssid-profile lncc-ssid
  traffic-profile traffic1
 ap-group name default
 ap-group name ap-group1
  regulatory-domain-profile domain1
  radio 0
   vap-profile lncc-vap-vlan10 wlan 1
   vap-profile lncc-vap-vlan20 wlan 2
  radio 1
   vap-profile lncc-vap-vlan10 wlan 1
   vap-profile lncc-vap-vlan20 wlan 2
  radio 2
   vap-profile lncc-vap-vlan10 wlan 1
   vap-profile lncc-vap-vlan20 wlan 2
ap-id 1 type-id 58 ap-mac 00e0-fc0c-46d0 ap-sn 210235448310734FFD51
  ap-name AP1
  ap-group ap-group1
  radio 0
   channel 20mhz 1
   eirp 10
  radio 1
   channel 20mhz 153
   eirp 10
 ap-id 2 type-id 58 ap-mac 00e0-fca4-5af0 ap-sn 2102354483102107345A
  ap-name AP2
  ap-group ap-group1
radio 0
   channel 20mhz 6
   eirp 10
  radio 1
   channel 20mhz 157
   eirp 10
 provision-ap
#
return
<AC1>
```

（5）配置交换机 LSW1，相关配置实例代码如下。

```
<Huawei>system-view
Enter system view, return user view with Ctrl+Z.
```

```
[Huawei]sysname LSW1
[LSW1]vlan batch 10 20 100
[LSW1]dhcp enable
[LSW1]interface GigabitEthernet 0/0/1
[LSW1-GigabitEthernet0/0/1]port link-type trunk
[LSW1-GigabitEthernet0/0/1]port trunk allow-pass vlan all
[LSW1-GigabitEthernet0/0/1]quit
[LSW1]interface GigabitEthernet 0/0/2
[LSW1-GigabitEthernet0/0/2]port link-type trunk
[LSW1-GigabitEthernet0/0/2]port trunk allow-pass vlan all
[LSW1-GigabitEthernet0/0/2]quit
[LSW1]interface Vlanif 10
[LSW1-Vlanif10]ip address 192.168.10.253 24
[LSW1-Vlanif10]dhcp select relay
[LSW1-Vlanif10]dhcp relay server-ip 192.168.100.254
[LSW1-Vlanif10]quit
[LSW1]interface Vlanif 20
[LSW1-Vlanif20]ip address 192.168.20.253 24
[LSW1-Vlanif20]dhcp select relay
[LSW1-Vlanif20]dhcp relay server-ip 192.168.100.254
[LSW1]interface Vlanif 100
[LSW1-Vlanif100]ip address 192.168.100.253 24
[LSW1-Vlanif100]dhcp select relay
[LSW1-Vlanif100]dhcp relay server-ip 192.168.100.254
[LSW1-Vlanif100]quit
[LSW1]
```

（6）显示交换机 LSW1 的配置信息，主要配置实例代码如下。

```
<LSW1>display current-configuration
#
sysname LSW1
#
vlan batch 10 20 100
#
dhcp enable
#
interface Vlanif10
 ip address 192.168.10.253 255.255.255.0
 dhcp select relay
 dhcp relay server-ip 192.168.100.254
#
interface Vlanif20
 ip address 192.168.20.253 255.255.255.0
 dhcp select relay
 dhcp relay server-ip 192.168.100.254
#
interface Vlanif100
 ip address 192.168.100.253 255.255.255.0
 dhcp select relay
 dhcp relay server-ip 192.168.100.254
#
interface MEth0/0/1
```

```
#
interface GigabitEthernet0/0/1
 port link-type trunk
 port trunk allow-pass vlan 2 to 4094
#
interface GigabitEthernet0/0/2
 port link-type trunk
 port trunk allow-pass vlan 2 to 4094
#
interface GigabitEthernet0/0/3
#
interface NULL0
#
user-interface con 0
user-interface vty 0 4
#
return
<LSW1>
```

（7）配置交换机 LSW2，相关配置实例代码如下。

```
<Huawei>system-view
[Huawei]sysname LSW2
[LSW2]vlan batch 10 20 100
[LSW2]port-group 1
[LSW2-port-group-1]group-member Ethernet 0/0/1 to Ethernet 0/0/3
[LSW2-port-group-1]port link-type trunk
[LSW2-port-group-1]port trunk allow-pass vlan all
[LSW2-port-group-1]quit
[LSW2]interface Ethernet 0/0/2
[LSW2-Ethernet0/0/2]port trunk pvid vlan 100
[LSW2-Ethernet0/0/2]port trunk allow-pass vlan 10 100
[LSW2-Ethernet0/0/2]quit
[LSW2]interface Ethernet 0/0/3
[LSW2-Ethernet0/0/3]port trunk pvid vlan 100
[LSW2-Ethernet0/0/3] port trunk allow-pass vlan 20 100
[LSW2-Ethernet0/0/3]quit
[LSW2]interface Ethernet 0/0/4
[LSW2-Ethernet0/0/4]port link-type access
[LSW2-Ethernet0/0/4]port default vlan 100
[LSW2-Ethernet0/0/4]quit
[LSW2]
```

（8）显示交换机 LSW2 的配置信息，主要配置实例代码如下。

```
<LSW2>display current-configuration
#
sysname LSW2
#
vlan batch 10 20 100
#
dhcp enable
#
interface Ethernet0/0/1
 port link-type trunk
```

```
 port trunk allow-pass vlan 2 to 4094
#
interface Ethernet0/0/2
 port link-type trunk
 port trunk pvid vlan 100
 port trunk allow-pass vlan 10 100
#
interface Ethernet0/0/3
 port link-type trunk
 port trunk pvid vlan 100
port trunk allow-pass vlan 20 100
#
interface Ethernet0/0/4
port link-type access
port default vlan 100
#
port-group 1
 group-member Ethernet0/0/1
 group-member Ethernet0/0/2
 group-member Ethernet0/0/3
#
return
<LSW2>
```

（9）显示 WLAN 安全配置完成的效果图，如图 12.11 所示。

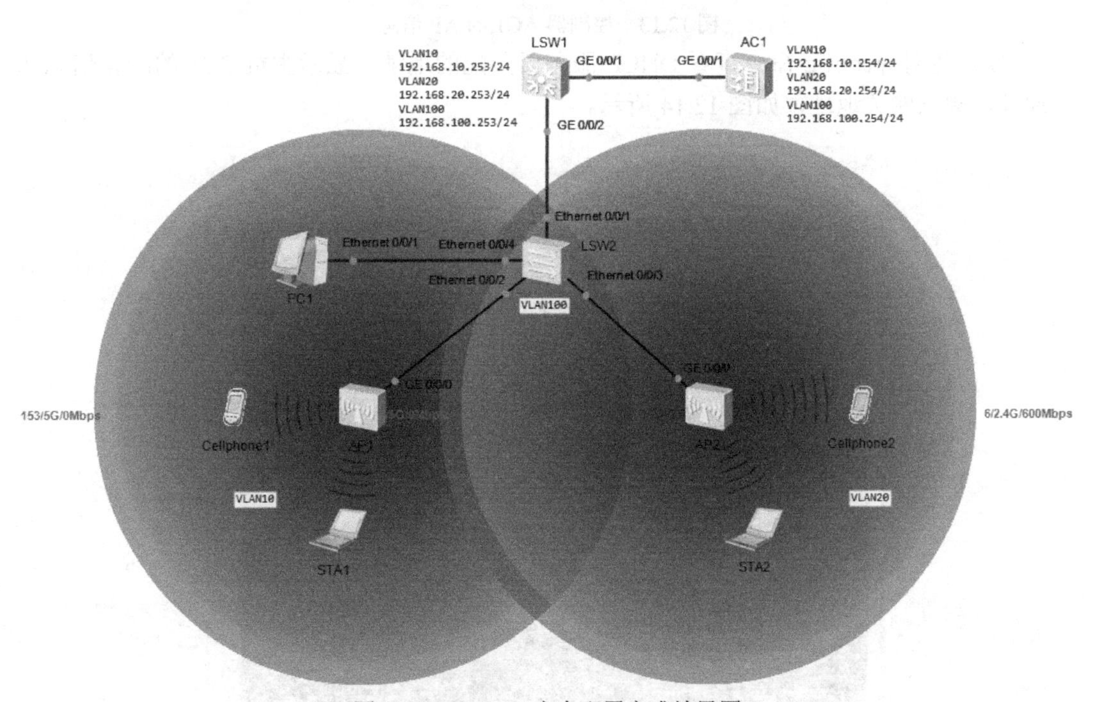

图 12.11　WLAN 安全配置完成效果图

（10）使用 display ap all 命令查看控制器 AC1 的 AP 信息，如图 12.12 所示。

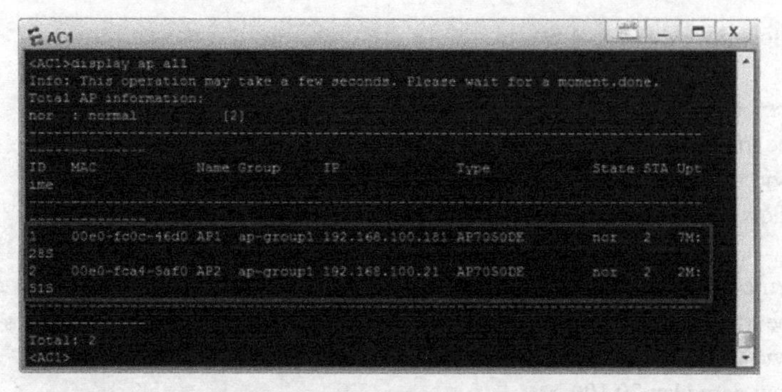

图 12.12　控制器 AC1 的 AP 信息

（11）使用 display station all 命令查看控制器 AC1 的站点信息，如图 12.13 所示。

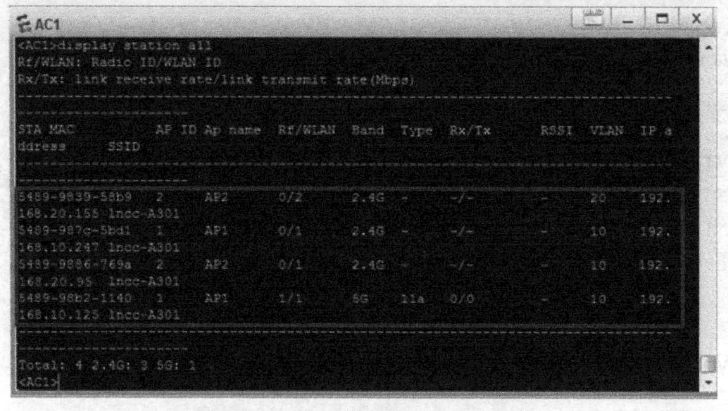

图 12.13　控制器 AC1 的 AP 信息

（12）使用 ipconfig 命令查看 DHCP 服务器分配的地址，显示主机 PC1 的配置信息和连通性，测试网关地址，如图 12.14 所示。

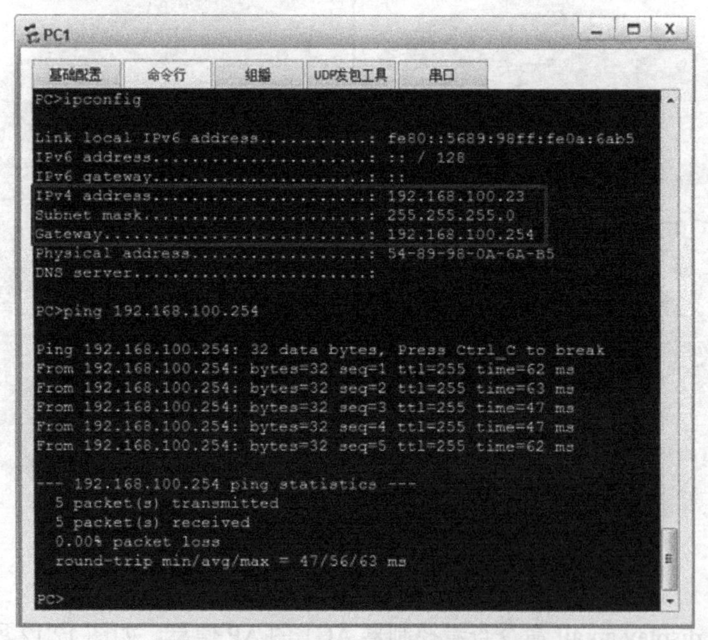

图 12.14　主机 PC1 的配置信息和连通性

（13）显示 AP1 的配置信息，如图 12.15 所示。

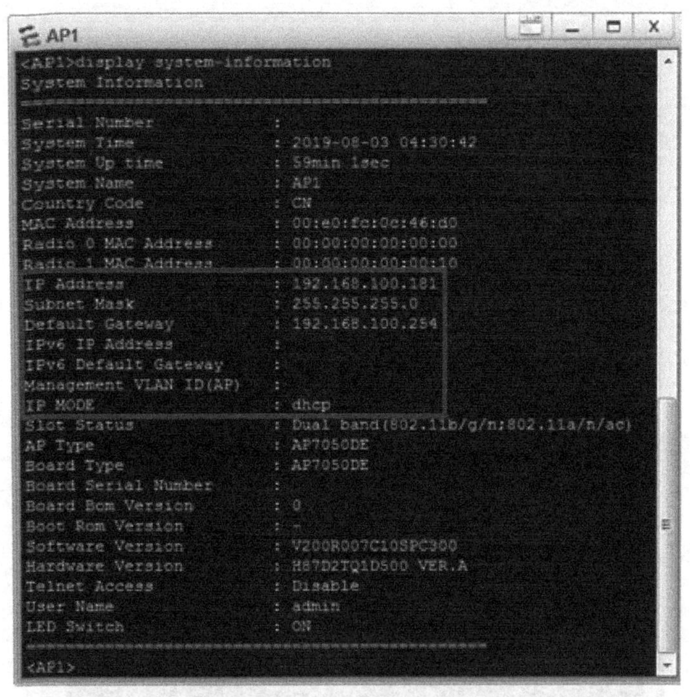

图 12.15 AP1 的配置信息

（14）显示 AP2 的配置信息，如图 12.16 所示。

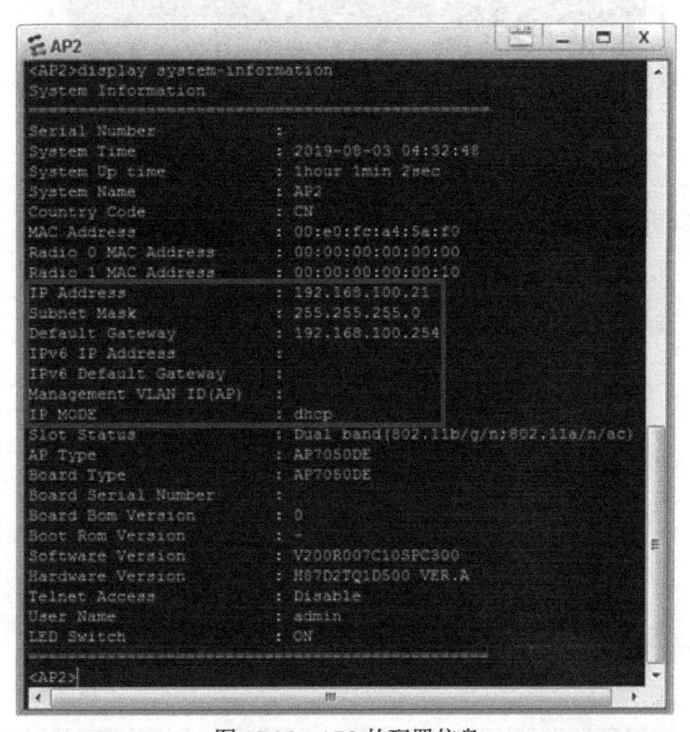

图 12.16 AP2 的配置信息

（15）显示 STA1 的连接状态，如图 12.17 所示。

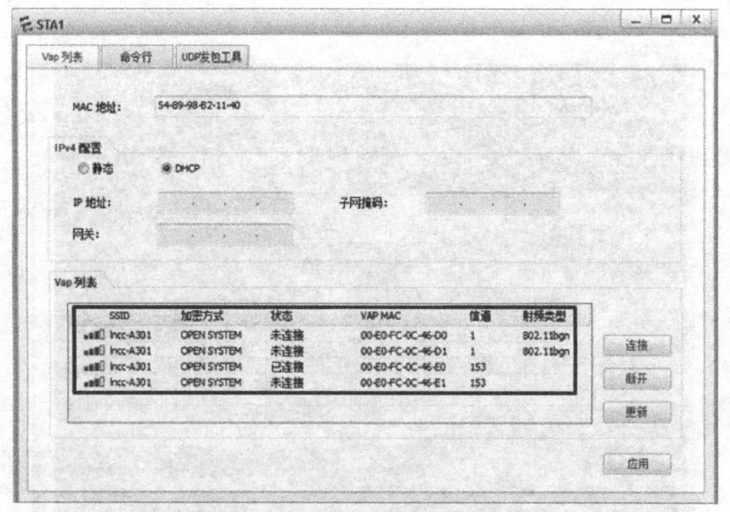

图 12.17　STA1 的连接状态

（16）显示 STA1 的 IP 地址信息，如图 12.18 所示。

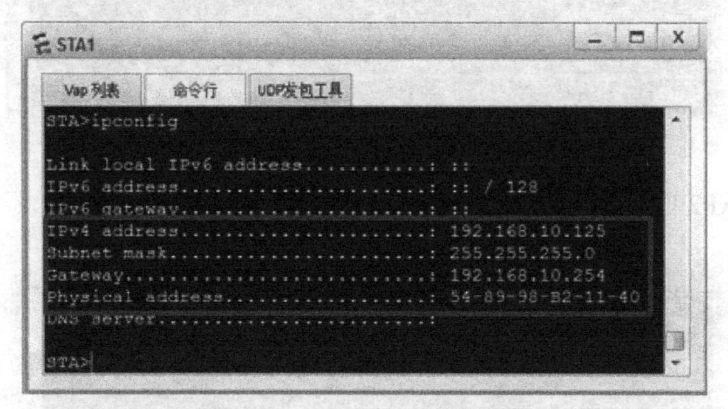

图 12.18　STA1 的 IP 地址信息

（17）显示 Cellphone1 的连接状态，如图 12.19 所示。

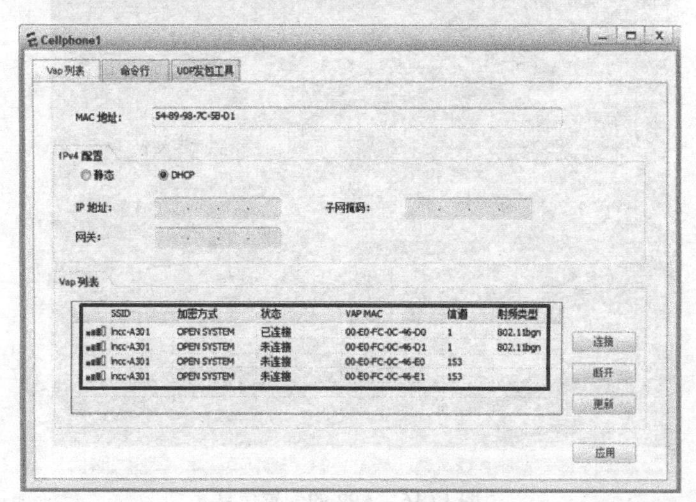

图 12.19　Cellphone1 的连接状态

（18）显示 STA2 的连接状态，如图 12.20 所示。

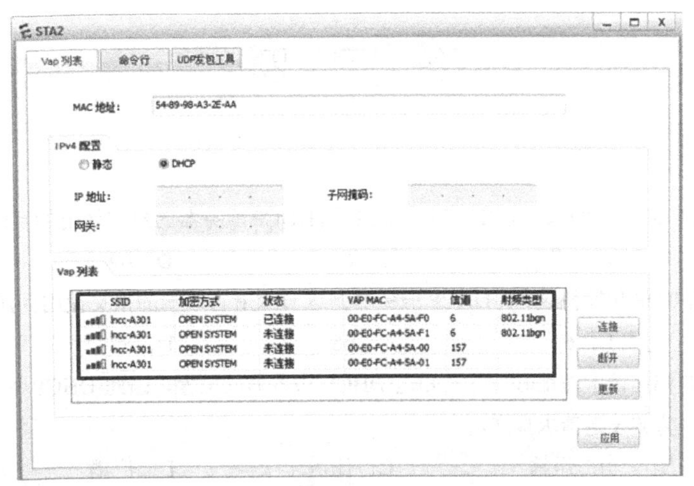

图 12.20　STA2 的连接状态

（19）显示 Cellphone2 的连接状态，如图 12.21 所示。

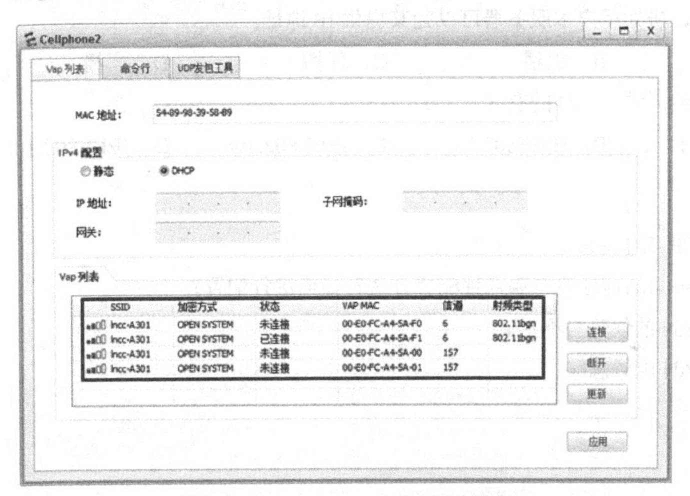

图 12.21　Cellphone2 的连接状态

（20）显示 Cellphone2 的 IP 地址信息，如图 12.22 所示。

图 12.22　Cellphone2 的 IP 地址信息

练 习 题

1．选择题

(1)DHCP 使用 UDP 传输协议，从 DHCP 客户端到达 DHCP 服务器的报文使用的目的端口号为(　　)。

A．66　　B．67　　C．68　　D．69

(2)DHCP 使用 UDP 传输协议，从 DHCP 服务器到达 DHCP 客户端的报文使用的源端口号为(　　)。

A．66　　B．67　　C．68　　D．69

（3）DHCP 客户端在请求地址时，并不知道 DHCP 服务器的位置，因此 DHCP 客户端的报文会在本地网络内以（　　）方式发送请求报文。

A．单播　　B．组播　　C．任播　　D．广播

（4）DHCP 服务器在收到 DISCOVER 报文后，就会在所配置的地址池中查找一个适合的 IP 地址，加上相应的租约期限和其他配置信息（网关、DNS 服务器等），构造一个 OFFER 报文，以（　　）方式将该报文发送给客户，告知用户本服务器可以为其提供 IP 地址。

A．单播　　B．组播　　C．任播　　D．广播

（5）下列是无线局域网标准的有（　　）。

A．IEEE802.11　　B．IEEE802.1q　　C．IEEE802.1w　　D．IEEE802.1d

2．简答题

（1）简述 DHCP 工作原理。

（2）DHCP 服务器的地址池有哪几种配置方法？如何进行配置？

（3）简述 WLAN 的优势与不足。

（4）简述 WLAN 配置思路。